The Science of Connectedness

自反性的物质、生命、系统和宇宙

Michael J. Spivey
[美] 迈克尔 · J. 斯皮维 著　　刘林澍 译

机械工业出版社
CHINA MACHINE PRESS

许多人相信“自我”位于内心深处，一座“内在的圣殿”中存放着关于“自我”的所有重要假说。迈克尔·J. 斯皮维认为事实恰恰相反：与一颗大脑、一个“大脑-身体”系统，乃至于“对自我而言的重要假说”相比，“你”的范围要广得多。

在本书中，斯皮维没有抽丝剥茧、层层深入，而是逐步探索“自我”的外延，每一章都将“自我”的定义外扩一层。他用认知科学和神经科学的研究成果解释大脑各个区域及大脑与身体的交互作用，而后提出外部环境参与构成了“自我”的理由，指出不断扩展的交互系统将个体、他人、非人类动物乃至无生命之物联系起来，于是物质、生命、系统乃至整个宇宙就都拥有了某种意义上的“自反性”。

Who You Are: The Science of Connectedness/The MIT Press/1 - 1/by Michael J. Spivey/ 9780262043953
Original English Language Edition published by The MIT Press.

北京市版权局著作权合同登记　图字：01 - 2020 - 5851 号。

图书在版编目（CIP）数据

万物理论：自反性的物质、生命、系统和宇宙／（美）迈克尔·J. 斯皮维（Michael J. Spivey）著；刘林澍译. —北京：机械工业出版社，2021.12（2024.11 重印）
书名原文：Who You Are: The Science of Connectedness
ISBN 978 - 7 - 111 - 69728 - 2

Ⅰ.①万…　Ⅱ.①迈…　②刘…　Ⅲ.①自反性-研究
Ⅳ.①O144

中国版本图书馆 CIP 数据核字（2021）第 245118 号

机械工业出版社（北京市百万庄大街 22 号　邮政编码 100037）
策划编辑：坚喜斌　　责任编辑：坚喜斌　廖　岩
责任校对：黄兴伟　　责任印制：李　昂
北京瑞禾彩色印刷有限公司印刷
2024 年 11 月第 1 版第 3 次印刷
160mm×235mm · 31.75 印张 · 3 插页 · 349 千字
标准书号：ISBN 978 - 7 - 111 - 69728 - 2
定价：158.00 元

电话服务　　网络服务
客服电话：010 - 88361066　　机　工　官　网：www.cmpbook.com
010 - 88379833　　机　工　官　博：weibo.com/cmp1952
010 - 68326294　　金　　书　　网：www.golden-book.com
封底无防伪标均为盗版　　机工教育服务网：www.cmpedu.com

献给我的家人

致　谢

Who You Are

和我参与过的许多重大科研项目一样，本书的创作也得到了多方人士的真诚协助。我的父母、我的姐姐以及 Steve 让我决意要写这本书；MIT 出版社聘请的三位匿名审稿人，以及我的朋友和同事 Ramesh Balasubramaniam、Mahzarin Banaji、Ben Bergen、Barbara Finlay、Chris Kello、Paul Maglio、Teenie Matlock、Dave Noelle、Paul Smaldino 和 Georg Theiner 等人就主题的选择和修订提供了具体建议和反馈；Elizabeth Stark 帮助我确定了本书的基调；多年来，我从与学生和一众专家们的交流中获得了丰富的灵感，包括 Larry Barsalou、Claudia Carello、Tony Chemero、Andy Clark、Rick Dale、Shimon Edelman、Jeff Elman、Riccardo Fusaroli、Ray Gibbs、Scott Jordan、Günther Knoblich、Jay McClelland、Ken McRae、Claire Michaels、Daniel Richardson、Mike Tanenhaus、Michael Turvey、Guy Van Orden、Jeff Yoshimi，以及我的儿子 Samuel Rex Spivey（见 soundcloud.com）。我的妻子 Cynthia 在元理论层面有着非凡的洞见，如果没有她

的鼓励，这本书对大众读者会很不友好，也不会有各章的“使用说明”。在 MIT 出版社的编辑 Phil Laughlin 的悉心指导下，我历尽艰苦，终于看到了隧道尽头的光明。最后，我要感谢 Westchester 出版服务公司的 Melody Negron 和 Hal Henglein，他们帮我避免了许多令人尴尬的错误（包括减少以“然后”开头的句子的数量）。

前 言 现在，你觉得你是谁

Who You Are

你知道自己是谁吗？

——Keaton Henson，《你不知自己多幸运》

（You Don't Know How Lucky You Are）

“你是谁？”中的“谁”具体指代什么，不同的人理解起来也不一样。一些人相信它涉及我们有意识的觉知（conscious awareness），一些人觉得它关乎人格（personality）或自我形象（self - image），还有一些人认为它就是自己在家庭或集体生活中的个人声誉（self - reputation）。一言以蔽之，“你”可以“是”许多东西，而我在这里鼓励你尽可能地将**它们**囊括进来，不要加上任何限制。本书将开启一段旅程，在游历中，我们会将越来越多的物理材料纳入使“你”成为“你”的定义范围，就像在绘制一幅关于“什么构成了你”的韦恩图，一开始“你”的范围只是一个小圈，圈中只包含你大脑的一个特定区域，然后，随着你一章章地往下读，圈圈的范围会难以遏制地扩大，先是将你的整个大脑，再是将你的整个身体，往后又会将更多、更多的事物囊括进去。这是一个学习的过程，而学习总是由浅入深、从易到难的。

我们许多人都有一个不言自明的先入之见，仿佛真正定义我们的是某些深埋于内在的东西。之所以会形成这种印象，部分原因是有时我们不得不戴着某种“社会面具”生活，这张面具的模样与我们真实的所感所欲或多或少有所不同。一个广为人知的类比是，我们就像洋葱：每剥去一层皮，里面的部分仿佛都要更加“真实”一些，可是，我们又总能继续剥下去，将更加“核心”的那些东西揭示出来。如果你也怀有这种见解，认为自己“是谁”取决于内在，那本书就是为你量身定制的——它就是要逐渐扭转这种先入之见，让你不再执着于上述类比。实际上，通过仔细分析每一层“洋葱皮”的内容与成分，你将最终发现它们都参与构成了“你”。毕竟，如果“社会面具”不是“你”的一部分，戴着它你根本没法轻松自在地生活，难道不是吗？而且不管你信不信，你这只“洋葱”的层数比你以为的还要多那么一些。

知道自己是谁、明白“洋葱”到底有几层是非常重要的，因为如果我们在**自己是谁**这个问题上犯了错，就有可能做出妨碍自己的决定甚至是伤害自己的行为。想象一下，如果一只洋葱相信它只“是”球茎最里层的部分，它没准儿就会忽视外层的生长，不为那些细胞提供养分——果真如此的话，这只洋葱的“葱生”该有多悲惨啊！当你认识到某些外在的事物——比如说一个孩子、一只宠物，或一本你最爱读的书——参与构成了**你**，你就会对这些事物好生关照，因为关照它们就是关照你自己。对构成你那“扩展的自我”（expanded self）的一切，你都将温柔以待，这样一来，你会更加幸福，也会更加长寿。

这本书旨在动摇那些有关“你是谁”，以及“是什么让你成为你”的狭隘设定。我不会用一些饱含诗意、听上去“似乎”有些道理的表述来支持我的论点，虽说你或许会觉得书中一些内容确实富有美感。同样，我也不会一味使用哲学家们所热衷的“思维实验”，像抽地下水那样将你的直觉一个劲儿地往外泵，虽说这样的“思维实验”书中也不是没有。这本书是用科学事实说话的。在揭示关于大千世界如何运转的真相方面，科学是人类所拥有的最为出色的工具。相比之下，许多其他的方法都太过依赖诗意或直观，以至于经常做出错误的预测，或被其他的方法（通常是科学方法）所证伪。不过，要读懂这本书，你也没必要让自己先成为一名科学家——书中罗列的科研成果有足够的说服力，而且我描述它们时提供的细节应该将将足够让你理解。如果你想更进一步，正文后的注释提供了对各小节更加深入的探讨，并附有丰富的文献资料。

以下就是本书将要呈现给你的东西：逐章往下读，你会发现每一章都对“你是谁”做出了一个新的定义，将你的“自我”（self）向外延展或扩充了一层。这样设置章节内容的好处，是书中的逻辑不至于太烧脑，观点不至于太离谱，你的步子不至于迈得太大，消化起来也会更容易些。第1章旨在让你抛弃那些与“你是谁”有关的偏见和预设，这样一来，你就能培养出一种开放的态度。在第2、第3、第4章中，大量科研实例将逐层递进、令人信服地指出，你的心智（mind）既囊括你完整的大脑，也囊括你完整的身体。如果现在这一点在你听起来没什么问题，你就恰好属于那些应该读这本书的人。继续读第5、第6章，你会发现大量科研证据指出在你生活环境中的那些工具和人也是构成“你”的一部分。如果现在你觉得这简直荒谬透顶，你就恰好属于那些应该读这本书的人。或许到了那个时候，你会心悦诚服地改变自己关于**自己是谁**或**是什么**的观点。然后，如果你稳扎稳打地读完了第 7、第 8 章并衷心地赞同我的意见——说实在的，许多人都做不到——你就会发现那么多的科研证据都表明非人类的生命甚至是无生命的物质都和你一样智能（intelligent），甚至根本就是“你”的一部分。听起来确实有些离谱，你也不必非得与我站在一边，但即便你仅仅是将这些证据浏览一遍，也绝对不虚此行。尝试像沐浴在细雨中那样沐浴在这些证据之中，不要打伞。一些雨点会沁入你的心脾，另一些则不会，不管怎样，接受你对它们的态度。然后，当你读完第 9 章，也就是最终章，看看我的总结能否让你将所学到的东西融会贯通，就像在雨后升起一道彩虹。如果是这样，本书的目的也就达成了。

我当然不指望每一位读者都能顺顺利利、开开心心地跟着我走完全程，毕竟前 8 章内容涉及的科学发现太过不可思议，但我确实希望你们尝试“拓展一下思维”（expand your mind），或者以一种不那么具有比喻色彩的方式来说——尝试扩展一下你对自身的定义。本来，你之所以买下这本书，应该也怀揣着类似的想法。无论如何，我都希望在我的引导下，你能在这段旅程中走得更远些（至少和只依靠自己的直觉时相比）。重要的是，每一章的意义都不仅仅在于教给你一些新的知识，更在于让你在这些新知识的指导下采取一些新的行动。我已将每一章的最后一节设置成了“使用说明”，目的就是让你在现实生活中应用刚刚学到的东西。一旦你开始习惯性地应用自己“扩展后的心智”（expanded mind），而不仅限于陶醉其中，就会发现自己有能力让这个世界——对万事万物而言——变得更加美好。

本书将会谈到，如今认知科学和神经科学的相关研究已经告诉我们，面对“你是谁”或“你是什么”这样的问题，想用“一个非物质的灵魂”之类的答案搪塞过去已经完全没戏了。构成“你”的东西必然包括你大脑中用于推理的那些部分，而这些部分如此密切地关联乃至依赖于大脑中用于感知和行动的那些部分，以至于后者也必须参与构成了“你”。更多的科学发现揭示，你的周围神经系统、肌肉、关节，甚至是肌肉中的软骨都能传递海量的信息模式，这些信息模式关联于对你的身体施加作用的各种力。换言之，你的整个身体都在为你思考，至少是做“一些”思考，因此它必然也是你心智的一部分。如果你认同这些**非神经的**（借助肌肉和结缔组织的）信息与数据传递方式参与构成了“你”，那在对“心智”下定义时干嘛要排斥其他**非神经的**信息呢？特别是，假如那些信息也会对你的思维过程产生直接影响？当你一把接住来球，或一脚踩下油门时，这些外部事物同样成了“你”的一部分。这还没完。除了那些与我们紧密关联的外物，还有那些与我们同样紧密关联的他人。别说你没有过这样的经历：与死党聊天时你能脱口而出对方还没说完的话，甚至只用一个眼神、一个动作就能传达完整的意思。在一段足够顺畅的交流中，双方都会成为彼此的一部分。你还能将这套逻辑沿用到宠物身上：你的爱犬或爱猫，它是否也是“你的一部分”，参与构成了“你是谁”？果真如此的话，你种在园中的花花草草呢？那些给它们提供养分的土壤呢？不管你在哪里划一条界线，决定不再将“自我”扩展到界外，对一个不怀偏见的旁观者来说，这条界线划得似乎都有些随意。但暂且打住，别把我说的当回事，对上面这些生造出来的例子也别太信以为真。你只需要信赖那些精心设计的科学实验和相关分析——它们在本书中比比皆是。

我会在本书中一直将你，我亲爱的读者，唤作“你”，仿佛我们相识已久，正对坐闲聊——希望你别介意。随着论述的深入，我会不断鼓励你扩展你的自我概念，将你之外的一些人或事物囊括进去——即便如此，我也依然会这样称呼你。你那扩展后的自我依然会使用长在你脑袋上的那双眼睛来读这本书，因此当我在书中直呼“你”的时候，你可以随意理解这个称谓指代的范围，只要它合你的意。当我们一块儿去第 8 章时，我所说的“你”可能会指代这颗星球上的一切事物（没准儿还要再多）。你准备好了吗？

这本书不是一部严格意义上的由读者自定阅读步调的作品，虽说它和那种书也很接近了。关于“你是谁”这个问题，我希望每一位读者都能得出属于自己的结论。但不论你决定选哪一站下，我都希望书中的科学证据已经将你带到了比你独自摸索所能到达的更远的地方——没时间解释了，快上车！

目　录

9 现在，你是谁？

1

关于自我，且莫执着

没有领航员，但你并不孤单。

——Laurie Anderson，

《鸟瞰》（*From the Air*）

呼吸

1

深呼吸。来，照我说的做：闭上眼睛，用鼻子深深吸气，直到胸腔再也容纳不下，再从口中缓缓呼出。就这样，现在就做。

非常好，干得漂亮！呼吸是很重要的，当你专注于呼吸这件事的时候，会发现空气是那么的真实，你的身体周围并不是一个“虚无的空间”，我们每一个人、每时每刻都浸泡在化学成分丰富的“气体鸡尾酒”中——它含有氮、氧、氢，及少量其他元素，对我们的生存是不可或缺的。想想看：你正在吸入这些化学物质，它们正在变成“你”的一部分。生物学家 Curt Stager 在《诗意的原子》（*Your Atomic Self*）一书中也曾鼓励读者关注呼吸，然后，他为我们吸入肺部的数以万亿计的分子绘制了一幅细节丰富的画卷。我们的大脑、我们的身体，以及我们周遭的万事万物都是由这些分子构成的。你刚才吸入的一个氧气分子没准儿就为你大脑中的一个神经元提供了能量，恰好让它的某个突触能接收一束谷氨酸神经递质分子，后者又为你读懂眼前的这句话发挥了应有的作用……瞧，你刚让一个分子理解了它自己！

几十年来，医学家 Andrew Weil 一直在强调要学会正确地呼吸，[2] 他认为这是每个人都应该遵从的第一条保健建议。或许你会觉得这有什么大不了的，呼吸谁不会？其实在这一点上，你没准儿真的错了。我们每一个人、每时每刻（不出意外的话）都在呼吸，因此，只要改善了呼吸，我们就能改善自己的整体健康状况。但在压力太大或过分专注时，我们经常真会有那么一会儿完全忘了呼吸。在这短短的几秒钟里，你的大脑被剥夺了不可或缺的氧气。如果你注意到自己真的在这样做，那就请强迫自己来一次深呼吸。对许多冥想技术来说，呼吸练习也是非常重要的部分：正确的呼吸能让大脑同时保持专注和平静。所以，既然我们都谈到这件事了，为什么不再深吸一口气，然后慢慢呼出？对，就是现在。在读这本书的时候，你的大脑需要充足的供氧。前方不乏挑战，就像 16 世纪的亨特 – 雷诺克斯地球仪（Hunt – Lenox globe of Earth）对未知海域的标注——“有恶龙出没”。

“你是谁” 与 “你认为你是谁”

你在本书中将要面对的挑战之一，是意识到“你是谁”不等于“你认为你是谁”。换言之，你**其实**并非你所**认为**的那个你。不过，这本书不会直接告诉你“你是谁”。每一个读者都要做出自己的决定，得出自己的答案。这本书中到处都是各种各样的实例，会有大量的科研证据鼓励你将自己“是谁”的答案范围扩展开来，但首先，你得对这个问题放下原先的执着，不再拘泥于旧有的定义。不论你是谁，你能跟随我在扩展自我概念的道路上走多远都完全取决于你自己。

如果说你在自己“是谁”这个问题上犯了错误，这也不值得大惊小怪——我们每个人总会在日常生活的方方面面犯各种各样的错误，这种事常有。实际上，文化批评家 Chuck Klosterman 就此写了一本畅销书，书名就叫《但如果我们错了呢?》（*But What If We're Wrong?*）。他在书中罗列了我们的社会曾犯过的许多错误，而纠正这些错误花了人们数十年。然后他提出了一个问题：今天的我们是否仍然身陷于某些错误?根据我的了解，我自己就总是在这样那样的问题上犯错。身而为人，这再正常不过了。比如说，在交谈中我们就经常产生一些误解。通常我们很快就会发现，然后向对方提出询问，让沟通重回正轨。又比如，阅读时我们偶尔会读错个把词，于是在读完整句话时会意识到好像有些不对劲儿，遇到这种情况，我们不会断言作者没文化并将书丢掉，而是会将那句话重读一遍，然后发现自己在哪儿看走了眼。再比如，写作时我们可能会打错个把字，却始终没有注意到这一点。还比如，有些时候我们会从眼角瞥见一个黑影或一道亮光，仿佛同一间屋子里还有意料之外的某人或某物，于是我们会转过头去直接注视那里，却发现一切如常。一些人断言说这些偶发的错觉是因为我们无意间看见了真实存在的灵体，但大多数人都知道它们只是光线玩出的小把戏。显然，我们**最好还是要对自己理解周遭世界的方式保持一份谦卑**。

3

别对你的感知笃信不疑

如果你观赏过一些漂亮的老派魔术，就会明白我们绝不应过分笃信自己对周遭世界的第一印象。一个好的魔术师会明白地告诉你，他其实没有什么魔法，一切都只是技巧，你对整个过程的认识都只是一种错误的感知；至于那些糟糕的魔术师，他们的手段是那样的笨拙，你不仅能像他们所希望的那样产生错误的感知，还能看出事情的本来面目；还有一些魔术师干脆一不做二不休，他们会直接告诉观众戏法背后的真相。

James Randi（号称“神奇 Randi”）就是这样一位叛逆的魔术师。当你了解了魔术的真相，就能更好地看穿身边那些时刻都在试图误导我们的伎俩——它们有时会产生严重的后果。比如说，一位高超的“灵媒”会假装自己能和死者交谈，他会用到一些类似于魔术师的手段，让你相信你那早已亡故的父亲希望你将毕生的积蓄投资给一家你从没听说过的公司。然后，你没准儿就会在无意中发现那位灵媒是这家公司的一个大股东！这种事常有。Randi 就致力于揭穿这些怪力乱神的把戏。

Johnny Carson 主持的《还看今宵》（*The Tonight Show*）多次邀请过 Randi。此外，Randi 还曾做客 Penn 和 Teller 的电视节目。他发起了一项“百万美元超自然挑战”，此举让他声名鹊起。Randi 宣称，对任何能在受控实验条件下有说服力地展示自己拥有通灵能力者，他和他名下的基金将打赏一百万美元！遗憾的是，多年过去了，从未有人赢得这笔赏金。

如果你有一双训练有素的眼睛，就能看出骗子是怎样找准时机引开你的注意，或怎样捕捉你脸上稍纵即逝的微表情，以此愚弄你的——这一切甚至用不了半秒钟。不久前，“神奇 Randi”就与我的老同事 Steve Macknik 合写了一篇关于“魔术背后的脑科学”的论文。观众的大脑在大多数魔术表演中扮演了关键的角色。Randi 和 Macknik 的一个关键论点是，通常情况下我们的眼睛和大脑在一个特定的时刻只会关注一个特定的事物，因此在某个时点位于注意焦点以外的事物就算被掉了包，我们也注意不到。

4

Randi 和 Macknik 提到的一个典型的例子，是“变化视盲”（change blindness）。这种现象指的是，如果先给被试呈现一幅图像，然后在一个非常短暂的掩蔽期间将其换成一幅除稍有差异外几乎一模一样的图像，被试将很难注意到前后图像有何不同。比如说，前一幅图上机翼下的一具引擎在后一幅图上消失了，被试往往要来回地看十来次，才能看出这个重要的差别——乘坐前一架飞机或许没什么，但要让你坐上后一架飞机可不是个好主意。不过，面对这种变化，观者一开始就像盲人一样视而不见！你可以在网上搜到许多变化视盲的例子，这些例子能让你好好体会一下对变化的检测是多么的困难。

就连**逐渐**变化的刺激也可能伴随变化视盲——如果被试观看的是一幅通常意义上的静态图像，而图像中有一个物体正逐渐改变颜色的话。变化视盲现象在看电影时也很常见。实际上，好莱坞的电影片场经常就有专门负责连续性的“场记”（continuity director），他的任务是关注布景中的细节，确保重复拍摄某个镜头或拼接不同镜头时一切都能保持连贯。下次看电影时，如果几个角色围坐一圈边喝边聊，注意观察一下桌上的饮料，当镜头从一个角色切换到另一个，随后又切回来，没准儿你会发现上一幕中有杯啤酒还剩一半，两秒后的下一幕同一只杯子就奇迹般地满上了。如果你有心寻找这种关于连续性的错误，有时就能发现它们，但通常情况下，我们都默认自己身边的事物会保持前后一致。这就是为什么我们会产生变化视盲，为什么我们很难发现电影中的剪接错误，以及为什么魔术师的把戏总能奏效。

不过，对于认知科学家和神经科学家们来说，变化视盲的意义可远不限于玩障眼法。实际上，变化视盲现象有力地证明：尽管我们一直以来都认为自己对周围环境有着充分的了解，但这种日常直觉是靠不住的。大脑所编码和存储的，只是其直接环境（immediate environment）中极其有限的一部分。变化视盲现象甚至在面对面的日常人际沟通时也会发生。20 年前，我还在康奈尔大学教心理学那会儿，我的两位博士生 Dan Simons 和 Dan Levin 就设计了一个日常沟通版的变化视盲实验，场地就在我办公室窗外。实验中另一位博士生 Leon Rozenblit 手持地图，他会随机截住一位路过的学生，打听某个方向该怎么走。大概 15 秒后，一个小小的“意外”会短暂地打断 Leon 与那位好心的路人——两个不识时务的家伙（对，他们一个叫 Dan，另一个也叫 Dan）会抬着一块门板“恰好”从他俩中间穿过，

5

门板是竖着的，这会将他们彼此隔开一小下，就在这一瞬间，Dan Simons 会从 Leon 手中接过地图，并与他换个位置，然后，他会接着适才 Leon 的话头继续与那位毫不知情的被试往下聊，就像什么事情也没发生一样。

想象一下：你正沿着人行道溜达，想着自己的心事，然后有个人手持地图向你问路。你心肠好，当然乐意帮忙。你俩聊了几句，突然有两个粗鲁的家伙抬着一块高高的门板正好从你们中间穿过去。当他们走过后，你眼前手持地图的人整个变了——他的口音变了，外套的款式变了，比之前矮了两英寸，一头黑发变成了棕色的乱毛，五官也没有一秒钟前那么英俊了（开个玩笑，Dan）——这些你肯定立马就会注意到，对吧！

不对。神奇的是，这些你真未必注意得到。事后，只有不到一半的被试报告说自己意识到在谈话过程中发生了一些不太对劲的事（除了有两个家伙抬着门板走过以外）。大多数人都欣然接过了被打断的话头，继续给 Simons 指路，对面前的求助者已中途换人一事茫然不知。这再次验证了我先前的那个观点：我们**最好还是要对自己理解周遭世界的方式保持一份谦卑**。

别对你的记忆笃信不疑

如果在短短的几分钟里你对周遭世界的感知都像这样靠不住，那要说经年累月后你对那些知觉的记忆其实更不可靠，就不会太让人难以接受了。但有些时候，我们确实会对一些特定的重要经历记忆犹新，觉得它们回顾起来原汁原味。早在20世纪70年代，认知心理学家就定义了这种记忆：事件仿佛以其原初状态被“蚀刻”在大脑之中，有点像用老式相机拍照时闪光灯在视野中“烧蚀”产生的后象。他们称其为“闪光灯记忆”（flashbulb memories）。许多人一生中都有那么一两段闪光灯记忆，源于那些难以忘怀的往事，他们会觉得自己能依靠这种记忆，在想象中唤醒当时经验过的所有生动细节。不少在1963年业已成年的美国人都声称对惊悉John F. Kennedy总统遇刺时自己正在干什么拥有这种闪光灯记忆。比如说，他们会非常精确地指出自己当时坐在酒吧的哪一张小桌前、电视机挂在哪一面墙上、自己喝的是哪种啤酒，以及谁又坐在身边——即使这一切都已经过去了好几十年。此外，许多人都对2001年9月11日得知恐怖分子袭击纽约世贸中心双塔时自己正在做什么记忆犹新，这也是不足为奇的。不过，有些闪光灯记忆只属于范围有限的特定人群，比如某三线城市的一群铁杆球迷喜闻主队首次勇夺联赛冠军、某个小镇的居民目睹一阵龙卷风将自己的家园刮上了天，或一场生日派对上的孩子们看见舞台上的小丑掏出了枪，挨个儿抢走了大人们的钱包……这种事常有。相对于平平无奇的日常经验，当一些事件带上了浓厚的情绪色彩，人们似乎就会在记忆中存储更多相关细节。

6

早在“911事件”发生约十年以前，摇滚乐手Kurt Cobain之死就给我留下了一段闪光灯记忆。1994年春，我在罗切斯特大学攻读博士学位，是Cobain的摇滚乐队Nirvana的忠实拥趸。那天我正待在自己的办公室（与我同一间办公室的还有另外两位博士生），电话响了。听闻这个令人悲伤的消息（传话人当时也不能笃定），我跑到罗切斯特理工学院的一间校园餐厅，一边从大屏幕电视机上播放的 MTV 新闻中了解事件的始末，一边独自灌下了一大杯基里安红啤——至少，这些就是我的闪光灯记忆告诉我的。

从那往前再推十年左右，1986 年 1 月 28 日，“挑战者号”航天飞机在发射升空 73 秒后爆炸解体。此事给许多人留下了闪光灯记忆。当时，心理学家 Ulric Neisser 还在亚特兰大的埃默里大学，他立刻意识到这是一个对闪光灯记忆理论进行科学验证的机会。Neisser 被誉为“认知心理学之父”——毕竟，世界上第一本叫作《认知心理学》的书就是他写的：那是在 20 世纪 60 年代中期，整个心理学界还受行为主义的支配，大多数心理学家还在埋头训练鸽子和小鼠完成简单而有趣的小任务。Neisser 的著作横空出世，造成了相当广泛的影响，他将心理学、计算机科学和语言学结合起来，用一种前所未有的方法探索人类心智。20 年后，Neisser 的关注点转向了记忆。他知道，验证闪光灯记忆理论的唯一方法，是对与人们记忆中的事件相关的基本事实（ground truth）进行忠实记录，并将记录长期保存，直至几年后再以某种方式将这份记录与人们的闪光灯记忆相互对比。因此，在“挑战者号”航天飞机出事的次日上午，Neisser 的研究团队给一组大学生被试下发了一份问卷，询问他们如何得知此事，以及当时的详细情况。不少回复长达整整一页，描绘得巨细无遗。有些人从室友那儿听闻此事，有些人通过直接观看电视知道此事，还有些人是从电话里了解的。

7

大约 3 年后，Neisser 设法联系到了当时接受过调研的几乎每一个人，并将他们再次请回了他的心理学实验室。实验者问他们关于得知“挑战者号”爆炸时的情况，是否还有细节鲜明的生动记忆（闪光灯记忆），许多人都说有。于是，实验者要求他们将这些记忆写下来。而后，实验者从隔壁的档案室抽出同一位被试于 3 年前悲剧发生次日上午亲手作答的问卷，再回来递给他们。被试清楚地看见两份记录（当前描述和原始记录）都是自己的笔迹，但约有一半的被试惊讶地发现自己刚刚写下的故事和 3 年前的描述迥然不同：故事的地点变了，提供消息的人也变了！有趣的是，即便眼看着自己当年的回答，有几位被试也宁可接受自己对这些记忆的当前描述，而对原始记录的准确性表示出怀疑。实验者举了一个例子：一位被试声称当时自己正在校园中的一家自助餐厅吃午饭，有个学生突然冲进餐厅，向在场的诸位通报了航天飞机失事的悲剧。然而，原始记录则显示她当时正独自待在寝室，是从电视上得知这则消息的。对自己的闪光灯记忆可能出错一事，她表示非常难以接受。

8

值得一提的是，关于这位被试的例子，我也是从我自己的记忆中提取的。Ulric Neisser 和我在康奈尔大学共事多年，我与他探讨闪光灯记忆、约着去看“超级碗”、一块玩“撞车大赛”……这些经历在我的记忆里准确而鲜明——至少我认为它们准确而鲜明。当然还是那句话：我们**最好还是要对自己理解周遭世界的方式保持一份谦卑**。

我们的日常记忆要是出了岔子，或许只会令人有点尴尬；但关于犯罪行为的记忆一旦出错，结果就可能是灾难性的。比如说，联邦政府的“昭雪计划”（Innocence Project）就记录了数以百计这样的“犯罪案件”，对犯罪行为的目击证言事后被 DNA 证据所推翻。

一些严重罪案的目击证人在警察局里指认错误的嫌疑人，这种事相当不少。他们会在脑海中复演罪案，将自己指认的嫌疑人的面孔叠加到复演的场景之上，因而在之后上庭时对坐在被告席上的家伙真的实施了犯罪更加确信无疑。无辜的被告只能承担后果：被判有罪和无妄的牢狱之灾。

David Dunning 及其在康奈尔大学领导的实验室针对目击证人证言实施了一系列研究，发现如果证人能细致描绘其指认对象的面部特征，并能富有条理地谈论自己的选择过程，通常就标志着他们的指认是**不准确**的。相反，如果证人没法解释自己为什么能将嫌疑人认出来，或含糊地说“我不知道，但他那张脸我就是看着眼熟”，他们的指认反而要准确得多。有时候，我们对特定情况最初、最直接的自动化反应就是我们的心智运行方式最为真实的写照。同理，对世界的第一印象往往要比我们刻意为之的叙事要更贴近真实。Malcolm Gladwell 在其著作《眨眼之间：不假思索的决断力》（*Blink*）中列举了一系列心理学/行为经济学实例，这些研究证实，就某些任务的决策表现而言，依靠相对无意识的直觉猜测，结果可能要胜过富有条理的逻辑思辨。

在因“昭雪计划”而终得昭雪的案件中，有四分之三都涉及证人极有把握但显然并不准确的目击证言。更令人吃惊的是，在后来因 DNA 证据而大白于天下的案件里，四分之一的被告在审讯过程中都曾给出不实的供述。到底是什么让他们对这些没来由的指控照单全收？

9

事实上，警方的审讯程序有时的确会构成某种诱导，就像精神科医生偶尔为患者“恢复”其实是错误的早年记忆，或调查员意外地让一个孩子回想起他未曾经历的过往。这种事常有。一个高暗示感受性的人要是能被舞台魔术师轻易催眠，他在审讯的压力下也会很快崩溃。长达数小时的询问和质疑会将他逼到极限，他会觉得只要不用继续忍耐这种折磨，不管怎样都行！认罪是一条出路——至少有用，哪怕是暂时的也好！那些最优秀的调查员都很擅长玩心理游戏，他们会巧妙地诱导嫌疑人，挖出只有真正的罪犯才有可能了解的情况，但同一类心理游戏（比如说哄骗对方说有人目击了他实施犯罪）如果用在无辜者身上，有时就会酿成冤假错案。

威廉姆斯学院的 Saul Kassin 设计了一项研究，成功诱导了约半数参与者承认自己需对一次小小的意外事故负责。这些被试说，由于自己错按了键盘上的某个按键（实验者已事先告知他们不得按下该键），导致安装在实验用计算机上的一款软件受损。当有（假扮的）目击证人声称她看到被试确实按下了那个键时，供述率更是猛增至原来的近两倍！几位被试甚至描绘了自己不小心按下那个按键时的细节，尽管他们其实压根儿就没碰到过它！

关于我们自身，及我们特定行为的许多描述都是不实的，但我们经常会心甘情愿地接受它们，甚至会维护它们或至少做出解释。比如说，瑞典隆德大学的 Lars Hall 改进了前述“变化视盲”实验范式，制造了“选择视盲”（choice blindness）。他能操纵参与实验的当地选民，让他们对上一秒还在反对的政治立场表示认同，这听上去是有些不可思议，但它其实就像是牌桌上的一些经典把戏。

你可以设想一下：很快就将有一次重要的投票，你所在街道的民意调查员上门拜访，希望你能回答几个问题。你热衷于此，而且正闲得无聊，便答应帮忙填写一份简短的问卷。为方便你作答，问卷被别在一块文件夹板上，内含12个不同的政治问题，每条问题后附连续评分标尺，标尺最左端表示你对该问题持绝对自由放任的态度；相反，最右端则意指你对该问题的态度高度保守。但你其实有所不知：就在你专心填写问卷时，“民意调查员”会仔细观察你的一举一动，并用同色的水笔和同样的记号（要么是打勾，要么是画圈）在另一块夹板上填写一份同样的问卷。只不过他的回答在整体倾向上与你的稍有差别。你填写完毕，将夹板交还给他，他会取下你的问卷，别在他自己的夹板上，在此过程中悄悄将自己填好的那份问卷盖在你的问卷上。然后，他会邀请你一同回看（调换过的）问卷，并请你为（其实不是你自己的）回答做出逻辑上的解释。你当然不是傻瓜，一定会打断他的话，抗议说“且慢，这些可不是我刚才的回答”，对吧？还真不一定。实际上，只有22%的被试察觉到问卷被人掉了包，其余78%的被试则欣然应承，他们为“自己的”回答辩护，仿佛这些回答的确出于他们自己的意思！在将所有问题过完一遍后，“民意调查员”会请被试审视自己的总体看法，并问他们更有可能将选票投给哪个党派。被蒙在鼓里的选民们在努力维护了（别人的）意见后似乎改变了原先的想法，他们中约半数都表示对更换投票对象持开放态度（不论这意味着自己的政见会更偏右还是更偏左）。

10

别对你的判断笃信不疑

让某人赞同他自己几分钟前还在反对的意见是很好玩，但如果能让他在最初反应时就顺着你的意思来就更好了！4S 店的推销员干的就是这件事：只不过你对他正希望你干什么心知肚明，可如果你不知道呢？

如果你（或一台计算机）要操纵另一个人的思维过程，后者就必须有足够的透明度。换言之，当他为某个决策任务而犹豫不决，你得有办法“读心”。实际上，在我们纠结于两个选项的时候，双眼或双手经常就会显露出这种纠结。许多人都对这些俯仰顾盼、举手投足间的细微迹象了然于心，其中最典型的例子就是那些优秀的扑克选手，他们擅长识别各种类型的“马脚”（tells）。现在就有许多这方面的书，指导我们如何借助眼神、表情和动作判断对方手牌的好坏。但是，即便是职业扑克玩家也会犯下许多错误，因为就像你我一样，他们也难以避免变化视盲、记忆偏差和判断错误。不过，假如你能使用科学仪器将对方双眼和双手的每一个动作都记录下来，当然就不会错过任何东西了。

11

有人就这样做过，我以前的学生 Rick Dale 和一个叫 Chris McKinstry 的家伙就一同设计了一项研究。Chris 是一位业余人工智能爱好者，他创建了一个规模可观的数据库，包含了大量正确或错误的陈述。该数据库是以众包方式建立的，任何人都能为其添砖加瓦——在 21 世纪头几年，人们可以登录他的网站“Mindpixel”，对由系统随机提供的20条陈述的正确与否做出自己的判断，而后系统会允许用户为数据库添加一条全新的陈述。以这种方式，数据库中的每一条陈述都会有一个正确性评分，范围从0.0（错误）到1.0（正确）。McKinstry为他的数据库起了一个唬人的名字——通用人工意识（Generic Artificial Consciousness，GAC），绰号“Jack”。根据GAC的打分，陈述“电视对你有害”的正确性是0.52，“生命是一个轮回”的正确性是0.61，“所有的政客都是骗子”的正确性则是0.62。

我认为，说Chris McKinstry是一个“天才的疯子”一点问题都没有。这并不是说他是个“有一点疯狂的天才”，就像Ernest Hemingway，也并不是说他是个“有一些天才的疯子”，就像Hunter S. Thompson。他是天才与疯子的完美结合，正因如此才有那么多的人热爱他，也才有那么多的人痛恨他。实际上，我们可以从一部现在已经很难找到的关于他的纪录片《幕后之人》（*The Man Behind The Curtain*）中发现，许多人对他其实是爱恨交加。就像Hemingway和Thompson那样，McKinstry最后也选择了自行了断。

McKinstry身后既有他忠实的追随者，也有他执着的批评者，还有他为人工智能的发展创建通用知识库的方兴未艾的理念：该数据库并非由几位博士生在实验室中凭空搭建，而是由成千上万自愿参与的人们大脑中的常识积累演化而来。我自己的计算机中就存储了一份取自GAC的样本，包含8万条相对随机的陈述，每一条都有自己的正确性评分。这是我从McKinstry那儿继承下来的全部遗产。平心而论，这要比大多数人为他们溘然长逝的旧友保留下来的原始资料丰富得多。

2005 年，Rick Dale 和我与 McKinstry 合作，从 GAC 中精心选择了 11 条陈述，它们的正确性评分分别为 0.0、0.1、0.2、0.3、0.4、0.5、0.6、0.7、0.8、0.9 和 1.0。我们将这些陈述编辑成问题，显示在计算机屏幕上，让被试就每一条问题勾选“是”或“否”的选项框。比如说，对问题“人是有逻辑的吗？”的两种回答应该呈现出绝对的平衡。这是因为根据 GAC，如果 0.0 表示“错误”，1.0 表示“正确”，相应的陈述“人是有逻辑的”的正确性评分恰好是 0.5。显然，在回答这条问题时，所有被试中有大约 50% 勾选了“是”，而另外的 50% 则勾选了“否”。但是，具体谁勾选了哪个选项框并不是我们真正关心的。就像那些扑克高手那样，我们其实是想捕捉被试在做出选择的短短一秒钟里露出的“马脚”。因此，我们将两个选项框分别设置在屏幕的左上和右上角，并记录下被试在做出选择的过程中移动光标的坐标轨迹。[12]

在回答那些百分之百错误（正确性评分 0.0）或百分之百正确（正确性评分 1.0）的问题时，光标的移动轨迹呈一条干净利落的直线：被试们的选择毫不拖泥带水。当问题的正确性评分为 0.0 时（如“一千比一万要多吗？”），所有人都不带丝毫犹豫地操纵鼠标将光标从屏幕底部的初始位置直接移到屏幕左上角的“否”选项框处（谢天谢地！）；而当问题的正确性评分为 1.0 时（如“你应该每天刷牙吗？”），所有人又都让光标径直奔屏幕右上角勾选“是”（还好还好！）。但在呈现那些正确性评分介于 0.0 和 1.0 之间的问题时，情况就变得有点意思了：面对“人是有逻辑的吗？”或“谋杀有无可能是正当的？”之类的问题，大多数被试一开始都会将光标向上移动到屏幕中央，然后，光标的轨迹会划出一道弧线，最后落在某一个选项框上——约半数人会选择“是”，其余的则会选择“否”。可见，当被试回答那些有高度共识的问题时，他们会做出直接的、自信的选择；相反，如果某些问题缺乏共识，被试在回答时就会举棋不定，在两个选项间犹豫。光标的轨迹显示，即便他们最终选择了“是”（或“否”），过程中他们也曾（短暂地）考虑过选择“否”（或“是”）。简而言之，他们露出了“马脚”，而计算机能侦测到这些迹象。

这样，如果你能实时追踪一个人的思维过程，不管是通过记录他们的手部运动、眼部运动还是别的什么办法，你就能在这个过程结束之前以某种方式影响到它。你可以操纵一个人，让他在做出第一反应的**过程中**不自觉地拥抱你所偏好的理念——甚至要比一位汽车推销员做得更好。2007 年，Daniel Richardson 与我一同设计的实验范式就是用来干这个的。Daniel 当时是我的学生，如今他就职于伦敦大学学院。我们在多伦多聚会，顺便让两家娃娃混个脸熟——他家孩子当年 3 岁，我家的 2 岁。然后我们喝了瓶威士忌，一直聊到凌晨，聊出了一个套路：用计算机将一些问题呈现给被试，在他们纠结于屏幕上的选项时记录他们的眼动。人人皆有眼动：我们的注视点会以大约每秒三次的频率从一个客体跳到另一个客体，而且通常会倾向于瞄着心中正在掂量的对象。因此，Daniel 与我设计了一个实验，使用软件记录被试的眼动，这样，就能侦测到被试反复斟酌时的细节，知道他在什么时刻正掂量哪个选项（体现为他的注视

13

点正短暂地落在哪个对象上）。然后，实验者就有办法诱导被试，让他们很快地做出决定——被试具体会做出什么决定将取决于我们实施诱导时他正在掂量哪个对象。也就是说，如果我们精确地掌握了环境与个人交互作用的节奏，就能在电光石火间影响对方的选择。

Daniel Richardson 与我花了多年时间对这个实验范式进行打磨，在此过程中有不少人提供了帮助。最终，Lars Hall（也就是制造出“选择视盲”的那位仁兄）的学生 Philip Parnamets 加入进来，让实验臻于完美。Philip 贡献了一个天才的想法：只考虑道德相关陈述。比如“谋杀有可能是正当的”（相应的选项是“有可能”和“绝无可能”），或“善于团队合作非常重要，即便这意味着我们要经常压抑自己”（相应的选项是“团队优先”和“我优先”）。我们对选项的表述精雕细琢，并预先实施了大量测试，确保实验中使用的所有陈述的正确性评分都接近 0.5。这样，任何人读到任何一条陈述都要反复审视其对应的两个选项，内心难免纠结斗争一番（这个过程可能长达几秒）。如果没有人记录他们的眼动，最终选择两个选项的人数基本就是 50 对 50。但我们恰恰记录了他们的眼动。这样，计算机就能侦测到一个人在任一时刻正在掂量哪个选项（哪怕下一个瞬间他的倾向性又变了）。Parnamets 事先设置了实验用计算机，让它对特定选项有一个初始偏好。因此，计算机会在被试掂量预设答案（而不是另一个答案）时催促被试做出决定。由于催促的时机恰到好处，预设答案的勾选比例达到了 58%，而不是无干预情况下的 50%。如果你觉得区区 8% 的差别没什么大不了，设想一下，如果这是一场大选，我们已经通过舞弊让其中一方以 16% 的优势大获全胜！

请别担心，上述研究并非在向我们证明操纵人心其实是多么的轻而易举，推销员或政客们也不会别有所图地用这种技巧控制我们的思想。实验室外，没有人会在你一无所知的情况下精确地追踪你的眼动，至少在可预见的将来都不会。广告公司很久以前就知道，面对面的直接灌输比任何偷偷摸摸的催眠技巧都要有效得多。比如说，将阈下信息（subliminal messages）埋入广播、电视和电影节目中，试图造成潜移默化的影响，此举已有一百多年的历史，但在受控的实验条件下检测它们的作用，却常常令人大失所望。快速闪过的图像和含糊不清的词语对引导决策作用甚微，相反，在消费者耳边一再重复“购买我们的产品吧!”更为直白，效果更佳——额外的好处是，联邦贸易委员会（Federal Trade Commission）也不会说你做生意涉嫌欺诈。Parnamets 的研究给我们的启发，并不是什么邪恶的赛博格（cyborgs）将会追踪你的眼动，以此操纵你的选择——不。这个实验告诉我们的是，你，或者说“你所认为的那个你”并非纯粹根植于你的大脑——即便你关于是非善恶的道德观念，也并非全然源自那儿。相反，这个“你”（以及你所携带的“道德罗盘”）是在环境与你的大脑和身体的有机交互过程中实时涌现出来的东西。日常生活中就有无数这样的例子。比如说，想象有一位女士，出于“牛”道主义的考量，最近决心不再食用小牛肉，尽管帕尔马干酪小牛肉是她最喜欢的一道佳肴。在坚持了几个月后，一日她走进一家意大利餐厅。虽然明知规矩就是规矩，自己应该点一道帕尔马干酪配鸡肉，但菜单上的帕尔马干酪小牛肉似乎正在发出强烈的“感召”。她的目光在两道菜名之间来回游移，正在此时，侍者走上前

15 来，问她想点哪道菜。就在他话音落下的时候，我们的女士碰巧瞥向了菜单上的“帕尔马干酪小牛肉”——唉，要是他的殷勤来得稍早或稍晚半秒，语速稍快或稍慢一些就好了！但是，这一瞬间她正稍微偏向那道禁忌的菜肴，虽说这种偏向本该是那样的短暂，但身旁的询问却让她心意已决：她点了不该点的那道菜。侍者并没有刻意选择询问的时机，也不存在什么邪恶的操纵，但是，这位女士心中的道德罗盘却指偏了。这就是 Parnamets 实验的现实版本，这种事常有，实际上它无时无刻不在发生——帕尔马干酪小牛肉着实让人难以抗拒！

关于自我，且莫执着

让你不要执着于自我（let go of yourself）可不是让你胡吃海喝放任自流（let yourself go），要是有人指责我提倡不健康的生活方式，我可要理直气壮地申辩一番。实际上，注意锻炼、健康饮食很有可能会帮助你放下对自我的执着。一副健康的身体将支持一个健康的大脑，拥有了健康的大脑你才能对旧有的自我观念做出健康的怀疑。前面所列举的一系列研究其实都是在鼓励这种怀疑。

再强调一次：我们**最好还是要对自己理解周遭世界的方式保持一份谦卑**。这是因为周遭世界并非只“存在于周遭”，还会以某种方式“渗入你我之内”。环境会时时刻刻、永无休止地影响你最为深刻的自我定义，包括你的道德观念，这样一来，环境实际上就成为了“你”的一部分。因此不论何时，只要可以，你都应该小心翼翼地选择自己所处的环境。

如果你不能充分信赖自己对这个世界的感知和记忆，而且世界还会以各种方式渗透和影响到你，那么从逻辑上推断，你关于“你是谁”的先入观念也就难言可靠了。认识到这一点很重要。许多人都对自己、他人和周遭事物太过自以为是，他们自以为永远正确，而这不过是在自欺欺人：假如他们就任何问题改变过看法，那也只能说明他们原先的看法就是错的。人孰无过。能承认这一点并从中学到东西是有好处的。

你之所以正在读这本书，很可能是因为你对自己是谁还没有百分之百确定，希望能从这儿得到一些启迪。但我也曾说过，这本书并不会直接告诉你“你是谁”。深究“你”具体“是谁”可不是我的任务。但是，正如本章引言，也就是歌手 Laurie Anderson 的《鸟瞰》所唱的那样，尽管没有一位**领航员**，你在这种困境中也**并不孤单**。谢天谢地！你可以将这种困惑与身边的家人和朋友们分享，因为他们其实也不完全清楚自己是谁。这个问题并非无解，但我们必须一同发现真相。

16

关于是什么让你成其为“你”，我希望自己提供的证据足够“硬核”，并能鼓励你将更多的东西囊括进来。本书的每一章都展示了神经科学、认知科学、社会学和生态学领域的一系列研究实例，这些发现将雄辩地证明：我们应该将定义“自我”的事物的范围在前一章的基础上有所放大。随着阅读的继续，本书会将你的“自我”定义从灵魂扩展到前额叶，从前额叶扩展到整个大脑，从整个大脑扩展到你的大脑－身体，从你的大脑－身体扩展到你的大脑－身体－环境，再扩展到你周围的人和事物，整个人类，哺乳动物，所有动物，全部生命……甚至更加广博。

既然你已在学着对感知、记忆、判断乃至自我概念都保持一份谦卑，就该对接下来这本书将会给你造成的影响做好心理准备。我们会逐章逐步地扩展自我的定义范围，一开始这种渐进式的扩展对你来说应该还不成问题，但到了某个时刻，你会觉得迈出下一步简直难于登天！会有那个时候的，早晚都会。彼时，记得问自己一句：为什么这小小的一步会如此费劲？是科学证据本身的说服力不够，还是你出于某种个人的原因而拒绝接受？你必须自行得出结论——不论“你”是谁。

简而言之，人们感知环境，却无法看穿世界真实的样子；回忆过往，却无法还原那些曾经发生的事情；定义自我，却无法明确是什么左右了他们的决定。更为重要的是，本书接下来的章节将向你证明，那些人们一度归为“身外”之物，其实是他们的一部分。这一切接受起来是有些费劲，但别担心，我们已万事俱备，你只需要——深呼吸。

使用说明

在每一章结束以前，我们都会就如何使用其中的知识指导实践提供一些非常具体的建议。可能是做一次冥想、参与一次公益活动，也可能是其他类型的“功课”，比如在朋友身上做一个实验，或对他玩一个无伤大雅的恶作剧。本章的“使用说明”旨在让你亲身感受“变化视盲”现象是多么的强大，以及我们对周围环境的把握通常是多么的有限：你只需要将自己或某个亲友家中的两幅画或两个装饰摆件相互调换一下位置就行。比如说，你可以趁人不备，将卧室里的两只花瓶互换一下，看看你的爱人、小孩或父母要花多长时间才能发现。假如你一个人住，那就挑一个拜访亲朋好友的时机，悄悄地将他挂在浴室或门厅的两幅尺寸相当的画，或摆在那儿的一对小饰品彼此调换过来。几天后，假如无人提起此事，就主动问一问对方是否注意到了房间里有什么不对劲的地方，并将你的所作所为坦诚相告——或许以此为契机，你们可以好好聊聊，体会一下人们是多么容易对周围环境（以及他们自己）感到理所当然。

万物理论

自反性的物质、生命、系统和宇宙

Who You Are

2

从灵魂到前额叶

你以为你是谁？

上帝保佑你。

你真以为你说了算？

——Gnarls Barkley，《疯狂》（*Crazy*）

19

想象你的左手突然产生了自己的意志。在你与朋友喝咖啡时，它竟然自行抬到你的胸前，开始解上衣的扣子！朋友一脸疑惑地盯着你，你低头一瞧，立刻觉得尴尬症都要犯了。为免事态一发不可收拾，你只得放下咖啡杯，尝试用右手将不听使唤的左手拽开。这种事常有，它被称为“外来手综合征”或“异手综合征”（alien hand syndrome），当事人通常声称患肢仿佛在受某种外在于身体的力量所支配。在一些极端的案例中，患者的左手会不受控地甩他们自己的耳光！当然，这种现象的始作俑者并不是什么外星人或“异世界”的力量，而是大脑中一片受损的神经网络。当脑损伤让运动控制网络与其他脑区间的连接出错，有时就会产生这种后果：“搭错线”的网络所驱动的肢体似乎脱离了患者自身有意识的掌控。大脑的一个区域怎么可能在未经你许可的情况下产生运动计划，试图解开你的上衣？在这一章中，我们就将考察意向（intent）从哪里产生，以及决策是怎样做出的。

既然你已经读完了第 1 章，我相信你对第 2 章已有所准备。假如第 1 章的内容产生了我所期待的效果，现在的你对于自身，或者说对于你的“自我”，应该不会再像从前那样笃信直觉了。这也意味着你开始能用一种比较清澈的眼光看待“你是谁”这个问题，而围绕这个问题的科学发现可能会让你大吃一惊。

20

我们的命运似乎是由自我意识书写的。在本章中，我将呈现一系列科学发现，以期证明自我意识既非一个亚原子尺度的量子魔法，亦非你大脑中枢一个小小核团所发射的超自然信号，更非单个神经元“开闸”与“断电”间的闪光。你在日常生活中所做的那些（通常被认为定义了**你是谁**的）理性决策大都是从你的前额叶，即大脑最前端 1/4 部分的数十亿神经元的协同活动中涌现出来的。

自由地感受自由

当 Gnarls Barkley 乐队的主唱 Cee – Lo Green 戏谑地问道“你真以为你说了算?”，他想表达的大概是掌控一切（“说了算”）的并非你我，而是上帝或整个宇宙。当然，或许“上帝说了算”和“宇宙说了算”这两个观点其实差不多，就像物理学家 Deepak Chopra 所说的那样：“上帝并没有创造这个宇宙，上帝成了这个宇宙”。所以，你觉得是谁说了算?

当你就某一件事情做出决定时，经常会觉得是你自己说了算，仿佛你在从自己“深处的某个地方”施加控制。但那个地方在哪儿?在你的大脑中吗?在你的灵魂里吗?有时候你会觉得自己的决定源于某种“意志的力量”，并称之为“自由意志”，因为它似乎不受任何外因限制：你的决定完全由你自己做出，而非由某个他人或某种情况所造成。这种“自由意志”就是你的灵魂吗？它是你大脑某个部分或某个层面的产物吗？

要回答这个问题，我们先得了解大脑工作的基本原理。最重要的是别去相信“你的大脑只使用了10%”，这种说法不过是都市传说。你的大脑中有数以十亿计的神经元，它们承担着非常重要的使命（相互传输电化学信号并产生电磁场），构成了大脑一切功能的基础。它们能调节你的心率，控制肺脏的收缩和扩张，指导四肢、双眼和口部的动作，理解语言，认识面孔，实施算术运算，制造梦境，并让你坠入爱河。大脑中没有哪一簇神经元是无所事事的。此外，大脑中还有数以十亿计的胶质细胞，它们负责维持神经元的当前位置和神经网络的稳定连接，以及为饥饿的神经元输送血氧和血钙。

21

大脑中一个典型的皮质神经元的细胞体直径约为10微米（也就是1/100毫米），与其相连的神经元数量在1万个上下。鉴于每个人都拥有数十亿个皮质神经元，每个神经元都与约1万个其他的神经元彼此连接，我们的大脑所拥有的突触连接数量高达上百万亿。一个神经元（A）给另一个神经元（B）发送的信号是一束电化学脉冲，该脉冲信号沿突出其胞体的轴突（形状像一条长尾巴）传递，它会刺激轴突末端释放一些化学物质（如谷氨酸、乙酰胆碱及五羟色胺等神经递质），这些化学物质又会被神经元B的树突所接收。但是，信号有时也会在两个神经元的树突间传递，甚至会由一个神经元的树突传递至另一个神经元的细胞体。信号的传递必须经过突触，突触要起作用，神经递质就要越过两个神经元间约 20 纳米（也就是 1/50000 毫米）的间隙，最终作用于突触后膜，即突触后神经元邻近间隙处的细胞膜。脉冲信号的含义相当简明，抵达突触后膜的神经递质分子只会单纯地提高或降低突触后神经元发射电化学脉冲，并将信号沿自己的轴突继续传递下去的可能性，而这一切都取决于传递信号的突触的类型——它们要么是兴奋性的（能让突触后神经元“活动起来”），要么是抑制性的（能让突触后神经元“保持安静”）。

这些细节非常重要，因为有观点认为：你的自由意志，也就是你做出（那些“完全由你自己”做出的）决定的能力，似乎就起源于突触之末。备受赞誉的数学家，牛津大学的 Roger Penrose 提出，在突触水平的细微空间尺度，可能要考虑量子随机性的作用。人们之所以会觉得自己的选择和决策不受基因和环境的限制（有时他们的决定甚至会吓到自己），就是因为在亚原子尺度，随机的神经事件可能会对基因和环境的作用产生干扰，让后果难以预料。Penrose 与麻醉学家 Stuart Hameroff 合作，提出了意识的 Penrose - Hameroff 理论：单个神经递质分子需得恰好附着于突触后膜的受体位点才能发挥作用，如果它的附着位置差了几分之一纳米，就无法固定在相应位点上，也无法影响突触后神经元。受体位点是由“微管”构成的，根据 Penrose 和 Hameroff 的说法，这些“微管”的原子结构会产生随机的波动，这种波动有时会让某个神经递质分子**错失**其相应的受体位点，或与错误的受体位点相**结合**。因此，不可预测的量子事件对我们的决策过程产生了重要影响，或许量子随机性就是隐藏在主观意识和自由意志背后的真相！

但是且慢。一次突触传递会释放成千上万个神经递质分子，一两个分子能否附着到准确的位点其实无关大局。而且原子水平的随机波动是飞秒级事件，突触传递则是毫秒级的，由随机波动所导致的意外错失与意外结合应该大致两相持平。更何况，任何决策都绝不是某一次突触传递所能左右的——实际上，某一次突触传递本身甚至无法决定突触后神经元是否会被激活，突触后神经元每毫秒都能从它与（多个）上一级神经元的（多个）连接处接收到 5～50 个突触信号，它需要将这些“活动起来!”与“保持安静!”的指令累加起来，才能决定是否激活并沿自己的轴突传递出自己的信号。显然，我们的任何决策都不取决于某个受体位点能否在某一时刻与某个神经递质分子相结合，同样也不取决于某一次突触传递乃至某一个神经元。事实上，一次决策是从大量神经元的协力合作中涌现出来的，正是数百万神经元的彼此交互让我们得以浏览菜单上的条目、比较菜品和价格、权衡它们的优劣、听懂侍者的推荐，最终收缩肺叶、轻启唇舌，说出话语，至此实现一次完整的决策，选中那道帕尔马干酪小牛肉（或鸡肉）。这个过程涉及如此复杂的因果关系、如此广泛的皮质区域和如此长的时间跨度（数千万亿飞秒），很难想象单个原子细微而短暂的随机波动会经常对我们有意识的决策（或曰自由意志）产生决定性的影响。

以一“元”，驭众“元”

23

许多决策看似都完全由我们自己说了算，这种自主决策的能力如果并非源于量子事件所固有的不确定性，又能来源于哪儿？如果我们的思维和选择不是由纳米级的原子决定的，那它们会是由微米级的神经元决定的吗？

一个多世纪以来，神经科学领域的大多数研究者都在遵循各种版本的“神经元教条”。故事要追溯到19世纪，彼时由Camillo Golgi和Santiago Ramon y Cajal主导的解剖学技术创新让生物学家们得以使用显微镜观察大脑，并发现大脑与其他生物组织一样，也是由细胞构成的。区别在于，构成大多数生物组织的细胞都近似于球状，而构成大脑的神经元拥有枝状的轴突和树突，它们四散蔓延让神经元以复杂的方式彼此连接。20世纪50年代，Charles Darwin的曾孙，剑桥大学的Horace Barlow通过记录青蛙皮质神经元的电脉冲信号，让人们对神经元彼此连接的具体方式有了进一步的了解。Barlow对“感受野”概念的发展做出了贡献。所谓感受野，指的是感官表面（如视网膜）的一块区域，当这块区域接收到（如光线）刺激，会唤醒网络下游与其相连的某个特定的神经元，使其兴奋。Barlow发现在青蛙的视觉系统中，一个负责向大脑其他区域传递信号的网膜神经元拥有相当可观的感受野，包含视网膜上至少1000个感光细胞。如果一个网膜神经元的活动对应于1000个感光细胞接收的光线刺激，我们可以合乎逻辑地推测一个脑神经元的活动可能也对应于1000个网膜神经元的激活模式。单个脑神经元的感受野会将它从相应网膜神经元接收到的信号合并起来，而这些网膜神经元又可能以某种方式排列组合，这样一来，该脑神经元就能成为认识斜线、圆圈，或是（对青蛙来说有特别意义的）苍蝇等轮廓和形状的计算单元。一个简化版的“神经元教条”主张，青蛙之所以能认出一只苍蝇，是因为它脑中的“苍蝇神经元”被激活了。换言之，该特定神经元的活动构成了（constitute）青蛙对苍蝇的认识：要让一只青蛙认出“苍蝇!”，该神经元无须向青蛙脑中的其他部位传递什么信号，它的激活本身**就是**青蛙对苍蝇的认识。在青蛙识别出苍蝇的一瞬间，该神经元的活动**就是**这只青蛙的心智状态，它自己**就是**这只青蛙，它的激活模式非常短暂地**构成**了这只青蛙的“自我”。

24

然而，这个简化版的“神经元教条”太过理想化，而且漏洞百出。我们只要设想一个“祖母细胞”的例子，就足够说明问题了。要一只青蛙认出它的祖母可能有点困难，但你要认出自家奶奶肯定没问题！你可以去看望她，可以翻看相册中的全家福。但是，她几乎每时每刻都不重样儿！她可能才冲老伴儿发火，接下来又眉开眼笑；她可能刚刚还戴着帽子，这会儿又给摘了；她可能一分钟前还在遛狗，接下来又要去逗猫……从她身上反射出来的光线会以变幻无穷的模式在你的视网膜上成像，如果你的“祖母细胞”有一个确定的感受野，要让它灵活适应这些根本无从预测的模式就委实太离谱了！一个神经元的感受野绝无可能包容数量如此巨大、差异如此显著的刺激模式，所以我对“神经元教条”并不感兴趣，你呢？

与指望一个“祖母细胞”包打天下的理论不同，有研究者认为，少量神经元彼此密切耦合的活动构成“稀疏分布的编码”，能让我们轻松习得新概念，并为其添加丰富的情境信息。根据稀疏分布编码原理，要习得一个新的概念或一个新朋友的名字，大脑可以将那些**已经**编码了视觉意象及声音特征相关细节的神经元一同调动起来。

举个例子，假设七岁的你头一次遇见一位络腮胡子金发男，并得知他名叫 Cody（这个名字你也是头一次听说）。实际上，那时的你见过有人一头金发，也见过有人留络腮胡子，而且你有个玩伴 Corey，他的邻居名叫 Jodie。如果你的大脑想要只用一个神经元就将这位 Cody 记住，或许会发现它已经没得可选了：没有一个神经元是无所事事的，即便在那个岁数也没有：大脑中几乎所有的神经元在我们七岁以前都已被征用，它们编码了那些对于年幼的我们来说相当重要的事物的意义，如记住卡通形象的名字，或背诵你最爱的儿歌的歌词。要学习新面孔和新名字，显然不能采用“祖母细胞”式的编码。但是，有了稀疏分布的编码，你那年幼的大脑就能轻而易举地习得这张新面孔，以及他的新名字：只需要将那些已经编码了一些人的金发、另一些人的络腮胡子、第一个音节 Co（来自 Corey）以及第二个音节“dy”（来自 Jodie）的不同的神经元一齐调动起来就行。当你第二次撞见 Cody 时，这些神经元的稀疏编码就会发挥作用——它不会成为一个符号或表征，留待大脑其他区域观察与理解，实际上，它与它拼凑而成的信息**就是**你对 Cody 的认识，正如“苍蝇神经元”的活动**就是**青蛙对苍蝇的认识一样。在你认出 Cody（且尚未想些、说些或做些别的什么）的那一瞬间，这些活跃神经元的稀疏编码**就是**你，其本身非常短暂地**构成**了你的“自我”。这样一来，仅通过连接那些已经编码了相关特征的神经元，你那年幼的大脑就习得了一个全新的名字、认识了一张全新的面孔。成就这一切的并非单一的“Cody 神经元”，而是一套稀疏分布的集群编码。

25

除习得新概念外，稀疏分布的编码还有助于实现情境化。每次看着自家奶奶，她在你眼中多少都会有些不太一样，这就是情境化的作用。如果你只靠一个神经元对她进行编码，就做不到这一点，她看上去势必一成不变，因为只要你认出了她，你的大脑就必然处在某个状态，而这种状态是确定的。有了稀疏分布编码，一个人自然就能激活额外的神经元，让它们参与到编码中来，也就能为每一次新的识别添加情境信息了。祖母在你看来每次都不太一样，不仅是因为她的神态与衣着，更是因为你每次对她的释读与理解都有所不同。比如说，看着一幅再熟悉不过的全家福，假如你刚刚得知奶奶怎样在那些艰难的岁月里含辛茹苦地将几个孩子拉扯大，照片上的她就会给你一种别样的感觉。这种事常有。你对她的感知之所以变化，是因为一些不同的神经元介入进来了：被激活的不仅有负责识别她面部特征的那些神经元，还有许多其他的。这些额外神经元的激活会提供丰富的情境信息，让你对祖母产生一种新的“看法”。如果你看着奶奶时特意采用这种“看法”（比如说边端详她的照片，边回味她的故事），就能训练这些额外的情境神经元，让它们向稀疏分布编码的舞台中心靠近。那样，你心中“祖母”的基本概念就会发生永久性的改变，直至你对她产生另一个新的“看法”。

机器中的幽灵

26

少量活跃的神经元彼此相连构成的稀疏编码或许是大脑的视觉区得以辨识一张面孔，或大脑的语言区得以认出一个单词的关键，但那些决定了我们的决策和选择的稀疏编码又分布在大脑的哪个区域呢？我们能在大脑中的什么地方找到“自我”，以及它那弥足珍贵的自由意志？

早在17世纪，也就是Camillo Golgi和Santiago Ramon y Cajal揭示大脑组织的细胞构造的两百多年以前，哲学家Rene Descartes已就这个问题做出了猜想。他提出，大脑中心部位的松果体（pineal gland）或许就是联系灵魂与身体、让你的意志得以转化为实际行动的器官。松果体是由胶质细胞构成的，在解剖学上独立于周围组织，它恰好位于脑干与皮质之间，会释放一系列神经递质，包括五羟色胺、褪黑素，甚至还有内源性的二甲基色胺（这是一种效力很强的致幻剂，俗称DMT）。但是，松果体不含神经元，因此不参与稀疏编码。它与其他脑区释放的神经递质会影响整个中枢神经网络，动态地调整其连接模式，强化某些突触并同时弱化另一些。大脑化学环境的变化可能会让同一套神经网络产生截然不同的行为。

但如果Descartes是正确的呢？如果松果体不仅能用化学物质影响整个中枢神经系统的功能，还是连接精神世界的灵魂与物质世界的大脑–身体的管道，那需要我们解释的问题可就多了。首先，灵魂的意向当然是无形的，而神经元的激活模式则是有形的，松果体究竟该如何将前者转化为后者，以驱动人类的特定行为？再者，老鼠有灵魂吗？——不管怎么说，它们确实是有松果体的。如果你的“自我”是由一个灵魂承载的，而这个灵魂又从属于一个无形的非物质领域，这是否意味着就算你的大脑和身体消亡了，“自我”仍将存续？灵魂会发声吗？它能听见我们说话吗？它能感知由特定物体反射的光线，并认出奶奶（或一只苍蝇）吗？如果能，它又是怎样做到这些的？

根据 Descartes 的理论，意识源于非物质的灵魂，而不是由大脑的生理过程产生的。这种说法天生就面临一系列逻辑困境，值得我们简单审视一番。如果大脑可在生物学意义上被视为一台机器，Descartes 所说的灵魂就是不折不扣的“机器中的幽灵”。幽灵能摆脱这台机器并获得某种“躯体外经验”吗？我们在死去或濒临死亡时将要体验的就是这种经验吗？果真如此，一个没有身体的（非具身的）幽灵将如何感知现实世界？别忘了它可没有眼睛或耳朵之类的生物器官，无法过滤出特定波长的电磁辐射（我们称之为光）和特定频率的空气震动（我们称之为声）。它是否根本就不需要过滤电磁辐射和空气震动，就能直接感知到所有波长（从无线电波到“可见”光再到伽马射线）和所有频率（从鲸鱼发出的次声波到扫描仪发出的超声波）？那它的感官体验（别忘了它没有“感官”）可就和我们所熟悉的日常体验截然不同了。又或者它也和我们的肉身一样，要对现实世界中的光线和声音进行过滤，因此一个色盲患者死后，他的幽灵也没法区分绿灯与红灯；一个听障患者死后，他的幽灵也听不见身旁的悲悼之声？那占到女性总人口数量 3% 的四色觉者又当如何呢？她们的视网膜上有一种额外的色觉感受器，因此她们要比常人更擅长颜色的精细分辨。她们的幽灵在欣赏彩虹时也会看到比你我眼中更加丰富的色彩吗？问题真是层出不穷啊，对吧？幸运的是，还真有些控制严谨的科学实验能为我们提供一些答案。

许多在急诊室中一度濒临死亡的人们事后都会描述各式各样的濒死经验，其中一种就是躯体外经验，这种经验不常见，但也不时会有。那些经历过心脏骤停的患者里就有约5%的人声称自己**当时**有过躯体外经验，比如能俯视自己的身体和房间里的急救人员——仿佛他们的灵魂“出窍”后游荡在现场上空，将一切尽收眼底。读过第1章后，记忆这种东西到底有多靠谱我们是心中有数了，所以对灵魂出窍之类的自陈报告，你没准儿已留了个心眼。干得漂亮。我们需要的是对这些报告进行公正无偏的检验，对吧？这件事已经有人做过了——那还是在20世纪80年代中期，检验者叫Janice Minor Holden，她也是第一个尝试以受控实验对自然濒死状态下的超自然视知觉现象进行研究的人。Holden事先将写有文字的纸张藏在急诊室里的柜子或架子顶上，如果灵魂确实“出窍”并游荡在诊室上空，它俯视时应该能看见这些纸张上的文字，就像看见房间里的人们一样。如此，在事后接受访谈时，那些声称自己当时有过躯体外经验的被试应该能准确说出纸上都写了些啥，虽然这些文字是完全随机的，他们不可能提前预测得到。2007年，《互联网异教徒》（*Internet Infidels*）杂志的编辑Keith Augustine就Holden的实验和近20年来的其他相关研究撰写了一篇综述，指出在数百例受访急诊患者和其中数十位自称当时有过躯体外经验的被试中，竟无一例能说出纸张上的内容。2014年，Sam Parnia等人又报告了一项研究，称他们采访了101例曾因心脏骤停而经历过脑死亡的患者，发现除其中一人似乎对其脑死亡时身边发生过的一些事情保有记忆外，无人能回忆起藏在房间里的文字信息。假如非物质的灵魂的确存在，上述研究无疑证明它无法携带你的意识脱离躯体。不仅如此，它的“感官体验”一定与你的身体所拥有的大不相同，毕竟你有双眼和双耳能过滤电磁辐射和空气震动，而它（作为一个“非具身的”灵魂）可没有！

因此，虽然你拥有一个非物质的灵魂的可能性并未完全消除，但恐怕我们必须得出以下结论：关于无形的意向与有形的物质力量如何相互影响，Descartes 的松果体理论无法解释的东西实在太多了。

但灵魂这玩意儿到底是物质性的还是非物质性的，其实并非“你是谁”这个问题的关键。不少人都相信自己拥有一个超自然的灵魂，它能跨越往世与来生，这一切都是天堂里那位聆听祷告的上帝的馈赠。许多科学家，像 Richard Dawkins、Daniel Dennett、Christopher Hitchens、Bill Maher 等人都在自己的著作或相关影视作品中坚决驳斥这种说法。当然也有许多人激烈地反对无神论，其中就包括 John Danforth、John Haught、Ian Markham，等等。读者无需改弦更张，关于灵魂、来生与神明，你想追随哪种观点都可以。关于你那弥足珍贵的自我到底以什么为核心，每个人都可以保留自己的意见。我所希望的只是呈现一系列科学证据，让你考虑这样一种可能性：现实世界参与**构成**了你的自我（亦即“你”到底“是谁”），而且这个“现实世界”的范围可以无限扩展开来。为此，本书将逐章逐步地鼓励你拓展“自我”的定义，不论其核心是否是物质性的。

让我们回归正题，继续探讨关于自我、意志和灵魂“位于大脑何处”的科学证据。Descartes 的松果体理论在几个世纪以来受到了大多数学者的反复批判，因为解剖学和神经科学的相关研究并没有发现松果体有什么特别之处。但如果自我/灵魂并没有栖息在松果体中，它到底又能藏在大脑的哪个区域？

以一“域”，驭众“域”

对脑损伤及其所导致的行为变化的医学观察，为我们提供了关于“自我在大脑中位于何处”的最早的科学证据。历史上最著名的脑损伤患者大概要数 Phineas Gage，他生活在 19 世纪中期的美国，是一位熟练的铁路筑路工。在一起由打眼作业导致的意外爆炸中，Gage 被一根从炸眼中飞出的撬棍迎面击中，这根铁棍长约 3 英尺、厚约 1 英寸，它从他的左颧骨下方刺入，再从眉骨上方的头顶穿出。在事故发生后的几分钟内，身受重伤的 Gage 居然还能像常人一样行走和对话（我没开玩笑）。大约一小时后，Gage 开始剧烈呕吐，根据到场的医生留下的记录，呕吐时部分脑组织从 Gage 颅骨上的破洞中被挤了出来，溅落在地面上（他也没开玩笑）。在病房里躺了大概两个月后，Gage 又在父母家住了一段时间，最后他……康复了！希望这个故事不会影响到你下一次玩僵尸游戏时的心情——根据游戏设定，哪怕你将一把小刀扎进僵尸们的脑子，都能让它们立马完蛋。

Phineas Gage 的案例最让人意想不到的，是左侧前额叶相当一部分组织的丧失似乎并未导致什么认知或行为上的障碍。在六个月的休养后，他回到了原来的岗位上。但工友们发现，他的人格似乎发生了变化，变得更加冲动，也没有从前那么值得信赖了。他们说他“不再是 Gage 了”。后来，Gage 受邀移居南美，在智利做了几年长途驿站马车夫。这份工作不仅需要身手利落，还得具备社交能力、规划能力和相当的职业操守，心理学家 Malcolm Macmillan 因此认为

Gage 由于前额叶受损而导致的“人格变化”是短暂的。在遭受意外约十年后，Phineas Gage 患上了癫痫，几年后他因一场发作痉挛而死。

在那以后的一个半世纪里，神经病学与神经科学的迅猛发展让我们对额叶在大脑中究竟承担了哪些任务有了更加深刻的理解。这个区域所影响的远不限于人格、冲动性和可靠性。位于额叶前部的前额叶是一块解剖学上的独立区域，会将自大脑中一系列感知/运动区传入的神经信号汇聚起来，就如何解读不同的情况、制订相应计划并加以实施发布“行政命令”。众多研究都已证实，前额叶能抑制冲动反应、（在一段时间内）坚持行动计划，并权衡相互竞争的想法。Joaquin Fuster 认为，这些功能并不是独立于彼此的，也并不分别对应于前额叶中特定的神经资源；相反，我们应该将前额叶视作一个广泛的神经网络的重要成分，该网络由一系列脑区构成，这些脑区彼此协同，以支持“行为的时间组织”，也就是将特定行为的组织与合适的时间尺度相匹配（比如说，取物对应于秒，日常工作对应于小时，学习对应于日或周，组织家庭对应于月或年，职业生涯的打造对应于十年乃至更长的时间）。这个网络要能不时权衡相互竞争的想法、坚持行动计划，以及抑制本能的爆发。

30

前额叶皮质受损的患者能够意识到选择某个选项虽然眼下会有好处，但长期来看却将损害他们的利益。这些人尽管心知肚明，却还是会选择这个选项。他们能轻松学会按照形状或按照颜色将不同的图片归类，却很难在两种规则之间进行切换。你甚至可以对那些健康的被试做些手脚，暂时性地诱发他们前额叶皮质的“损伤”。在实验室中，认知神经科学家们能使用经颅直流电刺激设备让被试的额叶短暂地“失活”。Shanon Thompson－Schill 和她的学生们就用这种方法短暂地“阻断”了被试左侧前额叶皮质的神经活动，他们将强度约 1 毫安的弱直流电从目标脑区附近的头皮导入，整个过程完全无创。当左侧前额叶皮质的神经活动被阻断时，被试在依据颜色或形状对客体进行归类的任务中会遇到一些麻烦。有趣的是，这种轻度的归类困难并不一定会给大脑的编码功能“挖坑”，某些时候它反而会有好处：Thompson－Schill 的研究团队发现，在左侧前额叶的活动遭到轻度抑制的情况下，被试猜测一件从未见过的工具有何功能时会有更多的创意。心灵总想肆意奔腾，前额叶皮质则是它称职的驭手，只要稍微松一下认知的缰绳，有趣的新想法就会如雨后春笋般产生。

31 Libet 的实验

是否一切想法（不论有无创意）要转化为行动，都要先通过前额叶皮质的“出入口”？我们就是在那儿决定自己是要点帕尔马干酪配鸡肉还是小牛肉的吗？心理学家 Benjamin Libet 想要知道大脑究竟是在何时何地做出这样简单的决定的。为此，他在 20 世纪 80 年代使用脑电图（EEG）技术记录了一些零星分布的神经元毫秒级的电场变化模式，这些神经元在感知、认知和行动任务中会同步激活。在 Thompson－Schill 的实验中，我们已经看到电流能进入颅内，改变大脑的活动模式，现在我们发现大脑的正常活动产生的电流和电场也能透到颅外，尽管它们非常微弱，却也能被贴在体表的电极侦测到。通过记录这些电场的变化情况，认知神经科学家能将特定神经事件与相应的感知输入/运动输出在时间轴上精确地对应起来。在 Libet 的实验中，被试要观察一个绕表盘运动的点，并自行决定何时抬起自己的手指，研究者则对他们在此过程中的头皮电位进行记录。

这是一个简单的决定。你可以设身处地地想象一下：实验者往你脑袋上扣了一面 EEG 网，让你将右手平放在桌面上（并在你的右手食指上也贴了一个体表电极）。你盯着面前的表盘，一个光点正沿刻度绕着它转圈。你只需要（1）在任何你愿意的时候抬起右手食指，以及（2）报告在你决定抬起手指时光点正位于表盘上的哪个位置。被试每抬起一次手指，Libet 都会精确地记录：（A）被试的手指何时抬起（体表电极能在第一时间捕捉到手指的动作）；（B）光点何时运动到被试报告的位置；以及（C）大脑何时确实在计划要抬起手指（根据 EEG 的记录）。自然，A 时点是三个时点中最晚的，因为我们可以合理地推测：在手指抬起前，被试先要做出抬起手指的决定，神经系统也要为手指的动作做好准备。B 时点平均要比 A 时点早几百毫秒，这同样十分合理：我们会觉得这几百毫秒应该就是被试做出抬起手指的决定、将其转化为运动皮质的稀疏编码、该编码向皮质下组织传递信号，以及皮质下组织经脊髓向手部特定肌肉发送具体指令等各项操作消耗的时长。实际上，所有这一切只需要几百毫秒，这效率确实令人称道。Libet 的实验最为惊人的发现是，C 时点平均又要比 B 时点早几百毫秒！没错，早在被试们意识到自己做出运动决策前，他们的脑电活动（位于邻近前额叶皮质的

32

辅助运动区）就已经发生了显著的改变。

再回到实验室中将整个过程复盘一遍：你坐在一块大表盘前，一个光点正沿刻度绕着表盘快速转圈。在某个时刻，完全出于自己的意愿，你感受到了抬起手指的冲动，此时你发现光点恰好位于表盘的3点钟位置。在你将手指抬起的那一刹那，光点已移动到了表盘的3点和4点之间。而你有所不知的是，在光点还位于2点和3点之间，你尚未意识到自己凭“自由意志”做出了抬起手指的决定时，盖在你脑袋上的那块EEG网已侦测到了你大脑中神经活动的改变。所以**你**并没有做出决定，抬起手指的决定是大脑帮你做出的，而且你在它做出这个决定的几百毫秒后才意识到了这一点。又过了几百毫秒，你的手指才开始运动。而你竟满以为这一切都源于**你**自己！

Libet的实验在哲学、心理学和认知神经科学的圈子里引发了激烈的争论，这种争论一直延续至今。这个实验似乎在暗示自由意志不过是一种幻觉，许多关注心智理论的学者都对此耿耿于怀，他们努力地寻找实验解释中的逻辑瑕疵。就连Libet自己都想为实验结果找到某种例外，让自由意志能在一些特殊的情况下存在。他猜测，虽然确有一些神经活动先于最初的运动决策出现，且的确是这些运动决策的诱因，但我们还能做出后续决策以“否决”先前的运动决策，而这些后续的“否决”决策或许就依赖于真正的自由意志——这些真正意义上的自由意志并不是什么神经活动模式的后果。

Patrick Haggard的团队检验了Libet的猜想，即对一个先前决策的否决并不依赖先前的大脑活动模式。但研究证明，即便是对先前决策的否决也能被该否决决策（被当事人意识到）以前的神经激活模式所预测！由此可知，非但所谓的“自愿”不自由，“不愿”也同样不自由！

33

Libet 在 20 世纪 80 年代使用的设备还只是脑电仪，在那以后，神经成像技术快速发展，这种技术的敏感度更高，能让我们更好地认识大脑在感知、认知和行动任务中的具体活动模式。功能性磁共振成像（functional magnetic resonance imaging，fMRI）技术能侦测大脑中血液磁共振信号的变化情况，这些变化是因血液参与（制造电化学脉冲信号的）神经元的新陈代谢过程而产生的。当某个脑区的激活水平提高，该区域的神经元会从血液中提取更多的氧以补充能量。通过侦测该脱氧过程导致的血液磁共振信号变化，fMRI 设备能揭示当前哪个脑区的活动更为频繁。John – Dylan Haynes 的团队在一个 Libet 式的任务中使用了 fMRI 设备，他们要求被试自行决定按下左边或右边的按键。Haynes 等人发现，用额极皮质的激活模式预测被试会按下哪个按键，正确率能达到 60%（显著高于 50% 的随机猜测水平）。额极皮质是前额叶皮质最前端的部分，大致位于眼球的上方。猜猜这个区域的神经激活模式能提前多久做出有统计意义的预测？远不止几百毫秒。早在被试声称意识到自己做出决定前的 8 ~ 9 秒，前额叶皮质的这个部分就已经在酝酿该决定了。

这是有些让人难以接受，所以你尽可以消化几分钟的时间。科学证据显示，前额叶皮质的神经元激活模式携带了与当事人（比如说）倾向于选择鸡肉还是小牛肉相关的信息。重要的是，这些信息早在当事人意识到自己的选择**之前**好几秒就已经存在于他的大脑中了。简而言之，在**你**知道自己要做什么之前，你的大脑已经知道了。是神经元的激活模式决定了你的意愿，而不是反过来。遗传和社会学习决定了你的前额叶皮质的连线模式，该连线模式又决定了你的行动，在此过程中你那有意识的“意志”其实姗姗来迟。接受了这些，你就能在拓展“自我”定义的征途上迈出重要的一步。至此，“你是谁”这个问题的答案并未脱离现实世界，它绝不只是一个灵魂，而是也包括了你的大脑——至少包括你的前额叶皮质，因为你无法做出一个完全没有物质先兆的决定。

34 大脑知道的比你多

实际上，大脑携带了它的拥有者所无法觉察的信息，这一点已经有许多证据。你的大脑不仅能提前知道你将要做什么，还能在你认为自己全然不知的情况下感知外物并做出反应。还记得第 1 章中提到的“变化视盲”实验吗？你自己有没有完成最后的“功课”？最好尝试一下。言归正传，我读博时的一位导师 Mary Hayhoe 设计了一个实验，她让被试盯着屏幕上显示的一些图片，图片的某些部分会时不时地发生变化。有些时候，被试没法注意到这些变化，但眼动记录却显示他们的目光在发生变化的位置停留了更长的时间。实际上，这说明被试大脑中的某些区域怀疑那些位置变了，并将注视点导向了那儿。大脑中的许多区域都能控制眼动，其中（位于前额叶皮质的）额叶眼动区特别重要，但在它们驱动眼球转动时，大脑的其他区域却未能搜集和提取到足够的证据以报告图片的具体变化情况。这还只是一个例子。你对自己当前状况的印象构成了你的“内省”，而且你能将它报告出来，但在许多时候，它都根本无法反映你的大脑其实是怎样加工当前状况的。切记，通常“你以为”你的大脑在干什么和它“实际上”在干什么都绝对不能划等号。

盲视现象是证明大脑能够超越“自我”的一个相当惊人的例子。枕叶区（大脑后部）初级视觉皮质受损会让人丧失部分视觉，对这些患者的临床描述通常都是“他们无法看见视野中特定区域的信息”。如果我们将一个字母置于他们视野中的“盲区”，并要求他们回答这个字母是“X”还是“O”，他们会坚称自己根本看不见“盲区”里的东西。但如果我们让他们不论如何必须得猜一个，一些患者又能做得很好——他们的正确率显著高于随机猜测，而且表现得相当稳定。这与 Hayhoe 变化视盲实验中被试的表现很像：尽管没能注意到图片的变化，但他们注视变化位置的时间却更长。视觉信息确实存在于大脑中的某处，只不过它没能“进入”当事人的意识罢了。

实际上，研究显示有盲视患者在抓取“盲区”内的物品时表现几乎与常人无异。认知神经科学家 Mel Goodale 的团队将一位盲视患者请到了实验室，让她伸手抓取一些日常用品，并仔细记录了她取物时的手部动作。尽管被试声称自己完全看不见位于“盲区”内的物品，但在她应要求做出尝试的过程中，却能在触碰物品**之前**就摆出适合抓取该物品的手型。显然，视觉信息的确存在于她大脑内的某处，或许就在顶叶（邻近大脑顶部）的视动协调区，只是绝对不在那些支持视觉意识的区域。

心理语言学家 Lee Osterhout、Judith McLaughlin 和 Al Kim 提供了另一个令人印象深刻的实例，证明大脑携带了其使用者无法通达的信息。研究者将一些才开始学习法语的学生请到实验室，为他们带上 EEG 头套，以记录他们的神经元被激活时产生的电场。他们向这些学生呈现一系列字符串，每一个字符串都由两个连续的单词构成，并询问学生两个单词是否都是法语词汇中的真词，如 *maison* – *soif*，还是其中含有一个非词（nonword），如 *mot* – *nasier*。由于学生们学习法语的时间很短，他们几乎只能随机地猜测，猜对和猜错的次数几乎一样多。但 EEG 信号则揭示了事情的另一面：这些初学者的大脑对法语真词如 *mot* 和非词如 *nasier* 做出的反应呈现出可检测的差异。实际上，被试学习法语的时间越长（差别其实不过几个小时），他们对真词与非词的反应差异就越大。然而，没有一位被试能将真词与非词的区别诉诸语言，尽管他们的大脑显然已开始了解一些构词上的规律。

大脑会在你不经意间完成各种各样的工作，这显而易见。你能在毫无意识的情况下注意周围环境的细节、习得新的单词、决定抬起自己的手指，甚至在鸡肉或小牛肉之间做出选择——具体过程就连你自己都不知道。你的感知、思维和行动直接来源于极小的神经元之间微妙的电化学交互，这个观点乍听起来可能令人有些困惑。如果说感知输入导致了神经激活模式，而（遗传和学习决定的）神经网络的连接进而又导致了决策和行动，那么该为这些行动负责的又是谁呢？**你**吗？——这个“你”又是谁呢？

“自由” 的意志不自由

36

仔细想想，其实这一切也谈不上有多么令人困惑。如果你自愿做出的一个决定并非来自你的大脑，它究竟又能来自哪儿？有果必有因，不是吗？虽然这个“因”可能很复杂。假如一个决策是果，它就肯定会有一些诱因。神经激活模式就是它最直接的诱因，而神经激活模式本身又是其他诱因的结果，以此类推。这些其他的诱因包括当前的感知输入、这些感知输入所由产生的近期行动、文化情境、家庭影响以及遗传历史，等等。就连抬起你的一根手指这样简单的决策也不可能是无中生有的。我们还没准备好挑战因果律，对吧？（注意，是“还”没准备好。到了第8章就不一样了：我们会挑战一下。这里就先卖个关子，我们暂时还不用去想那些。）

心理学家 Daniel Wegner 认为，我们对自身自由意志的**经验**其实是一种幻觉。他整理了一系列不符合自由意志日常直观的心理偏差（如精神分裂症或催眠状态），以及诸如 Libet 实验之类的实证研究，并指出虽然我们能觉知到某种意向并见证自己将其付诸行动，但要说我们是该意向或行动的“所有者”（owner）或“拥有者”（author），其实是不准确的。毕竟，如果像 John – Dylan Haynes 这样的科学家能记录你前额叶皮质的活动模式并据此（以显著高于随机预测的准确率）稳定地预测你将会按下左键还是右键，而你要在好几秒后才意识到自己“自由选择的”倾向，那么，对这种倾向的**意识**就肯定不会是你选择该按键的诱因。你在选择过程中对自身自由意志的感受只是一种幻觉，不是吗？

但我们要对这个结论可能造成的影响留个心眼。每当有人指出自由意志并不真实，都会激起广泛的反对，后者的主要理由是，果真如此的话，我们就没法让人们为他们的行为负责了。似乎自由意志**非得是真实的不可**，一切质疑都无异于在鼓励人们犯罪，并让他们有理由逃避责罚。我们且不评判这种观点是否正确，不妨先看看它有无逻辑——简单地说，它“本末倒置”了。人类大脑能否产生无前因的自由意志并以此指导行动，早在人类社会成型以前就已经被自然法则，包括物理定律和生化事实所决定了。而多数情况下个人应该为自己的反社会行为担责，这种共识其实是在社会组织发展完善的过程中逐渐成熟的。也就是说，不论人类何时第一次出于社会责任的考量而提出自由意志“非得是真实的不可”（时点 1），在那之前很久，智人的大脑就已演化完成，它是否拥有自由意志也已是既定事实了（时点 2）。显然，一种社会共识（时点 1）怎么可能对一个要比它早了成千上万年的演化事实（时点 2）造成任何形式的影响？一个关于大脑的理论是否正确，从来都不是由它是否符合文明社会的价值观决定的。

37

Libet 式的实证研究显示，前额叶皮质的激活模式能以六四开的准确率预测我们五五开的随机选择，而第 1 章中 Parnamets 的实验则显示软件能操纵你原本五五开的道德决策，让你对其预设立场产生六四开的倾向性。这些科学证据都表明，人类大脑中并不存在真正意义上的“自由意志”。如果你对文明社会的定义高度依赖于大脑中存在自由意志的假说，或许该尝试稍微修正一下文明社会的定义，而不是歪曲那些关于大脑的科学事实。

哲学家 Derk Pereboom 提出，因为不存在自由意志，我们不该将恶行（或善举）单纯地归咎于（或归功于）相应的个体。举个例子：假设你在路边发现了一只钱包。你知道自己是个好人，于是捡起来，想看看里面有没有失主的联系电话。可你突然想到，万一之前已经有人取走了钞票，而你又主动联系失主，会不会被他冤枉？毕竟当下“好心没好报”的故事可不少。因此，你决定将它扔到附近警察局的门口，做好事不留名。走到半途，好奇心突然涌起，你打开钱包，翻出一张身份证，心说这要是个熟人，正好当面物归原主，岂不美哉？在这个思维实验中，我们权且假设身份证上那张照片你看着并不眼熟，但那堆钞票你看着确实眼热——整整十三张百元大钞呢！读到这里，你不妨给自己一点时间，想象一下若是真的面对这种情况，你会怎么想，又会怎么做。

好，咱们继续。假设你突然产生了一阵冲动，要将所有钞票揣进腰包：对并不宽裕的你，这可是一笔意外横财！但你随即否决了这个想法，因为你知道自己是个好人。然后你又想到，如果你只抽一张，或许失主不会发现！毕竟还有整整十二张呢，而你大可以认为取走的这一张就是对你几乎做到了完璧归赵的奖赏。这个念头很有些说服力，它让你开始纠结。“取”和“不取”在你脑海中激烈交锋了半晌，几乎要打成个五五开，但前额叶皮质的神经活动终于在对应“分文不取”的模式上稳定了下来，而你自己在几秒钟后也意识到了这个坚定而正派的决定——尽管它是由你前额叶皮质的神经元做出的，你却先入为主地认为**自己**该对它全权负责。最后，你一边将一文不少的钱包放在警察局的前台上，一边自言自语道：“天呐，我可真是个大好人！”

这个决定真的只应该归功于你**自己**吗？Derk Pereboom 不这么认为。你的父母亲朋、恩师尊长呢？是他们一直以来的谆谆教诲让你坚持作风正派；你读过的书、看过的电视节目呢？是它们持续多年的潜移默化让你远离不义之财。他（它）们同样值得一份称赞！如果自由意志只是一种幻觉，任何善举就都不该单纯地归功于个体。

善举如此，恶行亦然。Derk Pereboom 雄辩地指出，对待犯罪分子，人道的监禁和康复激励要比单纯的惩戒更合逻辑，在预防再次犯罪方面也要更加有效。（这个观点其实已经得到了证明。在挪威与荷兰，监狱系统提供的康复训练让累犯率维持在约 20%，而这个指标在美国高达 75%。）惩戒其实很容易导致累犯，其“效果”甚至要比它的震慑作用更加明显。Mahatma Gandhi 就曾说：“以眼还眼，只会让世界失明。”这其实是对另一句名言的精当阐释：《新约·马太福音》（5：38—39）记录了耶稣曾说“你们听见有话说：‘以眼还眼，以牙还牙。’只是我告诉你们，不要与恶人作对。有人打你的右脸，连左脸也转过来由他打。”[39] 这些智者的意思是，如果我们惩戒一桩罪行，在旁观者眼中，惩戒本身就成了另一桩需要惩戒的罪行。罪与罚会连成一个循环往复的圈，于是暴力永远无法停歇，这种事常有。实际上，在这个世界上的许多地方，类似的悲剧还在上演。要为它们划上句号，唯一的办法或许就是放下个人恩怨，然后转过另一边脸……

相信恶行源于个人的自由意志，并据此批判或惩戒作恶之人，对维持社会的文明程度并无好处。我们经常认为自由意志能赋予人们千差万别的个性，能驱使人们行动起来并勇往直前，但事实或许恰恰相反。讽刺的是，在某些情况下，对自由意志的执着信仰会让我们固步自封。如果说一个人之所以决定犯罪是其（无前因的）自由意志使然，我们就会感到茫然无措：既无前因，何来恶果？产生恶行的意志该如何消除，或者说能否消除？相反，如果我们承认每一桩恶行都有许多不同的诱因，这些诱因彼此复杂交互，而作恶之人则是上述交互关系的枢纽，我们对局面的控制力就能提高，至少在追溯其中一些诱因时会有更为清晰的方向。

举一个老掉牙的例子：如果有人用枪指着你的脑袋，逼你偷了些东西，这起盗窃的责任关系就很明确：它的起因是那个胁迫者，因此该承担责任的也是他，而不是你。但在现实生活中情况往往要复杂得多。比如说，是什么让一个年轻人决定持枪抢劫邻街的便利店？如果我们能得到一款未来的统计软件，或许就能揭示该重大决定背后无数诱因极其复杂的相互影响和自反馈作用。假设根据这款软件的分析，对这位年轻人的犯罪行为（a）社区居民的普遍贫困要承担 15% 的责任；（b）当事人从前轻微的反社会言行要承担 12% 的责任；（c）少管所让当事人睚眦必报要承担 11% 的责任；（d）学校教育要承担 10% 的责任；（e）家庭教养要承担 9% 的责任；（f）失业要承担 8% 的责任；（g）枪支泛滥要承担 7% 的责任；以及（h）其他无法解释的因素要承担剩余 28% 的责任。这当然是一种过度的简化——实际上，让我们做出一个决定的各种因素往往纠缠不清，就连一款未来的统计软件也不一定能条分缕析。

一系列诱因就像这样组合起来，构成了心理学家Craig Haney所说的“犯因性环境”，也就是可能产生犯罪行为的环境。比如说，在美国（以及许多其他国家），大多数监狱提供的“改造条件”其实并不是很适合“改造”：对犯人有意无意的惩戒往往事与愿违地引发了更多，而非更少的犯罪行为。但别忘了，每一种“犯因性环境”本身也有其前因。贫困、高失业率和低教育水平在某种程度上是由官员们制定的一些公共政策导致的。这些官员们为什么能坐上现在的位置？嗯……他们是我们选出来的。我们干嘛给他们投票？因为他们在竞选时做了一大堆美好的承诺。便利店劫匪的父母不懂得怎样教养子女，因为他们自己的父母就没有好好地教养过他们。枪支泛滥是因为黑市猖獗，同时州政府和联邦政府的枪支管理条例也过度宽松。那枪支管理条例又是谁制定的？……我们能识别诱因所在，虽然这些诱因都是现实存在的问题，无论哪个都很难一劳永逸地解决，但我们原则上还是有可能为了下一代将它们多少改善一点的。相反，如果你不管不顾地将便利店劫案归因于当事人的“自由意志”，就只能将他关进监狱，寄希望于他以后改过自新了。祝你好运。执着于“自由意志”不会使我们变得强大，相反，它其实会束缚我们的手脚。稍微放下这种执着更有利于个人自主性的发挥，让人放开手脚追求自我实现，这将对整个社会产生积极正面的影响。

少吃垃圾食品、多做运动、远离毒品和犯罪……都能让我们的生活变得更好，但对许多人来说，这种更好的生活似乎难以企及：

他们想靠“意志”做出改变，反复尝试却总是徒劳无功。或许是时候换个思路，去改变生活中那些“犯因性环境”了。我们应该认识到，不论坏事好事，单靠“自由意志”本身都没法成真。但若改变环境，决策就有了不同的情境和选项。所以一开始你就不该采购什么垃圾食品，也不该和游手好闲的狐朋狗友四处瞎混。如果你做了正确的决定，不妨自我激励，反之就该自我敲打一番——如果朋友也能对你这样就再好不过了！西方有谚云：“养活一个小孩，得靠一座村庄。”许多老人都还记得过去“吃百家饭”的日子，但这句谚语的含义还要更宽泛些：一座“村庄”能塑造你的前额叶皮质，让你抵抗帕尔马干酪小牛肉的诱惑，将捡到的钱包完璧归赵……让“正确的决定”变得稀松平常。

意志的涌现

根据本章呈现的证据，当前额叶皮质为我们做出那些好的（以及坏的）决定时，它就好像一只漏斗，将不同时间尺度的各种因果关系搅在一起，产生混沌难测、奔流不息的输出，这些输出又将转化为决策和行动。你对鸡肉或小牛肉的选择就是一系列微妙偏向复杂组合的结果。

我们的所有意向都是从大量因果关系的复杂交互中涌现出来的，你的前额叶皮质就是这些交互作用的枢纽，是限制输出的“瓶颈路段”。之所以就连一款“未来的统计软件”都没法理清特定决策背后所有的因果关系，是因为这些因果关系构成了一个复杂的动力系统。在一个复杂的动力系统中，不仅诱因会产生后果，一些后果也会反过来强化自己的诱因。如果一个系统拥有这种内部反馈机制，我们就说它能够实现“自组织”，这意味着几乎不可能以一种线性的方式沿时间轴回溯因果链。哲学家 Alicia Juarrero 就将新异行为从沸腾涌动的复杂心智中涌现出来的过程描述为一个动力系统的“相变”。

一个动力系统的状态（或状况）在运行时会不断改变。该动力系统的“意义”（meaning）由状态的变化，而非任意一种状态本身承载。以储蓄账户为例，如果你的存款数量低于某个限额，一些银行就不会给你付息。此时账户内的余额就是该账户对你的“意义”，只有你存入或提出款项，这个“意义”才会发生变化。如果你好几周不动它，账户的余额不变，它对你的“意义”也不变。该账户显然不是一个动力系统：它的“意义”（或“内容”）取决于状态。相比之下，如果你将钱投入证券市场，买了一只非常活跃的股票，这些钱就进入了一个复杂的动力系统：你得密切关注股指的涨落，还得追踪国际市场的表现、了解重大时政要闻。此时，这只股票的意义就更多地体现在股价的变化，而非其当前的市值上了。绝大多数自然系统都是动力系统。数以亿计投资者的彼此交互让美国证券市场成为了一个复杂的动力系统，同理，数以亿计神经元的彼此交互也让你的前额叶皮质成了一个复杂的动力系统。

42

在你盯着手中刚刚捡到的钱包，盘算该怎么处置时，无数因果关系正在大脑的动态计算过程中相互交织。一段时间里，你会处于一种不确定的状态，权衡各个选项。根据 Juarrero 的说法，该不确定状态是动力系统的一个“不稳定相”，无法长期延续。系统自然会向一个更加稳定的相转化，即做出一个选择。这个选择不是随机的，但它也不是一系列诱因（如 15% 的家庭教养、10% 的学校教育，等等）的简单加和。一个选择的诱因中有很多都是彼此独立的，还有许多则根本无法区分开来。此外，它们经常造成非线性的影响。也就是说，某个诱因的稳定增加不一定会导致结果的稳定变化。举个例子，父母给予的保护和指导越到位，你归还钱包的可能性就越高——但这是有限度的：一些父母的保护欲太强，或干脆就是控制狂，可能反倒会让孩子离经叛道，因此根本不会归还钱包。在复杂的动力系统中，一众非线性因果关系的这种混沌交织会产生不可预测的行为反应，无怪乎在当事人眼中这一切很像某种“自由意志”所致了。

如果你的大脑是一个自组织的复杂动力系统，它的数据流就应该会呈现出某些统计意义上的特征，就像犯罪现场的血指纹那样。认知科学家 Guy Van Orden 就识别出了其中的一个，他将其视为人类认知意向性（intentionality）的证据。Guy 的研究改变了人们为认知建模的方法，对这门学科产生了深远的影响。我们会长久地怀念这位非凡人物，他的理论和他的酒量一样深不见底。

43

Van Orden 认为，一个传统意义上的线性递加系统具有“成分主导的动力学”，也就是说，该系统的各个部件（成分）分别承载意义，彼此独立运行。这些部件的输出递加起来，就产生了系统的整体性行为。一台计算器就是这样一个线性递加系统，它没有自身的意向性。如果认知科学家想用一个线性递加系统模拟人类认知，就得向模型中加入“白噪声”（即完全随机的变异），以产生（类似于人类认知的）行为多样性。但不管有没有加入“白噪声”，一台计算器都与真正意义上的人类心智大不相同。我们在人类认知过程中观测到的变异不会随时间的推移而体现出类似于“白噪声”的特点。

人类认知活动的变异随时间的推移会呈现出“粉红噪声”的特点。也就是说，在各个时点测量同一对象，结果可能会有变化，但该变化并非（如“白噪声”那样）以同样的概率取一个范围内的所有值。相反，数百次测量的结果会缓慢地起伏波动，且测量各个对象所得的时间序列分布之间存在长期的相关性。噪声会在一段时间内升高，在之后的一段时间内降低，然后又升高，几乎就像不太规律的呼吸那样。这是一个复杂动力系统（而非线性递加系统）天然会有的表现。根据 Van Orden 的理论，一个复杂的动力系统具有“交互主导的动力学”，也就是说，该系统的各个部件都将产生系统水平的意义，因为它们都在系统水平运行，这种运行是通过各个部件的复杂交互实现的。在这样一个系统中，“意义”是从各个部件之间，而非特定部件内部涌现的；意向是由成分之间的交互，而非某个成分本身产生的。这样一个系统支持非线性的反馈环路，让一些后果反过来强化其自身的诱因，并在系统行为层面产生“粉红噪声”。Van Orden 指出，既然人类的认知活动具有“粉红噪声”的特点，我们的心智就一定是一个复杂的动力系统。在这个系统中，任何一种意向的产生其实都是一个自组织过程的涌现（从一种状态相变为另一种状态）。可以想象，要在许多条环状因果链上追溯各种前因是非常困难的。因此，一种意向通常都在相当程度上属于相应的个人，至少要比它属于其他任何一个前因的程度更甚。几乎可以说，这部分属于个人的意向就是前述“未来统计软件”所无法解释的那 28%。

Chris Kello 是 Van Orden 的一位死党，他对 Guy 的观点，即“复杂动力系统天然会产生粉红噪声”进行了测试。Kello 开发了一个复杂的动力网络，模拟逾 1000 个神经元的彼此交互。当研究者以特定方式限制该网络的连接和信号传输时，该网络自然地产生了“粉红噪声”及其他符合自组织定义的统计特征。如今，神经科学家们已经知道大脑的确会产生“粉红噪声”，而 Kello 的计算模拟则发现了大脑产生“粉红噪声”所必备的神经参数。鉴于意向性是从一个交互主导的动力系统中涌现的，或许这些计算模拟能为我们提供一个数学框架，以证明 Guy Van Orden 的高瞻远瞩。

这一切都说明，尽管 Libet 的实验或许让你觉得自己未必拥有真正意义上的“自由意志”，你也不该为此感到沮丧，更不该据此认为自己没有自主性、无法自我管控，或并非独一无二。你，你的大脑，尤其是你的前额叶皮质以一种令人叹为观止的方式将数以千计的前因，如遗传、教育、社会及各类随机因素整合起来，决定了你的选择和行动。在同一情境下（如前述“拾获钱包”的思维实验），没有人的反应会与你的一模一样，就连你的同卵双胞胎兄弟/姊妹（假如你真有的话）也不会。只有你才会在那样一段时间里，以那样一种顺序，在心中掂量那一系列脚本和选项，评价它们的后果和细微的差异，并最终做出自己的决定。你的意志或许并不“自由”，但它千真万确地属于你。你必须在“某种程度”上为自己的决定担责——无需太过，或许28%？

不论有多难以置信

这一章中的许多发现其实都与你我“是谁”无关，但它们确有助于我们明确自己“不是谁”——从调查研究的角度来看，我们已经取得了相当的进展。Arthur Conan Doyle 笔下的名侦探 Sherlock Holmes 曾说：“当你排除了一切不可能的情况，剩下的不论有多难以置信，它都是真相。”根据我们援引的科学证据，若说你我的实质是某种非物质的灵魂，其能以神秘莫测的方式与松果体交流，读取大脑的感知并指导大脑做出反应，恐怕已经没有多少人买账了。至于说区区一个原子就能决定“你是谁”也同样不可信：除非你对两个选项的态度绝对无偏（50.0000000000%倾向于选择A，50.0000000000%倾向于选择B），此时一个亚原子尺度的量子随机事件才有可能成为“压垮骆驼的最后一根稻草”，诱发量子连锁反应并沿成片突触蔓延开去。但你一辈子能有几次这种绝对无偏的经历？同样，决定“你是谁”的也不太可能是某个孤立的神经元：你大脑中的神经元以十亿计，你的思想源自它们彼此协调的集群活动，而不是其中某个成员的单独激活。

我们始终致力于在微观世界中探索“你”究竟“是谁”，并已排除了无定形（非物质）的灵体、亚原子（量子）的事件，以及单细胞（神经元）的力量。既如此，符合逻辑的推断就是：“你”应该要比它们更“大”一些。或许“你”就是你的前额叶皮质？我们看似“随心”的决定（比如无缘由地决定按下左键或右键）不就是在那里做出的吗？的确有不少认知科学家乐意将前额叶皮质视为“自我的基座”（seat of selfhood），因其承担了一系列非常重要的“行政职能”，包括实施推理、解决问题、制订计划、做出选择、抑制冲动、塑造人格……还有许许多多。

不妨试着像他们那样去想——试试看，就像试戴一顶新帽子或一副新太阳镜。想象一下：“你”（当你静思默想时，这个“你”会在脑海中对你“说话”，并“聆听”你的心声）其实是你大脑最前端的四分之一。在你试图为自己何以点了小牛肉（而不是鸡肉）做出合理的解释背后，是你的前额叶皮质在努力工作，其关联复杂的神经网络正在传递并加工海量电化学信号——想象一下，它就是“你”吗？

使用说明

46

关于你的前额叶皮质**为什么**要让你做出（你所做的）那些事，你肯定有自己的理解。读完了这一章，你的任务就是去挑战原先的理解。现在听我的指示：满屋子翻翻，从不管哪个角落里找到一只讨人厌的昆虫——对，就是让你必欲除之而后快的那种，不管它是一只蟑螂、一只白蚁，还是别的什么。多数人一旦在家中发现这种东西，都会有一套惯常的处置或“标准操作”：有的直接拍死，有的则活捉后丢到屋外（至于我，具体如何处置取决于我发现的到底是什么：若是蟑螂之类的害虫，当然直接踩死；但要是蜘蛛——当然严格地说，蜘蛛也不能算是一种昆虫——我通常都会逮住然后放出去。对了，黑寡妇除外。万一在家中发现一只黑寡妇，就只能牺牲小“它”以保万全了）。注意任务说明：不管以前的你对刚才找到的虫子会采用哪一种“标准操作”，这一次都要反其道而行之。也就是说，如果通常情况下你会拍死它，那这一次就活捉它，然后放到外头去（除非它是一只毒虫，那样的话，稳妥地消灭它，然后将任务从头再做一遍）；如果通常情况下你会逮住它然后放掉，那这一次就拍死它。现在就做。这是任务的一半，完成这一半，然后翻到本章附注的末尾，那里有任务的另一半。

3

从前额叶到全脑

我爱你所是，我爱你所非。

——“局外人”组合（Outkast），

《如此清新，如此洁净》

（*So Fresh*，*So Clean*）

47 想象你无论何时何地看到字母“A”——即便它只是这页书上印着的一个黑色符号——都会觉得它闪着红光。这不是我的虚构，一种特殊的联觉者就会产生这种感受（联觉指视觉、听觉、触觉、空间感和数量感等感知/认知通道间变化莫测的相互影响）。这种事常有。视觉区负责加工书面字符的皮质有时会与感知颜色的皮质建立起稳定的连接，由此产生持续的视错觉现象。实际上，一些联觉者在听见特定的曲调或言语时，其肢体的特定部位会经历“幻触”。还有一些联觉者声称数字、星期、月份信息会依序排列成鲜明的视觉意象，有时甚至会挤占他们的视野。我父亲就是一例：他“眼”前总有一条蜿蜒起伏的数字线，正是这列“数字过山车”让他对“心”算尤其擅长。这些联觉者的例子提醒我们，不同的脑区在大脑发展的过程中能建立起多么丰富的连接。那种主张单一脑区（哪怕是前额叶）能设法脱离其他区域、关起门来做决定的论调显然与大脑真实的工作机制相去甚远。

48 你已经成功地啃下了第 2 章，对第 3 章大概也准备就绪了。我知道第 2 章里有些部分不好消化，说实在的，你能一直坚持到这里，真让我骄傲！但是——相信你现在会原谅我——我不认为这一切都应归功于你本人的“意志力”：也许你该替我感谢一下你的父母亲？

假如第 2 章的内容产生了我所期待的效果，你应该已经认同前额叶皮质参与决定了“你是谁”，并在其中发挥非常重要的作用。在这一章，我将罗列一系列科学发现，以期说明前额叶皮质与大脑的其他部分在功能上存在极为紧密的关联，因此你真应该进一步拓展“自我”的定义，将全脑（而非仅限于最前端那四分之一）囊括进去。正如我们先前主张的那样，“你”并非只是一个灵魂、只是一个分子，或只是一个神经元。或许你同样并非只是你的前额叶！

“侏儒”及其模块

几十年前，哲学家 Jerry Fodor 提出了一个著名的观点：心智由“模块”构成。Fodor 认为，前额叶皮质“以外”的几乎全部脑区都以一种“模块化”的方式运行。比如任何视知觉任务都由一个“输入系统”执行，该系统只加工双眼提供的信息。因此，不论你知不知道视觉对象的名称、气味，也不管你是否熟悉它（他）的历史，它（他）“看上去”都一样：这完全取决于光以何种模式作用于你的视网膜。同样，任何语言理解任务也都由一个“输入系统”执行，该系统只加工外部输入的语言信息。也就是说，无论你是在阅读还是在倾听，你的语言输入系统都只会加工它接收到的语言内容。你是能根据情境对接下来会读到或听到些什么产生一种期待，但这种期待同语言输入系统无关——它和我们对眼前伙伴的罗曼史了如指掌一样，是中央执行系统（如前额叶皮质）的功劳，但中央执行系统（“自我”就位于其中）无法影响各输入系统的模块化加工活动。

根据这个理论，前额叶皮质内部的中央执行系统很像是童话中的“侏儒”。我小时候常玩的一款桌游叫“龙与地下城”，那里面的“侏儒”是些恐怖的人形生物，巫师用黏土和灰烬将它们制造出来，充当仆人或斥候。“侏儒”看见什么，巫师就看见什么；“侏儒”听见什么，巫师也就听见什么。假如前额叶皮质是心智的控制中心，中央执行系统是其中的“侏儒”，它就能看见视觉输入系统提供的视觉图像、听见或读到语言输入系统提供的语言内容、闻到嗅觉输入系统提供的气味信息……诸如此类。然后，“侏儒”会决定要拉哪根“手柄”，驱动双眼、双唇和四肢做出反应。果真如此的话，Libet 式的发现就说得通了！脑壳里的小怪物会做出自己的决定，操纵你的反应，无怪乎你要好几秒后才能意识到自己选的是左键还是右键了！ 49

好了，我们严肃一点。“侏儒说”并非单纯的调侃，而是点明了 Fodor 留下的漏洞：他的心智模块理论完全忽略了最为重要的运算过程，也就是感知输入如何转化为运动输出——这是中央执行系统的任务，但具体怎样执行这些运算？他没有说，所以他其实没有否认“侏儒说”的可能性。但是我们在第 2 章分析 Libet 实验时已经谈到，前额叶皮质的“行政职能”并没有它看上去那般神秘。这一切并不是魔法，也不是什么量子随机事件，只不过是数十亿神经元密集组网并使用电化学信号相互影响罢了。这些神经元会产生电场、磁场，导致血流量的变化，所有这些在科学上都能测量。

Fodor 认为我们将永远无法理解中央执行系统的工作原理，因为那太复杂了。他解释说，中央执行系统包含大量反馈环路，它们会产生情境效应，让执行程序愈发复杂而非线性，因此无法对其进行科学分析。相比之下，输入系统不含反馈环路，不受情境效应的影响——它们足够“模块化”，科学家们才有可能“分而击破”。然而，过去几十年来的研究成果对这个理论构成了双重挑战：（1）根据 Fodor 的说法，视觉、嗅觉和语言加工系统都属于模块化的输入系统，但认知科学家和神经科学家们已在这些系统中发现了数十个反馈环路，并观察到了相应的情境效应。（2）许多认知科学家曲解了 Fodor 的本意，受模块理论“启迪”，他们相信前额叶皮质内部也有一系列模块，分别负责抑制、切换任务、控制情绪、算术运算、测谎，以及换位思考，等等。也就是说，Fodor 认为感知输入系统是模块化的，但事实证明它们并不是；而在他认为不该发现模块的地方，一些肤浅的追随者却提出了模块化的假设——这真是绝妙的反讽！

50

对 Fodor 心智模块理论的探讨到此为止。我们已经知道，认知活动的一些方面（如视觉、嗅觉和语言加工）受任务情境的广泛影响。本章旨在说明前额叶皮质——它（根据第 2 章的观点）参与决定了“你是谁”，并在其中发挥非常重要的作用——如何与其他脑区紧密关联，并导致上述情境效应。这些关联如此紧密，以至于前额叶皮质很可能没法单拎出来扮演一个独立的角色。Fodor 的理论在所谓“模块”的划分上很有问题，但他认为前额叶皮质的中央执行程序是高度情境化的，这一点倒是没错。前额叶皮质不是“自我”的居所，我们关注的其实也不是“自我”到底在哪，重要的是，“自我”是在不同脑区密集交互的基础上涌现出来的。前额叶皮质只是这个复杂网络中一个相当重要的枢纽——是比其他部分更加重要一些，但也只是**“一个”**枢纽，是它参与构建的整体最终决定了“你是谁”。

“范式漂变”

正值心智模块理论方兴未艾之时，James McClelland 和 David Rumelhart 在加州大学圣迭戈分校召集成立了并行分布式加工（Parallel Distributed Processing，PDP）研究小组，探索非模块化交互式神经网络的内部运行机制。PDP 研究小组后来开枝散叶，相关研究人士被学界统称为“联结主义者”，听上去就像一支蹩脚的乐队，还有些 20 世纪 80 年代早期“新浪潮运动”的味道。McClelland 和 Rumelhart 的研究团队开发了数百个程序，以模拟神经网络，这些模型能将简化的感知输入转化为简化的输出，比如说“喂”给它们几个字母，程序就能识别出特定的单词，而且自始至终都不需要中央执行系统（或人形小怪物之类）介入。再强调一遍，McClelland 和 Rumelhart 的团队能近似模拟神经系统的输入、加工和输出，让程序辨识单词、物体、动物、植物……而且整个过程并没有一个特殊的步骤对应于什么“侏儒”的居中操纵。最为重要的是，这些程序与数百个实验研究中的人类被试表现高度相符。

51

近年来，神经网络模型的规模越来越大，在生物学意义上也越来越逼真，因此要理解和解释它们的行为也变得越来越困难。但与我们真正想要模拟的对象——人类大脑相比，这些模型的透明度和可控性还是要高得多。核心的问题其实是神经元和神经子系统的交互作用。通过搭建有能力执行感知和认知任务的神经网络模型，许多坚持联结主义、专注于神经网络研究的学者已经证明，与 Fodor 的观点相反，带有反馈环路的非模块化系统其实是可以理解的。当然这并不容易，不是每个人都有勇气面对天书般的非线性代数，但至少人人都可以去学。

认知科学正经历一场宏大的范式转移（paradigm shift），联结主义的产生正是其中可察觉的一次漂变（drift），因此你大可以将它看做一次“范式漂变”（paradigm drift）。如今，不管一位认知科学家是否承认，他或她为心智的各个部分如何产生智能行为构建理论的方法都一定会受到 McClelland 和 Rumelhart 等人在过去几十年来始终致力于推进的“交互作用论”（interactionism）的深刻影响。就连少数依然坚持认知模块理论的心智哲学家也大都承认模块之间存在交互作用，这些交互作用解释了不同情境下认知活动的灵活性和适应性。他们对固有立场的渐进性修订都要归功于联结主义的兴起。

视觉过程的交互作用论

我们已掌握了确凿充分的证据，证明视觉加工过程符合交互作用论。部分原因是神经科学家可以“侵入”（invade）那些与人类非常相似的动物的大脑，研究它们的视皮质是怎样工作的。我之所以要用“侵入”这个词，是因为这些研究大都依赖侵入性技术

52

(invasive techniques)，让许多参与实验的动物（如猴子和猫）不情愿地付出了生命的代价。这就像许多肉鸡（或肉牛）不情愿地变成了人们口中美味的帕尔马干酪配鸡肉（或牛肉），或许多兔子和老鼠被用于测试化妆品可能导致的皮疹及其他副作用一样。相比之下，神经科学研究在道义上还算是比较崇高的：相关成果在医学方面的应用已经改善并将持续改善全世界人民的生活水平。没有这些动物为科学献身，我们也不可能了解并应对许多疾病，包括阿尔茨海默病、帕金森病和视觉障碍。

多亏了针对视觉系统的神经科学研究，我们现在知道人类大脑中有十多个在解剖学意义上彼此分离的区域，大略负责视觉信息加工的各个方面。视网膜接收外界输入（光），生成的电化学信号将主要传送到被称为外侧膝状体的皮质下区域，后者继而将信号传送到大脑后部的视皮质。该皮质区域的数十亿神经元都拥有感受野，就像 Horace Barlow 在青蛙脑中发现的那样（见第 2 章），每个视皮质神经元都会接收从数百至数千个网膜感光细胞传入的信号。但请注意，这种感受野结构现在名叫“经典感受野”。什么意思你清楚吧？但凡某个东西被冠以“经典”之名，其实就是说它过时了、不新鲜了、成老生常谈了。神经科学家们所说的“非经典感受野”结构指的是：视神经元接收到的神经信号来源广泛，不仅仅产生于光对视网膜的刺激。相关研究发现，视皮质神经元还会从大脑一系列其他区域接收反馈信号——包括其他视觉区、视觉运动区、记忆区、听觉区、情绪区甚至是（你应该已经猜到了）前额叶皮质。

Moshe Bar 专门研究视觉，他提出了一个理论，称视皮质接收的最为重要的一些反馈信号来自眼窝前额皮质（又称腹内侧前额皮质），该区域位于前额叶皮质最前端的下侧，几乎就悬在你的眼球上边。Bar 认为，充满噪声的视觉信号会很快抵达前额叶皮质，在那里生成关于视觉意象的粗略期望后作为反馈回传到视皮质。这些反馈让视皮质以一种有偏向的方式加工网膜传入的信号。大多数情况下，这些期望和偏向都还靠谱，能为你观察并理解周围环境开个好头，但它们偶尔也会出错。这就是为什么人们有时候只会看见自己想看见的，而非真实存在的那些东西。Moshe Bar 和同事们使用定位精确的 fMRI 神经成像技术（也就是第 2 章提到的 John - Dylan Haynes 用来证明前额叶皮质早于“你”知道你将会做出什么决定的同一种方法）和反应迅捷的脑磁图（magnetoencephalography，MEG）神经成像技术，研究被试在辨识特定视觉对象时激活了哪些脑区，以及它们具体在什么时候被激活。这两项技术各有所长：在大脑中，神经活动模式的改变必然伴随磁场的变化，MEG 设备能迅速侦测并逐毫秒记录这种电磁信号的变化；相比之下，fMRI 设备提供了更精细的空间分辨率，能让研究人员集中关注特定的脑区，但它只能给出相关指标在大约整整一秒内的均值，而且信号一般会有延迟，具体延迟几秒取决于血液到达特定脑区所需要的时间。Bar 的团队将这两项技术结合起来并十分明确地指出，在颞叶负责辨识视觉对象的脑区被激活前至少 50 毫秒，左半球前额叶皮质的腹内侧区域就已经被激活了。

53

这和我们前面提到的观点，也就是“前额叶皮质早于‘你’知道你将会做出什么决定”不太一样，但还是有关联的。实际上，视神经信号会先从网膜传到初级视皮质（位于大脑后部），很快，一些粗加工后的信号就将直抵前额叶，由前额叶皮质“初步猜测”眼前的可能是什么。此时颞叶视皮质（位于大脑两侧）正欲就对象特征展开细粒度分析，前额叶经反馈连接传回的“初步猜测”会让这些分析带上一点儿偏向。要特别记住：反馈连接始终存在，因此前额叶反馈的偏向未必仅限于对当前视觉对象的粗略猜想。基于**几秒前，甚至更久以前**的传入信号，前额叶很有可能连续不断地传回偏向，影响视皮质**当前**的识别活动。举个例子（这种事无时无刻不在发生）：当视皮质面临二选一（如“花瓶还是人脸？”“鸭子还是兔子？”或“手枪还是钱包？”），前额叶皮质会反馈情境相关的偏向，这些偏向甚至在视皮质的权衡活动开始前就会对它产生影响。

前额叶皮质反馈偏向，参与视知觉的竞争过程，读到这里，你是不是已经开始构思一个“偏向竞争”（有偏竞争）的视觉理论了？干得不错，但有人占先了：早在二十多年前，神经科学家 Robert Desimone 和心理学家 John Duncan 已经提出了这个理论。他们的偏向竞争理论掀起了一场革命，改变了科学家们对灵长类动物的大脑如何加工网膜传入信号的见解。 54

1995 年在罗切斯特大学攻读博士期间，我设计并实施了一个巧妙的实验，结果显示：当一些倾斜的线条在视野中相互竞争时，干扰效应的强度会受注意指向（不同于注视方向）的影响。但评审专家毙掉了我的论文，他们似乎觉得我的想法，也就是“来自前额叶脑区的信号或有能力影响初级视皮质神经元的功能”实在怪诞不经。当时的我就像一部悬疑小说中的侦探，对“谁是凶手”空有强烈的直觉，却苦于无法证明。同年，Desimone 和 Duncan 的偏向竞争理论粉墨登场，他们对视觉注意和神经科学相关文献的梳理驾轻就熟，论述详尽可靠，并就前额叶皮质对视知觉过程“自上而下”的影响拿出了真凭实据。这彻底改变了人们对视觉加工机制的看法。该理论面世后不久，我将原先的论文修改完善并重新投稿，这一次，评审专家不再认为我的想法怪诞不经了——恰恰相反，他们要求我在稿件中降低调门，不要强调这些现象有多么惊人或多么新颖，因为它们已经被公认为理所应当了！

过去二十年间，关于视知觉如何受非视觉信息的影响，我们已积累了大量有说服力的证据。这里仅举几例：1997 年，Allison Sekuler 等人设计了一个实验，他们给被试观看一个小动画，显示两个圆圈相向移动并穿过对方。但如果在它们接触时配上“叮当”一响，被试就会将同一画面看成两个圆圈彼此相撞并反向回弹。1999 年，Geoffrey Boynton 等人使用 fMRI 设备证明，在一项视觉分辨任务中，“关注左（右）侧视野”的指令会在被试注视方向不变的情况下改变初级视皮质的活动模式。2000 年，Ladan Shams 等人向被试呈[55]现一个短暂的闪光，但配上极快的“哔哔”两声。事后他们询问被试看到了一次还是两次闪光，多数人都声称看见了两次。这些视错觉现象都表明视觉加工过程会受听觉输入信号的影响。

2010 年，认知科学家 Gary Lupyan 使用“信号检测任务”，证明语言形式的听觉输入（口头提示）能在感官层面影响视觉。该研究含 200 个试次，在其中约一半试次中，他们先是向被试呈现视觉图像（一个英文字母，比如大写 M），图像在保持 53 毫秒后会被潦草的线条掩蔽，掩蔽时长为 700 毫秒，这种设计保证了被试的视觉系统只能从每个试次的视觉输入中得到持续 53 毫秒的信号。而在其余试次中，他们每次只向被试呈现 700 毫秒的掩蔽输入，先前的 53 毫秒则只呈现演示窗口，但不提供任何图像。各试次的掩蔽刺激消失后，被试都要报告该试次中有无呈现任何字母。这些被试常会觉得自己就是在碰运气，但他们的真实表现（即“命中率”）还是要显著优于随机猜测水平。Lupyan 在实验中插入了非视觉信息，以期影响视觉加工过程，具体做法是：一些试次中，他会在（53 毫秒的）演示窗口出现前给被试一个口头提示（比如“嗯”一声）。但请记住，有些带口头提示的试次只呈现演示窗口，却不提供视觉信号。信号检测任务正是这样保证知觉报告真实有效的：假如被试在一个有提示无信号的试次中给出了“有（字母）”的报告，我们就将该试次记录为“虚报”，“命中率”与“虚报率”的差值就是该被试整体表现的指标。在 Lupyan 的实验中，口头提示让被试检测信号（即“靶标”）的“命中率”提高了 10%，“虚报率”（即无信号条件下报告“有”的概率）则没有显著的改变。

设身处地地想象一下：在一个试次中，你盯着一块屏幕的中央，耳机里传来了“嗯”的一声，这是事先录制的提示。约 1 秒钟后，屏幕上闪过了什么东西，可能是个字母，然后是短暂的掩蔽刺激—— 一团潦草的线条。这时实验者问你：在掩蔽刺激演示以前屏幕上有没有出现过什么字母？你不是很确定，但又觉得闪过的那个东西没准儿就是个字母，于是回答说“有”。仿佛大脑的语言区通知视觉区“有什么要来了”，于是你为即将呈现的信号做了更充足的准

56

备。在另一个试次中，也许耳机里并没有播放什么提示音，而你看见屏幕上一团潦草的线条一晃而过，于是认定整个过程中并没有出现过什么字母。但其实就在掩蔽刺激出现以前，屏幕上曾闪过一个字母 M。你错过了它，因为你的视觉系统没有从其他脑区接收到信号，因此并未调动自身的准备状态。当我们将 200 个试次的结果与其他被试每人 200 个试次的表现汇总起来，就能得到有统计学意义的证据，揭示在信号检测的早期阶段口头提示对视觉加工的影响。

之所以会产生这种影响，是因为一些脑区（如前额叶皮质）在持续不断地向视皮质传送突触信号，让你就如何看待外部事物产生偏向。正因我们对视觉区与其他脑区间的“连线图”了解得足够深入，才得以理解前额叶皮质与视皮质怎样相互连接及相互影响。自始至终，视皮质都在向前额叶皮质报告它**认为**自己看见了什么，前额叶皮质则在向视皮质传达它**应该**能看见些什么。这种不间断的上传下达让我们有理由将这两个边界模糊的区域视为一个巨大的网络，从大脑的前端延伸到后部，视觉经验就是从这个网络内部的动态交互中涌现出来的。

语言加工的交互作用论

针对语言加工，要像研究视觉过程那样在大脑中绘制一幅“连线图”就显得更加困难一点。我们没法解剖非人类动物以研究其大脑语言区的运作机制，因为这世界上就没有哪种动物像我们一样拥有如此高等级的语言（如果有的话，解剖它的感觉想必不会太好）。

但不少动物都能听，我们大可研究动物的听觉皮质，这是个不错的开始。

对雪貂听觉系统的研究表明，分布在初级听觉皮质的神经元都是些名副其实的机会主义者，它们似乎并不在意从感官传入的信息的类型。神经科学家 Sarah Pallas 等人为新生雪貂做了微型开颅手术，调整了视神经的连接方向，将视觉信息导向丘脑负责向初级听觉皮质传递信号的那个部分。这样一来，视觉传入信号就会到达听觉皮质而非视皮质。令人惊奇的是，这些听觉神经元很快就构建了自己的视觉感受野，没有遇到任何问题：雪貂依然能“看见”这个世界，只不过它使用的是听觉皮质而非视皮质！显然，听觉皮质并没有什么与生俱来的特殊性，也并不是只能加工听觉信息。

类似这种针对听觉皮质神经可塑性的实验研究还有许多，都带有浓厚的自然主义色彩。另举一例，神经科学家 Jon Kaas 等人仔细描绘了成年猴子初级听觉皮质的感受野，准确地定位了对低频音、中频音和高频音有反应的子区域。而后，他们切除了猴子的一只耳蜗（位于内耳）中对高频音敏感的部分，让听觉神经无法再向初级听觉皮质传送高频听觉信息。经历了这番折腾，猴子接受过耳蜗改造术的那只耳朵就再也无法听见高频音了——和我父亲的情况有点像。对我们灵长类动物来说，随着年龄渐长，高频听力损失相当常见，没准儿我以后也要面对这个问题。但这不是重点，初级听觉皮质对它的反应才叫有趣。

三个月后，Jun Kaas 和同事们重新检查了这只猴子的听觉皮质，发现了感受野明显的自发性重组。那些原先只对高频音有反应的神经元（它们在三个月间一直没有收到这类信号）开始转向选择中频音。大体机制是，一直以来负责传递高频信号的强突触连接不再发挥作用，因此先前负责传递中频信号的弱突触连接就被强化了。两个神经元越是频繁地同步激活，它们的连接强度就越高，相反，那些不再同步激活的神经元之间的突触连接会逐渐弱化。这种神经重组无疑就发生在我父亲的初级听觉皮质中。由于他现在为听取中频音投入了更多的“硬件资源”，我怀疑他对中等音高范围内信号的分辨能力也得到了相应的提高。

虽说轻度听力损失不是什么大事，但一想到在人身上做那些破坏性的研究，比如打开脑壳为皮质重新布线，许多人都会不寒而栗。科学家们只能退而求其次，满足于向人类被试的视觉/听觉通道注入彼此冲突的信号，看不同的感知系统如何相互影响。你大概还记得 Ladan Shams 的研究，他能用听觉信号唤起视错觉现象：在闪光的同时配上“哔哔”两声，被试就会将一次闪光错看成两次。20 世纪 70 年代，Harry McGurk 也做了类似的实验，不过路子与 Shams 相反：他用视觉信号唤起了听错觉现象。

再来设身处地想象一下：实验过程中，你要看一段视频，视频中有个男子在重复一个音节，一次又一次：他可能在说“ba－ba－ba－ba……”，镜头正对他的面部拍摄了几十秒钟的特写。请你闭上眼睛，在脑海中描绘这幅生动的画面：将自己代入被试本人，想象你会看到和听到些什么。对，就这样——照做了我才接着聊。

好，很好！多谢配合！回顾一下，视频中的男子每次发“b”这个音的时候，双唇是不是都得闭上？是就对了——唯有如此，我们才能发出辅音“b”。双唇会闭合约50毫秒，将空气关在口腔中，因此，语言学家将“b”这个辅音称为“双唇闭塞音”（就连这种东西我们都命了名，得知这一点你开不开心？）。既然你已对McGurk的被试会看见和听见些什么心中有数，接下来我就揭示这个实验的玄机。

McGurk设置了一个非常有趣的实验条件：他将一段“ba－ba－ba－ba……”的音轨与另一段视频同步起来，但该视频中的男子说的其实是“ga－ga－ga－ga……”。有了前面的语言学积累，你大概已经发觉辅音“g”不是一个“双唇闭塞音”（你在说“Lady Gaga”的时候嘴巴不会闭合，也不该闭合）。因此视频中男子的两片嘴唇不会相碰，也导致他**看上去**不像在说“ba－ba－ba－ba……”。神奇的是，他**听上去**也不像！据被试反馈，同步的音轨听上去像是“da－da－da－da……”。请注意，“da”是与“ba”十分接近的音节，因为辅音“d”也是一个闭塞音，闭合部位就在双唇附近（舌头抵靠上颌），无非不涉及双唇可见的闭合罢了。这样一来，声音与画面的一致性就得到了保证。重要的是，被试在观看视频时不会产生什么“违和感”，他们无须特意尝试，努力听出“da－da－da－da……”，而是只要看着视频立马就能将配音听成这样。相反，一旦闭上双眼，脱离了视觉情境，他们马上又能听出真实的音节，也就是“ba－ba－ba－ba……”。实际上，认知神经科学家Tony Shahin和Kristina Backer已经搜集了相关的神经成像数据，表明这种效应（视觉信号影响语言听觉）的“始作俑者”是听觉皮质，而不是哪个负责决策的脑区。

我们只要简单了解一下皮质语言区的线路图，就不会再对这些发现大惊小怪了。Riki Matsumoto 的团队开发了一种安全的侵入性技术，能将电极埋入正在接受开颅手术的癫痫患者的大脑，识别患者术中的癫痫发作并减轻症状。这项技术还可用于模拟特定脑区的激活，以追踪神经信号蔓延的方向。当实验者模拟语言听觉皮质（邻近颞叶听觉皮质）的激活时，发现激活蔓延到了语言加工中枢（位于前额叶皮质）。这并不奇怪，因为语言听觉皮质日常就负责接收并加工语音形式的传入信号，并将相关信息传送至前额叶语言加工中枢，让人更加完整地理解句子。奇怪的是，当 Matsumoto 模拟前额叶语言加工中枢的激活时，发现这些激活会反向蔓延至颞叶听觉皮质。这些研究显示：语言听觉的神经基础涉及颞叶与前额叶脑区的双向连接，其中颞叶负责加工语音信号，前额叶则负责加工意义、语法和情境信息。

这种架构十分符合 Jay McClelland 和 Jeff Elman 的想象，他们以此为基础，在 20 世纪 80 年代中期开发了一个联结主义神经网络，意在实现语词的听觉加工。该模型包含两个子系统，信息在它们之间持续不断地双向流动。具体地说，其中一个子系统负责识别持续时长约 40 毫秒的语音，如构成语词“vote”的“v”“o”“t”等音素，而后将这些音素的序列“喂给”另一个子系统，由它负责整词的识别。与此同时，负责整词识别的子系统也会为负责语音识别的子系统提供反馈，帮它做好本职工作。基于此双向连接网络模型的运行机制，McClelland 和 Elman 预测：模型对一个先前输入的语词的识别将有助于消除当前输入的语音信息的不确定性。

这条相当重要的预测已被包括他们自己在内的一众心理语言学家所证实：许多情境效应都表明：我们对句中某个语词的识别受同一句话中先前出现的语词的意义、语法和统计特征的影响。举个例子：你听到一个词，不确定它是“dusk”还是“tusk”。这种事常有，比如说话那位正在嚼口香糖，有些口齿不清，或者他说到这里旁边刚好有人咳了一声……总之，将这个词单拎出来，你完全没法确定它到底是个啥。幸运的是，你八成会有它的情境：人们通常很少单说一个词，即便偶尔为之，先前也有情境，不论这个“情境”是上下文的语词还是沟通过程的环境背景。（即便突然有人喊了一嗓子“fire!”，不同环境背景下你对这个词的理解也不一样，这取决于你是在人流密集的剧院、在玩射击类游戏，还是在看《飞黄腾达》真人秀的重播。）回到“d/tusk”的例子，如果这个词出现前句子是“The moon rise at…”，你就会自然而然地将它听成“dusk”（The moon rise at dusk 即“黄昏时分，月儿升起”）；如果这个词出现前句子是“The walrus was missing a…”，你就会将它听成“tusk”（The walrus was missing a tusk 即“海象缺了一根长牙”）。正如 McGruk 所发现的那样，你无须特意推理以消除该两可词的不确定性：就在它进入你大脑的同时，情境已收窄了你辨识和理解它的方向——对方的口头表达其实是含噪的，但这一点你甚至察觉不到！

行为实验中的情境效应已经不新鲜了，但发生这种情况时大脑到底经历了什么？你也许还记得，fMRI 神经成像技术只能给出相关指标在整整一秒或更长时间内的均值，而我们说出“tusk”或

"dusk"这样的词通常只要大约三分之一秒。为研究语言理解的情境效应，认知神经科学家 David Gow 和 Bruna Olson 被迫抬出了"意大利炮"：他们同时记录了被试的脑磁图（MEG）、脑电图（EEG）模式，每秒取千余个样本，确保从大批神经元相互交换电化学信号时产生的磁场和电场中能获得尽可能多的数据。实验中，被试会听取预先录制的整句，类似于"After four beers, he was t/d - runk."，仪器记录的数据将反映他们的神经系统如何识别句中最后一词。这个词发音有些含混，无上下文（情境）时，他们既有可能将它听成"trunk"，也有可能将它听成"drunk"。但在有上下文时他们几乎总能将它听成"drunk"。由于 MEG 和 EEG 无法实现精确的空间定位，Gow 和 Olson 还对每一位被试的大脑做了结构性磁共振成像（structure magnetic resonance imaging, sMRI），试图大致确认负责语言听觉、语词识别、语义理解和语法加工的特定脑区。他们以量化研究定位了各个脑区，并从 MEG 和 EEG 记录的时间序列分布中采集了数百万个数据点，在此基础上实施了统计分析，以揭示哪些脑区会在哪些时刻以哪些方式相互影响。Gow 和 Olson 使用的技术叫格兰杰因果分析（Granger causality analysis），能让他们追踪在特定事件（A 脑区的激活）的时间序列分布中，哪些变化能向前回溯，与其他事件（B 脑区的激活）的时间序列分布中的类似变化建立关联——是不是有点儿像第 2 章中的"未来的统计软件"？这项研究清楚地表明，当被试对句末两可词的理解因上下文而发生改变时，他们的语词识别区和语义理解区会对语言听觉区的激活模式产生因果性的影响。通俗地说就是：我们的大脑会将不同情境下的两可词**听成**，而不仅仅是**理解成**不同的东西。

61

我们对前额叶皮质与视皮质的密切关联已有所了解。遵循类似的逻辑，发端自前额叶皮质的神经“链路”向回延伸至大脑两侧的颞叶，与专司语言的多个脑区构成了复杂的网络。自始至终，颞叶皮质都在向前额叶皮质报告它**认为**别人在说些什么，前额叶皮质则在向颞叶皮质传达别人**应该**在说些什么。当音符或语音形式的文本以每秒三到四个单词的频率涌入我们的双眼或双耳，正是负责语义、语法、语音和字形的各个脑区在这个复杂网络中孜孜不倦的信号交换，让我们得以理解自己读到的或听到的每一个词和每一句话。

概念形成的交互作用论

想象你正陪侄子逛动物园，小家伙尖着嗓子喊“长颈鹿！长颈鹿！”——显然他对能与这种奇特的生物近距离接触兴奋不已。你听着耳边独特的称呼，看着眼前高大的身形，听觉对象与视觉对象就这样关联在了一起。不同感官的输入会传遍皮质的几乎每一个角落，在许多区域彼此交互、自我反馈，但它们无论如何都会在一处“相遇”并“同步”，那就是我们的前额叶皮质。一些研究者认为前额叶皮质就是你我存储概念之地。既如此，你所存储的概念“长颈鹿”又是怎样构成的呢？

62

几十年前，认知心理学家们似乎相信自己有能力访问被试存储的概念表征——只要提出要求就行。他们发展了一种实验范式，直接要求被试列举某个概念的特征。（类似“请列出‘老鹰’的所有特征。”）被试会循规蹈矩地将他们能想到的条目按先后顺序写下来，比如“有翅膀、有羽毛、有利爪、飞得很快、捕捉兔子与蛇……”通过汇总许多被试反馈的数据，认知心理学家们就能一窥大脑在相应概念项下存储了什么东西。根据他们的假设，这个实验范式实际上是在引导被试访问概念库中的某个条目（如“老鹰”）并读取相应的内容，有点像我们在词典中查询某个词条并读取它的定义。这个“词典隐喻”的另一层意思是，无论你怎样访问一个概念，每次读取的信息都应该完全一样，因为内容就在那儿等着被你读取，而且通常不会随时间的推移而改变。

研究者们使用这套范式，围绕人们如何认识自己所拥有的概念或范畴做了一些有益的探索。他们发现，不同被试为同一概念列出的特征高度相关，但这极有可能不是因为他们真的读取了特定“词条”下等待访问的内容。事实上，Larry Barsalou 发现，即便一些概念不可能事先已躺在“概念模块”中等待访问，这套范式也能产生同样的效果：他即兴制造了一些概念，如“你会在蔬果店里销售的商品”或“你会从着火的房子里抢救的东西”，让被试们列举这些概念的特征。和使用标准概念（如“长颈鹿”）时一样，不同的被试会给出非常相似的反馈。可见，任务表现的一致性不能证明被试们在概念库中访问了同样的东西。

63 关于大脑如何编码概念，Barsalou 在过去几十年间逐渐发展出了一套更为复杂的解释，他称之为“知觉符号系统理论”（perceptual symbol systems theory）。该理论认为，特定概念是含有不同知觉成分的复杂网络，而非存储在前额叶皮质“概念模块”中的抽象逻辑符号。你所拥有的每一个概念都由习得的神经激活模式构成，这些激活模式分布在感知、运动和认知等多个不同的脑区。为完善这一理论，Barsalou 援引了认知神经科学、认知心理学、语言学和哲学等领域的一系列研究进展。比如说，他和学生 Kyle Simmons 与神经科学家 Alex Martin 合作，发现仅**观看**美食的图片即可诱发被试味觉皮质的激活。也就是说，即便味蕾没有接收到任何味觉刺激，只要看到甚至是想到美食，大脑中负责感知味道的区域就能被调动起来。

Larry Barsalou 和学生 Ling - Ling Wu 证明，与其说我们能“访问大脑中存储的概念”，不如说我们能“对这些概念进行知觉模拟”。他们要求两组被试列出一个概念的特征，给其中一组被试的指导语是“请描述（概念名）所具有的典型特征”，给另一组被试的指导语则是“请为（概念名）构建一个心理意象并描述它的内容”。两组被试的回答几乎一模一样，这说明当被试“访问”自己的“概念表征”时，并不是真的在“心理词典”中查询一个词条并将列在该词条下的信息报告出来。相反，他们是在为概念即兴创建 Barsalou 所说的“知觉模拟”。重要的是，稍微调整被试创建“知觉模拟”的方式，他们的回答就会发生系统性的改变：有时就算简单变换一下概念的名称，被试就会列出截然不同的特征。举个例子，对于概念“西瓜”，多数被试都会回答“绿色”“圆形”；但如果我们将同一基本概念微调成“半个西瓜”，被试最常见的回答就变成了“红色”和“有籽”——你八成不会认为在“心理词典”中但凡有一个物品概念“×”，都会有一个现成的词条“半个×”吧！

既然“半个西瓜”不可能是一个现成的词条，它有没有可能是一些已知概念的组合呢？也不太像：概念“西瓜”本身与特征“红色”和“有籽”是有关联，但都不算太强；概念“半个”则根本与“红色”或“有籽”不搭边儿。既如此，概念组合“半个西瓜”是怎样与特征“红色”和“有籽”建立强关联的呢？我们只能得出以下结论：要理解概念“半个西瓜”，大脑必然要为一个西瓜被切成两半的情形创建“知觉模拟”：前额叶皮质不会独自运行，激活某个概念的逻辑符号（“词条”），而是与负责加工感知信号的各个脑区密切合作，生成一个全局性的神经激活模式，和它实际知觉到这个概念特定实例时的情形有一点类似。

64

我们对特定概念及相应特征的想象，显然还受一些时间限制条件的影响。如果你在想到一个概念（比如“鸟”）的时候，它的某个特征（比如“有羽毛”）立马就能在脑海中跳出来，你可能就会觉得以上特征必然是这个概念非常重要的一部分。相比之下，如果你要花一点儿时间才能看出一个概念（比如“鸟”）和它某个特征（比如“有肾脏”）之间的关联，可能就会觉得对它来说这个特征没那么重要。请注意：一个特征对一个概念来说有多重要（或多不重要），我们的猜想或许完全取决于一种感受，那就是你在想到这个概念时联想起该特征的速度有多快（或多慢）。Danny Oppenheimer 和 Mike Frank 就验证了这一点。他们向被试呈现一系列概念，让被试们就某些特征对相应概念而言有多典型打分。比方说，他们会给被试下发一份问卷，上面印有这样的问题：“对‘狗’来说，‘追猫’这种行为有多典型？”（10 点量表评分，1 表示最不典型，10 表示最典型。）但是，Oppenheimer 和 Frank 其实玩了个小花招，拖慢了被试为概念与特征建立关联的速度，具体做法是在一些问卷上用夸张的花体或浅灰色字体打印特征词，增加被试辨识它们的难度。他们发现与使用正常字体和颜色印刷特征词的问卷相比，这些经刻意视觉加工的问卷稍微降低了被试们的典型性评分。也就是说，人们通常都会不自觉地将自己更加缓慢的读取速度理解为特征（花体的“追猫”）与概念（“狗”）间关联性不强所致。

你也可以通过在问卷上操纵概念词本身的字体，改变被试一开始知觉模拟它们的方式。举个例子，Chelsea Gordon 和 Sarah Anderson 就给被试发了这样一份问卷，要求他们“list the features of a *diamond*”（列出“钻石”的特点）。他们将这些被试的反馈与那些被要求“list the features of a diamond”的被试的反馈进行对比后发现，前一批被试较后一批被试更多地提到了“项链”，反过来后一批被试较前一批被试更多地提到了“坚硬”。你也可以换成抽象概念，比如要求被试“list the features of *justice*”以及“list the features of justice”（列出“正义”的特点），读到前一种字体的被试更多地提及“判断”，而读到后一种字体的被试更多地提及“政治”。感知输入的细微差异会调整一个概念的激活方式，对你当时如何思考这个概念产生巨大的影响——显然不同于在负责逻辑推理的脑区访问心理词典中某个固定的词条。

65

假如我们不是用两种不同的字体，而是干脆用两个不同的词来指代一个概念呢？如果你能流利地说两种语言，就不用刻意想象这种情况：你每天都会亲身经历到它。你用来**指代**一个概念的语言有无可能影响你**思考**这个概念的方式？Lera Boroditsky 和同事们取了两组被试，其中一组母语是西班牙语，同时会说流利的英语；另一组母语是德语，也会说流利的英语。他们用英文给这些被试呈现一组共24个概念，让他们将自己读到每个概念时最先想到的三个形容词用英文写下来。实验材料中的12个概念译成德文后语法性别为男，译成西班牙文后语法性别为女；另外12个概念则相反。这里普及一下：人们一般认为在罗曼语族（Romance languages）中名词的语法性别（grammatical gender）非常随意，与名词本身的意义没有什么内在关联。举个例子，英文中的“bridge”（“桥”）这个词译成西班牙文是“el puente”，这里的“el”就限定了它在西班牙文中的语法性别为男，相应的德文词“die Bruke”语法性别则为女。但Boroditsky的研究显示语法性别或许不像人们想象的那样随意，因为西班牙语和德语中概念词的语法性别会显著地影响以它们为母语的被试对这些概念的描绘。举个例子，母语为西班牙语的被试对概念词“bridge”给出的高票回答是“big”（巨大的）、“strong”（刚强的）和“towering”（高耸的），而母语为德语的被试对这个概念词的高票回答则是“beautiful”（美丽的）、“fragile”（脆弱的）和“elegant”（优雅的）。对像“key”（“钥匙”）这样的概念，情况则刚好颠倒过来：“key”译成西班牙文是“la llave”，语法性别为女；译成德文是“der Schlussel”，语法性别为男。因此对这个概念，母语为西班牙语的被试列出的英文形容词中排名前三的是“lovely”（可爱的）、“little”（小巧的）和“intricate”（精致的），而母语为德语的被试最常见的回答则是“jagged”（锯齿状的）、“heavy”（沉重的）和“hard”（坚硬的）。

事情到这里已经很明显了，给你一个词，让你访问相应概念的心理词条，这个过程绝不像早期认知心理学家所认为的那样直截了当。概念具体如何激活在很大程度上决定了你将会提取到什么信息，因此当我们要求被试列出一个概念的特征时，他们绝不是在自己前额叶皮质的“概念模块”中访问什么心理词条。实际上，真相可能是你压根儿就没有什么特定概念的“心理词条”。感官输入经多条感知通道一路上行，激活位于前额叶皮质的分布式集群编码。至于具体激活哪些神经元？每次都不太一样——也许你每次想到“长颈鹿”“正义”或自家祖母，都是在某种意义上“重新发明”这些概念。

自我位于皮质下？

我们一直在大脑中寻找“自我”位于何处，如果参考一些非人类动物的例子，就会发现前额叶皮质并不是“自我”唯一的居所。这很明显。我们人类拥有发达的前额叶皮质，它覆盖着演化意义上更加古老的皮质下组织，但皮质与皮质下组织彼此间联系得相当紧密。猫和狗也拥有前额叶皮质，当然与人类相比，它们的前额叶皮质在规模上相对于皮质下组织都要小得多。但尽管如此，这些前额叶皮质并不发达的宠物在每个爱护它们的主人眼中都有着或多或少与人类相似的“心智生活”。也许它们不会像人类这样用完整的句子在脑海中权衡不同的选项，但它们肯定也在关注周围环境，决定自己想做或不想做哪些事、喜欢或不喜欢哪些人。几年前，我养过一对猫咪，它们叫 Toby 和 Squeaky，是一对孪生兄妹，平素形影不离。

后来，Toby 因为一场大病住进了康奈尔大学兽医医院，它在那儿待了几周，最后不幸死去。那段日子里，Squeaky 显而易见地郁郁寡欢，她成天安静得不同寻常，显然对兄弟的消失不知所措。有一天，我在家中电脑上浏览一张 Toby 的全屏照片，刚好被 Squeaky 看见了，她立刻跳上我的膝盖，用尾巴支着立起上身，耳朵竖得老高，双眼睁得溜圆，发出标志性的“喵呜”声。然后她开始一边左右晃动脑袋，一边盯着屏幕，似乎颇费了一番功夫才意识到那只是一幅平面的图片，而不是一扇魔法小窗，通向她那业已离世的兄弟所在的某个彼岸世界。于是，她俯回身子，垂下小脑袋用脸颊蹭我的膝盖。我们的宠物肯定会思索自己身边发生了什么，而且远比我们以为的要多。

67

说完了阿猫阿狗，再想想那些压根儿就没有大脑皮质的动物，它们也会有“心智生活”吗？假如你没有大脑皮质，“你”还能“是”个“谁”吗？实际上，哺乳动物的皮质下组织，也就是位于脑干和脊髓之上的那些部分，浓缩了脊椎动物一路演化至今约 5 亿年的光阴。因此，许多脊椎动物的皮质下组织都和我们人类的非常相似。举个例子，虽说演化之路上你我的四足共祖与后来变成了鸟类的恐龙在大概 3 亿年前就已分道扬镳，但今天鸟类大脑的皮层下组织（sunpallium）与我们人类大脑的皮质下组织（subcortex）在结构上还是极为相像。鸟类的大脑经演化产生了皮层（pallium），与我们的大脑皮质（cortex）在细胞和解剖学构成上都拉开了距离，但尽管如此，多数研究者都认为鸟类即便没有大脑皮质，也似乎拥有某种形式的“心智生活”。笼养的乌鸦能解决各种复杂的谜题。渡鸦和松鸦会储备食物以备不时之需，说明它们或许拥有基本的计划和空间记忆能力。人们还发现，当其他鸟类接近渡鸦的食物存储地时，渡鸦会策略性地将它们引开，之后，它们还能区分哪些鸟能被引开，哪些鸟不能。许多鸣禽都会给幼鸟营造特定的社会情境，引导它们学习如何鸣叫，很像人类父母引导咿呀学语的婴儿。如果社会交互足够丰富的话，鹦鹉能学会数百个英文单词的发音，甚至会以新颖而连贯的方式将一些单词用它们从未听过的方式组合起来。当然，这些成就都是在大脑皮质缺位的情况下达成的。撇开皮层或皮质不论，鹦鹉大脑的皮层下组织与人类大脑的皮质下组织很相似。但要是一颗大脑只有皮质下组织呢？

为检验皮质下组织本身的效力，神经科学家为一些老鼠做了脑科手术，切除了它们所有的大脑皮质。令人惊讶的是，这些只剩皮质下组织的老鼠与普通老鼠在行为上没有太多差异：它们会梳理毛发、正常进食，也能自我保护；假如在幼鼠身上动这个手术，这些没有皮质的幼鼠也能一同嬉戏、一同成长，几乎就像普通老鼠一样。如果我们事先以声光信号警示它们，它们就能学会躲避电击；它们甚至能学会完成一个空间任务，在任务空间反转后还能重新学习。但是，这些缺少大脑皮质的老鼠确实不会存储食物以备日后之需，也许皮质下组织只能支持某种“短时心智生活”，不涉及太多指向未来的计划——是不是和你认识的某些人情况很像？

68

如果你仔细观察一系列皮质下组织，就会发现它们与皮质结构在一些基本的运行原理方面非常相似。它们会将感知信号与内在目标组合起来，并向效应器发送运动指令。神经科学家 Bjorn Merker 指出，皮质下组织可自行完成许多任务。除皮质结构外，一些皮质下组织也能整合感知信息（如“我周围都有些什么?”）和动机信息（如“我想要些什么?”），以此选择行动（如“我接下来要做些什么?”）。如果以上三者就是我们实时感知的“自我”的骨架，那你只要拥有丘（colliculus）、下丘脑（hypothalamus）和基底核（basal ganglia）基本上也就够了。丘是一组神经网络，能整合那些经视觉/听觉通道传入的空间位置信息，形成一幅完整的地形图；下丘脑决定了我们的动机性内驱力［基本的动机性内驱力共有四种，也就是神经科学家 Karl Pribram 所说的“4F”，分别是战（fighting）、逃（fleeing）、食（feeding），以及，呃……“性”（sex）。它们决定了动物能否将自己的基因延续下去］；将加工感知信息的丘、决定动机信息的下丘脑与负责向脊髓发送运动指令的基底核连接起来，你就拥有了一个皮质下神经网络，以整合多种并行的感知输入并映射为串行的运动输出。Merker 很强调这种“为行动而整合”的过程，将其视为人类或其他动物之所以能产生有意识经验的核心。对我们人类而言，或许下一步棋怎么走或下一份工作怎么选取决于前额叶皮质如何“为行动而整合”，但下一个舞步落在哪里或下一道菜点什么则在很大程度上取决于皮质下组织。

69

神经科学研究没能在大脑中发现什么特殊的区域，可以容纳“你是谁”中的那个“谁”。相反，这些研究发现，你的自我概念或自我感源于大脑皮质与皮质下组织所构成的广泛网络中的多个关键枢纽。举个例子，Francis Crick 爵士与 Christof Koch 认为，屏状核（claustrum，一块位于皮质下表面的扁平灰质，与皮质和皮质下组织的许多区域密切关联）可能担任了“意识管弦乐队”的乐队指挥。这支“乐队”由许多脑区彼此协调组成，如果指挥是屏状核，作曲家或许就是前额叶皮质，一众皮质下组织则是安保人员：它们把守着音乐厅的大门，控制着（输）出（输）入。这些“枢纽”脑区之所以重要，基本原因就是与其他脑区相比，它们汇集了更多类型的输入，又传递着更多类型的输出。网络中这些彼此密切关联的枢纽并没有“容纳”一个“自我”，但它们促成了各种“乐器”间的协调，这样一来，“乐队”就能演奏出清晰而连贯的交响乐：你的“自我”，也就是“你”所“是”的那个“谁”并非哪个特定的脑区，而恰恰就是这支交响乐。

“你是谁”的交互作用论

让你成其为“你”的并不是某个特定的脑区，这一点已经很明显了。你大脑中数百个脑区的彼此协作产生了你的自我感或自我概念，将其中之一认定为“灵魂的居所”和认为一个神经元就能产生一种特定的想法一样愚不可及。假如对数百项业已发表的神经成像实验进行梳理，你会发现这些研究表明每一个脑区基本都有两种或以上的认知功能。实际上，认知科学家 Mike Anderson 已将这事做成了：他梳理了过去几十年来发表的 472 项脑成像研究，发现负责视觉和推理的神经网络、负责语言和记忆的神经网络、负责情绪和视觉意象的神经网络，以及负责注意和行动的神经网络之间都有相当程度的重叠。为量化这些认知网络间的相似度，Anderson 对相关数

70

据实施了统计学分析，结果表明：上述八个认知子系统彼此分享脑区的 Sorensen – Dice 相似度系数高达 0.81（计分范围在 0 到 1 之间：0 分表示完全不同，1 分表示完全一样）。这是什么意思？意思是假如你在 12 英尺开外对墙上的一张大脑皮质图扔飞镖，一开始大概率会完全失的，在旁边的白墙上戳出一堆窟窿，因为 12 英尺比飞镖选手与靶标的正常距离（8 英尺）要远得多。但尝试几次以后，你很可能就会开始命中了。重要的是，无论你命中的是哪个脑区，它几乎都肯定同时“供职”于上述八个神经网络（分别负责视觉、推理、语言、记忆、情绪、视觉意象、注意和行动）中的至少两个。大脑中没有哪个孤立的神经模块专门负责视觉、语言、推理，或让你成其为“你”。对，压根儿就没有这种东西。

根据我们在本章中描述的发现，如果你将前额叶皮质视为大脑的构成成分，就要承认它在一个复杂的网络中与许多其他成分彼此相连。用了不起的 Guy Van Orden（见第 2 章）的话来说，所有这些不同成分间的双向连接显然赋予了大脑某种“交互主导的动力学”，而在这样一个拥有大量反馈环路的交互主导的系统中，将自我及其意向归于其中任意一个特定的成分都是不准确的。事实上，自我及其意向（也就是“你是谁”）产生于这些成分之间，在它们彼此流畅而连续的交互中涌现。

回顾第 2 章，前额叶皮质数十亿神经元持续不断的彼此交互让我们意识到，任一特定神经元（比如说“祖母细胞”）都不可能单独决定个体在某时某刻的心智状态。同样，根据本章的论述，你脑壳中数百个脑区持续不断地彼此交互，其中任何一个都不可能单独决定“你”在任一时刻“是谁”。不论你是谁，你都不可能只是你的前额叶皮质。如果将你的前额叶皮质整个切下，移植到另一个人的大脑中，替换掉他原先相应的脑区，这块皮质会产生与先前迥异的经验：它的所见、所闻、所为都将完全不同。换句话说，如果“你”曾经是“它”，现在的“它”还是“你”吗？现在的“你”又是“谁”呢？

71

所以“你”不太可能是你的某个脑区，或许更有可能是你的整个大脑：由1000亿神经元构成的网络，拥有惊人复杂的连接模式，不断来回传递海量电化学信号（或许还有电场）。那就是“你”吗？这个复杂网络的各个成分密切关联，大致负责推理、视觉、语言、概念、记忆、行动和情绪的脑区精诚协作，让你认出眼前的物件，听懂耳边的话语，只消几秒就能读懂像这样的长句……仔细想想，这一切简直令人窒息！如果你从第1章读到这里都没来得及喘口气，也不会让我感到吃惊——要是你开始觉得头疼，没准儿正是这个原因！好，现在我们暂停一下，专注于呼吸。坐直身子，稍微舒展一下后背，用鼻子深深吸气，再从口中缓缓呼出。对空气心怀感激，让氧气汇入你的血流，滋养那些饥饿的神经元——现在你知道，它们一直在前额叶皮质、视皮质、语言区和皮质下组织的“工位”上拼尽全力，以理解并传递各种类型的信息。

使用说明

本章描绘了一幅这样的图景：不同脑区相互连接并持续不断地交换电化学信号。正因如此，一个脑区提供的情境信息才能迅速消除另一个脑区的不确定性。即便各个脑区都有其惯常加工的信息类型（如视觉信息、听觉信息或语言信息等），彼此间的频繁交互也足以让它们对“邻区”的工作性质有一些了解。因此，一旦大脑因中风、疾病或创伤而局部受损，其他区域就能介入进来。当然，脑损会严重影响某些认知功能，但许多受到影响的认知功能都会在事后得到某种程度的修复（回顾第2章中提到的Phineas Gage，他因创伤而产生的人格变化和冲动行为很可能就是暂时性的）：并不是因脑损伤而丧失的组织又长了回来，而是附近的脑区经数月乃至数年的学习逐渐填补了它们的空缺。所以，我认为大脑局部受损的情况有点像一家企业被迫裁员：一开始，公司会遭受沉重的打击，特定的业务功能将大受影响；但随着时间的推移，那些保住了饭碗的员工会逐渐接手离职者留下的工作，并通过学习提高自身的表现。

大脑中的“员工”越是了解彼此的工作，大脑就越能抵御衰老和意外的损伤。这是本章教给我们的重要一课。那不同的脑区又该如何实现足够频繁的交互，以更好地了解彼此呢？通过玩游戏和培养技能。这里所说的游戏和技能是有讲究的：特指那些需要专注力和认知控制的类型。所以本章的“使用说明”可不是一项轻松的任务：我希望你能学以致用，通过玩新的游戏或培养新的技能训练自己的大脑。你可以去学魔方（如果你还不会玩）、杂耍或一门新的外语；你可以去玩一款从未玩过的动作类或益智类电子游戏；你可以学弹钢琴或吉他，还可以学习识谱或学会使用一种新的计算机编程语言。肯定有些什么东西是你想学但一直没学的，现在就付诸行动：这关系到未来你的大脑能否常保健康，以及你能否守护“自我”。

Who You Are 自反性的物质、生命、系统和宇宙

4

从大脑到全身

我真想知道你是谁？

——“谁人”乐队（The Who），

《你是谁》（*Who Are You*）

73

你的身体能为大脑承担一些思维任务，人们有时将这种现象称为“肌肉记忆”。几年前，我曾用整整一个上午的时间在脑海中将几个句子颠来倒去，想要为一个复杂的理论观点找到最恰当的表达方式。遗憾的是，它们就是不肯排成令人满意的序列。当天晚些时候，我参加了一场研讨会，会上一位同行叫住了我，一开口就叨叨个没完。突然，我脑海中的句子毫无征兆地各归其位了！趁它们尚未从记忆中消褪，我抓起一支钢笔，像个疯子似地在纸上抄录起来。（那位同行大概以为他说到了什么特别动人的地方，以至于我要忙不迭地做些笔记，留住他智慧的闪光。）写完之后，我感到一阵急迫的冲动，要做些什么来保存眼前这些潦草的句子，让它们永远不要消失！但它们已经是白纸黑字了，还能怎样，或者说还需要怎样进一步“保存”呢？于是，我对自己的身体做了一次心理盘点，想看看这阵冲动有无一个确定的位置。我先是感到左肩处有些残余的活动，它沿着胳膊一直延伸到左手。我动了动左手的手指，试图确定它们想要做些什么，然后我注意到冲动其实集中在左手的拇指和中指上。

这就很有意思了——我不是个左撇子，但我左手的两根手指却想要做点儿什么来保存我刚刚写下的几句话！突然间，我意识到往常使用苹果笔记本时在键盘上点击“保存”命令的就是那两根手指，于是这一切真相大白了：我所感到的冲动其实是一种肌肉记忆。

74

假如第 3 章的内容产生了我所期待的效果，你应该已经认同整个大脑都参与决定了“你是谁”，并在其中发挥非常重要的作用。但你的大脑就是“你”的全部吗？你的双眼、双耳、嘴巴、皮肤、肌肉和骨骼呢？它们只是一些零件，与其他零件一齐组成了某种机械外骨骼，作为“真正的你”的容器，还是也参与构成了你的心智？“你”到底“是谁”？

我将在这一章中援引大量科研成果，证明大脑在功能上与身体的其余部分结合得如此紧密，以至于你真的应该进一步拓展“自我”的定义，将整个“大脑－身体”系统囊括进去。本章（及第 5、第 6 章）中特别丰富的实例，将为我们提供确凿的证据，毕竟在拓展自我定义的过程中，人们情感上最难接受的大概就数这几步了。眼下我要开宗明义：那些让你成其为“你”的信息不仅存在于你的脑壳之中，还会由你身体的其余部分所携带。事实上，身体能携带相当巨量的信息！

如果你没有一具身体……

要理解身体如何携带不为大脑所掌握的认知信息，一个不错的出发点是尝试去思考一下：假如大脑没有一具运作正常的身体，你的心智会处于一个什么样的状态。假如你这颗“离线”的大脑能在一个充满了营养液的玻璃缸中好端端地活着，并且有许多管道为它输送含氧的血液，你还会有什么“心智生活”吗？还能像现在的你那样思索吗？如果你的大脑能通过电极接收和传递感知信号和运动信号呢？假如有人能将这颗大脑与一台超级计算机连接起来，后者为感知神经元输入电子信号，创造出足够逼真的虚拟现实经验，同时从运动神经元记录激活模式，据此操纵你的虚拟双眼和虚拟四肢在虚拟空间中运动，这样一来，你就不可能知道自己其实正漂在缸中。众所周知，这就是 1999 年上映的科幻巨制《黑客帝国》（*The Matrix*）的基本假设。电影讲述了主人公 Neo 在虚拟世界中的经历，他最终发现自己的肉身其实被置于培养皿中，脊髓与肌肉都连着电缆。这部电影的灵感来源一直以来争论不休，比如有不少人都相信导演 Wachowski 兄弟是受了天才的科幻小说作家 Philip K. Dick 的影响。我们对周遭世界的感知经验有可能是被伪造出来的，或至少是虚拟的，这个说法很早就有。但心智哲学领域的多数文献资料在谈及它的创始人时都会提到 Hilary Putnam。

75

1981 年，Putnam 详细探讨了思想实验“做一颗‘缸中之脑’是什么感觉？”（What would it be like to be a brain in a vat?）。他的观点如下：如果你是一颗“缸中之脑”，那么你所提到的“脑”和“缸”其实只是关于脑和缸的感知印象罢了。这些感知印象是人工制造的：有人在计算机上为它们编程，然后沿缆线传递给你这颗大脑。你能使用这些语词，不代表这个世界上真的就存在与它们对应的实物，因为你从未真实地经验过这些实物。因此，如果你确实是一颗“缸中之脑”，能说出“我是一颗‘缸中之脑’”不代表你就真有自知之明，毕竟你使用的语词所指的并非真实的事物，只是对真实事物的人工模拟。说到底，只要你将“我是一颗‘缸中之脑’”这句话说出来，它就偏离了你的本意：严格地说，你其实是在声明“我是在‘一口模拟的缸’中的‘一颗模拟的脑’”。这既非现实世界的真相，亦非你想要表达的东西。因此，“我是一颗‘缸中之脑’”这个命题在逻辑上就不可能为真。这些哲学家可真机灵，对吧？

但是，早期的人工智能程序在某种意义上就很像“缸中之脑”。第一批国际象棋程序在 20 世纪 50 年代就已经被开发出来了，它们作为“头脑”而言相当简单：只会对弈，不问其余，对手的每一步棋都要先转化为逻辑描述，这是它们唯一的“感知”输入。程序会使用这些输入不断更新自己的内部模型，设计出它们“认为”最优的下一手。就在这些程序开始变得有些能耐时（尽管当时它们还无法匹敌人类国际象棋大师），第一代“聊天机器人”也问世了。比如说，计算机科学家 Joseph Weizenbaum 开发了 ELIZA，这是一个冒充在线治疗师的计算机程序，能使用文本与人交流，看上去确实有些“智能”。下面就是我刚刚在网上与 ELIZA 的一番对话：

ELIZA：你好。请告诉我你遇到了什么问题。

我：我想让读者了解你的优缺点。

ELIZA：你为什么要关心我的优缺点？

我：因为你是第一个聊天机器人，读者应该知道你的情况。

ELIZA：这两件事真的有关联吗？

我：是的。你的优缺点当然与你是第一个聊天机器人这件事有关。

ELIZA：你确定？

我：你是不是正在向我演示你的一个缺点？

ELIZA：说真的，你到底想知道什么？

我：我想知道你是否觉得自己像一颗"缸中之脑"。

ELIZA：这个猜测的下一步是什么呢？

我：下一步是了解如果有一具身体的话，你能得到哪些改良。

ELIZA：关于我有一具身体这件事，你都知道些什么？

在 ELIZA 被设计出来后不久，计算机科学家 Terry Winograd 开发了 SHRDLU，这也是一个聊天机器人，能与人进行颇具智能色彩的交谈，只要话题仅限于在一个假想的世界里摆弄五颜六色的棱锥和方块。ELIZA 和 SHRDLU 都很像"缸中之脑"：它们都没有身体，它们的输入本质上都是对某个（非常简单的）领域的模拟。在它们之后又出现了许多聊天机器人，如今它们甚至开始在正式比赛中争夺奖金。虽说到目前为止，尚无一个程序能与我们进行完全无限制条件的交谈，并让我们将其误认为同类，但在 20 世纪 90 年代，IBM 开发的国际象棋程序 Deeper Blue 的确没有争议地战胜了当时的国际象棋大师 Garry Kasparov。2011 年，IBM 的认知计算系统 Watson 在常识游戏问答竞赛"危险边缘"（*Jeopardy*!）中击败了两位前冠军选手；最近，Google 升级后的个人助理 Duplex 能拨打发廊或餐厅的电话，与前台（真人）沟通并预订服务或座位。不论这些程序规模大小，表现是否抓人眼球，它们本质上都是“缸中之脑”：它们都没有身体。

哲学家 Hubert Dreyfus 有过一个著名的论断，他相信要让人工智能程序拥有匹敌人类的智能水平，就必须赋予它们人形的机械身体，而且要将这副身体与程序完美地整合起来。身体承担着巨量的思维任务，这一点适用于人，也适用于人工智能，如果没有了身体，大脑或程序对世界如何运作的理解就会严重受限，只能达到一个非常基本的水平。自 Dreyfus 最初提出这个观点至今已有约半个世纪，越来越多的证据表明他可能是对的。最新的人工智能程序仍然远不及我们聪明，甚至没法像模像样地跟人就实时聊上哪怕一分钟的闲天，很有可能是因为人工智能和机器人学的发展一直以来都是独立的两条线。基于人形机器人开发强人工智能这种事尚无先例，但或许总有一天会成为现实。这些话题我们将在第 8 章深入讨论，在此且按下不表。别着急，常言说得好：许愿需谨慎，梦想会成真。

77

不管怎么说，如果 Dreyfus 是对的，就意味着不仅人工智能程序想要拥有人的智能就得拥有身体，我们人类想要拥有现在的智能也得拥有身体。大脑要产生智能，身体不可或缺。因此，如果你只剩下一颗与外界断连的大脑，漂在一只玻璃罐中，哪怕大脑本身好好地活着，你也绝无可能像现在一样思考。你将拥有一个截然不同的“自我”。因此，“你”不只是你的大脑。

有趣的是，我们还真有一些例子，能说明大脑或多或少与身体“断连”之后会怎样运行。其实这种情况你每天都会经历——如果你每个晚上都上床睡觉的话。梦境就是由大脑皮质的特定激活模式产生的，做梦时，你的皮质下组织必须将大脑与那些可能将你唤醒的感知输入隔离开来，同时让它无法将那些可能让你受伤或伤到别人的运动指令传达下去。你是否梦见过这样的情景：一头熊向你扑来，你正待撒腿就跑，双腿却像陷入了流沙？又或者路遇劫匪，你正要教训他一下，挥拳却像在做慢放，对方轻易就能避开？这种对动作的限制不仅是因为你盖着被子活动不便，更是因为你的皮质下组织断开了运动指令从皮质到脊髓的通路——谢天谢地，不然无故挨打的可就是你的枕边人了！

所以，睡梦中的你本质上就是一颗“缸中之脑”，明确了这一点，你就能问自己一个问题：“梦中的我与现实中的我是同一个人吗？”在你的大脑与身体“断连”后，睡梦中的“你”与平时的“你”还是同一个“你”吗？梦中的你是否做过一些戏剧化的、危险的，甚至是不道德的事？或许你曾在梦中达成过一些脱离物理学现实的壮举，但却一点都不感到惊讶？在睡梦与现实中，你对复杂情况的反应通常是不一样的。我就曾做过一个这样的梦：为避免卷入一场愚蠢的械斗，我集中精神，想要飘浮起来，升到酒馆的天花板上，结果做到了！不过假如现实中我真的在酒吧里遭遇了一场斗殴，我很确定自己不会浪费时间去尝试飘浮到天花板上。你曾梦见自己只穿睡衣行走在大庭广众之下吗？你是否立刻逃离了现场，找了个地方穿戴整齐或至少向人借了件衣裳？现实中你会这么做，但在梦中就很难说了。那掉牙的梦呢？你对着镜子拨弄自己的一颗牙，居然就将它拔了出来，而其他的牙也开始松动。如果在现实中遇见

78

这种事，我敢肯定你绝不会继续拨弄牙齿了，但在梦中你可没打住，不是么？有时候，就连你的体型也会在梦中变化。身处梦境之中，你偶尔会做些在现实中不会去做或无法做到的事，显然，作为一颗“缸中之脑”，“你”与平日里的“你”多少有些不同。

心理学家和神经科学家也在探索其他将大脑与身体“断连”的方法。20 世纪 40 年代，行为主义者依然占据心理学的主流，他们对心智的定义完全取决于刺激（输入）与反应（输出）之间的关系。因此行为主义的一个“简化版本”会很自然地这样预测：如果大脑不接收任何感知刺激，也不产生任何运动反应，它就无事可做，基本上只能陷入沉睡。Donald Hebb 是用实证研究检验上述理论的第一人，他安排被试（也就是他的学生们）进入一个房间，这个房间能屏蔽掉所有可辨的声音，与此同时，他会让被试戴上不透光的眼罩，并用硬纸板紧紧裹住他们的肢体，这样他们就不能大幅运动，甚至没法给自己挠个痒痒。不消说，大多数被试都觉得这种实验条件简直太令人不爽了。但与行为主义预测不同，这些被试并没有陷入沉睡。他们在“神游”，各式幻觉产生出来，一些人几乎要被吓得魂飞魄散。显然，缺乏环境刺激且无法对环境采取行动的状况不会产生正常的心智。

Hebb 的实验是开创性的，几年后，John Lilly 设计了“浮力箱”（flotation tank），使用这种工具研究感觉剥夺现象更加温和，而且更加有效。浮力箱也能诱发幻觉体验，但辅以冥想技术（以及在确有需要时挠个痒痒的许可），被试能更愉悦地探索“内部空间”。在浮力箱中，水是持续过滤的，并被加热至体温，同时水中含有高浓度的浴盐，这样你就能平躺着漂浮在水面上。在关闭水箱的隔音门后，你几乎什么都听不见（除了你自己的呼吸和心跳）。周围是彻底的黑暗，你甚至没法区分双眼什么时候睁着、什么时候闭着。在这种情况下，假如不经常动一动的话，你就会与身体彻底“失联”。开始的几分钟，你会感到有些无聊，但心智很快就适应了当前不同寻常的状况，并开始享受这种全新的自由。思绪变得更加奔放，意象变得更为生动，冥想也变得更有转化性了。根据一些脊椎治疗师的说法，浮力箱还有助于改善脊背部的健康。

因此，与身体“断连”后，大脑既不会像早期行为主义理论所预测的那样陷入沉睡，也不会像那些将大脑全等于“自我”的学者所认为的那样正常运行。*Elle* 杂志的主编 Jean – Dominique Baudy 因一场脑干中风昏迷了几周，醒来后完全瘫痪，他的生活轨迹也悲剧性地拐了个大弯。他无法活动身体的任何部位——除了左眼眼睑还能眨巴以外。在这种情况下，通常只能由家人（而不是医生）从病人眼球或眼睑的交流性活动中判断他是否还有意识。这种“闭锁综合征”（locked – in syndrome）显然是“缸中之脑”的一个并不完美的例子，因为病人通常能听也能看：他们的输出系统毁伤严重，但输入系统完好无损。或许他们就好比“带着双眼双耳的缸中之脑”。以 Baudy 为例，他的视觉、听觉和嗅觉都与常人无异。护理员根据使用频率逐一读出 26 个字母，他只要听到接下来想要使用的字母，就眨巴一下左眼。这种沟通效率不高，有时候要好几分钟才能拼出区区一个单词，但它好歹有效。实际上，Baudy 就在“眨眼之间”完成了一项壮举：他写了一本书——《潜水钟与蝴蝶》（*The Diving*

Bell and the Butterfly)，描绘了自己中风后的感受：心灵仿佛一只困在潜水钟里的蝴蝶，正沉在幽深的水下。他在书中沉湎过去、肆意幻想，对现状大为气恼。他思绪飞扬，不受控制地飞舞在美食、爱情和其他回忆之间，就像书名中的蝴蝶那样。他还提到自己很乐意谋杀一位对他疏于照顾的护工。虽然要完成这本回忆录，Baudy 显然需要足够清醒、足够有条理，但你阅读时，会明显感觉到他写作时心智并不像中风前那样正常。他担任 *Elle* 杂志主编时可不会经常“神游”，也不会因为某人偷懒就想要他的小命。这不奇怪：如果你（即便只在某种程度上）变成了一颗“缸中之脑”，“你是谁”（至少在某种程度上）也就不一样了。

80

当一颗大脑被剥夺了一部分（而非全部的）感知运动信息，我们就能很自然地预测原先的心智也会被**不彻底**地改变。举个例子，社会认知神经科学家 Simone Bosbach 研究了两例周围神经系统退行性疾病的患者，这种病人的皮肤无法感受触碰、压力或温度，如果不慎将手搁在了滚热的炉灶上，他们要看见这一点，或闻见自己被烫熟的气味才能发现！没有了手杖和视觉反馈，他们就没法保持站立，因为双脚不能告诉他们身体重心有无偏离。这些病人观看视频中的角色抬一只箱子，能使用无意识的运动动力学知识准确地猜测箱子是重是轻，就和我们一样。但若箱子的重量与抬箱人的预期有差异时，他们就看不出来了。有时你可能觉得冰箱里的盒装牛奶或果汁是满的，拿起来时才发现盒子已空了一大半，由于你做出了错误的预期，导致用力过猛，让纸盒撞在了隔层的顶板上，这种事常有。当我们观看某人抬起一只箱子，而箱子又比他预期的要更重或更轻，通常都能从他的抬举动作中看出一些不和谐的蛛丝马迹——没准再因此会心一笑。但 Bosbach 研究的两位病人虽说能对箱子的重量进行准确的视觉推理，却完全看不出什么时候箱子的实际重量不符合抬箱人的预期。这项任务涉及对抬箱人的心智状态进行**认知**推理，但两位病人的**感觉**障碍妨碍了这种推理。多年来，他们都未曾经验过抬起什么常见事物时的触觉反馈，这让他们的大脑无法猜测他人用力过猛或用力过轻时的心智状态。他们已无法像患病前那样理解人们与外物如何交互：患病后的“他们”与先前的“他们”已多少有些不同。

显然，单凭大脑本身无法让你成其为“你”。“我是一颗‘缸中之脑’”的思想实验很容易让我们回想起第 2 章中“我是我的前额叶皮质”这一论点。比较这两种想法，前额叶皮质就对应于缸中之“脑”，感觉和运动皮质就相当于为缸中之“脑”传递输入与输出信号的虚拟现实计算机。但别忘了，我们已经在第 3 章中罗列了大量证据，表明前额叶皮质与感觉/运动皮质之间存在流畅而连续的信息交换，以至于你没法将前额叶皮质单拎出来，说只有它“是你”，感觉和运动皮质则不是。因此在结束第 3 章的论述时，我们已经拓展了“你”的定义，将你的整个大脑囊括了进去。根据同样的逻辑，如果你相信自己是一颗“缸中之脑”，一个外部观察者就不得不得出这样的结论：由于在缸中之“脑”和与其相连的虚拟现实计算机之间存在流畅而连续的信息交换，“你”的定义就必须拓展，将那台计算机囊括进去：“你”只能是“大脑 – 计算机”，而不仅仅是那颗大脑。既然 Hilary Putnam 已经证明，“我是一颗‘缸中之脑’”这一命题在逻辑上不可能为真，你只能退而求其次，说“我是一颗‘身体中的脑’”。本章试图证明“你”的定义不仅限于大脑，而是囊括了作为一个完整系统的“大脑－身体”。

关于具身心智的心理学

所以，身体究竟携带了哪些让你成其为“你”的信息，又是如何为你承担部分思维任务的？已有一打领域的研究人士搜集了令人信服的科学证据，指出正常运行的人类心智并不只是大脑的产物，而是大脑与身体密切合作的结果。换言之，你的心智是具身的。

一些实证研究主要关注感官印象和运动计划（确切地说，是其“神经相关物”）如何对思维过程产生重要影响。它们说的可不只是前额叶皮质会与一系列其他脑区相连，这一点我们在第 3 章已经讨论过了。感官印象和运动计划是一些“神经信息的模式”，它们与正在作用于身体的感受器（感官）和效应器（四肢）的“环境信息的模式”密切关联。原则上，这些关联可以在一颗“缸中之脑”的内部，在它负责认知、感觉和运动的区域之间建立起来——前提是这颗大脑要能访问一个极为逼真的虚拟现实世界，后者受一台相当精确的引擎驱动，严格遵循物理学规律运行。拥有一具身体，就能让世界**本身**免费提供一切物理现实。在分享关于感觉和运动皮质的实验证据后，我们将转而关注肢体非神经组织内部的感知运动信息，并探讨身体的形态学如何为你实施某些认知计算。

82

在 Larry Barsalou（见第 3 章）的推动下，心理学界开始逐渐接受具身认知的观点。他的知觉符号系统理论启发了许多实验设计，探索人们如何使用感知运动信息辅助抽象思维过程。以心理意象为例。人们可以在与外界完全隔离的情况下产生视觉意象，假如将你关在“浮力箱”中，你就会不停地产生许多视觉意象，这是真的。但根据 Barsalou 的知觉符号系统理论，在被动地想象某些视觉对象时，你所做的并不只是激活额叶并来回移动“心智软件”中的逻辑符号。事实上，你使用了一些感知运动信息模式，也就是遍及全脑的某些神经集群编码，假如想象中的事物就在眼前，你正看着它们，大脑就会激活这些编码。现在，请你闭上双眼，想象一位身穿红色夹克的女登山家。一开始，你的额叶会生成相应的抽象概念，但很快前额叶皮质就会将信号反馈到感觉和运动皮质，为这个意象填充丰富的细节。认知神经科学家 Steve Kosslyn 为此给出了证据，他与同事们使用脑成像技术，发现双眼紧闭时，视皮质在有视觉意象的条件下会比在无视觉意象的控制条件下更为活跃。因此，即便大脑没有接收到视觉刺激，视皮质也会在你产生视觉意象时被前额叶皮质激活。

让我们做一个小小的意象实验：请转过头去，盯着你身边的一面白墙，同时想象那位身穿红色夹克的女登山家。想象她在一百码开外，正从悬崖顶上沿着绳索向下滑降，每次滑降两三米，然后停一会儿，双脚撑在崖壁上。在八次这样的滑降后，她降到了谷底。够不够清楚？如果你觉得有必要，就将这段话再读一遍。要做好这个实验，你最好大致记住整个过程。现在，请合上书本，盯着白墙，照刚才的描述开始想象。你大概需要 15 秒的样子，现在就开始。

好了，可以了。当你盯着白墙，想象一位红衣女登山家在崖壁上沿着绳索滑降，你的视皮质会部分激活对应下面这些意象的神经集群编码：一个人形、红色夹克、绳索，以及（最重要的）向下运动。当你将这些心理意象叠映在前方的白墙上，你是否注意到了自己眼部的动静？你有没有转动眼球，将目光向下移动一点儿，甚至“意象登山家”每滑降一次，你的目光就下移一次？认知神经科学家 Joy Geng 记录了被试在执行这项任务时的眼动，发现当指导语涉及登山家向下滑降时，大多数被试的眼动轨迹确实向下；当指导语涉及登山家向上攀爬时，他们的眼动轨迹又会向上——即便墙面空空如也，根本没有什么东西可看。基本上，当你的“心智之眼”生成视觉意象时，（Kosslyn 所发现的）视皮质的部分激活会自然而然地诱发动眼皮质（也就是驱动眼球运动的脑区）的部分激活，并产生相应的眼动。

正如 Barsalou 的理论所预测的那样，即便是理解一个简单的句子通常也会产生一些不完整的视觉意象，而你甚至都不会意识到这些意象。认知心理学家 Rolf Zwaan 证明了这一点。他先让被试读一句话，然后判断这句话是否提到了一幅图片中的某个对象。比如说，他让被试读“The carpenter hammered the nail into the wall.”（木匠将钉子敲进墙壁），然后给他们看一幅钉子的图片。只不过提供给其中一半被试的图片上钉子横着，尖头向右；提供给另一半被试的图片上钉子竖着，尖头向下。每一位被试都能给出肯定的回答，但看见钉子横着的那一半被试作答速度更快。这是为什么？其实，在你读

84

到“将钉子敲进墙壁”这样的表述时，你的大脑会“情不自禁”地生成一些关于这个场景的模糊的视觉意象，而显然在大多数情况下我们都会将钉子水平地敲进墙壁。因此片刻后，当你看着一幅钉子的图片，横着的钉子会更好辨认，因为一个类似的意象已经在大脑中产生了。由于读到了那句话，大脑中的神经集群编码更像我们在识别一只横着的，而非竖着的钉子时激活的神经集群编码。重要的是，Zwaan 发现如果先让被试读“The carpenter hammered the nail into the floor.”（木匠将钉子敲进地板），实验结果就会颠倒过来。

语言激活的视觉集群编码甚至能改变你知觉运动刺激的方式。心理学家 Lotte Meteyard 让被试观看屏幕上随机运动的黑点，同时让他们听一些动词。这个过程中，他会要求被试猜测黑点接下来最有可能的移动方向。实验显示，当被试刚刚听见的动词含有向下移动的意思，他们会猜测黑点接下来最有可能向下；反之当动词含有向上移动的意思，他们会猜测黑点接下来最有可能向上。Meteyard 将实验条件倒置过来，也发现了同类现象：当屏幕上黑点的移动方向大概率向下，观看者能更快地辨识出那些描述下行运动的词；反之当黑点的移动方向大概率向上，观看者能更快地辨识出那些描述上行运动的词。因此，不仅知觉过程会受语言输入影响，反过来语言输入也会由知觉信息“体化”。[一]

[一] embodied 可译作“具身”“涉身”或“体化”，本书将在其作谓语动词时译作“体化”，在其他情况下统一译作“具身”。——译者注

关于身体的感知对认知过程、心智活动和“自我”的基础性作用，上面这些例子只是蜻蜓点水。具身认知的实证研究取得了丰硕的成果，揭示出心智并非是与身体分离的、独立的实体。除感知过程外，身体的运动过程也在心智内容的形成中发挥了巨大的作用。比如说，心理学家 Art Glenberg 让被试在计算机屏幕上读一些句子，并让他们选择是按下一个近旁的按键（在手边约几英寸）以表示当前句子“不合理”，还是按下一个稍远一些的按键（在约一英尺外）以表示当前句子“合理”。（这是实验的前一半。在后一半，Glenberg 颠倒了实验安排。）这个实验的关键是一些特殊的句子，它们分别描述向外的动作（像“You handed Courtney the notebook”即“你将笔记本递给 Courtney”）和向内的动作（像“Courtney handed you the notebook”即“Courtney 将笔记本递给你”）。当远处的按键表示“合理”时，被试对描述向外动作的句子要比对描述向内动作的句子反应更快；当近处的按键表示“合理”时，情况就颠倒过来了：被试对描述向内动作的句子要比对描述向外动作的句子反应更快。在那以后，Glenberg 的学生 Micheal Kaschak 发现了同样的具身效应，他对 Glenberg 的实验进行了细化，以探索该效应的时间进程。当被试在（听取或读取一个句子的）不同时点伸手按键，具身效应的强弱取决于句子在该时点的特定内容，而上述内容在某种程度上又取决于句子的语法。认知语言学家 Ben Bergen 发现，当实验材料为现在进行时的句子时（如“Richard is beating the drum”即“Richard 正在打鼓”或“Richard is beating his chest”即“Richard 正在拍打他的胸脯”），认知具身效应特别强烈。他认为现在进行时强调句子所描述的事件（动作）正在发生，由于被试自己的肢体也能很好地执行该

85

动作，因此运动系统会以更高的激活水平参与到句中动作的理解中来。而当实验材料为一般过去时的句子时（如“Richard beat the drum”即“Richard 打鼓”），认知具身效应就没那么明显了，因为一般过去时强调事件的完成，即终了状态。

另外，运动或动作的所有权问题（ownership）也非常重要。将一个对象的运动（motion）与这个对象的意义（meaning）结合起来，并不总能产生具身效应。有时候，身体必须造成（responsible for）该对象的运动——后者须由身体执行。举个例子，发展认知科学家 Linda B. Smith 让两岁大的儿童观看一个他们从未见过的物品，将它沿水平方向来回移动六次，并给它虚构一个新奇的名字。比如她会这样说：“This is a wug. Watch the wug.”（这是一个 wug，看看这个 wug。”）然后，她给孩子看另外两个物品，它们和先前的范例很像，但一个沿水平方向出现，另一个则是向上冒出来的。她要求孩子将其中一个与范例关联起来，比如她会这样问：“Which one of these is also a wug?”（这其中哪个也是 wug?）在这一版实验中，小被试们仅仅是看见了范例左右移动，他们选择两个（出现方向不同的）关联物的概率是一样的。这说明范例的移动方向并未影响他们在后续任务中将关联物归于哪个心理范畴。但 Smith 随后就做了另一版实验，她让孩子们将与上一版实验中相同的物品（范例）拿在手里并沿水平方向晃动，这样，孩子们就不只是在看着，同时也**造成了**它的运动。在孩子们来回晃了几秒钟后，她给他们看两个关联物，它们也和上一版实验用到的一样，而且同样一个沿水平方向出现，另一个向上冒出来。这一次，有三分之二的孩子选择了水平出现的

86

关联物。也就是说，孩子们通过自己的动作传递给范例的水平运动显然影响了他们对“wug”的归类（范畴化）。而且如你所料，当Smith改变实验条件，要求孩子们将范例上下晃动时，实验结果也颠倒了过来。

你大脑中的意义、概念和范畴并非空穴来风，这些心理学实验就是有力的证据。大脑并非单纯地“封装”（encased）在机械外骨骼中，作为心智的唯一来源向身体发送指令。心智是“具身的”（embodied）：身体是心智的一部分，也是“自我”的一部分。

具身心智和语言

我是不是说过已有“一打领域”的研究人士搜集了与具身心智相关的科学证据？你觉得我有没有夸大其词？好吧，我的表述不够准确，应该是“至少一打领域”。除心理学、认知心理学、发展心理学外，还有认知科学、社会心理学、运动科学、神经科学、认知神经科学、心智哲学、机器人学……本节主要关注语言学和心理语言学。

我们日常的语言使用本身就是一种实验。早在几十年前，认知语言学家George Lackoff和哲学家Mark Johnson就注意到，语言的意义在相当程度上依赖关于身体感觉的隐喻。举个例子，如果我们说一件事“went over Ann's head”（直译为“越过Ann的脑袋”，汉语中的说法是“没过Ann的脑子”），意思是Ann对这事茫然不解，因为她的感官并未“抓住”关键的信息；而如果我们要将一个观点

"force down Ben's throat"（直译为"塞进 Ben 的喉咙"，汉语中的说法是"灌输给 Ben"），意思是要将此观点强加给 Ben，不论他是否乐意。谈论某人是否理解某个事件或接受某个观点，其实没有必要提他的脑袋和喉咙，但我们就会这样去做。这种情况在语言的日常使用中太过常见，以至于我们经常不会将它们看作是隐喻。

87

关于身体感觉的隐喻常被用来谈论抽象事物（如理解），同样，关于外部物理事件的隐喻也常被用来谈论身体经验（如情绪）。举个例子，我们会说"he blew his stack"（直译为"他炸飞了烟囱"）、"she flipped her lid"（直译为"她掀掉了壶盖"）或"he blew a gasket"（直译为"他崩开了垫圈"）。还有许多这样的习语都能形容一个人"怒气冲冲"，显然它们都将"愤怒"比作"容器中的热液（或热气）"。你可以自行**尝试**一下，**看看**能否想到其他关于身体的隐喻。（注意我用了"看看"这个词，它就是一个很好的例子，还有前面的"尝试"，你想事情没必要睁着眼睛，或用舌头舔舔，对吧？）

认知科学家 Raymond Gibbs 在他的心理语言学实验室一干就是大半辈子，想要弄清人们是怎样理解隐喻、习语，甚至谚语的。他的研究表明，比喻性的语言会在我们读到或听到它们时自动激活大脑中相应的感知运动神经网络。举个例子，他要求被试尽可能详细地将一些谚语［如"Let sleeping dogs lie"（直译为"让正在睡觉的狗好好躺着"，意思是"别自找麻烦"）或"A rolling stone gathers no moss"（直译为"滚石不生苔"，引申为"转行不聚财"）］的心理意象记录下来。对实验材料的每一句，不同被试的心理意象均高度一致，这似乎说明他们的理解在相当程度上依赖 Lackoff 式的、普及性的概念隐喻——像“愤怒是容器中的热液”“情绪是一些位置”或“时间是我们穿行其间的风景”。在 Gibbs 的被试中，大多数人为同一句谚语写下的意象就连细节都对得上。我们也可以尝试一下。花一分钟时间，闭上双眼，就“A rolling stone gathers no moss”这句话想象一下——你的“心智之眼”看见了什么？先别往下读，尝试一下。

干得好。你“看见”一块石头正滚下山坡，对不对？它是不是正向右下方滚动，山坡上是不是长了些杂草、苔藓，也许还有小灌木丛？这块石头是不是滚得很快，而且有些蜿蜒而下，并不是笔直地前进？途中是不是还有些土墩让它时不时地小跳一下？这块石头是不是基本呈球形，但有些不规则？是的，我想我大概率猜中了不少，就像 Gibbs 通过他的实验所发现的那样。

除比喻性的语言会自然唤醒感知画面或运动印象外，语言学家还对单个动词或介词如何让人产生二维的视觉描述（visual depiction）进行了研究。我们能将一些高度抽象的概念表征为图式化的视空间意象（schematic visuospatial images），这些意向植根于身体的感知经验。举个例子，我们对介词“over”的抽象描述一般是这样的：一个无标记目标物（比如一个 X）悬停或游移在一个参照物（比如一个正方形）上方。Ron Langacker 将目标物称为“射体”（trajector），将参照物称为“界标”（landmark）。介词“over”的上述意象图式（image schema）可用于表征类似“the bird flew over the lake”（鸟从湖上飞过）、“the lamb hung over the table”（灯挂在桌子上方），甚至是“he pored over the data”（他仔细钻研数据）这样的语句。

Len Talmy 用这些意象图式描述了我们日常语言使用中的一系列事件与空间关系，并编制了基本的图式元素的汇总表，这些图式元素让我们得以视觉化地描述语句中的空间关系及力动力学（force dynamics，也就是句中某个事物如何影响另一事物。不同领域的汉语文献亦有译作“力量动力学”或“力动态”）。我们可以将他的图式元素以特定方式组合起来，完全视觉化地描述“the door will not open”（门打不开）或“the wind turned the pages of my book”（微风翻动了我的书页）之类的句子。[有点像量子物理学家常用的费曼图（Feynman diagrams）。] Talmy 的动力意象图式系统（force dynamics image schema system）能用于表征种类繁多的句子，这种表征高度依赖一个附时间成分的二维空间布局（以描述句中的力动力学）。Talmy 还将这些见解发展成了一套理论，说明视觉图像如何“体化”短语的意义，这些工作都是在他本人逐渐丧失视力的过程中完成的。没错：认知语言学家 Len Talmy 如今是个法律意义上的盲人：他看不见脚下的走廊，但他能看穿你的想法。我有一次去布法罗州立大学探望他，正值饭点，我领着他穿过几条蜿蜒的、人头攒动的走廊。其实他对这条通向餐厅的路线有非常清晰的心理意象，如果走廊上没挤着那么些学生，他独自穿过这座迷宫简直易如反掌。我旁听过几次 Talmy 的演说，他显然没法用直观教具来辅助记忆，但却能将一长串论点，包括大量叫人难以置信的细节一股脑儿记在心里。通过想象一系列二维意象图式及其力动力学，Talmy 对许多动词、介词和短语的释义工作都获得了非凡的成功。

英文中许多动词短语的意象图式都有一个共同点：根据它们的描述，句中的“射体”（也就是对象）通常始于视觉空间的左侧，“事件”（也就是动词）则向右发生。实际上，根据神经科学家 Anjan Chatterjee 的详实记录，英语母语者想象那些由动词描绘的事件时的确偏爱这种空间布局和行动方向，部分原因可能是英语要按从左到右的顺序去**读**。有证据表明，如果一种语言要按从右到左的顺序去读，从小讲这种语言的人们就会产生行动方向从右到左的意象图式。许多这种对事件或空间关系的意象图式表征似乎都是孩子们以各种方式习得的，而不是什么与生俱来的东西，否则我们就很难解释它们的跨语言/跨文化差异。

89

根据 Lackoff、Langacker 和 Talmy 的理论，发展认知科学家 Jean Mandler 就婴儿如何在生命发展的早期阶段基于感知运动经验习得意象图式概念给出了详细的解释。在学会第一批词汇和短语前很久，婴儿仅凭观察环境中的事件并偶尔与其交互，就能习得一些具体概念如“support”（支持）或“containment”（容纳），甚至是抽象概念如“causality”（因果关系）和“animacy”（有生命性）。既然婴儿此时还没有语言交流能力，这些知识就得以其他格式（format）传授给他们。意象图式就十分合理。举个例子，如果婴儿观察（并参与）将相对较小的各类物品放置到较大物品的凹陷部分中去——不论是将液体倒进一只瓶子、将零食放进一只小碗，还是将玩具装进玩具箱，他就会开始推理，提炼出这些事件所共有的空间和运动特性，那颗小小的、突触连接生长旺盛的大脑会将这些共有特性压缩为“容纳”这一新生概念，以描述几乎任何物品的凹陷部分对另一较小物品的（部分或完全的）“包围”。这你能想明白吧？同样的机制也适用于抽象概念。设想这样的情景：一个物品（不管是什么）移向另一个，撞击后者并使其移动起来。如果婴儿（在一段时间内）一再观察到类似的现象，他的大脑就能搜集到足够的统计学信息，用意向图式来理解物理学家们所说的“决定论、台球式的”**因果关系**（或哲学家们所说的“动力因”，抑或你我常说的“原因”和“后果”）。这还没完：如果其中一个物品在撞击前或撞击后以一种弯曲的、不可预测的轨迹移动，婴儿就能据此发展出基本概念“有生命性”，这是动物毛绒玩具和活生生的宠物最重要的不同。Mandler 的研究表明，一岁大的婴幼儿能够掌握的概念可能要比著名发展心理学家 Jean Piaget 所设想的丰富得多。

你也许还记得，我们在谈到 Rolf Zwaan 的研究时曾说，人们在读到或听到类似“木匠将钉子敲进墙壁”这样的句子时，会不自觉地激活一些模糊的视觉意象。成年人这种无意识的视觉意象与那些高度依赖身体感知经验的意象图式概念其实挺像：在某种程度上，决定你我怎样理解一句话的，是句中某些意象图式将如何激活一套神经集群编码。为进一步证明这个观点，Daniel Richardson 与 Larry Barsalou、Ken McRae 和我合作设计了一些实验。首先，Richardson 挖掘了人们关于“动词的二维形状”的直觉。他给被试看一些简单的句子：为使他们免受名词意义的干扰，他事先用形状替代了句中的一些单词，这样一来，句子就变成了类似于“图形字谜”的样子，如“○ chases □”（○追赶□）或“○ respects □”（○尊敬□）。而后，实验者会为被试提供四个意象图式，并要求他们判断其中哪个与当前“图形字谜”的句意最为相符。这听上去是个奇特的随机任务，但被试的选择却一点儿也不随机：正如 Chatterjee 所预测的那样，一旦句中的谓语是“chases”（追赶）之类的行为动词，多数被试选择的意向图式就会类似：圆圈在左，方块在右，一个向右指向方块的箭头居中。许多行为动词的意象图式都像这样带有从左到右的方向性。相比之下，如果句中的谓语是“respects”（尊敬）或“hopes for”（盼望）之类的动词，多数被试则会选择这样的意象图式：圆圈在下，方块在上，一个向上指向方块的箭头居中。这种空间布局其实含有某种“仰视”的意思，无怪乎它会是动词“respect”让人产生的意象图式。

搞明白一系列动词意象图式的方向性后（有些是横向的，有些则是纵向的），Richardson 开始检验这些视空间布局将如何影响人们实时理解自己听到的句子。举个例子，当你听到一句话，意思是一个人尊敬另一个人，大脑是否真会产生一些无意识的视觉意象，在心智空间纵向延伸？Richardson 用一个简单的知觉实验发现，句子唤醒的意象图式是会“消耗”一些神经资源，在负责加工视空间信息的脑区，这些资源就位于唤醒同类意象图式所需要激活的部位。也就是说，被唤醒的意象图式会干扰一些新输入的视觉刺激，假如二者要由同一脑区负责加工的话。Richardson 利用的是“Perky 效应”。“Perky 效应”指一个世纪以前心理学家 Cheves West Perky 的发现：当你专注于视觉想象，对新输入的视觉刺激多少就变得不那么敏感了。Richardson 要求被试在听“John respected his father”（John 尊敬他的父亲）这句话时盯着一块显示屏的中心，然后，他们要回答在

91

屏幕边缘短暂闪过的一个形状是方块还是圆圈。当无意激活的意象图式与闪过屏幕的方块或圆圈在位置上彼此重叠，被试的反应就会变慢。这一发现证明：人们对自己所听到的句子的理解自动激活了某些无意识的、不完整的视觉意象，如动词“respect”在心智空间纵向延伸的意象图式。

这种由语言唤醒的无意识、不完整的视觉意象（意象图式）不限于静态的形状，如主客体的横向或纵向布局。正如 Len Talmy 所预测的那样，描述依时而变的动态事件的句子也能唤醒相应的视觉意象。认知神经科学家 Zoe Kourtzi 和 Nancy Kanwisher 发现，负责视运动知觉的脑区在人们观看描绘动态事件的静态照片（如海豚跃出水面的抓拍）时也会被激活。其实，是你原本拥有的、关于“现实中发生看似怎样的事件，摄影师才能拍下这幅照片”的知识产生了一些包含运动的模糊意象。据此，当认知语言学家 Teenie Matlock 与 Daniel Richardson 合作检验句子（而非照片）能否唤醒动态意象图式，你大概能猜到他们将要发现什么：即便是隐喻的运动也能唤醒无意识、不完整的视觉意象。Len Talmy 称这类句子为“虚拟运动句”（fictive motion sentences，中文文献亦有译作“虚拟位移句”），比如在句子“the fence runs from the corner of the house to the garage”（篱笆从房屋的一角延伸到车库）对应的场景中，其实压根就不存在真正的“延伸”（running）或运动，但这个句子用动词“run”来描绘一个静态对象（也就是篱笆）的空间范围。这种虚拟运动句在日常的语言使用中比比皆是，也正是由于它们太常见了，我们甚至不会认为其中包含什么隐喻。Matlock 和 Richardson 让被试观看篱笆、小路和林木线等静态的画面，并聆听对这些画面的口头描述。他们记录了这个过程中被试的眼动，发现当上下文描绘的地形很不好走（满地巨石或坑坑洼洼）时，像“the road runs through the valley”（小路穿过山谷）这样的虚拟运动句会让被试的注视点沿着画面上的小路徘徊许久；反之，在同样的语境下，被试听到“the road is in the valley”（山谷中有条小路）这样的句子时只会稍微瞥一眼画面上的小路。可见，即便动词“run”的意思并不是小路真会像蛇一样“穿过”山谷，它还是能唤醒一些与运动相关的无意识的、不完整的视觉意象：被试的眼动轨迹充分证明了这一点。你其实可以这样去想：尽管我们或许无需依赖什么感知运动特性就能理解一些隐喻性的句子，但大脑无论如何都会在加工这些语句时调用相应的感知运动资源。这就是语言的“具身”或曰“体化”。

92

具身心智和情绪

既然我们已经知道概念和语言都是具身的，接下来就该分享一些例子，证明情绪也是具身的了。认知神经科学家们已经发现，身体的神经系统与情绪状态间存在密切的双向关联，以至于当某种情绪状态将神经系统激活了足够多次以后，神经系统就能反过来自行激活该情绪状态了。不仅大脑能指挥身体，有时身体也能指挥大脑。

认知神经科学家 Antonio Damasio 提出了一个理论，认为情绪反应对态度、决策和行动的影响要比你所认为的更大，部分原因是情绪会在你不知觉间“渗入”这些认知过程。Damasio 的躯体标记假设（somatic marker hypothesis）主张：环境中的突发事件经常直接导致心率、肌肉张力和面部表情的变化，你的大脑学会怎样诠释某种身体反应，决定了你在产生这种身体反应时将感受到哪种情绪。而后，这种情绪将反复影响你在面对类似突发事件时的决策和行动。身体（躯体）反应是在接收到特定刺激或遭遇特定情况后首先产生的，建立在躯体标记和某种情绪间的关联将随之激活相应的情绪状态。举个例子，如果有人在心跳加速和欢乐情绪之间建立了这种关联，那么不论这种关联最初是源于开跑车还是坐过山车的经历，往后但凡有什么导致心跳加速，都会让他感觉很爽——进而影响他在这些情况下做出的决策。相比之下，另一个人可能在心跳加速和恐惧情绪之间建立了关联（他可能恰好来自一个政局动荡的国家），因此但凡有什么导致心跳加速（即便只是坐一次并不惊险的过山车），都会让他感到害怕，进而影响他的一般决策过程。因此，如果你的女朋友倾向于将心跳加速诠释为害怕，你或许就不该在陪她看过一场激烈的动作电影后立即向她求婚。这时她大概率还未从电影的冲击中平复过来，心脏仍在怦怦狂跳，很可能会将心跳加速导致的恐惧归因于你的求婚而非电影。这种事常有。

让大脑以一种你并不情愿的方式对某种情绪刺激做出反应其实不难。举个例子，Jonathan Freeman 给正在接受 fMRI 脑部扫描的被试看一些快速闪过的图片：先是一张情绪鲜明的人脸，闪现 33 毫秒（1/30 秒），而后是一张无情绪的人脸，闪现 1/6 秒。Freeman 发现有情绪的人脸闪现时间太短，被试无法觉察到，但他们能看见之后无情绪的人脸。尽管如此，负责情绪加工的皮质下区域（即杏仁核）

还是会被有情绪的人脸激活。Freeman 对一些有情绪的人脸做了数位化处理，通过添加轻微的斜视、拱眉和皱眉，让它们看上去更不可信；对其他有情绪的人脸，则通过放大眼部、弯曲眉毛和添加微笑，让它们看上去更加可信。与看似可信的人脸相比，看似不可信的人脸会导致杏仁核更强烈的激活，尽管被试一再否认自己能看见这些人脸。不错，即便当事人自称看不见这些有情绪的人脸，负责情绪加工的脑区还是会对其中“面相”并不可信地做出反应。

杏仁核及一系列相关脑区构成了所谓的“边缘系统”。几十年前，人们还以为边缘系统是大脑中一个相对独立的模块，自行承担情绪加工任务。比如说，双侧杏仁核受损的患者很难辨识带有情绪的面部表情。当时的观点是，如果大脑中某个部位受损会影响人们加工特定种类的信息，该部位应该就是只负责加工这种信息的模块。但是，一个脑区的损坏通常会扰乱一个完整的、由多个脑区构成的神经网络的信息加工过程，特定心理过程通常都是由这样的神经网络，而非单个脑区的活动所产生的。如今，我们已经知道大脑皮质和皮质下组织彼此的连接有多紧密，也已经知道“模块说”曾经产生过多么严重的误导。如果你对此怀有疑虑，或许值得回过头去将第 3 章重读一遍。

情绪对认知的影响比许多人愿意承认的更为深远。如果情绪（甚至是一些你并未意识到的情绪的暗流）能让身体做出某种反应，这种身体反应又能让大脑进行某种思考，我们或许就需要一套更好的理论来解释情绪如何发挥其作用了。关于大脑中的情绪加工过程，旧有理论正逐渐得到修正，人们已开始意识到情绪不由哪个单独的模块负责加工，而是与一系列认知过程密切交互。因此，既然你的认知是具身的，你的情绪也得是。心理学家 Lisa Feldman Barrett 是 21 世纪情绪研究的引领者之一，她的做法是将情绪研究与认知神经科学和实验心理学整合起来。Barrett 认为人们对情绪的看法（包括他们如何思考情绪及谈论情绪）会影响他们的情绪经验，而社会情境又会影响人们对情绪的看法。换言之，你会经验到怎样的情绪在相当程度上取决于你怎样在认知上为自己的情绪分门别类。

举个例子，你家孩子正独自坐着玩过家家，不小心身子一歪，脑袋磕到了门板上。这时候你该怎么做？不，你可不要跳起来，冲到她身边，试图在她掉眼泪前安慰一番——那只会事与愿违，让她开始哇哇大哭。与其关切地询问“宝贝儿疼不疼”，你不如开玩笑地问她有没有将门板砸出一个窟窿，或者用些别的办法让她分心也行。这属于当父母的经验，不管他们是从别人那儿听来，还是从自己的教训里总结的。安慰只会让孩子专注于那一阵疼痛，并为他人目睹了自己的笨拙而愈发尴尬。你大可在疼痛减轻时操纵社会情境，为孩子输入一套不同的概念，这样一来，她就能少哭一会儿或干脆不哭。我们经常会像这样通过搭建社会支架（social scaffolding）对潜在的情绪感受施加认知上的影响：只要稍微调整社会/认知结构，孩子们大脑中的情绪表征模式也将有所不同。

根据 Lisa Barrett 的说法，你的“情绪内核”未必能像如众所周知的那样分为喜、怒、哀、爱、恨……事实或许是，对相应概念范畴和语言标签的社会学习作为一种训练，让我们得以明确定义情绪感受的这几种类型。诚若如此，同一文化背景下人们对这些标签的使用方法差异很小，他们所报告的情绪感受（组内）差异也必然很小；文化背景不同的人们对这些标签的使用方法差异更大，他们所报告的情绪感受（组间）差异也必然更大。

你置身其中的社会结构及其对具身情绪的框架效应在相当程度上决定了“你是谁”。无论是身体的感知运动，还是通过社会交互实施的情绪训练，都将成为你的“社会自我”不可或缺的一部分。人们参与社会交互的主要途径就是“活动”他们的身体，包括但不限于活动双眼、双颊、口部、四肢和指部。即便使用的是电子社交媒体，你还得靠手指来输入讯息或滑动屏幕。作为电子社交媒体的第一批使用者，“千禧一代”或许会在手指的运动（如“向右滑动”）与特定的社会/情绪态度（如“喜欢”或“接受”）之间建立关联。他们社会化的具身情绪将与我们这些老古董的情况截然不同。

具身心智的生物学原理

之所以说心智是具身的，不仅是因为它会如此思考、谈论和感受，也不仅是因为它能如此与其他心智交互，更重要的是它的生物学材料的确如此运作。换句话说，你的心智并不是由一个生物体**容纳**，而是由它**构成**的。生物学家 Francisco Varela 和同事们在 20 世纪八九十年代提出了一个影响深远的理论框架，指出任何有机生物的演化与发展都可视作如下两个因素的微妙平衡：（1）有机体与其周围环境的相互依存，以及（2）该有机体内部某种形式的自组织。Varela 将后者称为“自创生”（autopoiesis）。“autopoiesis”不是个英文单词，它的两个成分都来自希腊语：“auto”显然表示“自我”（self）；“poiesis”则表示动作“制造、造就”（to make）。你可以试着读一读：otto－poy－ee－sis，重音在“ee”。对啦，很棒！将这两个成分拼凑起来，你就能得到这个术语的含义：“自我造就”（self－making）。但说某人或某物是“自我造就”或“自我成就”的究竟是什么意思？

不少传奇人士“自我成就”的过程都十分相像：青春年少时受教于父母恩师，继承了高尚的职业道德；步入社会后幸得银行贷款（或家人资助），其事业又因政府当局对一系列基础设施的投资而受益匪浅。所以这到底算哪门子“自我成就”？事实上，在 Varela 的理论中，一切社会背景都属于因素（1），即“有机体与其周围环境的相互依存”，而因素（2），也就是“自创生”的部分指的其实是有机体（比如一位商人、一匹骆驼，或一个细菌）必须要有一个内部过程，在躯体的完整性（integrity）和“渗透性”（permeability）之间维持微妙的平衡。躯体要维持活性，就要不断调控其与周围环境的交互。为探索 Varela 的“自创生”理念，认知科学家 Randy Beer 仔细分析了“人工生命”（artificial life）的一些理想化计算机模拟，他发现在这些模拟中，一个有机体（如 Conway“生命游戏”中的一架“滑翔机”）与其周围环境的某些交互是“破坏性”的，因为它们会导致该有机体最终解体，许多其他的交互则是“非破坏性”的，因为该有机体能适应环境施加的扰动。在 Conway 的“生命游戏”中，两架“滑翔机”的直接交互通常会以其中一方解体或双方悉数解体而告终。但是 Randy 发现，在合适的情境中，两架“滑翔机”

有时会以一种等价于“交流”的方式交互，改变其中一方的运行周期，让双方达成一种全新的耦合。因此，如果一架“滑翔机”（对应于现实中的一个人或一个细菌）能够适应环境施加的扰动，它运行时就既能改变周围环境，又会被环境所改变。这就支持了以下观点：认知源于有机体与其周围环境的动态交互，而非有机体对感知输入的被动加工。上述立场有时也被唤作“生成主义”（enactivism）。

Varela 和 Beer 的“自创生”和“生成主义”观点适用于多个时空尺度。举个例子，不管你是谁，你都是数千亿个微小有机体的集合，这些微小的有机体都有边界，它们有规律地频繁更替，并与其代谢环境维系着自生成的关系：它们就是细胞。在较大一些的时空尺度，构成你的绝大多数细胞都由一层薄膜（也就是你的皮肤）包裹。将时空尺度继续放大，以皮肤为界的个体结成人群，不同人群通过直接或间接的物理扰动交换信息，实现彼此交互：这构成了我们的社会代谢环境。就像细胞一样，作为人类基本单位的个体因生老病死而有规律地更替，只不过周期更长罢了。同样也像细胞一样，多数人群都由一层基于信息的薄膜包裹，以至于它们有时会（可悲地）自我隔离，排斥来自其他人群的个体。

97

不同个体的具身心智要以非破坏性的方式彼此交互，关键在于支持识别相互之间的共性，也就是达成“共情”（empathy）或实现“同理心”的生物学基础。之所以说心智是“具身的”，原因之一就是人类大脑确有一套机制能让他们在别人身上看见自己。在 20 世纪 90 年代，神经科学家 Giacomo Rizzolatti 和 Vittorio Gallese 首先在猴子大脑中发现了相关机制的存在证据。他们在一个小基座上放置了一件物品（物品下方有食物奖励，比如一颗猴子最爱的葡萄），在猴子伸手够取该物品时测量它们运动皮质某个部位的电信号，以检验这些神经元的活动节奏。Rizzolatti 和 Gallese 定位到了一个在猴子抓取物品时激烈放电的神经元，于是继续针对该神经元记录了尽可能多的数据。他们一次次地更换基座上的物品，将葡萄藏在底下，看着猴子抓起物品（此时目标神经元激烈放电），然后开心地将葡萄塞进嘴里。（猴子大概很希望他们多来几次。）但接下来他们有了不同寻常的发现：在一个试次中，猴子还没接到“抓取物品”的信号，葡萄就从基座上掉了下来。实验者很自然地伸手去捡，要将葡萄放回原处，猴子的目标神经元却开始疯狂放电——没错，即便这时猴子根本没动，只是看见另一只手捡起了葡萄，它运动皮质的一个神经元就开始激烈放电，像疯了一样。显然该神经元的激活不仅反映猴子自己手部抓取物品的能力，还反映他人（他猴）手部抓取物品的能力。Rizzolatti 和 Gallese 因此将这个神经元称为“镜像神经元”。

98

在那以后，人类大脑中的“镜像神经元”机制也被发现了。早在 2000 年，认知神经科学家 Jean Decety 就和同事们一起，记录了人类被试在观看肢体动作的合成影像时脑部的活动。Decety 发现如果影像中的肢体动作具有生物力学可能性（比如胳膊肘正常屈曲），被试的运动皮质就会被激活——即便他们其实并没有动，仅仅是观看一个自己有能力做出的动作，也能唤醒运动皮质（它可能在对如何自行发出运动指令，让肢体做出同样的动作进行“模拟”）。相比之下，如果影像中的肢体动作不具有生物力学可能性（比如胳膊肘非正常屈曲或“过度伸展”），被试的运动皮质就会“保持沉默”。运动皮质不会“镜映”或“模拟”不现实的动作，因为它根本不知道这些动作该怎么做！这是件好事，否则你的韧带可就危险了！

认知神经科学家 Beatriz Calvo – Merino 的研究是人类拥有镜像神经元系统的另一个证据。她与同事们招募了一批女芭蕾舞者，让她们接受 fMRI 脑部扫描并同时观看舞蹈视频的剪辑。在观看其他女芭蕾舞者的动作时，被试的前运动皮质（紧邻运动皮质）会被显著激活——即使她们一点都没动。相比之下，男芭蕾舞者的动作就无法产生这种效果——被试的视觉系统非常熟悉这套动作，运动系统则不然，因为她们从未练过男舞者的动作，无怪乎她们的大脑很少模拟，或干脆不会去模拟这些动作。

其实，你怎样理解一个动作部分取决于你的运动系统怎样理解你自己如何实施（或能否实施）这个动作。同样，你怎样理解他人的话（毕竟说话也是一种行动）也部分取决于你的运动系统怎样理解这些话与现实行动的关联。语言和行动是由具身的大脑一同编码的。举个例子，认知神经科学家 Friedemann Pulvermuller 和同事们让被试参与“词汇判断任务”（lexical decision task），即判断一个字母串是一个“单词”（如 KICK）还是一个“非词”（如 GIRP），反应越快、准确率越高越好。在被试们实施判断的同时，Pulvermuller 用经颅磁刺激（Transcranial Magnetic Stimulation，TMS）设备温和地刺激他们的运动皮质。他发现运动皮质负责加工**腿部**运动指令的子区域轻微激活时，被试对 KICK（踢）和 RUN（跑）等单词的反应要比对 GRAB（抓）和 THROW（掷）等单词的反应更快。反之，运动皮质负责加工**手臂**运动指令的子区域轻微激活时，被试对 GRAB

99

（抓）和 THROW（掷）等单词的反应就要比对 KICK（踢）和 RUN（跑）等单词的反应更快。这些被试执行的是一个语言任务，而运动皮质的轻微激活却能让他们的任务表现发生改变。

其实，要想“体验”身体对认知的直接影响，你甚至无须使用 TMS 设备，只要在执行认知任务的同时让身体“活动起来”就行。Pulvermuller 与 Zubaida Shebani 发现有节奏地挥动手臂会对有关手臂运动的单词的记忆造成干扰，但不影响有关腿部运动的单词的记忆。相反，有节奏地晃动腿部会对有关腿部运动的单词的记忆造成干扰，但不影响有关手臂运动的单词的记忆。尽管用 TMS 设备温和地刺激运动皮质负责加工手臂或腿部运动指令的区域，能“启动”并提高相应单词的判断表现，但真正的肢体有节奏的运动会产生相反的效果。归根结底，有力度、有节奏的肢体运动会“吸引”相关的运动神经元，令其专注于维系这种特殊的动作，因此，这些（原本可用的）神经元在相应的单词记忆任务中就不具有可获得性了。

运动皮质的激活会传播至语言区，影响大脑加工语言，反之亦然，语言皮质的激活也能传播至运动区，影响大脑发出运动指令。和 Pulvermuller 的做法不同，认知心理学家 Tatiana Nazir 没有在被试做单词判断时用磁场刺激他们的大脑，而是在被试伸手取物时将单词呈现在他们眼前。这项研究发现，呈现给被试的是一个行为动词还是一个名词会显著改变他们的动作加速度轮廓（acceleration profile），即便在单词呈现之前动作已开始发生。各种类型的行为动词，如 JUMP（跳）、CRY（哭）和 PAINT（画）在输入视觉系统后，神经激活的模式都会经语言区迅速传播至运动皮质，对正在实

100

施的动作（伸手）产生微妙的影响。大脑如何理解关于特定行动的语言内容，密切关联于它如何理解该特定行动本身。心智的生物学原理决定：我们对特定语言内容的表征方式，本质上就是将其“体化”为词句所意指的感知运动后果——以及唇舌怎样发出对应的语音。

举个例子，“言语知觉的运动理论”提出：负责言语生成（说话）的运动系统会参与对言语内容的听觉识别。心理语言学家 Alvin Liberman 认为在某种意义上，你之所以能将某些声音听成一个单词，是因为大脑激活了那些你自己**读出**（pronounce）这个单词需要调用的神经成分。鉴于这些负责言语生成的神经成分在你被动聆听时只会被部分地激活，我们可以预期它们不会真的产生言语活动。但激活水平是可以被人为地提高的，神经生理学家 Luciano Fadiga 就和“镜像神经元之父”Rizzolatti 一同用 TMS 试了试。他们让被试静静地听一些单词，同时向被试的左侧运动皮质引入一个磁场脉冲。实验中的一些单词含有意大利味儿很浓的“rr”音，如“birra”或“terra”。如果 Liberman 是正确的，也就是说，如果听出一个含明显卷舌音的单词涉及部分激活“卷舌”的运动指令，那么用一股磁场提高相应脑区的激活水平，应该就能让被试在不经意间活动他们的舌头。Fadiga 将电极贴在被试舌面，以侦测舌肌激活的状况，相关记录明确支持 Liberman 的观点。受 TMS 脉冲的影响，相较于“baffo”和“goffo”等不含卷舌音的单词，被试在听见“birra”或“terra”等含卷舌音的单词时舌肌的“动静”要大得多。可见即使被动地聆听语音输入，也能部分激活负责言语生成的神经成分（给点儿 TMS 刺激的话，它的激活水平还会提高）。

除被动地聆听语音输入，负责手部动作的神经指令也能影响言语运动系统。神经科学家 Maurizio Gentilucci 要求被试伸手去抓一些大小不一的物品，并在伸手的同时张开嘴巴（或读出一个印在该物品上的音节）。他和同事们发现被试要抓取的物品越大，他们张嘴的幅度就越大（同时发音的质量也不一样）。实际上，物品越大，他们伸手去抓时会将五指分得越开，并用精确到毫秒、与五指分开几乎同步的节奏张嘴。显然，“抓取物品”的神经指令传播到了其他脑区，其具体细节会在不知觉间影响被试怎样张嘴或怎样说话。

我们如何去想、去听、去说会影响我们怎样使用自己的身体；反之我们怎样使用自己的身体也会影响我们如何去想、去听、去说。认知与行动的这些联系并非心智“软件”中的抽象概念所致，而是反映了“大脑 - 身体”系统的生物学原理。正因如此，才有上述一系列生物学证据支持具身认知。一些货真价实的生物学材料让你成其为“你”，但这些材料并未将负责深思冥想及其行动后果的机制明确区别开来：它们相互构成，密不可分。

具身心智和人工智能

在科幻小说《新日之书》（*The Book of the New Sun*，作者 Gene Wolfe）中，你会读到一个角色，名叫 Jonas。他是一场宇宙飞船坠毁事故的幸存者，一半是人，一半是机器。稍微剧透一下：主角一开始以为 Jonas 原先是个人类，因为在事故中受了重伤，一些肢体才被替换成了机器零件。但事实恰好相反：Jonas 原先是个类人机器人，为修复因事故受损的部分而被移植了活的人体部位。他不是人类变成的赛博格（cyborg，半人半机器的生物），而是机器人变成的赛博格。

小说终究只是小说。但如今许多人都会在脸上佩戴人造设备（也就是眼镜）增强视力，靠智能手表和智能手机帮助记忆，还有些人没有电子助听设备甚至是植入式人造耳蜗就没法正常生活。随着技术的不断进步，我们每个人不都正在变成某种程度的赛博格吗？

早在 1980 年，杰出的认知科学家 Zenon Pylyshyn 就凭一个哲学色彩浓厚的思想实验动摇了人们关于“什么构成了心智”的直觉。

102

Zenon 的思想实验是这样的：假设我们用一块计算机纳米芯片替代了你大脑中的一个神经元，再假设这块芯片能完美复刻该神经元的行为模式，包括接收电化学信号、以一种类似于“漏积分器”（leaky integrator）的方式处理它们，再将输出信号通过电子突触连接传递给其他神经元。假如你用一块这样的芯片替代了你数十亿神经元中的一个，你还会是原来的“你”吗？你还能拥有原来的主观意识吗？答案似乎显而易见：当然了，那还用说！区区一个神经元在大脑中扮演的角色太微不足道了，用一块芯片替代它，甚至干脆将它去除掉都不会让你变成别人，或变成什么“非人”。但假如用成千上万块这样的芯片替代你成千上万个神经元呢？如果你“穿越”到一千年以后，让未来的眼科医生用一块多层主板将你的全部视皮质替换掉，且构成这块主板的十亿块纳米芯片能一一取代原先构成视皮质的每一个神经元呢？又如果以同样的方式用主板将你的整块前额叶皮质替换掉呢？到那时，你会变成一个机器人吗？尽管脑壳中电信号和电化学信号的统计模式和从前一般无二，身体的行为模式也和过去一模一样，但你会失去作为人类的心智吗？或者更通俗地说，会失去原来的那颗“人心”吗？根据同一套逻辑，如果一个机器人自设计伊始，其中央处理器就拥有数十亿个硅基纳米芯片和数千亿个电子突触连接，结构就和人脑一样，它的人形身体也能产生和我们一样的动作和行为，这样一来，我们还有理由认为它只是一台机器，只配作为工具和奴隶，而不该享有人权吗？这些问题已经足够让人闹心了。如果你对它们确实很感兴趣，可以放下书来琢磨一会儿——就一会儿，接下来我们还有任务。

如今，人的逐渐“人工化”已不再是遥不可及的幻想。哲学家Andy Clark在很多作品中指出：我们都是“某种程度上的”赛博格，因为我们不仅会使用**机械性**（mechanical）的技术进步，如眼镜、智能手机、人工耳蜗和假肢来增强自己的感知和行动能力，还会使用**信息性**（informational）的技术进步。比如说，语言本身就是一种技术进步，我们用它实现了信息的跨时空传递，而单凭正常的感官就做不到这一点。全靠语言，我们才能学习那些我们从未亲身体验过的知识，也才能下达那些无需肢体亲力亲为的行动指令。人类使用这种感知运动增强技术已有成百上千年了。正如一些机械性的“假体”（如人造耳蜗和假肢）能为你承担一些感知和行动方面的任务，并因此成为“你”的一部分，一些信息性的假体（如你听过的故事和下达的指令）也能为你承担一些感知和行动方面的任务——并因此成为“你”的一部分。

同样，人工智能也已不再是遥不可及的幻想。计算机科学家们从人工智能过去几十年的发展中得到了一条重要的见解：一个人工系统要想具备真正的“智能”，就不能止步于**反应性**（reactive）交互，而是必须实现**主动**（proactive）交互。也就是说，它不能只会对提示和要求做出反应，还要有能力主动获取信息。因此，它不能只是颗“缸中之脑”，它得是一个机器人。在意识到这一点前，20世纪七八十年代的机器视觉研究曾有过许多教训。一开始，人们将摄像机指向静止的图像，不辞辛劳地设计了许多算法，试图让程序将图像中不同的事物区分开来并逐一辨认。实际上，这种图像分割（image segmentation）任务就连我们人类和许多（家养或野生的）动物也并不总能完成得很好。面对一个三维视觉场景，大部分拥有视觉系统的生物都会动动脑袋，获得多个观察角度，以此分辨不同的事物。因此，当一些机器视觉研究者（如Ruzena Bajcsy）改变思路，将摄像机安装在移动机器人的顶部，让系统能主动获取多个角度的视觉输入，图像分割问题就突然变得简单多了。这其实就是一种让机器视觉系统实现主动交互的方法。

计算机科学家James Allen也发现：人们口头交流时说出的句子常带有发音含混的词，要让聊天机器人应对这种情况，最好的办法是让程序在有需要时直接询问对方。Allen开发的调度系统TRAINS就采用了这种设定，这听上去简单明了，但直到20世纪90年代，多数言语识别系统对句中模糊不清的单词依然束手无策。相比之下，Allen的程序能主动交互，有哪个词没听清，就会提出询问，因此它

104

看上去相当“智能”。仔细想想，这正是我们人类在遇到类似情况时的做法。我们不会说：“不好意思，你能把刚才那句话重复一遍吗？”而是会说：“不好意思，你刚才说的是‘cheese burger’（吉士汉堡）还是‘three burgers’（三个汉堡）？”这样，即便存在背景噪声，对话也能流畅地进行下去——全靠我们的主动交互能力。如今自动言语识别系统的表现之所以越来越好，部分原因就在于它们的主动交互能力正变得越来越强。

拥有某种形式的机械身体能帮助一个人工智能系统获得主动交互的能力，因为有了身体，该系统就能自主地（在自己的引导下）探索周围环境，而不必等到程序员有空时再来训练它了。机器人能靠试误（trial and error）学会很多东西，这有点像人类儿童，只不过它的运动能力更强，而且不用睡觉。就像 Andy Clark 从机器人学相关研究中汲取灵感，指导我们更好地理解具身认知科学一样，许多机器人研究者也已开始回过头来关注具身认知科学，试图进一步完善机器人的设计。举个例子，早在 20 世纪 90 年代，机器人专家 Rodney Brooks 已经证明：一个机械主体的智能有相当一部分原本就内含在周围环境之中，因其身体行动才得以涌现。Brooks 设计了许多结构简单的昆虫型机器人，它们自组织的群体行为看似计划周全，实则并无后台程序控制。之所以能产生这种协调性，是因为环境中已掺有一些智能，包括室内光照的方向、活动区障碍物的摆放、障碍物与机器人“肢体接触”时反馈的刚性，以及两个机器人彼此碰撞时相互反馈的刚性。诸如此类的环境因素汇总起来，自然就对这些构造简单的机器人产生了规范，让它们行动一致、步调有序。这和人类的情况很像：我们有相当一部分日常行为其实都是像这样“自动驾驶”的：无需周密的内部计划或明确的目标导向——真正意识得到的目标导向行为，其实都是一些相对简单的“自动驾驶”操作在特定目标的引导下排列组合，而后自动运行的结果。

105 具身认知科学为许多机器人专家提供了源源不断的灵感。比如说，Deb Roy 将单词“green”的意义和控制摄像机转向动作的程序结合起来，让机器人只要听见这个单词，就会将摄像机指向视野中反射绿光的物品。因此，对他的机器人来说，“green”的意义不仅限于某些抽象的色彩特征，还包括（一旦听见这个单词）它的身体将怎样与世界相互作用。同理，Deb 将单词“heavy”与机器人对（使用手臂抓举重物时）将要得到的重量反馈的预期一同编码，以这种方式，他就将机器人的语言系统“体化”了。假如你还记得的话，这种“体化”方式与 Freidemann Pulvermuller 在人脑中发现的情况很像。机器人专家 Giovanni Pezzulo 指出，虽然机器人仅凭对环境中的刺激做出反应，就能巧妙地完成一些任务，但要获得真正意义上的“智能”，它们就要有预见性——要能预见外部世界的状态将如何因它们自身的行动而发生改变，并根据这种预见制定首要目标，指导自己做出明智的选择。也就是说，机器人不仅要实现反应性交互，还要实现主动交互。Angelo Cangelosi 相信，机器人若能像这样与环境主动交互，就能将原本环境中的智能提取出来——特别是当环境中还包含其他智能主体（人或机器人）之时。Pezzulo 和 Cangelosi 设计的机器人都能与其所在环境具身地交互，这些研究为所谓“发展机器人学”（developmental robotics）铺平了道路。

对机器人的发展而言，社会性是关键成分之一。与环境中无生命的物体交互能让一个机器人学到很多东西，但与环境中的人交互能让它学到更多。社会机器人学家 Cynthia Breazeal 设计的一些机器人带有可爱的、卡通人物式的面孔。她发现只要一个机器人能及时做出“哦”“啊”的回应，再偶尔配上些表情，就能让许多人乐意与它分享自己的整个生平。实际上，这些人事后常说，他们觉得自己与机器人的交流很有成效，互动相当丰富，即便机器人并未真的“说过”些什么，而且其实一点儿也没听懂。这几乎就是机器人版的“聪明的汉斯效应”（Clever Hans effect）。假如你对这个典故并不熟悉，我们可以先回顾一下：汉斯是一匹号称会做算术的马，如果主人吩咐“用蹄子敲出 4 + 7”，汉斯就会在地上敲 11 下。但实际上，汉斯只是在应该打住时读懂了主人的肢体语言罢了。在这个类比中，机器人就是主人，会在正确的时机给出正确的肢体语言信号；交流过程本身就是汉斯——相比实际情况，它“看上去”要聪明不少。社会线索能让人们在交流中感到舒服，而 Breazeal 的机器人给出的反馈恰好就是这种社会线索。虽然整个交流过程中只有人类一方真在说话，但他们还是会觉得自己和机器人聊得有来有回。如今，类似这样的社会反应性程序已成为社交机器人的标配，能鼓励人类协助机器人提取环境中的信息，让它们通过学习变得更加智能。对社会交互而言，无意为之的“聪明的汉斯效应”绝非什么骗子的把戏：它随处可见，人皆不能免俗：我们会相互传递微妙的，通常是无意识的肢体语言信号，以此将一个个交流过程“共创”出来。理解或赞同对方的意见时，我们会微微颔首；不理解或不赞同时，我们会

106

皱起眉头；有时候一句话对方刚说完一半，我们就能接上另一半。假如在一场派对上有人对你滔滔不绝，你听得云里雾里，又不想鲁莽地打断对方，你会怎么做？对，你会边听边微笑着点头。这样他就能不打磕绊地把话尽快说完，你也就能如愿地与他作别，另找人聊天去了。就像这样，我们无时无刻不在创造着“聪明的汉斯”。

要实现这种“人工”智能，我们无需在机器人的“头脑”中专门布置硬连线，因为这种智能（1）有部分内含于环境，而机器人会与环境交互并从环境中学习；（2）有部分已作为一套首要目标，被编入了机器人的后台程序，并可通过学习不断调整；（3）有部分已存在于机器人的特定结构及其材料之中，包括从环境中搜集信息的结构（感受器），以及移动并改变环境的结构（效应器）。上述成分中的最后一点对我们理解“具身的机器人学”尤为重要：机器人的形状、材料和整体形态本身就可视为一种内在的计算，也就是所谓的“形态计算”（morphological computation）。机器人要与环境有效交互，就离不开这种“计算”。举个例子，生物机器人学家 Barbara Webb 设计了一只机械蟋蟀，模拟雌性蟋蟀如何追踪雄性在求偶时的鸣叫。它的原理十分简单：头部的两根导管能接收声波，并能判断声源的方向，动作机构据此就能让它爬向声源。但是，这两根导管的形态学特性，包括形状和直径让它们只对特定频率的声波，也就是雄性蟋蟀的求偶信号有效。由于无法溯源其他频率的声波，机械蟋蟀就只能忽略它们。重要的是，这种选择性的背后既没有聪明的算法，也没有精密的神经滤波器，有的只是两根导管的形状，仅此而已。“形态计算”指的就是这个意思。

107

实际上，双耳也能实施“形态计算”，帮助我们判断声音的来向。构成外耳的软骨形状特殊，当有声波传过头部两侧时，它们能以一种有别于其他任何人的方式捕获并过滤这些声波。经外耳“加工”后的声波具有独一无二的模式，与此同时，我们的大脑也已适应了这些模式。因此，如果突然将你的外耳换成一种截然不同的形状，你就没法判断周围的声音都来自哪儿了。当然，新的外耳会实施新的“形态计算”，不过你大脑中的神经网络要花上几周才能适应过来。

“形态计算”的另一个例子是几十年来拟人机械手的发展。相关专家曾为完善机器人视觉系统的后台程序费尽心机，想让它们在不同观察距离尽可能准确地判断物品的尺寸，据此向机械手发出足够准确的“抓取”指令，但成效不佳：哪怕只有一毫米的计算误差，机械手也可能握得太紧或太松，以至于捏碎或漏掉物品。为此，专家们设计了感知反馈机制，能迅速通知动作机构加大或减轻力度，这的确改善了机械手的表现，但一些非常易碎的物品（比如灯泡）还是经常会被捏坏，因为要抓取如此易碎的物品，感知反馈环路对动作机构的调节速度还是略显不足。这一切很难不让人心生疑惑：为什么你我都能做到的事，机械手却做不到？其实，最聪明的（同时也是事后看来最明显的）解决方案既非更新控制软件，亦非重新设计电子器件，而是为机械手加上些“被动柔顺性”（passive compliance），说得通俗一点儿，也就是往机械手的指尖上贴一层软质橡胶。这层材料有多厚、多软其实非常重要，因为它其实是在以一种非常“具体”

108

的方式为机器人与世界的交互承担一些关键的计算任务。这种特殊的“形态计算”催生了一个完整的新领域——软体机器人学（soft robotics），这类机器人所具有的“被动柔顺性”可大幅降低效应器对动作准确性的要求，因为机器人柔软的身体表面天然就能适应不太准确的运动指令。

实际上，和这些机器人一样，我们自己的肢体也高度依赖“形态计算”“被动柔顺性”和“张拉整体结构”（tensegrity）。所谓“张拉整体结构”，指的是分布在一个系统内部各处的“张力”和“拉力”间相互平衡，维系着该系统“整体结构”的稳定。在人体内部，大量筋膜或结缔组织交织在肌肉、肌腱、骨骼和韧带之间，构成了一个“张拉整体网络”，这个网络为我们承担了难以估量的“形态计算”任务。筋膜其实就是我们平时在肉块中吃到的“软骨”。无论何时，只要肢体某个部位受力，筋膜就会将力传导至其他部位，这种传导几乎都在瞬间完成，且无需依赖电化学信号。这就好比你用力去推一块特别致密的明胶模具，你所施加的力会瞬间传递到模具的另一端。同理，当肌肉产生动作或肢体触碰到外物时，筋膜也会传递施/受力，同时传递其中包含的信息，激活施/受力处牵扯的躯体其他部位的神经元。举个例子，你将一本厚书拿在手里，它的封面触碰到指尖，它的厚度拉伸了五指关节，它的重量作用于整条臂膀，臂膀上的每一块肌肉，以及指尖、指关节、手腕、手肘和肩关节处的神经元都会激活，向脊髓传递一套复杂的感知运动模式。其中，与书本直接接触的几个位点的神经激活首先产生，但它们所提供的信息根本无法比拟整条臂膀“形态计算”的结果。在筋膜构成的网络中，各种施/受力信息的模式来回传递、相互平衡，有点像一个“拉张整体结构”。因此，就算你坚定地认为身体只是心智的容器，也必须承认这种“容纳”本身就相当于大量的智能计算。

通过赋予机器人反应性交互、主动交互、目标导向，以及“形态计算”的能力，在具身认知领域，机器人学已开始反哺认知科学，就像它当初曾受教于后者那样。机器人的心智和身体都在变得和人类越来越像：它们的社会性和发展性越来越强，同时“柔软度”也越来越高。面对它们，你很难不去思考科技背后的伦理问题，但请打住。我希望你暂时搁置这些思考，直到第 8 章再捡起来。也请你耐着性子，不要直接翻到第 8 章。权且将你关心的问题在无意识中“咀嚼”一下，我们会聊到那些的。当前，你只需要从机器人相关研究的进展中学到下面这点：不仅大脑（或中央处理器），身体也在实施那些构成心智的计算。

109

关于“大脑 – 身体”系统

身体会为你承担许多思维任务，这一点已经很清楚了。假设有人将你的身体整个儿换掉，比如将你的大脑移植到另一具身体之中，你的心智就会和现在的完全不同：“你”将变成另一个人。再进一步，假设你压根儿就没有一具身体，只有一颗大脑，你的心智就会让人几乎认不出来。关于身体对心智的重要意义，我们已经掌握了大量的科学证据，这些证据来自认知心理学、语言学、神经科学、人工智能及多个跨学科领域。认知心理学家们发现不同的认知过程必然激活与其相关联的感知运动意象，反过来感知运动意象又会对认知加工过程造成影响。语言学家们搜集了无数例子，以揭示我们如何依靠关于身体（及身体如何使用空间）的隐喻来思考和谈论各种重要概念，从愤怒（anger）到代数（algebra）再到“国家俘获”（state capture）。我们在理解语言时，身体和大脑必然（部分地）激活一些与听到的或读到的内容相关联的活动。神经科学领域已有大量研究证明大脑会一同编码感知输入及与感知输入相关的运动输出。针对“大脑－身体”系统的生物学研究明确指出，我们对许多现实事件的认识都基于自己对类似事件的亲历亲为（不论是否拥有相应的能力）。最后，人工智能技术的发展毫无争议地验证了机械身体对智能主体的重要意义：在机器人的“大脑”开始处理感知输入以前，它们的身体已加工了大量关键的信息。人工智能的未来在相当程度上取决于机器人软件与硬件的融合、推理能力与行动能力的关联，以及“大脑”与身体的协调统一。具身认知科学启迪了许多人工智能学者，指导他们建造更出色的机器；反过来，人工智能和机器人学的最新发展让我们得以更深刻地理解大脑和身体的工作原理。

第 3 章告诉我们，脑壳中数百个不同的脑区相互连接，持续不断地交换信息，你没法拎出其中的某一个，说它单独决定了“你是谁”。不论你是谁，你都**不可能**只是你的前额叶皮质。根据同一套逻辑，本章告诉我们，大脑和身体彼此相连、持续不断地交换信息，你不可能将大脑单拎出来，认为它就是心智的“象牙塔”。你的心智扩展到大脑以外，与你的身体同延（coextensive）。因此，如果让你将那些决定了“你是谁”的物理材料圈出来，读完第 2 章，你可能会圈出自己的前额叶，读完第3章，大量科学证据会让你倾向于圈出你的整个大脑，读完本章，你应该就会想要圈住自己的整个身体了。“你”是你的“大脑–身体”，至少如此。

使用说明

Vilayanur Ramachandran（我们将在第5章再次读到此人）的许多作品都谈到身体和世界的交互如何决定大脑与身体的协同。实际上，Ramachandran在治疗实践中发现，许多患者的身体与大脑存在协同失调。他为此设计了许多“妙方”，能让一些患者通过调整他们与世界的交互缓解这种失调。其中一个“妙方”就是“匹诺曹实验”，就算你没什么协同失调，也不妨体验一把：这个实验就是本章的“使用说明”。

当你闭上眼睛，用右手拍击左手，即使看不见，你也能知道是“自己”在拍手，因为大脑接收到的（来自左手的）感知输入与它传递给右手的运动指令（还包括来自右手的触觉反馈）恰好合拍。这就是为什么我们很难自己胳肢自己——就算胳肢自己最怕痒的地方（不管它在哪儿）效果也不太好。被胳肢时我们会觉得痒痒，是因为大脑不知道对方何时会碰到哪里——一旦它知道了，胳肢也就失效了。

好了，记住这些，接下来是“匹诺曹实验”的具体指令：你需要再找两个人一起做这个实验。在你们中挑出身高相仿

（最多差个几公分，不能更多）的两位，一位扮演“体验者”，一位扮演“鼻子”。让“鼻子”站在“体验者”前方，二人同向而立。剩下的那位扮演“主试”，站在他俩身旁。“主试”先蒙住“体验者”的双眼，而后握住他的一只手，让他攥紧拳头，伸出食指，就像要指向什么东西，并引导这只手伸向前方轻触“鼻子”的鼻子。与此同时，“主试”要用自己的另一只手以同样的方式轻触“体验者”的鼻子：如果“体验者”的手碰的是“鼻子”的鼻尖，“主试”的手就要触碰“体验者”自己的鼻尖；如果“体验者”的手碰的是“鼻子”的鼻梁，“主试”的手就要触碰“体验者”自己的鼻梁。触碰的力度和角度都要一模一样。触碰以一种无法预测的方式进行，如此这般地持续个一分钟左右，你就能逐渐骗过“体验者”的大脑，让他将指尖（从面前约两尺处）接收到的触觉反馈与自己的鼻子感受到的（时间上高度同步的）触碰联系起来。结果，约半数“体验者”会产生一种强烈的感觉，认为自己的鼻子长到了两尺长！本质上，大脑知道你的身体属于你，主要的依据就是感知输入和运动输出之间系统的关联性。因此，如果你通过实验伪造了某种关联性，就能让大脑产生相应的错觉。

Who You Are 自反性的物质、生命、系统和宇宙

5

从身体到环境

信号灯有它的角色，
就像你也有你的。
你的角色？就是你，
你是谁？就是你。

——“珍珠酱”乐队（Pearl Jam），
《就是你》（*Who You Are*）

不管你是像土豪那样在家坐黄金马桶，还是像我一样去公共厕所，抑或像 Henry Miller 那样跑到户外解决问题，我们每人每天都免不了要像这样和自己的身体打几次交道。当然，这事儿要有“仪式感”，环境的选择很重要（先不谈 Henry Miller）。你得为存放自己的“废弃物”寻找合适的地点。厕所的环境与你的身体之间的关系提供了一个契机，让你能在那儿做些你永远不会在公共场合做的事：充分放松膀胱和直肠。看见或感到屁股底下就是马桶，这对你来说已经是一种强烈的刺激了，不是吗？别吓坏了，这并非什么在原则上就不宜谈论的话题。只不过漫长的演化让我们灵长目动物觉得粪便和尿液的气味令人不爽，因此制定出社会规范，对大小便之类的事情讳莫如深罢了。人人都会拉臭臭（Everybody Poops），这恰好也是一部儿童绘本的书名。

几十年前，我还是康奈尔大学的一名青年教师。有一次，我与几位社会心理学家共进晚餐，席间向他们简要描述了具身认知的含义。一位年长的同事听得很入神，他说：“这让我想起一首俳句，就在我们系厕所的一个小隔间里，用铅笔写在门板上。”他说的俳句是这样的：

114 坐在马桶上（I sit on the pot）
身体深处放松快（and relax from deep within）
臭臭跑出来（poop comes out of me）

想象一下，在一所公共厕所，你坐在一个小隔间里的马桶上，正对着这首俳句的涂鸦。你的臀部和座垫（没准还有纸质马桶座套）间的“形态计算”构成了你与世界异常密切的交互界面，让你得以开始实施一些特别私密的操作。那位同事向我们解释他读到的俳句怎样帮助他理解了具身认知，听到这里，我难以自制地冲向他，和他拥抱，并告诉他有人赏识我的俳句让我感到多么骄傲。

既然你已读完了第 4 章，对本章也该准备就绪了。接下来这一套想必你已经很熟：假如第 4 章的内容产生了我所期待的效果，你应该已经认同整个身体都参与决定了“你是谁”，并在其中发挥非常重要的作用。但这就是“你”的全部了吗？你使用的工具、你吃掉的食物、你所做的事情，以及你要去的地方呢？到底这一切只是围绕着“真实的你”的外部情境，还是说你的身体在与环境中的一些事物和事件持续而流畅地交换信息，以至于它们——包括你屁股底下的马桶——也该被视为“你”的一部分，就像你的大脑和身体一样？

在本章中，我将罗列一系列科学发现，以期证明你的“大脑 - 身体”系统与环境中的一些事物和事件在信息的承载，也就是信息的携带和转换方面存在十分紧密的关联，因此你真的应该进一步拓展“自我”的定义，将你的“直接环境”囊括进去。让你成其为“你”的信息不仅由你的“大脑 - 身体”，还由你的周围环境所携带。你的眼、耳、鼻、舌和周身皮肤在时刻接收感知输入，将环境中的信息转换为“大脑 - 身体”系统的信息。

感觉换能作用

115

对一些传统的认知科学家来说，“心智的魔法”始于感觉换能作用（sensory transduction）。感觉换能是一个特殊的过程，有人将它大致定位在身体表面，并视其为心智内外的界线。但这种看法其实很有问题：就连鱼、蠕虫和蟑螂身上也存在感觉换能作用，可见它谈不上有多“特殊”，而且它并不真的发生在身体表面。如果感觉换能作用是心智内外的界线，那么构成心智的就只有周围神经系统和大脑，身体其他部位如双眼的光学原理、耳廓的具体形状、皮肤、肌肉以及筋膜都要排除在外，我们在上一章谈到的，由分布在双手、双臂、双足和双腿各处的结缔组织网络实施的“形态计算”也统统被无视了。在感觉换能过程中，机械力（以及其他非电化学刺激）作用于体表神经元，并被转换为电化学信号（即“换能”）。表面上，信息的确发生了特殊的质性转换（qualitative conversion）：其形式（传播媒介）从一种转变成了完全不同的另一种。因此，这个过程作为物理和心理的界线似乎十分合理。举一个感觉换能的例子：作用于皮肤表面的压力让位于真皮层的一个机械感受性单元产生物理形变，形变导致该神经元释放动作电位，动作电位沿神经纤维上行传递，最终到达脊髓。这就是机械力（通过压迫体表，导致皮下神经元形变）转换为电化学信号的一种方式。

听觉过程是感觉换能的另一个例子。我们能辨识各种声音，是因为空气中的声波会导致气压的振动，在气压振动的数学模式中含有信息。这套模式能被鼓膜的机械振动保存下来，经内耳前庭的三块听小骨传递至耳蜗，转换为耳蜗中液体的波动。耳蜗液的波动将触动分布在耳蜗基底膜上的数千个毛细胞（之所以叫作“毛细胞”，是因为它们会从胞体发出长而细的纤毛），导致胞体轻微形变并释放电化学信号（动作电位），动作电位随后沿听神经上行传递，最终到达听觉皮质。毛细胞的胞体形变将中耳内的机械振动转换为电化学信号，这和前述皮下机械感受性单元的激活机制很像：当有外力轻微地弯曲或挤压感受器，就会激活它们，让它们将信号沿轴突传递出去。最关键的是信息的模式。从气压的振动到鼓膜的振动，再到耳蜗中液体的压力波，最后是毛细胞的动作电位，整个过程中信息的形式（传播媒介）一直在变，但其模式大致能维持下来。可见模式的维系要比形式的变化重要得多。

116

感觉换能是令人印象深刻，但也算不上什么独一无二或前所未有的生物物理事件。其实在神经科学家们看来，这种现象也没什么大不了的。以视觉为例，你之所以能看，是因为当电磁辐射（可见光）作用于视网膜，一个光异构化（photoisomerization）过程会轻微地改变网膜光感受器（视细胞）中化学物质的分子结构和形状，让它们释放动作电位，并沿视神经将信号传递至大脑。网膜光感受器会将电磁信号转换为电化学信号，信息的这两种形式（传播媒介）非常相似，因此该换能过程的“质性转换”意味其实没那么强。

再看嗅觉。鼻腔中的化学感受器（嗅细胞）会将化学信号转换为电化学信号，该换能过程的“质性转换”意味同样不怎么强。那电感受（electroreception）呢？某些鱼类，比如鲨鱼和鳐鱼就拥有能够侦测电场的感官（电场在盐水中传播良好）。位于这些感官中的神经元能将电场信号转换为电化学动作电位——显然也谈不上有多“质性”。

请想象你正将手机握在手里（假如你的手机恰好就在手边，就别光想，尝试一下）。将注意力集中在它的塑料外壳施加在你的指尖、指腹和手掌上的压力。如果你认可第 4 章的观点，愿意承认皮肤和筋膜的物理形变相当于某种自然计算，而许多这样的自然计算构成了你的心智经验，成了“你”的一部分，那就该严肃地考虑一下你正握着的手机是否也是“你”的一部分了。毕竟，它所施加的压力与你皮肤和筋膜的形变有着直接的、因果性的关联。表皮上的“形态计算”与手机壳上的“形态计算”其实没有多大的差别。

我们可以从感觉换能出发倒推回去。感觉换能是在你某种感受（比如自己正握着手机）背后的因果链条中的一环：位于手部真皮层的一组特定的机械感受性单元会因受力而变形，因此将电化学信号传递至脊髓，后者又将电化学信号上传至大脑。它是很重要，但也只是一环。紧挨着它的前一环是手部皮肤的被动柔顺性，也就是手部皮肤受压迫易变形的特点，也正是你手部的“软体机器人学”。手部特定部位的皮肤在手机外壳的物理压迫下如何变形直接决定了具体有哪些机械感受性单元将会受力，以及它们会受多大的力。这些机械感受性单元会因受力而释放信号，而在这些富有节奏的信号中内含的信息模式，其直接前因正是手机对相应位置手部皮肤的具体压迫方式。假设你的双手更为柔嫩或更加粗硬，握着手机的感觉都将有所不同，因为手部皮肤被动柔顺性的变化导致其受压迫变形的方式和幅度不同，进而改变了皮下机械感受性单元释放的信号模式。这就是“形态计算”的一个例子。我们还可以沿这条因果链进一步往前捋：手部皮肤受压迫变形的方式和幅度是由什么因素决定的？是手机外壳的形状和硬度（以及你的手部肌肉为抓握手机而释放的力度）。如果手部皮肤的“形态计算”是“你”的一部分，手机外壳的“形态计算”为什么不是？毕竟手机外壳与手部皮肤分别含有一套信息模式，二者惊人地相似，且前者直接决定后者。所以说你的手机是“你”的一部分并不只是一个巧妙的隐喻：它确有几分真实。

118 现在想象你正在吃一个苹果（假如你手上刚好有一个苹果，就别光想，洗洗开吃）。将注意力集中在每一片果肉入口时唇齿间的感受：你的牙齿怎样将它切下来，再将它碾成碎块。口腔里的机械感受性单元会将咀嚼时产生的压力转换为电化学信号；舌头上的味蕾会将一些分子信息模式转换为电化学信号；与此同时，你的鼻子也能闻见果肉的清香。俗话说得好：“人如其食”（you are what you eat），其实这不仅是一句俗话，更是一句至理名言。你正啃着的苹果毫无异议地正在变成你的一部分，其所含有的蛋白质、维生素、碳水化合物以及其他化学成分不会跑到你身体里游览一番再原封不动地跑出来，它们中许多（至少暂时）都会留在那儿，成为你的血肉。在这个意义上，你可以通过仔细地选择吃些什么来仔细地决定自己是谁。想想苹果在你体内的经历，你或许会开始琢磨："有没有哪个特别的时刻，在那以前苹果是苹果，'我'是'我'，而在那以后苹果却成了'我'的一部分？"

参照手机的例子，我们可以从消化过程出发，沿因果链条倒推回去。如果你的肠胃将苹果消化掉了，自然没什么争议：果糖、纤维和其他成分已被提取出来，为身体添砖加瓦。然而在那以前，嚼碎的果肉已多少被唾液所分解，因此也已参与构成了你。再往前捋，口腔中的机械感受性单元和舌头上的味蕾会实施一系列感觉换能，相关信息模式早在那时已开始成为"你"的一部分了。仔细想想：内含在苹果的形状和硬度中的信息模式直接决定了你在咬下第一口时嘴唇、舌头和牙齿实施的"形态计算"，此时苹果与你的嘴巴分别含有一套信息模式，二者惊人地相似，就像前一例中手机外壳与手部皮肤分别含有一套信息模式一样。当你用力咀嚼，苹果的形状和硬度将直接导致嘴唇和口腔内壁的受力变形，并对牙床施加反作用力。真有哪个具体的时刻，那以前苹果是苹果，"你"是"你"，那以后苹果却成了"你"的一部分吗？我不能确定这个时刻能否在因果链条中毫无争议地标定出来。这也许是一个渐变的过程：一开始（比如你将它握在手中时）苹果只在一个相当有限的程度上是"你"的一部分，随着你们空间上的重合度逐渐提高，它作为"你"的一部分的程度也会逐渐提高。

沿着一系列因果事件的链条，某个外部事物可能逐渐转化为“你”的一部分，但如果你细细观察这条因果链，会发现很难将其中某一环视为分水岭，让之前纯粹的“身外之物”突然就变成了你“内部”的东西。假如你坚信感觉换能过程就是这条分水岭，区隔了“身外”与“心内”，就相当于坚信电化学信号有其独一无二的特殊性，任何信息模式除非在形式（传播媒介）上转换为电化学信号，否则就没法构成心智——化学信号不行，电磁信号不行，电信号不行，只有电化学信号行！根据这套逻辑，第 4 章中 Zenon Pylyshyn 的思想实验，也就是用纳米芯片替代神经元的行为就一定会让你的心智不再“纯粹”——作为一名传统的认知科学家，你就得主张这一点！

有人或许会说，并非电化学信号本身有什么特殊性，我们之所以能感知刺激，让它成为“心智内容”，是因为有一个“质性转换”的过程让刺激从一种形式的能量变成了另一种。但是这种说法也有漏洞。以计算机视觉为例，近年来，计算机科学家们一直在开发越来越智慧的机器人，能用感受器（摄像头）搜集电磁辐射（可见光）的模式，并将其转换为硅片中更复杂的电磁信号。这里可不涉及能量的质性转换（除了电磁信号的载体从光子变成了电子）。未来的人形机器人能看见周围环境，并与环境实现智能交互。一名传统的认知科学家就得主张这些机器人对看见的事物不会产生心智经验，但对听见的东西会，因为“看”不涉及能量的质性转换，“听”则不然！

最后，将感觉换能过程视为身体与心理的分水岭显然是不明智的，因为这会将周围神经系统与人体自然实施的“形态计算”（即皮肤、肌肉和筋膜的关键的信息加工活动）生硬地隔断。我们对感觉换能的生化细节，也就是感知刺激如何转换为神经信号已了解得很清楚了，这里面不存在“魔法”。不以感觉换能区隔心智内外，也不是因为它神秘莫测，只是因为它的说服力不足罢了。

120

生态知觉

你的身体会接收信息模式，也会输出信息模式。由身体输出的能量与信息又持续不断地转化为“大脑－身体”系统的新的输入。我们且忽略那些外部刺激，想想你是怎样做出一些动作的：闭上眼睛，将胳膊肘屈伸几次，注意不要撞到周围的什么东西。你既看不见，也听不见胳膊在动，但你显然能知觉到胳膊在动，怎么做到的？这部分要归功于肘弯处的机械感受性单元：肘部内侧的皮肤会在每一次屈肘时被轻微地挤压，而后在伸肘时恢复。但最重要的还是整条手臂的本体觉（proprioception）：每一块肌肉、每一个关节活动时，其中都会有些神经元（本体觉感受器）向脊髓通风报信。你之所以能知道自己在屈肘，甚至闭着眼睛就知道胳膊大致在哪儿，全靠本体觉对肢体实时定位。比如说，运动皮质会下达指令，让某块肌肉收缩一定幅度，这块肌肉上的本体觉感受器会上传反馈，证明自己确实（大致）按要求的幅度进行了收缩。

20世纪40年代，James J. Gibson意识到视知觉其实也是一种形式的本体觉。你的视觉系统不仅能看见外部世界中的事物，还能实时反馈你的头部（及身体其他部位）的具体运动。当运动皮质指示双腿“向前迈步”，视觉系统会将反馈信号传回大脑，证明你与前方事物的距离确实在变得越来越近：这与本体觉对肢体的实时定位是一回事。

121 第二次世界大战期间，Gibson在美国空军服役，协助军方训练飞行员，试图改善他们驾机着陆时的表现。这段经历让他产生了上述洞见。他意识到飞行员手部对驾驶杆（手柄）的动作输出会直接改变飞机的航路，继而直接改变飞行员透过驾驶舱挡风玻璃接收到的（视觉）输入信号流。传入飞行员视皮质的信息模式与飞行员的运动皮质传出至手部的信息模式彼此“共轭”——就像两头耕牛背上的木头架子（也就是“轭”）能让它们在犁地时行动划一：一头牛走多快，另一头也要走多快；一头牛向哪儿转，另一头也要向哪儿转。（实际上，一些飞机制造企业将驾驶杆也叫作“轭”，因为它能同时控制飞机的左右两侧襟翼。）

认知科学与神经科学的大多数研究都倾向于关注（甚至是只关注）感知输入如何导致运动输出。你听到什么，然后做出反应。你看见什么，然后做出反应。Gibson通过训练飞行员产生的有趣洞见是：视觉过程中的因果关系其实是反过来的。飞行员操纵飞机降落时的动作并非只是对视觉输入的反应，还是他视觉输入的直接诱因。传入护目镜的视觉信息流源于飞行员的手部对驾驶杆的动作输出，就像你向前迈步时传入双眼的视觉信息流源于你双腿的动作输出一样。

J. J. Gibson 意识到：大量信息已经存在于视网膜接收到的光学信息流之中，这些信息能被用于了解你身体的空间位置、你身体的朝向以及你的身体正如何适应外部环境。知觉不是一个为外部世界生成内部表征的过程，相反，它是在将感知输入直接映射到运动输出，进而直接调整后续感知输入（具体如何调整取决于物理定律和光学方程）。根据 Gibson 的生态知觉理论，我们无需将外部环境中的客体表征为静态的内部意象或大脑中的抽象符号，而是能借助与这些客体本身的感知运动交互直接知觉到它们。Gibson 认为知觉并非大脑**内**的过程，而是源于有机体与环境**间**的动态交互。

Gibson 坚信视觉不是作为一种感知过程，而是作为一种感知运动过程演化至今的。一个值得关注的事实是，海洋中其实没有哪种附着动物（固着于他物而生活的动物）拥有能聚焦光线的眼睛：海绵没有，藤壶没有，珊瑚也没有。既然用不着四处移动，它们自然也就不需要感知光的模式了。会四处移动的生物通常都有带晶状体的眼睛，不会四处移动的则通常没有。有意思的是，有一种动物在生命早期会四处移动，也有带晶状体的眼睛，但晚些时候会“变身”成为附着动物，眼睛也会随之消失，它就是海鞘（sea squirt）。海鞘幼体拥有带晶状体的原始“眼点”，当它们黏在岩石上转变为附着形态后，会逐渐吸收掉自己的眼睛和脑以获取营养：毕竟后半辈子都不用四处游荡，眼睛和脑也没有留着的必要了。成体海鞘只保留了非常原始的神经网络，能支持它吸水和排水，从中摄取氧气和食物。

122

可见视觉之所以演化，并不是因为它能增强感知，而是因为它能指导行动。

其实，你只要仔细想想自己的眼睛是怎样工作的，就会发现它们的“设计意图”压根儿不是为你构建周围世界的内部模型或表征。但在20世纪80年代，传统的认知心理学家们尚未意识到这一点。由于相信大脑会为眼前的世界创建一个细节丰富的三维内部模型，他们想知道大脑怎样将双眼快速扫视特定场景时获取的一系列“快照”准确地拼凑起来。当你的头部保持相对静止时，常会产生一种小幅跳跃性快速眼动，即“扫视”或“跳视”（saccade）。“saccade”原是个法文词，对应于英文中的动词“jerk”（注意不是名词）。“跳视”期间你的瞬时眼动速率能高达每秒360度以上，换句话说，假如眼部肌肉允许的话，你的眼珠不到一秒就能在眼窝中转上一圈！幸运的是，这种情景只会在恐怖电影中出现。双眼这种不可思议的高速“跳视”会持续几十毫秒，而后突然停止，开始“固视”或“注视”（fixation）。大脑能在延续数百毫秒的“注视”期间搜集稳定的视觉输入，直到下一次“跳视”让你将目光转向其他位置。但是，这些稳定的视觉输入只在注视点周围1度的范围内才有高分辨率。因此，20世纪80年代的认知心理学家们想知道：我们如何像拼图一样，将双眼在每一次“注视”期间搜集的（分辨率极高，但范围极小的）意象拼接成眼前场景的三维内部模型（他们**默认**大脑中的某处确实存在这样的模型）。

123 要将这些“快照”拼接起来，在内部表征完整的视觉场景，你就得存储每一幅“快照”的空间位置。因此，大脑必须将促成每一次“注视”的眼动的距离和角度记录下来（并减去头部的运动，如果有的话）。这样，它才能知道每一块“拼图”该放在哪儿。这是可行的，只要前额叶皮质的眼动指令足够具体，眼部肌肉的本体觉反馈足够精确。

在一个试图验证上述观点的早期实验中，研究者让被试注视一块电视机屏幕，并在其视野的周边区域显示一个 5×5 点阵。一开始，点阵中有 12 个点呈高亮，在被试向该点阵中间位置“跳视”的过程中，呈高亮的换成了另外 12 个点。如果被试的大脑能将一开始位于视野周边区域的 12 个高亮点与眼动后的 12 个高亮点“拼”在一起，就能看出点阵中有哪个点始终未曾亮过。实验结果非常确定：被试们做得到！他们似乎能将两次“注视”期间搜集的视觉“快照”叠加起来，做出准确的判断。因此在一段有限的时间里，许多认知心理学家都相信这个实验有力地证明了大脑能将意象“快照”拼接起来，获得视觉场景的完整内部模型：正因大脑已创建了这种细致的表征，我们才会觉得一切已尽收眼底。

但这种乐观情绪维持了还不到一年。人们很快发现，在上述实验中，电视机屏幕上的高亮点消失后，原处会残留一些微弱的荧光，让被试能轻而易举地将原先的 12 个高亮点处残留的荧光与当前的 12 个高亮点叠加起来。可见，导致这种“视觉暂留”现象的不是大脑，而是实验中使用的屏幕！这给我们上了一课：科学家也会犯错。幸运的是，他们知错能改。认知心理学家 David Irwin 和同事们重做了这个实验，发现只要将电视机屏幕换成发光二极管（LED），被试就不再能将两个视觉意象准确地拼接起来了。还有些认知心理学家

（如 Bruce Bridgeman）控制了屏幕上荧光的残留时间，原先的实验结果也未能重现。Bridgeman 不仅修正了研究方法，而且从一开始就认为所谓“视觉暂留”现象不该发生，这种见地来自他所坚持的生态知觉理论。

124

猜猜 Bridgemen 是从谁那儿继承这套理论的？对了，是 James J. Gibson。那还是 20 世纪 60 年代的事，当时 Bridgeman 在康奈尔大学读本科，Gibson 正是他的导师。他了解到，如果要假设大脑会通过计算生成内部表征，最好有足够有力的证据，因为正如我们所见，身体及其与周围环境的交互就能承担许多计算任务。Bridgeman 在 Gibson 的指导下完成了毕业论文（这篇文章在 Gibson 逝世后于 1987 年发表）。之后，他在斯坦福大学 Karl Pribram（我们曾在第 3 章中谈到过此人，他提出了“4F”，也就是四种基本的动机性内驱力）门下拿到了博士学位。从 20 世纪 70 年代至 21 世纪初，Bruce Bridgeman 一直在探索眼动如何帮助我们将周围的世界知觉为一个有组织的、稳定的环境，而不是知觉为一系列有随机性的“快照”——和许多认知心理学家不同，他并没有**默认**这是通过生成什么三维内部模型实现的。

Bridgeman 与认知科学家 Larry Stark 一同研究了（1）前额叶皮质下达的眼动指令到底含有多少关于眼球“应该”向哪儿转动，以及转动多少幅度的信息，以及（2）眼部肌肉自身的本体觉到底含有多少关于眼球“实际”向哪儿转动，以及转动了多少幅度的信息。我们现在就可以亲身体验一下他们的实验设计：在这页书上找一个字，盯着它，然后闭上一只眼睛。保持注视，不要看向别处，同时用食指轻柔地、缓慢地按压睁着的那只眼睛的眼睑。你会觉得整个世界似乎都轻微地挪了挪位置，虽然你的眼睛一直在盯着你选中的那个字。这是为什么？因为你的眼部肌肉会自然而然地“对抗”（也就是“补偿”）因手指压迫而产生的变形，并会向大脑上传本体觉反馈，告诉它你的眼部肌肉发生了活动。即便此时落在视网膜上的像没怎么变，你的大脑还是会将这些本体觉反馈解释为“世界挪动了”。Bridgeman 和 Stark 用这种实验证明，眼动指令中含有的信息与本体觉反馈中含有的信息加在一起，其实根本不足以让我们确切地知道眼球向哪儿转动了，以及转动了多少。即便大脑想将它搜集到的“快照”合成一幅巨大的“意象拼图”，为眼前的场景创建出内部模型，它也没法确切地知道这些“快照”该拼在哪儿。

Bridgeman 的实验证明，眼动中的信息模式并不足以在大脑中为视觉场景“复制”出一个精确的内部模型。若真是这样，我们为什么会“觉得”自己拥有这样的内部模型？1994 年，Bridgeman 和同事们提出了一个不同寻常的见解：每一次“注视”都会启动一个新的知觉过程，我们不会在视觉记忆中“缝合”一系列“快照”，因为这样根本没有必要：如果需要视野中某个位置的信息，我们不用访问存储在大脑中的记忆，而是要看向那个位置，从真实世界中提取信息。世界本身就可用作视觉记忆。

你没准会觉得在脑海中“看”周围的事物和肉眼看得一样清楚，但这通常只是一种错觉。听起来是不是很熟？我们在第 1 章谈到“变化视盲”实验的时候就提到过。举个例子，如果有人问你小 A（你的死党）今天穿了双什么颜色的鞋，你可能会觉得自己一直对此了如指掌，并回答说“黑色”。但在他问出这个问题和你说出答案之间的半秒钟里，没准儿你已经扫了一眼小 A 的脚，提取了关于鞋子的颜色的信息，这一眼如此迅速，如此心不在焉，以至于你根本没意识到在那之前你其实不知道答案！视觉意象的稳定性只是表面上的，根据这套理论，你能偷偷摸摸地改变某人的视觉场景，并且让对方根本意识不到。比如说，如果有一个手法高超的魔术师在你不经意间换掉了小 A 的鞋子，然后有人问你小 A 鞋子的颜色，根据 Bridgeman 的理论，你会在半秒钟内迅速扫一眼小 A 的脚，然后回答说“蓝色”，依然觉得自己一直对此了如指掌：对于你视觉场景中的许多变化，你根本会像瞎了一样！的确如此。认知/神经科学家们对变化视盲的所有研究（回顾第 1 章）都是在 Bridgeman 的启迪下进行的，就像之前 J. J. Gibson 对 Bridgeman 的启迪一样。我们无需默认视觉经验需要大脑大量的内部表征，视觉场景原本就能很好地表征自己。谢天谢地！

“行动-知觉循环圈”

本章一开始，我们聊了那些“输入”观察者的信息模式，而后，我们聊了“生态知觉”理论如何教导我们要关注那些因观察者自身的活动而“输出”他们的信息模式，以及这些信息模式立刻又将怎样影响下一波信息的具体“输入”。这一节，我们要聊身体“输出”的信息将怎样改变环境中的事物：不仅“观察者接收到的”信息模式会变，“原本就存在于环境中的”信息模式也会变，前者是由于观察者自身的活动，后者是因为观察者改变了某些外部事物的位置、朝向和形状。“大脑－身体”系统的信息不断转化为环境中的信息，而后又迅速转化为“大脑－身体”系统新的信息。

随便拾起些什么，在手中摆弄，这些操作会携带信息，和你对它的“神经表征”做各种内部认知操作时一样。举个例子，闭上眼睛，想象你手中的这本书（假如你在平板电脑或 Kindle 上读这本书，就想象你手上的那款电子设备），然后在脑海中将它转个 180 度，让它上下颠倒。现在就做，很好。然后睁开双眼，真的将手上的书或电子设备上下颠倒过来（当然要是你正在台式机上读这本书，就当我没说）。这两项操作一内一外，但它们涉及非常相似的信息转换。再举个例子，你要算多位数乘法，理论上当然可以在“心目”中列出竖式，让它“悬在那儿”，再“盯”着它一步步演算。但你不会总这样给自己找不痛快，对吧？题目要是稍难一点儿，你就直接取纸和笔了。手算和心算一样，不过它是在大脑以外思考。

127

你可以对一件物品做出各种行动，这取决于那件物品和你的身体都有哪些具体特征。J. J. Gibson 所说的“可供性”（affordance）指的就是物品的潜在功能与你的身体能力间的相互匹配。说到底，“可供性”是一种关系，是我们关注的有机体（比如说一位飞行员、一位商人，或一只海鞘幼体）与其所在环境“提供”给该有机体的潜在行动间的关系。它既不存在于有机体**之中**，也不存在于（正与该有机体交互的）外物**之中**，而是在二者**之间**产生的。有了“可供性”，特征才能携带“信息”，操作也才能成为“认知性”的，这一切都在有机体与环境的交汇处发生。即便如此，当某人知觉到某物，我们还是可能在其大脑中发现该物品可能促成哪些行动的证据，也就是说，大脑中或许留有关于“可供性”的**记录**。举个例子，你看着一把椅子，之所以能认出它来，不完全是因为你熟悉它的形状和轮廓，还是因为你知道你的身体能对它做些什么：你可以坐着它，可以靠着它，也可以站在它上面换灯泡。认知心理学家 Mike Tucker 和 Rob Ellis 在屏幕上显示一些物品，让被试判断物品的朝向，他们发现被试的判断在应答手与屏幕上物品的手柄同侧时更快。究其根本，“手柄”是用来“抓握”的，这是它与应答手之间的“可供性”。二者靠得越近，这种“可供性”就越鲜明：这加速了被试的反应，即使他们看见的物品只是一个二维的影像。认出一个物品并判断它的朝向涉及确认那些最鲜明的“可供性”，至少部分是这样。

认知神经科学家 Eiling Yee 证实了这种观点，她给被试下达口头指令，让他们看向某个物品，同时记录他们的眼动。结果发现被试有时会意外地看向其他功能类似的物品，即使这些物品的外形和指令要求的物品大不一样，连名字的发音也相差甚远。显然，人们就算只是听见某个物品的名字，也能激活一些关于自己能对它做些什么（即“可供性”）的神经集群编码。因此，其他能产生类似“可供性”的物品有时也能短暂地吸引他们的注意。这些发现表明，当有机体与其所在环境就某种“可供性”展开“协商”，该有机体的“大脑－身体”系统可能透露这种“协商”的某些要点。虽说“可供性”不在大脑之中，大脑却着实对“可供性”的产生发挥了重要作用。

128

当有机体利用“可供性”对环境执行某些行动，通常会改变环境，环境的变化又将立即影响有机体的感知输入。这就形成了一个环路，每一次行动都会改变后续的知觉。1976 年，认知心理学之父 Ulric Neisser 将这个环路称为“行动 - 知觉循环圈”（action - perception cycle）。Neisser 在康纳尔大学与能言善辩的 J. J. Gibson 同系，也难怪他后来能写出《现实中的认知》（*Cognition in Reality*），几乎是公然地背弃了自己先前在那部里程碑式的著作《认知心理学》（*Cognitive Psychology*）中所持的立场。Neisser 不再主张认知研究的目标就是要“发现心智如何生成内部表征”，相反，他承认内部表征不像他先前所认为的那般重要，认知心理学应该转而关注认知活动的环路：行动改变知觉，变化后的知觉产生新的行动，新的行动进一步改变知觉……就这样循环下去。他不再认为刺激的唯一目的就是引发反应，也不再认为反应的唯一目的就是应对最新近的刺激。相反，这个“知觉 - 行动循环圈”的各个因果环节很难解开，也很难理出一个“头”来——刺激并不是反应的唯一诱因，事实上反应也经常导致刺激。认知（以及心智）并不只发生在刺激之后和反应之前，而是在大脑、身体和环境间循环往复、连绵不绝的相互影响中涌现。思考过程未必发生在大脑之中，有时我们只需摆弄一些实物，就能将最富洞见的认知活动“分配”到大脑和身体外部。

举个例子，认知心理学家 Sam Glucksberg 做了一个实验，让被试尝试解决一个工程问题，同时仔细观察他们在此过程中的手部活动。这个工程问题是由 Karl Duncker 在 1945 年设计的：给被试一支蜡烛、纸板火柴和一盒图钉，要求他们将蜡烛固定在墙面上并点亮。这个问题颇有些难度，能解决它的被试大概也就 50%。（剧透一下：

关键是要意识到图钉盒子除了装东西以外还有别的功能，比如说钉在墙上做一个支架。）多数情况下人们都只会从盒子里取出几颗图钉，然后开始绝望地尝试只用这些图钉来组装成什么东西。Glucksberg 怀疑，如果我们能耍一些把戏，让被试不要先入为主地认为图钉盒子只能用作容器，或许他们就更容易解决这个问题了。所以他蒙上了被试的眼睛。这些被试摸摸这个，又摸摸那个，他们的手时不时地就会碰到图钉盒子的侧面。最终，这些意外的触碰起了作用，约 80% 的被试解决了这个问题，而且与那些没有蒙眼的被试相比，他们只用了一半的时间！其中有人甚至直截了当地说："我碰到了盒子，然后就想到了该怎么用它。"

129

这就是一个很好的例子，对一个难题的洞见并非源于深刻的思考，而是来自当事人与环境的物理交互。双手的"形态计算"与图钉盒子的"形态计算"接触时，硬纸盒的被动柔顺性，即"可供"图钉穿过并固定在墙面上以充当蜡烛支架的特性得以显现。本质上，认知能发生在任何有信息转换和传输之处，不论是脑壳中的两个皮质区域之间，还是手部皮肤表面与手头上的物品之间。

另一个由 Duncker 设计的难题是"肿瘤与射线问题"，它曾让许多人铩羽而归，即便想到了解法，通常也要用掉太多时间。你也可以尝试一下：假设你是个医生，想要治愈一位病人，他胃部罹患肿瘤，但由于某些原因无法实施手术。再假设有一种射线，只要将它的功率加大到一定程度，就能破坏有机组织。你该如何使用这种射线，既摧毁肿瘤，又不伤及肿瘤周围区域的任何健康组织？

被试提出了许多不完美的治疗方案，如使用微创手术，为射线开出一条通道，但此举显然会“伤及健康组织”。许多被试冥思苦想，提出了几个这样的方案，然后就陷入了沉默，他们会在几分钟的时间里一声不吭，思维仿佛“凝滞”住了。然后，约三分之一的被试会突然想到正确的答案，就像顿悟了一样。这种顿悟在文献中被形象地称为“‘啊哈！’现象”，因为那些突然“开窍”的被试真会蹦出“啊哈！”一声。实际上，正确的答案是将几束较弱的射线从不同方向“汇聚”到肿瘤上，每一束射线本身都能完全无害地通过健康组织，但它们汇聚后的能量足以摧毁肿瘤。这种思路很贴近现实，只不过真正的放射治疗要使用伽马射线，这种射线无论控制得多么小心，都难免伤及健康组织。

130

Betsy Grant 和我用这个难题设计了几个实验，让被试们在解题过程中观看图示并记录他们的眼动。我们发现要获得洞见，当事人未必非得与环境产生物理交互（比如**触碰**某些事物），有时候光**看着**某些事物也能见效。在第一个实验中，我们给被试的图示如下：一个圆圈居中（表示肿瘤），再用一个代表胃部轮廓的椭圆形将它围起来。我们发现，最终成功解题的被试在“开窍”前 30 秒会将眼动轨迹集中到椭圆形的胃部轮廓上。相比之下，那些行将放弃或解题超时的被试不会特意扫视胃部轮廓。这让我们联想到了 Glucksberg 的研究中被蒙上双眼的被试们。他们是先在大脑中想到了答案，再去关注图示的某个区域吗？我们会不会倒果为因了？他们有没有可能是通过扫视胃部的轮廓，获得了“能将射线‘汇聚’到肿瘤上”这一洞见？

出于这一考虑，我们在 Dick Neisser 的建议下设计了第二个实验。操作流程不变，只是提供给被试的图示带上了动画效果（由 Daniel Richardson 制作）：椭圆形的胃部轮廓每秒会闪动三次，这就必然会将被试们的眼动轨迹吸引过去。结果，成功解题的被试比例从三分之一激增到了三分之二！这其实就是个对知觉活动的提示，和 Glucksberg 蒙住被试双眼的做法差不多，旨在将被试的关注点引向能让他们获得洞见的元素，帮助他们形成“汇聚”这个高度抽象的概念，由此解决问题。

重要的是，你不必总是被动等待环境给出这种知觉提示，而是可以自行将其“制造”出来。认知科学家 David Kirsh 和 Paul Maglio 研究了人们在玩电子游戏时怎样自发地、实时地利用知觉提示。我们都玩过“俄罗斯方块”，在这款游戏中，形状各异的砖块会从屏幕上方一块接一块地落下，你要用按键控制它们在空中旋转，让砖块在屏幕底部以最紧密的方式堆砌起来。随着游戏的继续，砖块下落的速度会变得越来越快，直到你来不及决定如何旋转每一块砖，以及将它们安插到什么位置。Krish 和 Maglio 仔细观察了最专业的“俄罗斯方块”玩家，发现他们会对环境做毫秒级的调整，让自己能在屏幕上，而不是在大脑中实施重要的信息转换。他们不会先看下一块砖长什么模样，然后在大脑中旋转它，再用按键控制它以最佳姿态落向最佳位置，而是在每一块砖出现后用极快的速度重复按键，实时地调整它的姿态。这样就不用先花时间在大脑中创建它的表征，再通过复杂的神经计算先将它旋转 90 度，然后是 180 度，等等。相

131

反，他们的每一次按键都让砖块**在屏幕上**旋转 90 度，整个过程只要几百毫秒。这其实是在让环境替他们实施认知操作，也是他们能表现得如此出众，以至于成为专业玩家的重要原因。

当大脑和环境都在实施认知操作，要在二者之间划出一条清晰的界线就很难了。这就是“行动 – 知觉循环圈”的重点。过去，人们相信“大脑 – 身体”是一个系统，它会与另一个系统（也就是环境）彼此交互。现如今，认知科学家们已开始认同 Gibson、Neisser 和 Bridgeman 的理念，将有机体和环境看成一个系统，并对其进行分析。这并不容易，但却是可行的。

我们可以用一个有趣的小例子，展示有机体与外部事物之间的统计“耦合”，以及它们如何通过这种“耦合”构成一个系统。你肯定玩过“杆平衡”游戏。物理学家们有时也将“杆平衡”问题称为“倒立摆”问题。它的有趣之处在于，杆子越长，保持平衡就越容易。举个例子，你用指尖托着一支铅笔，很难让它保持直立超过两秒，但要是托着一根两尺长、半寸粗的长杆，它至少能立十来秒钟（勤加练习的话，时间还能更长）。这项任务中有一个相当紧密的“行动 – 知觉循环圈”，短短几十毫秒的视觉和触觉反馈会立刻用于调整手臂的运动和你的站位，以保持长杆的平衡。神经科学家 Ramesh Balasubramaniam 与 Tyler Cluff 发现只要练习几天，被试保持“杆平衡”的时长就能从约 25 秒进步到 2 分钟左右。他们仔细研究了这个过程，几乎逐毫秒地记录了长杆顶端、底部（也就是指尖）及被试双脚压力中心的位置（分别反映了长杆的姿态、被试手臂的运动及站位的实时调整），想从中发现身体和长杆协调运动的统计模式。

这些数据流表明，被试刚开始学习“杆平衡”时，其手部动作和站位变化还比较富有规律和节奏，他们通常会向一个方向运动过头，再向另一个方向过度调整，这个过程不断重复。但随着他们表现得越来越好，手部动作和站位调整就不那么频繁，也不那么有节奏了。短暂的稳定期开始出现，而且越来越常见，各稳定期的间隔时间也越来越短。随着被试们的表现不断进步，他们的手指运动（即长杆底部的位置变化）与站位变化间的协调性大幅提升。Balasubramaniam 和 Cluff 分析了被试站位的变化与长杆位置的变化，发现若将这两套数据组合起来将更具有统计意义，也就是说，我们最好将正在保持“杆平衡”的被试看成一个单独的系统，该系统由人和长杆两部分构成。当你与某个外部事物（比如手里的一件工具）以这种方式在统计上彼此“耦合”，你与它就“合而为一”了：它因此成了“你”的一部分。

有机体通过行动改变环境，继而改变自身的感知输入，据此产生新的行动，再进一步改变环境……就像这样无止无休。信息在有机体与外部环境的“行动 – 知觉循环圈”中持续而流畅地传递。意识到这一点很重要。有机体是“你”，环境也是“你”。只要你醒着，这个循环就会持续下去。你每秒至少会产生三次眼动，不断搜集新近刺激；你的脑袋每过几秒就会改变朝向，由此产生新的视野；你会用手摆弄或移动身边的物品和工具；你的语言系统会向他人传递信号；你大脑中的神经集群永无休止地改变着自身的激活模式。想想就累得慌，对吧？现在，深深地吸一口气，再缓缓地呼出来。

133

深呼吸对你很有用，虽然你大概从第 3 章起就把这事儿忘干净了！

外物是“你”的一部分

说你手里的一件工具“成了‘你’的一部分”并不是一种纯粹的修辞手法，指的也不只是它的运动与你身体的运动在统计上彼此“耦合”这一事实。它与你是**真的**“合而为一”了。这要归功于你的大脑。举个例子，大脑中那些专门对“触手可及”之物做出反应的神经元，也会对那些“触手中工具可及”之物做出反应。神经科学家 Atsushi Iriki 记录了猴子顶叶皮质区域一系列单个神经元的激活模式，该区域位于躯体感觉皮质（负责感受触觉）和视皮质之间，其中某些神经元也拥有视觉感受野，当猴子看见它手边有什么东西，这些神经元就开始放电（不管它是从视野中的什么位置看见的）。也就是说，它们会对猴子认为自己伸手就能够到的视觉刺激做出反应，换言之，如果有东西与猴子足够接近，能让它迅速抓在手里，就会激活这些神经元。在定位了目标神经元后，Iriki 先是测量了它们的感受野，而后训练猴子使用工具（用一支小耙子将它光用手够不到的食物扒拉到近旁），并在训练完成后再次测量了它们的感受野。训练前，目标神经元的感受野从猴子手部伸展到周围几英寸的范围内，而在训练后，它们的感受野扩大了：不仅覆盖了猴子手中的小耙子，还一直伸展到小耙子周围几英寸的范围内。究其根本，我们可以认为猴子的大脑将它手中的工具也当成了身体的一部分：小耙子在某种程度上成了“手的延伸”。

类似现象在对人类行为的研究中也有发现：当人们手握能用来够取物品的工具，并准备使用该工具，他们对外物距离的估计就会变小：此时远处的物品看上去更近，其实只是因为手中的工具让它们似乎没那么“遥不可及”罢了。认知心理学家 Jessica Witt 和 Denny Proffit 设计了一个实验：将一闪而过的光斑投在桌面上，然后让被试触碰或指出光斑刚才出现在哪儿。实验进行了多个试次，被试在其中一些试次里需要估计光斑距离自己多远（以英寸为单位）。这些估计参差不齐，但平均下来还是非常准确的。可是，如果被试手持一根长 15 英寸的交响乐队指挥棒，准备用它触碰光斑刚才出现的位置，他们对光斑距离的估计就只有 35 英寸，比实际距离（39 英寸）近了 10%：被试的距离感被手里的工具给压缩了。

134

Witt 和 Proffit 认为，这种现象本质上是一种自我误导，源于大脑对“够取”动作的心智模拟：被试之所以认为外物距离自己更近，是因为手持工具（指挥棒）时够取该物品更容易。为验证这一观点，他们设计了后续实验：给被试看指挥棒，但不让他们握着，而是要求他们**想象**用指挥棒触碰光斑刚才出现的位置。被试在报告中又一次明显低估了光斑的距离，而这一次他们甚至没握着工具！仅在想象中用指挥棒探向光斑，由此产生的动作模拟就能压缩他们的距离感。显然，即便大脑只是在“假装”工具是身体的一部分，它也会弄“假”成真。

我们还有别的办法能让外物成为“身体的一部分”。回顾第 4 章的“使用说明”，耍些小把戏就能让你觉得自己的鼻子有两尺长。二十年前，认知科学家 Matthew Botvinick 和 Jonathan Cohen 指出，你能欺骗大脑，让它将一只橡胶手模误认为身体的一部分。他们让被试坐在桌旁，将手放在桌面下（掌心朝下），桌面上有一只橡胶手模，就在被试自己的手正上方。然后，他们抚触橡胶手模的指节和五指，同时抚触桌面下被试自己的手（当然他看不见）。只要被试眼中所**见**和手上所**感**的抚触在力度、节奏和位置上高度同步，他们就会慢慢觉得桌面上的橡胶手模就是自己“身体的一部分”。事实上，如果主试要求他们估计手在桌面下方的真实位置，他们经常估计得偏高，仿佛自己的手向上抬起了一些，与橡胶手模间的距离只有开始时的一半。心理学家 Frank Durgin 进一步证明，要产生“橡胶手模错觉”，甚至不需要真的去触摸人手。他让被试将手放在看不见的位置，并让他们看一只橡胶手模在镜中的像，镜子的摆设能让被试觉得橡胶手模就在自己的手隐藏之处。此时，哪怕只是将一束激光打在橡胶手模上，让光点缓缓移动，也能让被试在手上“感受”到温热甚至触碰。

这些不同寻常的发现在临床上其实很有应用价值。也差不多在二十年前，神经科学家 Vilayanur Ramachandran 对“幻肢痛”现象进行了研究，“幻肢痛”是一种可怕的经验：患者被截肢后依然能感受到来自那业已不存在的肢体部位的剧烈疼痛。你可能会觉得这有些难以置信，但想想大脑如何为肢体编码，以及人们若是失去了某个肢体部位，大脑将如何自我重组：举个例子，假如某人右手肘部以下被截肢，曾负责为右手编码的神经集群将无法再从原本与其相连的手部机械感受性单元处获得输入。随着时间的推移，它们中的一些神经元将转而与邻近的神经元建立连接，后者原本是从（比如说）肘部接收信号的，现在也一样，因此有时候这些新建立的连接会让大脑误以为右手跑到了右肘旁边。一般情况下，假如你有一只手真被拧到了胳膊肘附近，那一定疼得不行（千万别在家尝试这个），大脑对此“心知肚明”，因此自作主张地就产生了痛觉反应。假如前臂还在，它只要稍微动动，表明自己并没有像那样夸张地变形，就能让大脑反应过来。但它已不在了，大脑自然也就没法使用什么本体觉信息来纠正自己的误判。但是，巧妙地使用视觉输入，情况就能改善。Ramachandran 想了个天才的点子：患者是一侧截肢，他就在完好的另一侧肢体旁边放上一面镜子，假如患者坐姿正确，镜子的安放也合适，完好的那一侧肢体在镜中看上去就和另一侧肢体被截去前一样，毕竟镜像是反的，位置也对得上。如果此时完好的肢体做出一些动作，患者眼中“另一侧肢体”也就同时在做。因此，如果患者正在经历“幻肢痛”，只要看看镜中肢体的动作（比如将拳头先握紧，再松开），就能让大脑以为（其实已经失去的）肢体并未变形，也不该感到疼痛。对幻肢上的痉挛及其他形式的肌肉疼痛，Ramachandran 的疗法非常奏效。

136

不论是工具、玩具还是镜像，外部事物时不时就会（短暂地）成为“你”的一部分。当我戴上眼镜，我的视力就好得不得了——并不是我的眼睛好使（它们其实很不怎么样），而是我的身体和“视觉增强设备”的组合好使。所以戴上眼镜后“我”究竟是谁？答案是：“我”是一个在硬件辅助下视力拔群的人类。如果你从小学习一种乐器，经历了数十年如一日的刻苦练习，那么你在用它演奏乐曲时，会感到它仿佛就是你“身体的延伸”——不用“仿佛”，它就是！使用智能手机时，它也会成为“你”的一部分，我说的可不只是你的手部皮肤和手机外壳接触之处的“形态计算”，只要你开通了无线网络或移动网络，就能用指尖访问整个因特网上的所有可用信息了（不管是真理还是谬误、事实还是谎言）。即便你并没有访问网页，浩如烟海的信息也是实时可用的，它们因此已经是“你”的一部分了——小心一点，这里面可不全是好东西。

你是环境的一部分

能成为“你”的一部分的，可不只有你拿在手里或架在鼻梁上的东西。日常生活中，你无时无刻不在利用环境中的外物实施知觉乃至认知操作。举个例子，许多人都会在门廊里安个挂钩，将钥匙串挂在上头，每天出门前，钥匙都在那儿直冲着他们的脸，他们就再也不会把自己锁在外头了。这样做的好处是，你并非只能将“带上钥匙”这事儿记在脑子里，再在需要的时候提取出来：环境本身就能为你“记住”许多东西，并在恰到好处的时机给出知觉提示。

回顾一下，你在刚刚搬进现在的住处时，是怎样布置厨房的？关于锅碗瓢盆搁在哪里，以及哪个抽屉该放什么东西，你很可能费了不少思量。事实上，一个优秀的设计师一开始就该考虑各类物品该怎样布置，才能提高厨房活动，如备餐、烹饪和清理中每一步操作的效率。这些物品的空间布局携带了丰富的信息，能指导我们将厨房活动的每一个步骤组织成一条高效的“动线”。

布置环境是一种知觉技巧，这当然不限于永久性地改变环境，还包括在“匆忙间”对环境做出调整。下次去超市的时候，留心观察一下在收银台装袋的那些顾客，他们就像在玩现实版的“俄罗斯方块”：先是要确保将重物搁在最底下，为此，他们会将那些较轻的商品先归拢到柜台上的“缓冲区”，这块区域就像他们的“外部记忆”，用于存放那些仍需在袋子里找到合适位置的物品。等到袋子的上半部分有地方空了出来，他们才会再次抓起“缓冲区”的商品塞进去。

137

外部事物的空间布局能携带信息，David Kirsh 将对这种空间布局的利用称为“装夹环境”（jigging the environment）。顾名思义，“装夹”要用到“夹具”（jig），在木工作坊或制造车间里，“夹具”可以是任何定制的、用于引导人们对工件实施一系列标准化操作的设备。夹具能多次使用，这样完全相同的操作就能一再重复，既提高效率又降低难度。**如果你能合理地“装夹环境”，令其携带信息，环境就能为你承担许多思维任务，将你的大脑解放出来。**假如你读完这本书只能带走一句话，就带走上面这一句。说那些在你身体以外的系统（不管它们有没有生命）经常会“为你思考”可不只是个生动的隐喻，本书中的一系列科学证据都强烈地暗示这的确是真的。

人类大脑用相当一部分计算资源编码事物在空间中的相对位置，并经常将外部事物（或信息）本身用作大脑外部各项认知操作的运算数（opearnds）。皮质不同区域有一系列网膜响应分布图（retinotopic map，对应视觉）、空间响应分布图（spatiotopic map，对应触觉）和频率响应分布图（tonotopic map，对应听觉）。大脑就像一个房地产商，一再强调："位置，位置，还是位置！"假如你的大脑能追踪一个物品，只要给它的位置赋予一点点意义，就能在需要看它的时候立刻知道该看向哪里。大脑只存储了该物品的"哪里"（where），它的"什么"（what）则大部分存储在环境之中。就像这样，我们一直都在给各种事物和位置赋予意义。在某种意义上，我们就是这样"装夹环境"的，也正是这样将心智"卸载"到外部环境中，让自己成为"环境的一部分"的。

讲到 Bruce Bridgeman 的研究时我们曾说，大脑不会将扫视时从各个相对位置搜集到的"快照"拼凑起来，为视觉场景创建一个完整的内部模型。虽然如此，它还是很擅长同时追踪几个物品，确定它们在任一时刻的大概位置。举个例子，Zenon Pylyshyn 在计算机屏幕上显示一堆四处移动的球，要求被试同时追踪其中几个，他发现大多数被试能准确追踪的最大数量是五个左右。如果让他们在十个球中追踪六个，第六个球他们多半会"跟丢"，有时连第五个球也会受"牵连"。想象你自己在参与这个实验：屏幕上有十个白球，围成一圈，其中五个闪动了几下，表明它们就是目标。突然，这十个球开始半随机地四处移动。假如你是只变色龙，就能用一只眼盯一个球，另一只眼盯另一个，可你不是。但假如你用双眼去盯同一个球，想要追踪其他的球可就难了。所以到最后，你不会盯着某个特定的球，而是双眼直视前方，让注意力随目标游移。如六祖慧能所云："不是风动，不是幡动，仁者心动。"视觉能在眼部肌肉不发生活动的情况下完成任务，你会觉得眼中的五个目标像以某种方式打上了

“高亮”，蜿蜒移动在屏幕上的其他白球之间。这说明我们的大脑能通过自我“调谐”，将这些移动中的目标彼此关联起来。

像这样赋予外部事物关联性，是我们利用环境中的信息增强思维能力的主要途径之一。Pylyshyn 称其为“视觉索引”（visual index），就像有一只虚拟的手始终指向特定对象，这样你就始终知道它在哪儿，也就能在有需要时查询相关信息了。语言学家将这个过程称为“指词指涉”（deictic reference），像我们边说“这个”（this）或“那个”（that）边指着什么东西一样。这种指涉无需提及对象的名称，只要听者能看见我们的指示动作，就能知道我们所指的是什么。计算机科学家称其为“指针”（pointer），在程序中“指针”通常是一个数字，指向内存数据库中的某个地址。“指针”中不含该地址存储的内容：它只是地址本身。如果有人改动了该地址存储的内容，“指针”依然会明确地指向那个地址，不受存储内容的变化影响，就像对其“变化视盲”了那样。

Dana Ballard 和 Mary Hayhoe 通过记录眼动发现了类似于“指针”的行为控制机制，将其称为“指词指针”（deictic pointer）。他们设计了一个乐高积木任务：向被试展示一个由多种颜色的积木拼接而成的结构（样本），再让他们从操作界面的另一处（即“资源区”）取用积木搭建出一个同样的结构（拷贝）。如果人们像传统认知心理学家所主张的那样，会先在大脑中生成视觉对象的三维内部模型，就该先盯着样本看足够长的时间，将它记在脑子里，再取用新的积木依序将拷贝搭建出来，而且这个搭建的过程应该很轻松，无需参照样本进行。但被试的做法与此大相径庭：Ballard 和 Hayhoe

139

从眼动记录中发现，被试会在搭建拷贝时频繁地回看样本，这说明他们在执行任务时选择让外部世界充当其自身的表征，而非在大脑中创建一个带有细节的内部模型。多数情况下，他们会先看着样本结构中的一块积木，然后将注视点移动到资源区一块颜色相同的积木上，抓起那块积木时，他们又会瞥一眼样本，而后再次将目光投向拷贝，以指导这一步搭建。Ballard 和 Hayhoe 推测，注视点的位置在这个过程中扮演了“指词指针”的角色，让样本能被用作一个内容寻址存储器（Content Addressable Memory，CAM），这样，大脑只要存储样本中每一块积木的“地址”，就能在需要访问特定“内容”时将注视点导向相应的位置，搜集该积木块的颜色和相对位置等信息了。这很难不让我们想到（据说出自 Albert Einstein 的）那句名言：“一查就有的东西绝不要死记硬背。”（Never memorize something that you can look up.）

我们平素常用的（比如关于日常用品的）许多信息都并未存储在大脑之中，而是被“装夹”在周围的环境里了。因此可以认为，你的“直接环境”构成了你心智的一部分。“大脑 - 身体”系统有一种自然而然的倾向，会将外部事物及空间位置视作信息的容器。这些事物和位置就是我们前面说到的“地址”，它们存储了“内容”，而“大脑 - 身体”系统会使用“指词指针”访问这些内容以执行认知操作。有时，即便某个“地址”已不再存储“内容”，我们还是会不自觉地“指向”它。Daniel Richardson 和我就在一个研究中发现了这点：我们让四张人脸先后显示在屏幕的四个角落，它们依次向被试口述一小段话，口述一结束，人脸就会消失。而后耳机中会有一个声音要求被试回答与方才某一段话相关的问题。眼动记录表明，被试会频繁地看向屏幕上几秒钟前口述那一段话的人脸所在的角落。我们在试图回忆起什么东西时，会不自觉地看向那些曾有相关信息呈现的位置，即便这些信息已经消失。基于 Richardson 原始设计理念的许多重复研究都证明了这一点。就算人们能轻而易举地用余光瞥见信息原先呈现的位置，知道那里已什么都不剩了，他们还是会将目光投向那里。

140

你有没有过这样的经历：从客厅走进书房，本想从里面拿个什么东西，却突然忘了自己进来是要干嘛？嗯，我也一样。当你发现自己像傻瓜一样站在那儿不知所措，你会怎么做？对啦，你会回到你刚才出发的地方（也就是客厅），看看能否重新激活记忆。你在客厅里四处看看，没准儿就能瞅见什么东西，与刚才你之所以要进入书房有关。在这种情况下，虽说你的“大脑－身体”系统忘了这种意愿来自哪里，你的“大脑－身体－环境”系统却还清楚地记得它。我们的“大脑－身体”系统极为仰仗环境中的事物和位置，因为它们存储了信息：访问不了这些信息，我们就无法正常地思考，以至于有时候环境变了（比如从客厅变成了书房），失去了先前指向的某些事物和位置，我们就好像失去了一部分心智！——或许可以去掉“好像”这两个字，毕竟大脑、身体与环境间连续而流畅的信息交换（及三者由此而产生的高度依存）让我们无法为它们划出清晰的边界。也许你该将你的大脑、你的身体和你的“直接环境”视为一系列物理材料的组合，是这个组合“构成”了你的心智：所以它就是“你”吗？

开放的心智与封闭的系统

心理学家 Timo Jarvilehto 建议关注心智研究的科学家们应该将“有机体 – 环境”系统，而非有机体本身（比如说人类个体）作为认知分析的目标。的确，如果说一颗大脑、一具身体，以及它们所处的直接环境一同构成了一个心智，那么将这三者的组合作为研究对象，而不是孤立地分析其中的任何一个就很能说得过去了。广大学者业已公认：大脑与身体构成了一个动力系统，要界定一个动力系统，我们就要明确它会怎样随时间的推移而变化，尽管它也会呈现出一系列短暂的稳定状态。

141

因此“大脑 – 身体”系统原则上是可以用动力系统理论加以研究的。然而，动力系统理论的大部分数学工具针对的都是“封闭系统”：它们将系统中的一切要素和参数都考虑到了，但同时也将这个系统与外界隔绝开来：研究、测量和模拟一个系统的前提是将一切外部影响“屏蔽”干净。显然，“大脑 – 身体”系统并不是一个真正意义上的封闭系统，正如本章一直强调的那样，环境会对“大脑 – 身体”系统产生巨大的影响，反之亦然。承认了这一点，事情就变得有些复杂了。

计算哲学家 Jeff Yoshimi 和数学生物学家 Scott Hotton 敏锐地指出，尽管人类大脑显然是一个“开放系统”，动力系统理论的一系列科研进展却都是基于“封闭系统”的假设取得的。也就是说，科学家在用计算机模拟一个复杂的动力系统时，通常会创建出一个封闭的程序，不受控制且未经测量的外部信号一律不得输入。这样的模型就像一只恒温鱼缸，严格地控制了水温、光照和食物的投放。科学家们会决定要用哪些方程，并赋予它们初始值，系统基于这些方程和初始值计算出新值。这些新值又将再度输入同一批方程，为下一时间步骤（time step）计算出更多新值。系统以这种方式在成百上千个时间步骤中不断自我反馈，产生复杂的行为，再由科学家们对这些行为做统计分析。我们对非线性动力系统的许多了解都是深入研究这类封闭系统的结果。

随着非线性动力系统理论在过去的一百年间逐渐演化为复杂性理论（complexity theory），科学家们发现（看似随机的）不可预测性能从非线性反馈环路中涌现出来，即便这些环路本身根本就不“随机”。以 logistic 映射方程为例，这是一族非常简单的方程：你要先设定等号左边的 y 值，代入等号右边的算式（以其取代算式中的每一个 y），得出（等号左边）新的 y 值，再代入等号右边……如此循环往复。得出每一个新的 y 值后将它记录下来，慢慢就能产生一些不同寻常的模式。举个例子，对方程 $y=2y(1-y)$，如果将 y 的初始值设为 0 和 1 之间的某个常数，y 值就会逐渐收敛于 0.5：毕竟如果将 $y=0.5$ 代入 $2y(1-y)$，一定会再次得到 0.5。相比之下，对方程 $y=3.2y(1-y)$，如果将 y 的初始值设为 0 和 1 之间的某个常数，最终会交替得到 0.7995 和 0.5130，而且这种交替会永远持续下去。最后，方程 $y=4y(1-y)$ 会产生完全不可预测的模式，以至于在 20 世纪 50 年代，人们将这个方程用作“随机数产生器”。这种从我们

142

明知不含有（真正意义上的）随机性的系统中涌现出来的**表面上的随机性**就被称为“混沌”（chaos）。对像 logistic 映射方程这样的封闭系统的研究让我们对混沌和复杂性理论的理解前进了一大步。但像你我的“大脑 – 身体”这样的开放系统又当如何呢？

Yoshimi 与 Hotton 通过对比开放系统和封闭系统的动力学，搭建了一个抽象的数学框架，能让我们从目前理解一个封闭动力系统（logistic 映射，或一只恒温鱼缸）的数学上严格的方法出发，用一种数学上同样严格的方法来理解一个开放动力系统（你的大脑或你的身体）。如果你承认大脑是一个开放系统，就相当于承认外部因素对其运行有重大影响。也就是说，即使你能掌握每一个神经元的活动状态，甚至追踪每一个神经递质分子的位置，也依然无法预测大脑的下一步运作。如果大脑是一个开放系统，如第 4 章所示，在考虑有哪些参数定义了它的行为时，你就必须将身体纳入进来。而如果“大脑 – 身体”依然是一个开放的系统，如本章所示，你就得采纳 Timo Jarvilehto 的建议，将环境参数看成它的一部分。一旦同时考虑了大脑、身体和环境的方程及相关参数，你的模型就有了足够多的属性，能作为一个封闭系统模拟心智的运行。说到底，要用一只鱼缸模拟一片池塘，它首先得足够大。

我们可以将心智恰如其分地描述成一种“情境涌现”（contextual emergence），这是认知科学家 Harald Atmanspacher 和 Peter beim Graden 的提法。他们深入研究了相关复杂系统的数学细节，并用计算机模拟了一个神经网络产生某种“心智状态”的过程，发现并不是只要神经元表现出某种激活模式，特定的“心智状态”

就会产生。要以一种统计上可靠的方式界定某种心智状态，还要考
143 虑网络的情境因素，如身体和环境。这些计算机模拟表明，一种心智状态，如信念或欲望只会在大脑和情境的交互中涌现，而不可能由大脑自己凭空制造出来。

总而言之，大脑是一个开放系统，这一点我们在第 4 章已经提到过了。本章中，我们发现你的“大脑 – 身体”也是一个开放系统。要恰当地描述这样的系统如何运行，你需要追踪一些重要的外部因素，将它们看成系统的一部分。如此，你就将环境并入系统，并入心智，并入“你自己”了。“有机体 – 环境”系统就这样成了我们的研究对象。

“有机体 – 环境” 系统

环境能为你承担许多思维任务，本章罗列的实验发现和计算机模拟都在印证这一点。你会摄入食物、产生眼动、使用工具（和智能设备），你能干预并重构环境，还能依靠环境记住许多事情……让我们对这一切心怀感激。是你的环境让你成其为“你”。从一个环境换到另一个环境中去，你的心智会发生些许改变，你和原先的“你”也会有些许差异。

环境会直接影响人的心智，相关科学证据已是汗牛充栋。我们通常都不会先为环境创造内部心理表征，再将它们在大脑中颠来倒去，而是用双眼、双手和各种物理实体在外部世界中实施认知操作。

是的，许多认知过程都位于身体以外。我们会用双眼，用双手，用各种工具和设备思考，此时，这些工具和设备就成了“我们”的一部分。

因此，你加固自己的书桌，是为了让它更好地“帮助你思考”；我在收银台将一些商品堆在缓冲区，和我在拨打电话前将（并不熟悉的）号码存储在工作记忆中没有区别；庖丁解牛数千，而刀刃若新发于硎，技艺精湛至此，完全可以说刀刃已成为“他”的一部分了。一些读者可能会觉得这些观点很难接受，因为它们和西方世界几百年来关于心智如何构成的主流意见相抵触。但如果你发现自己在排斥它们，最好扪心自问：是你真的有些符合逻辑和科学的证据，还是仅仅对它们有种直观上的不适？如果只是后者，也许你可以尝试（哪怕只是暂时性地）放弃偏见，接受这种观点：环境中一些重要的方面名副其实地构成了“你”的一部分。这种对“自我”的定义就像一顶新帽子，你可以将它戴上，在镜子里和自己没戴这顶帽子时比较一下。我会建议你给自己设一个 24 小时的闹钟，闹钟响起时，你就能摘掉这顶帽子了——如果那会儿你还想摘掉它的话。

第 4 章告诉我们，大脑与身体间存在持续而流畅的信息交换，因此并不只有大脑决定了“你是谁”。不论你是谁，你都不只是你的大脑。根据同样的逻辑，本章告诉我们，“大脑 – 身体”系统与环境间存在持续而流畅的信息交换，因此身体绝不只是心智的容器。心智延伸到身体以外，与环境共存。你肯定还记得我们曾经尝试圈出那些让你成其为“你”的物理材料，如果一开始你圈出的是自己的前额叶皮质，很快你就会将圈圈扩大至包括全脑。读完了第 4 章，你可能会将自己的整个身体也包括进去。本章呈现的丰富证据将敦促你将圈圈进一步扩大，直至囊括你的“直接环境”。至此，“你”不仅包括你的“大脑 – 身体”，还包括你的“大脑 – 身体 – 环境”。

真心接受这种观点能改变许多东西。如果环境参与构成了“你”，就意味着即便你的身体死亡了，“你”的某些部分仍然活在环境之中。你对家中陈设的（物理）布置、对日常工作的（心理）安排和对人际关系的（社会）维护其实都是在“装夹”周围环境，令其携带信息，这样即使有朝一日你的身体逝去了，环境中的这些事物依然会在：正如我们已经看到的，它们都是“你”的一部分。

145

事实上，研究证明你布置在环境中的那些事物（“夹具”）携带了足量的信息，以致中立的观察者甚至能从环境中感知到你的某些人格特质。举个例子，心理学家 Sam Gosling 让一些未经训练的被试观察几间办公室，要求他们评估主人的几项特质。被试与这些房间的主人素不相识，唯一的依据就是房间的布置。Gosling 和他的团队事先对主人（以及他们的密友和同事）进行了访谈。他对比了访谈所得的基准数据（ground truth）与被试观察房间后对主人人格特质的评估，发现二者惊人地相似。当然，房间的布置无法透露主人的所有人格特质，但中立的观察者在评估主人的外倾性（extroversion）、责任心（conscientiousness）和对经验的开放性（openness to experience）方面表现得要比随机猜测者好得多，也稳定得多。这说明主人的一些人格特质会以某种方式“流露”出来，“渗入”房间的空间布局，而且表现得相当明显，以至于即便他们暂时离开，办公室也能自己展露出这些特质。

活着的有机体会在身后留下 Gosling 所说的“行为残余”（behavioral residue），这是他（它）们日常活动的副产品。比如说，许多种类的白蚁都会建造巨大的“蚁丘”，有时宽度可达 30 米左右，内部四通八达，功能齐全。白蚁将巨大的智能植入了“蚁丘”的结构，以至于即使建造“蚁丘”的蚁群整个消亡了，另一群白蚁进入无主的“蚁丘”后，立刻就能接手使用。鹿群常会在林间踩出蜿蜒的小径，透露出它们的迁徙路线；食肉动物会在巢穴中存放猎物的尸体，揭示了它们的捕猎风格和进食习惯。至于人类，我们显然也会在工作和生活环境中留下清晰的印记，表明自己“是谁”。想想你留在各种环境，如公司、学校和家庭中的印记吧：这些“行为残余”是好，还是不好？要努力确保你留在身后的“行为残余”都是好的，因为在你的“大脑－身体”烟消云散后，它们就是“你”——那时每个人看着它们，也就是看着“你”。

使用说明

146

这个练习旨在让你从心理上为下一章，也就是第 6 章做好准备。第 6 章的主题依然是：环境参与构成了“你”。但与本章不同，它将不再拘泥于环境中无生命的事物，而是关注环境中的他人：你的朋友、你的家人，以及你的同事，等等。如果他们是你所在环境的一部分，而你又认同环境构成了“你”的一部分，那么他们是否也是“你”的一部分？同理，你是否也是“他们”

的一部分？

我希望你能以一种无需使用语言的方式探索这个问题，并得出自己的答案。找一个熟人，他可以是你的家人、你的朋友、你的恋人，也可以是你的另一半（他能同时扮演前面三种角色）。你们要促膝对坐，就像 Will John 在《睁大双眼》（*Eyes Wide Open*）一书中所说的那样，“凝视”彼此的双眼，不要说话，不要接触，也不要笑出声来。安静地、不加保留地将自己交到对方手里，同时无条件地接纳对方。就像这样坚持 5 分钟。与此同时，你要默默询问自己（也是在询问这个宇宙）：此时此刻，你与对方是否在某种意义上暂时成了**一个**系统？留神倾听，但不要做任何预设：答案不会是简单的“是”或“否”。你能感受到什么时候一个非语言形式的答案产生出来，那时这个练习就完成了。

万物理论

自反性的物质、生命、系统和宇宙

Who You Are

6

从环境到他人

今天你想成为谁？

你想成为谁？

——“欧因哥·波因哥”乐队（Oingo Boingo），

《你想成为谁》（*Who Do You Want to Be*）

147

20 世纪 70 年代，一家美国糖果公司为宣传自己的新产品（花生奶油杯）而制作了一则别出心裁的广告：在一条繁忙的街道上，一人边走边吃一根巧克力棒，另一人边走边吃一罐花生奶油。拐角处，这两位连同手中的食物撞了个满怀。一人大喊："你的花生奶油沾到我的巧克力上了！"另一人则抱怨："是你的巧克力落到我的花生奶油里去了！"好像对方说的有什么问题似的。但他们很快发现，巧克力和着花生奶油的味道简直妙极了！

当你的"知觉－行动循环圈"与其他人的相撞，也会发生类似的情况：环境中有什么东西同时参与构成了你与他人的认知，让不同的认知像巧克力和花生奶油那样和在了一起，"你"也就变成了"你们"。这种事常有。你会与同伴对着一张地图比划，探讨去往某地的最佳路线；你会和死党一起看肥皂剧，分享剧情和见解；有时你只记得某个好莱坞明星的姓，你爱人刚好记得他的名。环境中的这些事物（或事件）是你的认知，还是对方的？抑或既是你的又是对方的？没有人会抱怨说"你的认知沾到我的认知上了！"，因为这种情况太正常了，我们时刻都在经历——而且经常感觉妙极了！

148

既然你已读完了第 5 章，对本章也该准备就绪了。（这段你差不多都能自己写出来了，不是吗？）假如上一章的内容产生了我所期待的效果，你应该已经认同整个“有机体－环境”系统就是“你”。你吃掉的食物、你注视的物品、你使用的工具，以及你对环境的干预，所有这一切都参与构成了你的认知，都参与构成了“你”。但这就是“你”的全部了吗？别忘了环境中有些“事物”自己也是有脑子的！他人呢？你认为“自己”与“他人”界限分明吗？还是说在构成“你”和“他人”的“有机体－环境”系统之间存在明显的物理重叠和连续而流畅的信息交换，让你觉得有必要将他人也囊括到“你”的定义范围之内（哪怕只是部分地囊括进来）？既如此，他人是否也能将你囊括到“他们”的定义范围之内？如果读完上一章你已经同意环境中许多无生命的事物参与构成了“你”，现在你又有什么合乎逻辑的理由将那些有生命的排除在外？就因为他们也有心脏和大脑？

在本章中，我将罗列一系列科学发现，以期证明你的“有机体－环境”系统与环境中的一些他人在信息的承载方面关联十分紧密，因此你真的应该进一步拓展“自我”的定义，将这些重要的他人也囊括进去。你与他们间的信息交换太频繁、太流畅了，以至于要将你们看成相互分离的系统会很难说得过去。除了你的大脑、身体和邻近物品，你周围的他人也会携带让你成其为“你”的信息。

“人如其食”

我们常说“人如其食”，通常的意思是，如果你吃了不新鲜的东西，就会拉肚子，或者说如果你老吃垃圾食品，各项健康指标就会报警。但是，这句俗话还有另一种解释。你身上是会带有一些你常吃的食物的特点，反过来，说你常吃的东西标志了你所属的文化群体也没错。食物不仅会让你成为“你”，也会向别人传递关于“你是谁”的信号。不管你来自哪里，对“外国料理”想必都曾心怀芥蒂，因为它们看上去、闻上去都有些陌生。实际上，口味上的偏好位居我们最为根深蒂固的偏见之列。对一道外国特色菜，有些人连尝都不愿尝一口，全然不顾这个世界上有数百万人爱它爱到不行。陌生的事物通常看似有些危险，但我们能培养自己对它们的喜好。有那么几回，我头一次品尝某一道菜，发现自己并不中意，但当我鼓起勇气再尝一次（有时已是多年以后），却惊讶地发现它其实那么合我的胃口！这种事常有。

在中东地区，数以百万计的人从未吃过花生奶油，许多人第一次品尝这玩意儿时都被恶心坏了；在美国，数以百万计的人从未见过维吉麦酱（vegemite）或马麦酱（marmite），许多人头一次吃维吉麦酱三明治都觉得接受不了。此外，从文化习俗或宗教信仰出发，不少群体都有自己坚决不吃的东西：素食主义者不碰肉类和奶制品；佛教徒不食肉；穆斯林和犹太教徒禁食猪肉；天主教徒逢周五禁食热血动物的肉和肉汤。人们吃什么或不吃什么经常能向外界揭示他们属于哪个群体，哪怕只是一些端倪。

想象一个美国人用餐只去传统美式餐馆，或一个中国人吃饭只吃“本帮菜”，这其实都是在造一个“壁龛”，将自己对外部世界（不仅是食物）的经验限制在一个小范围内。尝试外国菜是需要些勇气，但这能帮助你“拓展边界”，而且不乏惊喜。就像某人可能对个别群体怀有偏见，但要碰巧结识了来自该群体的几位知心好友，他原先的立场就会软化。同理，某人可能对个别国家的饮食文化不太感冒，但若碰巧爱上了该国的一道特色料理，他先前的观念就会动摇。只消一道佳肴，就能扭转你对某个外国菜系的整体刻板印象。

我 10 岁那年游览加州圣克鲁斯海滩步道游乐园，头一回见识了美食车里现做现卖的希腊烤肉卷。牛羊肉刷上奇特的香料，层层堆叠在立式烤盘上，滋滋地往外冒油。厨子切下小片，与番茄、洋葱和酸奶黄瓜酱拌在一起，夹在被称为“皮塔饼”的两片面包中间。那气味带有浓郁的异国风情，让我沉醉不已。在年幼的我看来，那巨大的圆柱形肉块就像是“恐龙肉”，让人联想到游乐园里的“洞穴探险”：你能坐上小火车穿越时空，回到“遥远的过去”看那些栩栩如生的仿真电子恐龙。我请求父母给我买一个，但他们肯定地说我是不会喜欢的。在那以后的很长一段时间里，我都觉得自己应该不会爱吃地中海菜，直到 15 岁那年一个夏日的午后，我溜进一家商场：那儿有家地中海餐厅，开在一个不起眼的角落。我打算在“未经允许”的情况下尝尝希腊烤肉卷。你能想象我偷偷摸摸、战战兢兢的样子，就像在做什么非法的勾当。我当时在一家冰激凌店打零工，手头上没几个子儿，所以假如父母是对的，假如这玩意儿真不合我的胃口，我就白白浪费了宝贵的 5 美元。

奇迹发生了：我咬下第一口，立刻爱上了它：这烤肉卷的滋味真是妙极了！于是，那年夏天我常去那家脏兮兮的地中海餐厅吃午饭，每周至少一次。30 多年后的今天，得益于工业化和全球化，居住在小城市，乃至小村镇里的许多人们也有机会享受到种类丰富的“外国菜”了。随着“异国味道”逐渐攻占人们的胃，“异国文化”也在悄然进入人们的心。各式各样的外国餐厅在如今的许多大都市中随处可见。以我自己为例，我在英国伦敦尝过最地道的印度咖喱，在德国慕尼黑吃过最棒的泰国菜，在华盛顿哥伦比亚特区下过最好的埃塞俄比亚餐馆。当然，这可能是因为我从未去过印度、泰国和埃塞俄比亚。

人人都爱美食。我是没在印度、泰国和埃塞俄比亚尝过当地的特色菜，但不少人都尝过，有些人更是“吃”遍天下，电视节目主持人、畅销书作者 Anthony Bourdain 就是其中之一，你可能听过他的大名。他做了件了不起的事：通过带领观众或读者探秘异国他乡的特色料理，让人不自觉间就对这些美食背后的异域文化乐此不疲。Bourdain 说过一句话让我特别欣赏：“不食他乡烟火者，不识他乡世故。”（Walk in someone else's shoes，or at least eat their food.）他介绍的菜品有些令人垂涎欲滴，有些叫人唯恐避之不及，还有些兼而有之：食物如透镜一般，折射出不同文化的方方面面。当我们看见有人热爱那些“陌生”的菜品，就像我们热爱本国的招牌菜一样，就能拥抱两种文化的共性，并为那些有趣的差异而感到欣喜。看着 Bourdain 边享受各式料理，边与当地人推心置腹，不管你是谁，都能深切感受到世界之大，并清楚地意识到有些陌生的东西其实一点都不可怕，事实上，你经常会觉得它们妙极了！

你与你的家人和朋友

“人如其食”要是真的，拓展你的“食物边界”，尝试并接受更多种类的料理就能让你变成一个“更大的你”。这不只是一种比喻。当然，接触另一种文化除了意味着接触不同类型的食物，还意味着接触不同类型的人。我们许多最为重要的经验——像饮食、娱乐和交流——都是我们与他人所共有的，在某种意义上也是他人为我们“形塑”的。不管你是在与朋友聊天，参加研讨会，协调项目进度，看电视，还是像现在这样静静地读一本书，信息都要由两个或更多的个体共享。显然，让你成其为“你”的不仅有你摄入的食物，还有你所接收的他人的行动和话语。西班牙人将此归纳为“dime con quien andas，y te dire quien eres”，也就是“道合者，志必同”。

两人合作完成一项任务时，双方的行动需要协同；一人独立完成一项任务时，肢体各部位也需要协同。越来越多的科学证据表明，这两种协同是一回事。你可以自己体验一下：伸出双手，让两根食指“逆相”晃动：左手食指向上时，右手的向下；右手食指向上时，左手的向下。此时，这两根手指的运动周期互相“切分”。但若将晃动的节奏加快到一定程度，它们就会逐渐趋于“同步”，也就是趋向于同上同下了。Scott Kelso 一直关注动力系统，他相信我们能用数学模型来模拟这种“周期趋同现象”，以揭示两个系统在什么条件下会表现得像一个整体。具体到这个例子中，两个系统就是大脑左右半球的运动皮质，之所以会产生周期趋同，是因为这两个脑区并非互不相干，而是借助一系列神经连接持续不断地互动。随着动作节奏的加快，互动也愈发频繁，这推动了系统间的同步，让两套神经网络紧密关联起来。因此即便你有意遵循实验要求，两根食指还是会逐渐滑向“同相协同”。

在这个实验中，一个临时的神经肌肉系统同时控制着你的双手，让两根食指以一种彼此协同的方式活动，而不是有两套神经肌肉系统分别控制着你的左右手。当你发现两个系统密切协同，像左右半球的运动皮质那样，就可以将它们视为同一系统的两个子系统了。Kelso 和同事们建立了 Haken－Kelso－Bunz（HKB）模型，这个朴素的无尺度模型能描述任意两个彼此交互的系统怎样在特定条件下维持逆相（互相“切分”），一旦条件稍有变动又如何滑向“同步”。如果两个系统的自身活动能持续地影响对方，它们就会产生相互依存的倾向，以至于我们最好将它们视为一个整体。

子系统间的影响几乎不受媒介的限制：左右半球会经胼胝体交换神经信号；恋人们会用甜言蜜语互诉衷肠；配合默契的舞者们只靠动作或眼神就能协调得很好。心理学家 Richard Schmidt 基于 Kelso 的研究设计了一个实验：他安排两位被试坐在同一张桌子上，双腿沿桌边下垂，其中一人晃动左腿，另一人晃动右腿。和 Kelso 的安排一样，被试要“逆相”晃腿：一人向前晃腿时，另一人要向后晃；一人向后晃腿时，另一人要向前晃。和“食指实验”的情况一样，Schmidt 发现如果被试加快晃腿的节奏，他们的动作就会不自觉地滑向“同步”。最后，一人向前晃腿，另一人也会向前晃；一人向后晃腿，另一人也会向后晃。这显然不是因为他俩的运动皮质通过胼胝体连在了一起。可见要让两个子系统实现协同，并非只有神经连接这一条路。人们的“知觉-行动循环圈”能互相重叠，流畅地交换信息，这就让他们彼此协同，表现得像一个系统了。

事实上，只要有合适的传播媒介，任意两个彼此相似、距离相近，且都在两个“极端”之间来回变动的事物都倾向于同步。300多年前，荷兰数学家 Christiaan Huygens 发明了摆钟，他很快发现，若将两只摆钟安在同一根木梁上，它们的摆锤将逐渐倾向于彼此同步地摆动。数学家 Steven Strogatz 在他的著作《同步》（*Sync*）中指出，各类事物——小到电子、脑细胞，大到河流甚至我们的太阳——都有节奏同步的倾向。

人当然也不例外。不仅晃腿的动作会不自觉地滑向“同相同步”，就算只是彼此间的日常交流也能让参与双方的整个身体和大脑以相似的模式活动。心理语言学家 Martin Pickering 和 Simon Garrod 相信，沟通过程中，一方大脑内部的信息传播（比如说，先想到“红”，再想到“玫瑰”，而后又想到“花瓣”）和双方之间的信息传播没有本质区别。这就是为什么我们经常能在聊天时接上对方的话，即便对方不慎口误或一时语塞，也不妨碍我们对他想要说些什么心知肚明。

信息具体是怎样在两个大脑间传播的？Anna Kuhlen 用一个相当巧妙的实验戏剧性地呈现了这一点。她安排一位女士讲一个故事，同时记录她的脑电并为她拍摄视频；安排一位男士讲一个不同的故事，同样记录脑电并拍摄视频。这两段视频要做后期处理：将人物调成半透明状，然后将画面叠映起来（两段音轨也要叠在一起）。这样，你就能看见幽灵般的一男一女重合在屏幕上，各讲各的故事。假如你边看边听这段合成视频，有时会有点儿分神，但专注于其中某人而忽略另外一人也是能做到的——这就是 Kuhlen 给被试们下的指令。她将被试分为两组，让其中一组专注于视频中的女士，另一组专注于男士，同时记录被试的脑电。这样，她手中就有讲故事的女士（女讲述者）、男士（男讲述者）、专注于女士的被试（女士组）以及专注于男士的被试（男士组）的脑电记录了（均时长数分钟）。正如"脑间信息传播理论"所预测的那样，较之女讲述者与男士组的神经活动，女讲述者与女士组的神经活动相关程度更高；同样较之男讲述者与女士组的神经活动，男讲述者与男士组的神经活动相关程度也更高（统计上均有显著差异）。相关程度最高的脑电信号有约 12 秒的时延，可以这样理解：讲述者会先想到某个故事情节，然后将这种观念（表现为某种神经活动）转化为句子表述出来，表述需要一段时间，被试听见这些句子后，在大脑中将其转化为与上述情节对应的神经活动，它们与（约 12 秒前）讲述者想到该情节时的神经活动极为相似。本质上，听别人讲故事会让你的大脑和对方的大脑（先后）做些同样的事。

神经成像研究在 Kuhlen 实验的影响下，开始广泛使用"双脑法"。但要观察讲述者与倾听者的相关性，并不要非得记录他们的神经活动。如果两颗大脑的活动高度相关，与它们相连的两个身体的活动十有八九也会高度相关。我的学生 Daniel Richardson 和 Rick Dale 制作了一个网格，网格中共有六张图片，分别是动画《辛普森家族》（*The Simpsons*）的六个主要人物。他们让一位被试（讲述者）看着网格，即兴讲述自己在动画中最喜欢的一个情节，将这段讲述录成音频，同时记录被试的眼动。之后，他们让其他的被试（倾听者）看着同一个网格，将这段音频放给他们听，并记录他们的眼动。倾听者看不见讲述者，但能从耳机中听见他的声音。研究人员发现，音频播放时倾听者和讲述者的眼动轨迹高度相关，二者有约 1.5 秒的时延。可以这样理解：讲述者会瞥一眼某个人物的脸，约半秒后说出角色的名字，倾听者的大脑要用约半秒的时间加工他方才听见的名字，再用约半秒的时间引导双眼看向那个角色。加起来就是 1.5 秒！有趣的是，在实验的最后阶段，与讲述者“眼动相关性”更高的倾听者对与情节有关的问题回答得更快：似乎双方的眼动越是同步，倾听者就能以一种越高效的方式提取故事中的信息。

155

这些都意味着，倾听者（或读者）加工语言（或文字）时的神经活动和眼动模式，会与讲述者（或作者）生成这些材料时的神经活动和眼动模式很像。不错：很可能你读这段话时的神经活动和眼动模式就与我勘校它时的神经活动和眼动模式相似。不管你是谁，也不管你什么时候读到这段话，都会有一个你的“时间片”与一个我的“时间片”短暂地“达成一致”。这种“一致”既是字面上的，也是一种比喻；它指的既是一种生理上的相关，也是一种心理上的协同。假如这段话有一天被 Oprah Winfrey（知名脱口秀主持人）读到了，你与**她**的大脑也能短暂地达成这种“一致”！

两人同步交流时，他们生理和心理上的协同程度还会更高。Richardson 和 Dale 在 Natasha Kirkham 的协助下改进了眼动实验。他们将两幅一模一样的画分别挂在两个房间里，给两位被试戴上眼动追踪仪，让他们各进一间房，边看着墙上的画，边用耳麦即兴聊天。你可以想象自己参与了这个实验：你独自待在一间房中，盯着墙上的画，耳机里有人和你聊天，他正在另一间房中里盯着一幅同样的画。这很像边看球边和朋友"煲电话粥"，恰好对方也在看同一场球（我和我的死党 Steve 就常这样做）。当两位被试谈到面前的画作，研究人员会记录他们的眼动。如果你分析他们的聊天记录，会发现他们常常打断或接上对方的话，这是因为在交流中我们要相互理解，就得预测对方将会说些什么。重点来了：由于被试们在交流中如此频繁地预测对方的所言所想，两人的眼动轨迹之间 1.5 秒的时延消失了！他们会同时看画作的同一个区域，双方的眼动实现了真正的同步，也就是 Kelso 在"食指实验"和 Schmidt 在"晃腿实验"中观察到的那种同步。

156

除神经活动和眼动外，如果两颗大脑在一场交流中关联起来了，交流前"各行其是"的两具身体也将滑向"同步"，包括双方手部、头部和脊椎的活动。举个例子，Kevin Shockley 让两位被试站在测力台上探讨一个问题。测力台能将他们在交流过程中身体重心的位置变化记录下来。有时就算你觉得自己站在那儿纹丝不动，你身体的重心也会来回摇晃，虽然幅度往往只有几毫米。Shockley 发现在探讨过程中，两位被试的身体重心会同步地摇晃。造成这种现象的原因有很多，包括他们在讨论时会同时向对方打手势，或相互点头示意。但若各自与他人探讨，他俩的重心晃动就不再同步了。

就同一问题交流时，双方的许多动作都可能具有相关性，只是时延各有不同。认知科学家 Max Louwerse 发现，沟通中一方会提出某个观点，并点头以寻求认同；约 1 秒后，另一方会点头以表达这种认同。相比之下，社交性模仿的时间跨度就大得多。在社会互动中，许多人都会不由自主地模仿对方做的某个动作（如跷二郎腿、将双手垫在脑后或抚摸下巴）。Louwerse 的研究表明交流中若有一方触摸自己的脸，另一方就有更大的概率也去触摸自己的脸，但其时延可长达 20 ~ 30 秒，而不像点头那样仅相隔 1 秒左右。动作上的协同可能导致更多的共情，让交流更为融洽而高效。

157

交流双方会产生一致的动作输出，也会共享彼此的知觉输入。通过交流，这些输出和输入将得到更充分的加工。你或许会问：两个人到底如何“共享彼此的知觉输入”？这是个好问题。认知科学家 Riccardo Fusaroli 设计了一个实验：先让两名被试分别独立完成一项高难度视觉分辨任务，得出自己的结论，再让他们就此展开讨论并达成共识。有时双方结论并不一致，这就需要其中一方做出让步，改变自己的主张。

想象你与一位好友参加了这个实验，几个视觉刺激物在你们眼前一闪而过，你们要判断其中哪个与众不同。你按键选了其中之一，随即发现好友选了另一个。于是你俩要商量一番，决定该听谁的。实验共进行了约 100 个试次，研究人员分析了被试们的交流记录，发现有时双方用于描述自身确定性的表达相关性并不高。比如一方会说“确定”（confident）“有点儿不确定”（slightly uncertain）或“一点儿也不确定”（completely uncertain），另一方则会说“我不晓得”（I dunno）或“也许”（maybe）。此时两位被试的组合与其中表现较好的一方相比，通常都没法做出更准确的判断。这是因为表现较好的一方有时太容易被另一方说服，以至于其个人结论在准确性上还要优于组合的共识。但是，Fusaroli 发现如果一个组合中双方用于描述自身确定性的表达高度相关（使用同一类短语），该组合的判断往往就比其中表现较好的一方还要准确。本质上，这是因为组合发展了自己的一套“微语言”，让双方都能准确地估量对方的确定性。有了这种表达上的协同，两颗大脑就能像一个系统那样运行，该系统的表现也就不是构成它的任意一颗大脑所能媲美的了。我觉得“三个臭皮匠顶个诸葛亮”这个说法是有些道理的，特别是在臭皮匠们就如何表达自己的观点达成“一致”以后。

158

交流双方的语言和动作高度相关，假如你对其中一方的动作、脑波、眼动和语言表达了如指掌，就能较好地预测另一方的动作、脑波、眼动和语言表达。双方的脑波和行为构成了**一个系统**（one system），这与先前谈到的同步现象在数学原理上很像。交流并非一堆个体轮流发言，相互传递完整的信息：这种轮流为对话添加条目的操作太机械了。在真正“良好”的交流中，人们会同时创作出“共享的独白”（shared monologue）。我们与家人和朋友的“相处”，其本质就是以“良好”的交流促进彼此“大脑－身体”系统的同步。

你与你的合作伙伴

协同，听上去就是双方要同时做同样的事，但也不尽然。假设你要将书桌从一个房间搬到另一个房间：通常你得与另一人面对面，一人搬一头，然后一人向后退，一人向前走：你们协同合作时，你们的双腿就在同时做相反的事。若非如此，比如它们都一个劲儿向前或向后，桌子就肯定搬不成。可见协同合作有时需要我们补充（complementing）而非模仿（mimicking）他人的行动。

问题在于，要恰当地“补充”他人的行动，你先得预测他人的行动：你需要在脑海中模拟对方将要做些什么，以及它们与你自己要做的事情有何关联。社会神经科学家 Natalie Sebanz 和 Guenther Knoblich 就向我们展示了这种“互补性”，它是两位被试在计算机上执行同一项任务时产生的：他们要分别操纵不同的按键，做出两种响应。但两位被试的反应时和脑部活动表明，他们都会考虑到对方负责的响应。所谓团队合作就是这个意思：你不能只想着自己那部分工作，其余一概不问。要实现良好的协同，你就得预测自己的进度，与其他人保持步调一致。回顾一下第 3 章，要完成任务，大脑的各个部位不能像独立的模块一样运作，相反，它们必须频繁地交换信息，这样视觉系统才能帮助语言系统解决难题，反过来也一样，不同的子系统就能作为一个整体发挥作用了。同样的道理，两个或以上的人合作完成一项共同的任务时，也要频繁地交换信息，这样

159

每个人都能对其他人在做些什么心中有数，他们也就在某种意义上成了一个整体。

举个例子，认知人类学家 Edwin Hutchins 取了一个真实的场景，研究一艘船的全体船员是怎样相互协作的。他发现船员们构成了一个认知上的整体，每个个体在其中扮演的角色都独一无二。他们好比一个个不同的脑区，船在这些“脑区”构成的“大脑”的计划和引导下航行。船员们借助互补的行动支持彼此的认知，让团队能做出明智的决定并及时采取行动，几乎就像拥有单一的思想。当团队为实现一个共同的目标而协作时，针对个体心智的许多认知分析工具都可用于研究其内部的交互。

认知科学家 Paul Maglio 将同样的原则应用于工作场所，试图提高企业的运营效率。他与他在 IBM 的同事们区别了人在企业中的不同角色，绘制了这些角色的职责和关系图，并密切关注它们间的交互作用。这为定义服务科学（service science）做出了贡献。在如今的市场上，人们花越来越多的钱购买服务，而不是能拿在手中的商品，因此如何更好地开发和提供这些服务，就成了一个亟需探索和设计的领域。服务科学对提供服务的企业来说，就像传统的运营管理研究对提供商品的企业一样意义非凡，但它的路子不太一样：服务科学将企业视为一个复杂系统，由彼此交互的人员和技术设备构成，目的是为消费者提供价值。人们受复杂系统理论的启迪开发了许多工具，服务科学能用这些工具分析和模拟一家企业，发现问题出在哪里，并提出解决方案。

160 举个例子，Rob Barrett 和 Paul Maglio 等人详细分析了一位 IT 系统管理员（我们可以叫他 George）为什么没能解决某个网络配置问题。通过电话和短信，George 向他的主管和同事们描述了这个问题，他们也试图提供帮助。然而，George 自己对问题有一个误判：他认为一个网络端口在试图向特定方向发送数据，但事实是它在试图向反方向发送数据，被防火墙阻止了。其他人由于看不见他眼前的屏幕上显示的内容，所以都没能意识到这个错误。由于 George 每次的描述都不准确，尽管大家群策群力，但在相当长的一段时间里都没能解决问题。最后，一位同事将 George 屏幕上显示的内容调了出来，才发现了他的错误。有时三个臭皮匠未必顶个诸葛亮，因为对人员和技术的安排不尽合理。识别并消除这些瑕疵，进而优化组织的配置，这就是服务科学的宗旨。

通过为真实事物创建复杂的模拟，这类企业管理方法可以测试不同的人员安排，而不会对服务、产品或办公场所造成任何损害。一个特别有说服力的例子是电影《创始人》中的一个情节，这部电影详细介绍了麦当劳快餐店的发家史。创始人 McDonald 兄弟之一（由 Nick Offerman 饰演）用粉笔在网球场的地面上画出各个分区，模拟餐厅厨房的布局，让雇员假装在其中配合工作。这样，他就能发现效率低下的节点，再用粉笔画出新的布局。在多次尝试并改良后，他最终发现了哪一种布局最有利于后厨工作提质增效。无论如何，一家著名的快餐连锁店就这样诞生了。

认知人类学和服务科学借鉴了认知科学和复杂系统理论的研究成果，将整个工作场所视为一个大的认知系统，关注你的合作伙伴是谁，以及你们具体怎样合作。你、你的合作伙伴和你们周围的技术设备一同构成了完整的拼图，让整个“蜂巢思维”（hive mind）得以运转。员工们在办公场所或生产车间围绕不同的项目展开合作，创造出有价值的服务或产品，而价值是企业持续经营的动力所在。近年来，服务科学愈发重视自适应协同管理（adaptive comanagement），关注不同背景的知识融合将如何催生商业创新。传统的企业架构是纵向的，一个工人对其直接上级负责，后者又对其直属领导负责。自适应协同管理不仅依靠这种纵向架构，而且鼓励组织在决策中整合多种思想，并对自我评估程序保持开放态度。这些源于认知科学的洞见在现实世界中的应用，正为企业管理实践的进步指明方向。

161

你与你的群体

源于认知科学的洞见或许也能为整个社会的进步指明方向。准确地了解自己与社会上其他人之间的关系，对我们了解自己“是谁”至关重要。显然，让你成其为“你”的可不只有你早已逝去的先祖，还有你身边活生生的众人。“你是谁”在相当程度上取决于你的亲朋好友、合作伙伴，甚至还有那些与你素不相识的人。

人类是群居动物。如果发现自己与某些人有共同点，就会想要加入他们，构成群体。你已经加入了好几个群体：一是家庭，你与家人的共同点包括血缘、亲情和成长经历；二是朋友，你与朋友们可能三观相合、立场相同、兴趣相投，也可能只是住处相邻。此外，你大概还有些关系很铁的同事或同学。这些都是你的“内群体”（in－group），因为它们让你有归属感。你可以同时属于多个“内群体”，但如果其中有两个不幸发生了冲突，你可能就要被迫退出其一，将它划为你的“外群体”（out－group）了。这种选择往往并不容易，你要是明确了立场，就会产生深远的影响。

群体成员身份往往能给予我们强烈的情感慰藉。在群体中，我们经常能感受到“支持”，相信自己既不会背叛他人，也不会遭到他人的背叛。一个群体似乎“大于其成员之和”，这让我们得以将归属感寄托在某种比“自我”更为宏大的存在之上。相比于各行其是的状态，人们若组成群体，执行任务时的表现通常都要更好。社会心理学家 Roy Baumeister 发现，多数人都有“归属需求”，希望能从属于某个群体。此外，他相信群体的任务表现之所以更好，关键在于不同角色的差异化。如果有太多成员过分沉迷于群体身份认同（group identity），未能实现个性化，群体就会表现失常，或干脆出现“故障”。这时“群体思维”会占据主导地位，让群体采纳一个大多数成员其实并不中意的计划。相比之下，有证据表明，如果每个成员既认同自己是群体的一分子，又能在群体的“共同使命”中找到一个被承认、受重视的位置，群体的绩效就会达到最佳。

加入一个群体显然是有好处的。事实上，心理学家 Arie Kruglanski 和同事们通过问卷调查发现，群体成员身份能降低个人对自身不可避免的死亡的焦虑。从属于某个比你的大脑和身体更为宏大且持久的存在，似乎能赋予你一种几乎每个人都渴望的意义感，它稍稍缓解了“人固有一死”这一结论所导致的恐惧。

然而凡事都有两面。Kruglanski 的研究还表明，随着死亡焦虑的降低，人们会更愿意为群体的愿景而献身。如果一个群体的最高愿景是消灭一切“外群体”，为实现这个愿景而献身之举就成了不折不扣的恐怖主义。令人担忧的是，如今这股暗流已蔓延至世界多地。即使不考虑这些极端情况，虽说加入一个群体好处多多，但也会造成严重的问题。最为明显的是，我们但凡要定义一个“内群体”，也必然要（至少是内隐地）定义一个“外群体”。作为某个群体的成员，我们时常抨击“外群体”的成员，这种批评有时是夸大其词，有时根本就是无中生有，这是一个很糟糕的习惯。我们对“外群体”成员的人格特征常怀有负面的先入之见，而且经常意识不到。几十年来，社会心理学家 Mahzarin Banaji 和 Anthony Greenwald 一直在研究这种内隐的偏见。借助问卷调查、反应时实验和神经成像研究等手段，他们搜集了大量证据，指出了我们对自身社会偏见的认知“盲点”。即使我们自以为了解社会上的种种不公平，并致力于纠正它们，在一些内/外群体问题上也很难免俗。人们会自然而然地根据性别、种族、民族、宗教、社会经济地位、年龄、语言或性取向划分不同的群体，你总不可能无差别地看待所有群体，真正做到“一碗水端平”。假如你对某些群体的归属感没那么强，在思考、谈论这些群体，或需要做出影响它们的决定时，就可能受到内隐偏见的影响，对一些问题也会缺乏必要的敏感性。想意识到这些很难。Banaji 和同事们甚至发现，人们在评价其内/外群体的成员时神经活动的模式也会有差异。你可以花一分钟设想一下：假如你决定将一类人划入“外群体”，不愿意站在他们的立场上，在评价他们的时候，你的大脑就会以不同的方式运行。这听起来不太公平？我有个建议：不要将他们划入“外群体”，尝试从他们的角度看问题。也许你还可以尝尝他们平时吃的那些东西！

Banaji 和 Greenwald 的总体研究框架还有一个副产品，那就是“内隐联想测试”（implicit association test）。它揭示了自称没有偏见的人们对“外群体”怀有的负面刻板印象。Russell Fazio 就用内隐联想测试做了一个实验，他让被试盯着计算机屏幕，屏幕上会有一张面孔一闪而过（呈现三分之一秒），而后显示一个积极词如“wonderful”（出色）或一个消极词如“disgusting”（恶心）。任务很简单：被试如果看见积极词，就按一个键；看见消极词，就按另一个键。Fazio 发现若屏幕上短暂呈现的是一张非裔美国人的面孔，白种人被试对积极词的反应时会变长，对消极词的反应时则会变短。（非裔美国人被试的反应模式则反过来。但一些研究显示，来自某些“少数”群体的被试对其“内群体”的偏见与“多数”群体一致。）这些结果通常被解释为：尽管被试声称对其他种族没有偏见，但他们在任务中的反应时揭示了一种毫秒级的心理准备状态：将消极词与“外群体”面孔关联起来。即便呈现时间只有短短的三分之一秒，一张“外群体”面孔还是会启动“消极”的观念（让相应的激活模式得以传播），这样消极词就能被更快地辨识出来。社会心理学家 Melissa Ferguson 和 Michael Wojnowicz 要求白种人被试在看到“cancer”（癌症）、“ice cream”（冰淇淋）、“white people”（白人）或“black people”（黑人）等词语时，操纵鼠标在屏幕上点击 LIKE（喜欢）或 DISLIKE（不喜欢）按钮。他们发现被试看到“cancer”

164

时会直接将光标移向 DISLIKE；看到“ice cream”时会直接将光标移向 LIKE。而尽管几乎每个人看到“black people”时都点击了 LIKE，光标移动的轨迹却普遍有些弯向 DISLIKE——至少要比“white people”对应的轨迹弯曲度更甚。也就是说，即使人们已明确地表达了他们对某个“外群体”的友好态度，他们表达这种态度的方式（潜藏于行动本身的动力学）也在以微妙的方式表明：一些内隐偏见仍旧阴魂不散。

我们首先要问的是，这些内隐偏见为什么会产生？偏见者最常用的借口是“外群体”以某种方式伤害了“内群体”或占了他们的便宜。电影《绝对统治》（*Imperium*）讲述了一位 FBI 特工怎样潜入一个白人至上主义组织，挫败其恐怖袭击的图谋。片中 Toni Collette 饰演的角色有一句话令人难忘：“归根结底，法西斯主义只有一个基本要素：受害者意识。”我们常常认为法西斯主义者是加害者，但法西斯主义对任意一个群体的控制都是从培养“准成员”的受害者意识开始的。当人们觉得自己遭受了不公正对待，往往会渴望以一种不理性的方式发泄出来。哲学家 Jason Stanley 在他的作品《法西斯主义如何运作》（*How Fascism Works*）中逐一列举了法西斯主义运动得以兴起的社会政治秘诀，其中一个关键因素就是“我们和他们”的心态。一些政客为了上台，不惜利用国内“多数”群体对少数派的成见，挑起仇恨和对立。比如在美国，政府为消除歧视而做的努力让一些种族主义白人群体感到深受其害，以至于觉得自己有资格攻击“外群体”的无关人士，而某些政客会出于一己之私在背后煽风点火。欧洲部分地区，当局对一些极端宗教势力的排斥令其怒火

165 中烧，以至于认为自己有理由对无辜的“外群体”成员实施暴力。巴勒斯坦人和以色列人都认为对方侵害了自己的权益，以此作为暴力和压迫的正当理由。中东地区的某些逊尼派和什叶派团体死盯着最近一次针对己方“内群体”的袭击，似乎忘了它也是对己方过往袭击“外群体”的回应（后者本身又是对前一次遭袭的回应……冤冤相报，无穷无尽）。当一个群体沉迷于自己的受害者身份（不管它是真实的还是虚构的），它就会甘愿放弃许多民主与自由，以报复它认为需要为此承担责任的“外群体”。此时，法西斯主义就乘虚而入了。这正是1930年发生在当时实行民主制的德国的事。大多数民众轻信了希特勒的煽动，认为犹太社区是国内低就业率的祸根，所以他们投票让纳粹上台，希望希特勒像他承诺的那样，以一己之力救德国于水火。当时许多专家相信，希特勒一旦掌权就会软化立场，更理性地统治国家。他们错了。

你与你的社会

也许我们该从中得到一个教训：不要将自己看作受害者，因为这恰恰会让我们加害于他人。不管你是否真的“受害”了，一昧地“以眼还眼，以牙还牙”都会让事情最终陷入万劫不复的境地。对大规模社会交互的数学研究有一个影响深远的思想实验，那就是“囚徒困境”（及其一系列变体）。“囚徒困境”是20世纪50年代博弈理论的经典模型：两个罪犯被捕后，被分别关在两间囚室里。相互之间无法交流。如果他们同时否认指控（也就是“彼此合作”），则罪责最小，惩罚也最轻；如果他们都选择坦白（也就是“相互背叛”），则罪责中等，惩罚也适中；但如果一人（“背叛者”）坦白，一人（“合作者”）否认指控，则“背叛者”将恢复自由，沉默的“合作者”则要独自领受最严厉的责罚。在这种情况下，如果你怀着纯粹的自私动机，那么单方面的背叛绝对是不二之选。因此当研究人员发现背叛并非多数被试的策略，他们感到莫名惊诧也是理所当然的了。囚徒困境广泛地存在于各种日常互动之中，但人们在这些互动中往往会遵循一些不言自明的社会契约，倾向于以某种形式展开合作而非相互背叛。研究证明，人们通常更乐意彼此合作，即使个人从合作中得到的好处不如背叛对方时那么多。谢天谢地，不是吗？

166

我们还有一个“迭代版”的“囚徒困境”，也就是两个玩家重复博弈。对这种情况的计算机模拟发现，“对等”（tit－for－tat）是最优策略之一。“对等”即“以怨报怨，以德报德”。（或更具体地说，根据你的过往经验，估计下一次互动中对方占你便宜的可能性，以相应策略应对。）但在“对等”策略下，只要博弈中连续出现了几次背叛，双方就很可能会开始无休止地相互背叛（或欺骗），消除了一切合作的空间，就像对立的两个群体要是都以受害者自居，就会逐渐走上相互毁灭之路。如果这种博弈不只有两个玩家，而是有成百上千个玩家相互角逐，整个过程就会变得非常复杂。在这种情况下，最宽泛意义上的“对等”策略依然是有效的，但也有可能出现玩家 A 背叛了玩家 B，玩家 B 因此去背叛玩家 C 的情况。哲学家 Peter Vanderschraaf 用计算机模拟一些智能体在二维舞台上的互动情况，这些智能体的处境与“囚徒困境”中的囚犯们很像，只不过它们的目的不是减轻自己要承担的罪责，而是最大化自己在与其他智能体的交互中获得的回报。具体的数学原理是：若两个智能体彼此合作，双方都将获得中等水平的回报；若两个智能体相互背叛，双方获得的回报都会降至最低；若一方合作一方背叛，“合作者”遭受损失而“背叛者”获得的回报最高。在 Vanderschraaf 的模拟中存在两种类型的“背叛者”：偶尔背叛的叫“稳健派”，坚持背叛的叫“支配者”。成群的“合作者”能和谐共存，实际上，它们还会对“稳健派”造成影响，让它们逐渐转变为“合作者”。假如博弈中不存在“支配者”，那么坚持合作这一策略就会像一种有益的病毒一样蔓延开来，直至占据舞台的每一个角落。但即便只存在一小撮“支配者”，它们也会造成负面影响，让那些“稳健派”无法转变为“合作者”，甚至最终会让原本坚持贯彻合作策略的智能体也开始偶尔背叛。这说明如果对背叛和支配行为缺乏额外的预防措施——比如法律规范和社会惯例——社会交互中根本不会产生合作的自然倾向。相反，随着“合作者”逐渐遭遇背叛，它们自己也会一个接一个地转变为“背叛者”。

167

智能体之所以倾向于相互背叛，是因为从积累经验的角度来看，“合作者”和“背叛者”的处境并不对等。你可以比较一下：“合作者”若是遭遇了足够多次的背叛，就会转变为“稳健派”，究其根本，是它经常发现与自己互动的智能体获得的回报更高，因此，它想试着换一种策略也确实无可厚非。但对“支配者”来说情况就不一样了：它很难转变策略，尝试偶尔与其他智能体合作，因为它从不合作，也就没有机会知晓彼此合作的回报要比相互背叛更高。与“支配者”互动的智能体绝无可能获得更高的回报，因此“支配者”也不会认为有必要改变做法，毕竟它从未目睹财富的创造，只是一次又一次地见证了各方在零和游戏中瓜分财富。相反，“稳健派”由于只会偶尔背叛，有机会学到彼此合作的后果要比相互背叛好得多，因此会尽可能避免后者。一些博弈论专家如 Robert Axelrod 据此改进了“对等”策略，让智能体有一定概率“宽恕”其他智能体的背叛。比如：即使某人上一次背叛了你，占了你的便宜，你也有可能“宽恕”他，在下一次互动时继续坚持合作。在“迭代版”的“囚徒困境”中，“宽恕”有时能解开冤冤相报的死结，让系统重新回到合作的轨道上来。许多研究都已证明，有“宽恕”空间的“对等”策略要比纯粹的“以怨报怨，以德报德”效果更佳。

复杂系统学者 Paul Smaldino 设计了一个扩展版本的“囚徒困境”博弈，让一大群智能体彼此合作或相互背叛，以获取生存和繁殖必不可少的稀缺资源。他的设置与“原版”很像：智能体彼此合作时获得的食物资源要比相互背叛时更多，但一方背叛一方合作的结果是“背叛者”获得大量食物资源，不幸的“合作者”则损失惨重。最终，那些没能获得足够资源的智能体将会“死去”。与 Vanderschraaf 的模拟类似，在 Smaldino 的模拟中，“合作者”倾向于在舞台上的某些区域形成集群，而“背叛者”则倾向于在这些集群的边缘“狩猎”。起初，结成小群的“合作者”完全无法抵挡“背叛者”，纷纷饿死。“背叛者”轻易就能占尽便宜，然后像兔子一样繁殖。但是，如果“合作者”的集群规模较大，它们就能幸存下来，

168

因为集群内部就能创造足够丰富的资源。反过来，“背叛者”一旦将小群“合作者”消灭殆尽，就只能在相互背叛中获得极少的资源，它们会纷纷开始挨饿，并逐渐走向消亡。于是舞台上不再充斥着“背叛者”，“合作者”的群体也终于得以壮大。

社会由占据多数的“合作者”和零星分布的少量“背叛者”（加害者）构成，因此对博弈理论和群体交互的简介也许能给我们传授一些人生经验。研究表明，要和我们中的加害者打交道，我们可以将自己也变成加害者，这样就不至于被他们占便宜，但这可能开启无止境的冤冤相报。我们也可以时不时地“转过另一边脸”，宽恕那些偶尔背叛我们的家伙，希望他们最终明白：从长远来看，合作带来的回报更高。也许我们还应该完全避免接触那些固执的“背叛者”，放任他们自相劫掠，直到灭绝。

你与你的国家

对家人、朋友和同事间社会互动的研究表明，你的大脑和身体经常与其他的大脑和身体相互协同，这说明它们很可能构成了一个复杂的系统。不幸的是，根据社会群体形成机制的相关研究，我们有一种令人讨厌的倾向，那就是建造“围墙”，将自己的复杂系统（即“内群体”）与其他人群（即“外群体”）隔开。假如你愿意扩展“自我”的边界，但只将那些你认为属于“内群体”的“合作者”们囊括进来，并相信“外群体”的所有成员都是固执的“背叛者”，那你肯定是大错特错了。“外群体”中不可能只有纯粹的“背叛者”，因为如果一个群体中只有纯粹的“背叛者”，它一定会反噬自身，最终彻底消亡。换言之，这样的“外群体”根本不可能存在。

20 世纪后半叶，美苏争霸塑造了这颗星球主要的地缘政治格局。如果这两国有一国是你的“内群体”，另外一国就必然是你的“外群体”。但随着苏联于 1991 年解体，加之 1998 年俄罗斯股市崩盘，两极化的政治格局宣告终结，包括中国、欧盟、美国、日本、英国、巴西、加拿大、印度、俄罗斯在内的许多政治实体都在参与游戏规则的制定，一个多极化的世界在过去几十年间逐渐成型。

地缘政治格局从两极到多极的这种转变让许多国家的领导人感到困惑和痛苦。Herman Kahn 是电影角色“奇爱博士”的现实原型之一，他在 1982 年离世前预测，我们当时所处的两极世界将演变成多极世界，其稳定性也将因此大大降低。猜猜哪些国家是他预言中的多极世界的主要规则制定者？美国、中国、日本、德国、法国、巴西，以及苏联。鉴于他几乎凭着一己之力在两代人的脑海中留下了核大战后世界末日的恐怖印象，这个预测着实不赖。自苏联崩溃后，俄罗斯的 GDP 滑出了世界前十，但它依然是影响世界格局的一股不可忽视的力量。对地缘政治格局从两极向多极的动态过渡，许多国际政治专家都都有深刻的见解。它有好的一面，也有不好的一面。Terrence Paupp 展望了全球共同体的崛起；Fareed Zakaria 描述了“后美国世界”；Bernhard – Henri Lévy 对美国的“退位”表示惋惜；Gideon Rachman 和 Edward Luce 相信我们正面临全球范围内的东方化和西方自由主义的萎缩；政治学家 Daniel Woodley 指出跨国公司而非政府将在国际政策的制定中发挥更大的作用；Noam Chomsky 依然建

170

议由美国统治世界。十年前，Zbigniew Brzezinski 和 Brent Scowcroft 就已经警告人们关注美国国内日益滋生的保护主义和民族主义倾向：越来越多的美国人想要从全球社会中抽离出来，转而与自己狭隘的“内群体”抱团。近年来，随着移民数量的猛增，欧盟内部也开始产生了类似的倾向。

极端民族主义会让人们认为自己的国家（也许还有文化）比其他所有国家更重要，这种心态经常导致冲突和战争。因此持“美国优先”立场的人群和英国“脱欧运动”的坚定拥趸若是能调整自己的“内/外群体”边界，将是有好处的。本章中的研究有力地说明，“你是谁”在很大程度上取决于你平日里都与谁相处。事实上，鉴于信息会在你与他们之间频繁而流畅地交换，他们参与构成了“你”。根据这种认知上的相互依存，我们可以合理地推断：假如你出生在另一个国家，属于另一个文化圈子，你必然会与“今天的你”截然不同，而且大概率会将“今天的你”所热爱的祖国视为“外群体”。

请记住：无论你将哪个群体认定为“外群体”，它都肯定是其他一些人的“内群体”。一个群体内部占据多数的如果不是各种各样的“合作者”，这个群体本身也不会存在。假如你的“内群体”中大部分是合作者，你的“外群体”中大部分也是合作者，而这两个群体的任务又不是要干掉对方，那有什么理由不联合起来，一同抵御“外头”那些零星分布、四处游荡的“背叛者”呢？要判断某人是否属于我们人类的“内群体”，要看他的行动，而不是他的肤色或国籍，这不难做到。正如 Martin Luther King 几十年前宣称的那样：决定一个人是否属于人类的，应该是其品性而非肤色。

我们对“外群体”的定义经常受到一些不准确的标记，如肤色、信仰体系或谣言和偏见的影响。许多政治家都很难理解为什么“少数”群体（如非裔美国人、单身母亲、残障人士或LGBTQ人群）特别需要法律保护，因为他们没有亲身体验过这些“少数”群体的境遇，他们的“内群体”中也无人有过这种经历。政治家的“内群体”范围大都十分有限，以至于他们通常只会基于一部分选民的立场制定公共政策。但如果一位政治家发现自己家中突然出现了一位“少数”群体成员，比如自家孩子与一位少数族裔的姑娘结了婚，或宣告“出柜”，他就会猛然意识到对该“少数”群体的保护政策严重不足。假如他一开始就怀有一种更包容的心态，将全体选民都视为自己的“内群体”，就不用非等到有“少数”群体融入自己的家庭才能回过味儿来了。或许唯有如此，他们才能更尽职地为广大选民谋利。

171

公民权利的保护与“内/外群体”的划分密切相关，而后者是一个复杂的问题。一类人群（无论其分类依据是种族、性别、性取向、国籍还是信仰体系）要想找到一个“龛位”，让自己在其中能受到公平对待，最常见的方法之一就是只和“自己人”抱团。“少数”群体由于经常遭遇不公，希望在同一群体的兄弟姊妹中求得庇护和支持，这是可以理解的。但他们也应该十分小心，不要从主流社会中退缩得太多，从而自己将自己边缘化了。向主流宣示“我们在这儿，我们和你们不一样，你们得习惯这一点”是非常有效的策略。相比之下，美国南方在20世纪50年代推行的“隔离但平等”政策是绝无裨益的。组织心理学家 Robin Ely 将这套过时的政策称为“歧视但公平”，她的研究证明这无助于团队建设与高效合作。相反，“整合与学习”观是一个具有文化多样性的团队在合作解决问题的过程中最佳的思维方式，这与服务科学的“自适应协同管理”框架有许多共同之处。根据 Ely 的研究，如果一些人文化背景各异，但能很好地融合起来，而且乐意向彼此学习，他们构成的团队在解决问题时的表现就会比成员背景相似的同质群体更为出色。这一点不仅适用于商业领域，也适用于竞技体育。在过去六届足球世界杯中，法国队有三届都打进了决赛，他们的成功在很大程度上要归功于队内不同种族与文化的融合。40 年来，法国的移民准入政策一直相对宽松，极具竞争力的国家足球队就是当局鼓励健康移民的成果之一。这是没什么争议的。可见，与其选择性地和那些跟自己相貌相似、思维相似的人抱团，不如充分利用跨文化协作的优势，提升团队在解决问题时的表现。

172

美国是一个移民国家，也是一场持续了 200 多年的社会实验，它取得了巨大的成功，当然也时有缺陷。1776 年，《独立宣言》（Declaration of Independence）让原属于英国的 13 块美洲殖民地脱离了前宗主国的统治。时至今日，美国（可能也是其他各国）更为需要的，是一份《依存宣言》（Declaration of Interdependence）：它将坚定地宣称，本国承诺促进国内不同性别、族裔、政治立场和信仰体系间的合作与公平。在过去的几十年间，美国社会日益重视非裔美国人、女性、残障人士和 LGBTQ 群体的公民权利，试图将所有这些人群纳入国家承认和保护的“内群体”中。这项工作谈不上尽善尽美，但已经取得了显著的进步。许多其他国家为实现国内各个群体的融合也付出了卓有成效的努力，这些都是值得效仿的。事实上，我们可能已经有了一份现成的《依存宣言》，可供各国复制粘贴，只不过它所宣扬的并非一国内部，而是世界各国之间的相互依存，那就是1945年于旧金山签署的《联合国宪章》。联合国致力于捍卫各国人民的自主，促进合作与公平。如今每个国家需要的是捍卫其所有国民的自主，促进合作与公平。这能有多难？

你与你的物种

173

我们从第3章到第5章都在强调同一套逻辑：频繁而流畅的信息交换发生在各个脑区/大脑和身体/身体和环境之间，让它们相互依存，因此你应该将你的整个大脑/你的大脑-身体/你的大脑-身体-环境视为一个复杂的系统，正是这个系统让你成其为“你”。但在你所处的环境中可不只有些无生命的事物，不是吗？在你的环境中还有他人，因此同样的依存关系也存在于人与人之间。在这一章里，我们从多个层面分析了人与人之间同样频繁而流畅的信息交换，应该能鼓励你将不同的人群（甚至是全世界所有的人类）看作一个复杂的系统——他们都参与构成了“你”。

人类构成的这个复杂系统已存在了数千年，在生物学意义上它演化得非常缓慢，但在文化意义上它又进步得相当迅速。演化生物学家Joseph Henrich指出，人类的生物机制与文化是协同演化的，因此生物演化有时似乎会导致文化创新，反过来文化创新有时似乎也会导致生物演化。举个例子，有证据表明数十万年前，我们的先祖就学会了用火，并开始烹制肉类。这种饮食文化的创新（食用熟肉而非生肉）很可能导致了智人消化系统的重大演变。如今，我们的身体已经离不开熟食了。（比如有研究指出，只吃生食可能导致荷尔蒙失调，还会增加你罹患心脏病的风险。）Henrich 展示了令人信服的证据，证明生物演化和文化发展相互交织、密不可分，它们间的协同改变着我们的大脑、身体和环境，也塑造了人类最为重要的认知创新之一，那就是（你猜对了）合作，它是由我们的先天认知倾向和社会公德一同维系的。我们人类并不是唯一一种懂得合作的动物，但我们所掌握的合作技巧是如此卓越，（在大多数情况下）绝非蚂蚁、鱼、蝙蝠、狼和非人灵长类动物所能匹敌。

174

不管你属于哪种特定的文化，或哪个特定的国家，你我都属于"智人"这个物种，都倾向于合作，这毋庸置疑。说到底，我们都是人。当然，人人都热爱自己的文化，热爱自己的国家，但科学研究表明，这种爱国主义应该让我们支持本国与他国的合作，而非固守"本国优先"的原则，在国际社会扮演"背叛者"，毕竟"人类王国"终究是我们每一个人共同的国籍。与其将全体人类的一个子集定义为你的"内群体"，将其他所有人视为"外群体"，何不将人类本身视为你的"内群体"呢？想想看：美洲原住民、非裔美国人、美国白人、墨西哥人、南美人、非洲人、新西兰人、澳大利亚人、加拿大人、冰岛人、欧洲人、俄罗斯人、中东居民、亚洲居民……这颗星球上的每一个人都属于你的"内群体"，这多美好啊。当你扩大你的“内群体”，将之前未被纳入的人囊括进去，还有人也在读这本书，也会将你纳入他们的“内群体”。我自己就会这么做。我们委实有太多共同之处：都需要蛋白质、维生素、清洁的空气和淡水才能生存下去。此外，根据 Roy Baumeister 的说法，我们都在追求一种“归宿感”，也许每个人类成员都能与全人类一同体验这种“归宿感”。

现在，且容我再提醒你：深呼吸，感受空气缓缓地进入你的肺叶，同时想象你所有的人际关系，它们就像松弛的绳索，将你与那些人系在一起。每一次吸气，随着肺部的扩张，这些“绳索”都会绷得更紧，整个网络也得以增强，并在呼气时保持下去。与此同时，新的关系不断产生，并不断增强，将你与那些素不相识的人们连在一起——不管你们相隔多远，都能对彼此产生影响。再试一次：深呼吸，感受更多的“绳索”绷得更紧。在这个由数十亿人类个体构成的网络中，你是一个节点，与其他所有节点相连。你能对这个复杂的系统做出积极的贡献，维系它的健康，它们也会维系你的健康，因为这整个网络就是“你”，就是“我们”。是的，亲爱的朋友，可别忘了深呼吸！

使用说明

就连一些糖果公司，也意识到分享是个好主意。还记得当年小卖部里销售的“特大号”棒糖吗？它们有普通棒糖的双倍大小。但一次摄入这么大分量的精糖足以让任何正常人都吃不消，所以包装上醒目的“特大号”字样看上去非但不怎么诱人，反而显得有点傻气。最近，一些糖果公司不再将双倍大的棒糖叫作“特大号”，而是标识为“分享装”，这就说得过去了。将你吃不了的糖果与伙伴们分享吧，不要贪得无厌地一人独吞，除非你一门心思要损害自己的健康！

合作的关键是分享。如果你的钱多到能买下这本书，就肯定有富余可供分享。这个世界上还有数百万人挣扎在温饱线以下，他们买不起这本书，因为钱要花在更重要的地方：购买食物和药品。也就是说，如果你有能力买下这本书，或至少有位伙伴肯将它借你一读，你的境遇就要比那数百万自己没有钱、身边的朋友也都缺衣少药的人们好得多了。我相信你肯定愿意扮演一个“合作者”，将一些财富分享给他们，不是吗？

我相信你们中有许多人都曾向你们所信赖的慈善机构慷慨解囊，但分享总是不嫌多的。不管你的财务状况是好是坏，我们都建议你找一个可靠的慈善机构，捐赠一些钱财，或为其志愿服务一段时间。由你自己决定付出多少。这就是本章的使用说明，它不难做到。毕竟，既然你是人类的一分子，而整个人类又是“你”的一部分，你的奉献终将让你自己受益。

7

从他人到众生

在那遥远的过去，

你我都诞生在海里。

——红辣椒乐队（Red Hot Chili Peppers），

《平行宇宙》（*Parallel Universe*）

将全体人类视为一家人，或许还是比较容易的，至少要比将所有地球生物看作一家子更容易些。如果你已成功扩展了你的“内群体”，甚至放大了“自我”的定义范围，将其他所有人囊括了进去，那么祝贺你！但别的生物又当如何？

许多人都养了小猫小狗什么的，它们被当作家庭成员，也自认为是家庭的一分子。假如你要将一些非人类的生命纳入“自我”的定义之中，宠物应该是个不错的开始。这些动物待在我们家里，与我们玩在一起、吃在一起、腻歪在一起，成了我们生命中不可或缺的一部分。换言之，它们参与构成了“我们”。举个例子，我岳父母家有只小狗名叫 Rosie，是吉娃娃和贵宾犬的混种。这狗早上会叫主人起床，下午会守在门口等主人回家，晚上会准时提醒老两口上床睡觉。在我加入这一家子后，Rosie 用了好一阵子才适应过来，它一度特别护着它的“姐妹”，也就是我的妻子。但后来它接纳了我，我也就“属于”它了。（对，它认为它“拥有”了我。）我们如果在沙发上坐下，它会跳到我身上，一边让我抓挠它的耳朵，一边满足地与我大眼瞪小眼。我们若是起身告辞，它会汪汪直叫以示抗议。我要是胆敢在它面前亲吻我的妻子，那可不得了：它会醋意大发，冲我们咆哮不止。它似乎相信我是“它的人”。跨越物种界限的家庭纽带是一个典型的例子，它说明让你成其为“你”的东西也能以多种方式与构成其他生物的东西交织在一起。

178

这些“跨界”的纽带就是我们将要探讨的问题。读完第6章后，你应该已经意识到全人类都参与构成了“你”，对此你或许还将信将疑，但只要你愿意继续读下去，你对本章就已准备就绪了——不管怎样，打起精神来！

书读到这里，你应该已不再认同“自我”居住在额叶之中，周围环绕着一大堆控制知觉和行动的神经回路，而这一切都安置在一个生物机器人的躯壳里了。事实是，这些个回路和这具躯壳都参与构成了“你”，都是你“自我”的一部分。第2章到第4章清楚地表明，如果这些回路变了，或有人趁你不注意给你换了一副身体，你就不再是“你”了。信息在“你”的各个部分之间持续而流畅地交换，我们因此无法为“是你”的部分和“不是你”的部分划出一条严格的界线。同样，第5章和第6章清楚地表明，信息会在你的身体与你所处环境中的客体和他人之间持续而流畅地交换，因此我们同样不能为你的身体和这些个“外物”划出一条严格的界线，说只有“界内”的部分“是你”，“界外”的部分则不是。本章将进一步拓展我们的定义范围，将你所处环境中那些非人类的生命形式囊括进去。它们中有的会与我们适度合作，有的与我们一样有心有脑，有的与我们共享大量的DNA，有的与我们不断来回交换生命分子……这一切怎能不是“你”的一部分呢?

人体微生物组

不少人都想当然地认为自己的身体与周围环境之间存在某种“边界”，但通过前面的章节，我们应该能看得更透彻些：外部力量会以多种方式“渗透”这一“边界”。信息会由你的双眼和双耳传入。每当你握住一个物品，压力都会导致你皮肤的形变，大脑也都要重新“配置”一番。与此同时，他人通过与你的交互，也能（以某种方式）“进入你的大脑”——这一切都会改变当下的“你”。当然，你每天吃下的食物也要穿过“边界”，其中的物质和能量也将参与构成一个变动不居的“你”。

但是，时常“越界”的还有些别的东西，我们甚至都还没谈到。对许多小“虫子”来说，你的皮肤门户洞开，因为它们实在太小了，能经由你的毛孔出入自如。我们有时将这些小东西统称为细菌。

在 19 世纪 Louis Pasteur 的实验以前，人们并未广泛接受微生物能导致感染和疾病的观点。那时，Aristotle 关于生命是从非生命物质中“自然发生”的理论依然大行其道。比方说，尽管从未实施有控制条件的实验，Aristotle 却坚信扇贝是由沙子自然形成的（我没开玩笑）。他的“自然发生说”只是一种“自然发生的直觉”，对建构理论知识而言并不足取。Pasteur 的对照实验清楚地表明，肉汤一旦经过消毒，就不会滋生细菌，除非它有机会接触到外部空气（空气中含有菌株，它们落在营养丰富的肉汤中，就会大量繁殖）。“自然发生说”的卫道士们几乎用了整整一个世纪，才臣服于越来越丰富的实验证据。我想，有些范式转移就是要花费较长的时间，但有句老话说得好：布丁好不好，吃了才知道（也可以说“肉汤好不好，喝了才知道”）。如今，在伦敦科学博物馆，你可以看到 Pasteur 当年封装在一只玻璃烧瓶中经过消毒的肉汤。它在那里已经待了一个多世纪，依然没有什么东西从中“自然”地“发生”出来。

你的身体就有点像 Louis Pasteur 的玻璃烧瓶，只不过它从未经过彻底消毒（即使你每天洗十次澡），而且你也并没有和环境隔绝开来。像细菌、真菌、病毒之类的微生物从你呱呱坠地时起就与你如影随形。有时它们会让你生病，但更多的时候它们都在守护你的健康，尽管你并不知情。

细菌理论正确地否定了“自然发生说”，但也很容易让我们产生一种误解，认为细菌都是些坏家伙，健康的身体就该是“无菌的”。事实上，你体内（及体表）的细菌、真菌和病毒的数量要比构成你的“人类细胞”的总和还多，这些“人类的”和“非人类的”细胞构成的团块（也就是“你的身体”）一般都处于良好的自组织状态，但有时也会出问题。当你感染了某种细菌，不一定是因为它作为陌生的外来者突然侵入了你的身体。通常情况下，这种细菌一直都生活在你的体内，只是最近它的数量相对于其他微生物（如真菌和病毒）出现了某种失衡，而正是这种失衡导致了感染。这种“致病菌”如果数量合适的话（若能与其他微生物和谐共存），其实是对你的身体有益的。它们会帮你消化食物、调节肠道中的葡萄糖水平、维持免疫系统的活跃性，同时保持相互制衡。你离不开它们。没有了这些微生物，你就不再是“你”了！

免疫学家 Rodney Dietert 就亲身经历了一场范式转移，通过研究，他逐渐发现自己其实并不像原先认为的那样了解许多疾病的具体机制。Dietert 指出，各式各样的科学干预（如人类或牲畜服用的抗生素、农业用杀虫剂、转基因食品、工业污染等）极大地改变了全球生态，以至于人体微生物组如今面对的环境与短短几十年前相比都已大不相同。不少人的人体微生物组都处于失衡状态，这并不奇怪。非传染性疾病，如癌症、糖尿病、心脏病、肠胃炎和严重的食物过敏与传染性疾病相比，已经常见得多了。我们的疫苗和抗生素几乎消灭了几种人传人的疾病，如霍乱、小儿麻痹症和肺结核；我们的杀虫剂和转基因食品提高了农作物的产量，有望进一步减少全球饥民的数量。但这些科学干预不是没有代价的。当然，解决的办法不是一刀切地取消疫苗、抗生素和其他干预措施，因为那样的话，所有这些传染病都会死灰复燃。但仔细研究这些干预措施之间，以及它们与人体微生物组之间错综复杂的相互作用无疑是必要的。我们必须考虑自然因素和技术因素的综合影响，要用到一些“系统思维”。

举个例子，如果你吃过一些蔬菜后感觉肠胃不适，比如释放了大量令人不快的气体或起了荨麻疹，于是怀疑农场使用了一些杀虫剂，导致你消化不良，或许就太想当然了。事实上，可能是蔬菜的种子经过了基因改造，其目的原本是让它对杀虫剂具有更强的抵抗力，却不经意间导致了你的不良反应。你尽可以将蔬菜上的农药清

181 洗干净，但无法将它的DNA改回“旧版”，而你的肠道只适应“旧版”。在这种情况下，杀虫剂是疾病的“远因”——它间接地导致了你的肠道不适，而基因改造则是疾病的“近因”，因为“新版”蔬菜的基因表达发生了改变，它所含有的蛋白质和维生素直接造成了你的过敏反应。我妻子就对一些食物过敏，她的医生建议她食用“有机蔬菜”。医生的原话是：“别光看标牌上是不是写了‘有机’，要去挑那些品相不太好的，比如叶子上有虫子啃出的眼儿的。”这些蔬菜大概率没有施用过多杀虫剂，也不太可能在实验室中经历过基因改造（除非有些近邻的转基因作物与其交叉授粉了）。这是一条很好的经验法则：如果有一棵菜是虫子愿意去啃的，那它对你应该也足够安全。这很有道理，毕竟“你”的相当一部分都是由“虫子”构成的。

归根结底，一切都在于平衡。如果你病得很重，医生建议你服用一些抗生素，也许可以先问问他有无别的办法，或征求一下其他人的意见。如果没有替代疗法，而其他人又和医生意见一致，那你也只好吃些该死的抗生素，这样至少不至于病死。从正规医学院毕业的医生给出的建议往往还是靠谱的，但你要做好准备，那些抗生素对你的人体微生物组多少会产生一些破坏。为了恢复身体的“平衡”，不妨摄入一些好的益生菌食品，比如喝点儿酸奶、来杯康普茶、吃块黑巧克力，或尝些腌菜。“虫子”们会爱死你的。正如Rodney Dietert所说：“来见过这些微生物，它们就是我们。”你罩着它们，它们也会罩着你。

事实上，你和你的微生物群如果相处得足够和谐，就有理由被看作一个实体、一个主体，或一个系统。当一个物种（如一个人类，包括构成他的全部细胞）与一组其他物种（如这个人类肠道和其他地方的各种微生物）间存在一种相互依存的共生关系，它们就形成了一个紧密相连的物种集合，其专业称谓是“共生功能体”（holobiont）。科学哲学家 Alfred Tauber 在分析人体免疫系统时倡导这一观点。Tauber 并不关注你的免疫系统都要对抗哪些微生物，他关注的是你的免疫系统会接纳和培育的那无数种微生物。这些微生物与你一同形成了一个“共生功能体”，也许这才是一个完整意义上的“生物”。

非人类动物的心智生活

非人类动物也不例外。和我们一样，它们的身体里也住满了微生物，各种微生物通常都维持着“平衡”，这对动物是有益无害的。本节标题之所以要用“非人类动物”而不仅仅是“动物”这样的字眼，是为了提醒我们，人类也是动物。千万不要忘记这一点。人类是历经数百万年，由一系列令人眼花缭乱的彼此相似的动物物种中演化而来的。你是动物，我是动物，每一个人都是动物。与你我一样，许多非人类动物也拥有多彩的心智生活，尽管它们不会使用人类的语言对此侃侃而谈。

想想你最爱的宠物吧。不论它这会儿就趴在你的脚边，还是早已离你而去，回顾一下你们亲密无间的往昔。那只非人类的动物有多少次聪明地理解了身边人类的处境？当它感受到你心情不佳或身体不适，就会与你窝在一起；当它看出某个访客居心不良，就会将可疑分子堵在门外。尤其是狗和猫，它们经过几千年的选择性繁殖，早已将人类视为生活中心，会密切关注家中的人类成员的一举一动。事实上，不管主人说的是哪国语言，经过训练的家犬一般都能听懂几十个词。在世界的某个角落里，很可能就有一只狗比你更懂德语或日语！

我曾养过一只猫，特别偏爱饮用“活水”。我有时会将浴室洗漱台上的龙头稍微拧开，放出涓涓细流。它会坐在水槽边上，把头歪到龙头下面，舔那流出的水。一天，它跳上我的床，发现了我搁在床头柜上的水杯。它显然口渴了，因为它凑过去嗅了嗅。我将水杯拿走，说：“你有你自己的水碗，在厨房里。这是我的。”它盯着我，又盯着我手里的杯子，你几乎能看出它的小脑袋在飞速运转。然后，就像所有的猫咪一样，它突然打定了主意：从床上跳下来，急忙跑进浴室，跳上洗漱台。而我就像一个训练有素的人类一样，跟在它身后，为它拧开了水龙头。刚才在卧室里，它盯着我和我手中的水杯时，显然在思考和计划：能不能喝到那杯水，以及如果不能的话，在房子里其他哪些地方有可能喝到水——那一刻，它并不在，也看不见那些地方。然后它选择了自己偏爱的计划，并付诸行动了。

183

根据传统的行为主义心理学理论，动物受眼前刺激驱使产生直接反应。事实并非如此。许多非人类动物都能将脑海中的许多想法串联起来，产生复杂的、有组织的、有计划的行为。想想猴子、猫、狗和小鼠，它们的大脑与人类的大脑非常相似，所以这其实也不奇怪。猫或老鼠皮质区域间的神经连接与人脑中相应脑区之间的神经连接并没有太大的区别。神经伦理学家 Ádám Miklósi 甚至发现，当狗辨认出其他狗的吠叫或人类的说话声时，它们大脑中一个特定的区域会变得活跃起来（与人类大脑对类似情况的反应相似），带有不同情绪色彩的声音会触发不同的神经激活模式（依然与人类大脑对类似情况的反应相似）。神经科学家 Gregory Berns 在狗的大脑中发现了一个人类脸部识别区域，同样的区域也存在于人类的大脑之中。

考虑到人类与许多非人类动物有相当一部分 DNA 都一模一样，我们与它们的大脑连接和神经活动如此相似，也就不那么令人惊讶了。人与黑猩猩（和倭黑猩猩）有约 99% 的 DNA 是一样的，与猫的基因相似度约为 90%，与老鼠的基因相似度约为 85%，与狗的基因相似度约为 83%，与鸡或果蝇的基因相似度约为 60%。（不同研究的估值略有不同，取决于它们衡量基因相似度的标准是内含子相位相容性还是基因组同线性。）

在神经和基因层面，人类与其他一些动物极为相似，因此我们通常认为是人类所独有的许多认知能力，其实这些非人类动物也不同程度地具备。比如非人类灵长动物会使用工具，黑猩猩会分享资源，蚂蚁会种植庄稼，鸟类会使用鸣叫声中的语法结构交流，章鱼能走迷宫，猕猴能学会做简单的加法，而且所有的哺乳动物和鸟类幼年时都爱互相打闹嬉戏。（然而很明显，大多数爬行动物的幼崽并没有多少互动性的游戏）。

184

值得注意的是，非人类动物也会实施基于群体的认知，这与人类一样（详见第 6 章）。哲学家 Georg Theiner 调查了非人类动物分布认知/延伸认知的几种类型，并与常见于人类的几种分布认知/延伸认知进行比较。其中最简单的一种形式是“集群行为”（flocking behavior），如鸟群或鱼群表现出来的行为模式。在集群中，每一只动物的“行动－知觉循环圈”都与周围其他个体的“行动－知觉循环圈”紧密地交织在一起，让整个群体得以“像一个人那样行动”：这与电影结束后观众们鱼贯而出，或一行人配合着跳队列舞的情况并无二致。但这种知觉意义上的分布式认知还远远无法与 Theiner 所说的“社会性分布式认知”相提并论，社会性动物会利用交流实现复杂的协调，制订计划并联合行动。比如一个蜂群要另筑新巢，随着各路侦查蜂带着备选新址的信息回到巢中（并通过“舞蹈”传达给其他成员），来自不同侦查蜂的信息汇总起来后，整个蜂群会逐渐决定一个新址。蜜蜂们汇总信息择址筑巢，这种“蜂巢思维”与人类组成的社会群体解决问题时依靠的“群体智慧”很像。一群昆虫作为单一的认知系统，其收集、整合、处理信息的方式与一颗人类大脑收集、整合、处理信息的方式惊人地相似。

根据这些观察，一些非人类动物显然也该被纳入我们自诩的“知识阶层”。一个世纪前，心理学家提出了智商（IQ）的概念，认为这是一个单一的衡量标准，以某种方式囊括了让一个人称得上“聪明”的方方面面。非人类动物要是接受纸笔智商测试的话，得分无疑会非常之低，毕竟它们中的大多数甚至学不会握笔！但最近几十年来，“智商”这个概念已大幅调整，以适应不同人类所表现的不同类型的智能。心理学家 Howard Gardner 就认为智能并非单维的（要么高，要么低），而是有九个不同的维度。有些人擅长数学、空间推理或自然科学，有些人擅长人际交往、哲学思辨或自我认知，还有些人擅长语言、音乐或运动协调。没有人在所有的九个方面都很出众。灵长类动物学家 Frans de Waal 相信，既然“智能”已被理解为一种多维度的建构，那些不适用老式智商测试的动物也就很有可能表现出其他形式的智能了。他鼓励我们将不同类型的智能看作是一棵树上的分支，有点像是“演化树”。通过观察非人类灵长动物的行为，他甚至发现了智慧、慷慨和人类道德的一些构件。草率地说非人类动物要比人类更“笨”，就像草率说某些人比其他人更“聪明”一样，是不准确的。

当你观看章鱼走迷宫的视频，之所以会感到惊讶，是因为你从未思考过动物或许也能思考。可一群大象会合力营救一头陷入沼泽的小象，声名远扬的黑猩猩 Ayumu 在数字记忆任务中的表现更是碾压人类。大量事实表明，非人类动物在各个方面都比你所认为的“聪明”得多。我们断然认定自己在智能上优于它们，不仅有失礼仪，在科学上也是不准确的。与其将人类单独归类——并因此不公平地忽视其他动物的心智生活——也许我们更该谦虚一点，接受自己与动物王国的其他成员有许多共同之处：这也是科学观察必然得出的结论。

与非人类动物共存

读到这里，你或许已经能够接受非人类动物也拥有智能，因此是时候思考一下它们与我们的智能如何共存（coexist）甚至是同延

（coextend）了。这听起来有些疯狂，不是吗？构成你大脑和身体的物质就那么多，它们只覆盖了那么些地面、占据了那么些空间，与构成你的宠物的物质所占据的空间明明并无重叠。因此，你与一个非人类动物（不管它有多聪明）怎么可能是“同延”的呢？“你”与“它”是怎么“同延”到一块儿去的呢？

186

事情是这样的：正如你与你的谈话对象会在生理上相互关联起来（详见第6章），你与一只非人类动物也一样。你们会像一个系统那样运行，哪怕只能维持一小会儿。想想你坐在沙发上，你的狗或猫凑到你身边。你轻抚它的皮毛，它会怎么做？它会用舌头舔舐你的手，或用两只爪子有节奏地给你按摩。你的“行动－知觉循环圈”与它的“行动－知觉循环圈”纠缠到了一起。我想它们被你抚摸的感觉肯定要比你被它们舔舐的感觉更好，但它们已经在尽其所能地取悦你、让你舒服了——是的，它们偶尔也会轻咬你的手，那是因为它们不知道有什么更好的办法。不过话说回来，你的枕边人也会这样做。

我们与动物伙伴间的这种关联是真实的，但它未必由我们自己说了算。你肯定有过这样的经历：看见某人打了个哈欠，自己很快也会打个哈欠，仿佛打哈欠这事儿有“传染性”。非人类灵长动物也会这样：如果我们给宠物黑猩猩看另一只黑猩猩的视频，相比于视屏中的黑猩猩没打哈欠的情况，若是视频中的黑猩猩打了个哈欠，黑猩猩被试随后打哈欠的可能性将显著提高，而且这种“哈欠传染”更可能发生在同一部族的黑猩猩，而非素不相识的黑猩猩之间。受控实验条件下，成年人类被试间“哈欠传染”的概率约为50%，成年黑猩猩或短尾猴间“哈欠传染”的概率则至少为1/3。当然，如果你对乌龟做同一个实验，不管你怎么努力，它们间都不会发生“哈欠传染”。但你有没有注意到，有时你才打个哈欠，你的宠物很快也会打个哈欠？又或者它才打个哈欠，你很快也会打个哈欠？“哈欠传染”可能跨物种发生，这就很有意思了。给一个物种的动物被试看另一个物种的动物打哈欠的视频，结果会怎样？跨物种的“哈欠传染”真的存在吗？

社会神经科学家 Atsushi Senju 检验了一下。他的研究小组找来了 29 只家犬，对它们大声地打哈欠，其中有 21 只以打哈欠的方式做出了回应。在控制条件下，同一批实验者对同一批被试（狗）打哈欠，但只张嘴不出声，结果没有一只狗打哈欠。家犬当然是选择性繁殖的典范，它们与人类的关系特别密切，将人类视为各种意义上的“部族成员”，因此很容易发生跨物种的“哈欠传染”。你和你的狗哈欠连着哈欠的背后，是人类文化与犬科动物生理结构的协同演化，这样人类与狗就建立了一种多时间尺度的动态纠缠（相互影响），也让他们的行为有了些“同属一个系统”的味道。

事实上，你只要给狗听人打哈欠的录音，就能让它打哈欠，如果录音中打哈欠的是它的主人那效果就更好了。没错。你的狗对你打哈欠时发出的声音足够熟悉，只要听见那种声音，就会打哈欠做出回应（要是它听见的是我打哈欠的声音，很可能就没用）。哈啊，哈啊，哈……啊……读到这几个词儿让你打哈欠了吗？反正我打了——没准儿你我现在的关联度也提高了呢。

跨物种的“部族从属关系”其实并不少见。人们已观察到雌虎会养育小豹甚至是小猪，红毛猩猩会照看幼虎，豹会照顾小狒狒，一同长大的小猫、小狗和小鸭子最后会像兄弟姐妹一样亲密。事实上，在动物园里，伴侣犬经常被用来帮助抚养小猎豹。还有些动物为满足人类需求而被驯养了数千年，在它们身上，跨物种的“部族从属关系”就更明显了。狗和猫自不待言，马也一样。人类学家 David W. Anthony 从考古学资料中搜集的证据表明，骑马这门技艺（包括用马嚼子控制马匹行进方向）的发展可追溯到公元前4000年，甚至要比轮子的发明还早。经过逾六千年的选择性繁殖，马演化成了一种对人类十分友好的动物，它们与骑手可以建立起一种非凡的联系。任何一位骑手都会告诉你，马的感知能力极强。像孩子一样，它们对周密的安排有一种渴望——即使它们自己不会承认这一点。骑手只要向马展示他们在训练中的一致、可靠与稳定，马就会接受他们的主导。所有这些都是通过最微妙的“语言”交流实现的。骑手与马匹的沟通大部分要靠肢体语言，而这种沟通是双向的。比较心理学家 Karen McComb 和她的研究小组多年来一直研究灵长动物、大象和马的交流和社会性。在一项研究中，她向一些训练有素的马匹呈现愤怒的人脸和快乐的人脸的照片，并记录它们的心率。与看到快乐的人脸时相比，这些马匹在看到愤怒的人脸照片时心率有所上升。显然，它们能够识别一些人类面部表情所代表的情绪。骑手要驭马通过有障碍物的崎岖地形，与马匹间的运动协调是必不可少的，这种运动协调的维系又离不开二者肢体语言的协调。

188

我们与身边动物的协调是通过周期性的互动实现的。这种互动跨越多个时间尺度，从几秒或几分钟的爱抚，到数小时的嬉戏或骑行，到每日有规律的喂食和休息，再到跨度更大的社会协同演化。我们与身边动物的许多行为经常是彼此关联的。Jane Goodall 故意模仿坦桑尼亚黑猩猩部族成员的一些行为，以此获得了它们的接纳。在刚果，Dian Fossey 学着像大猩猩一样哼哼唧唧并取食植物，最终加入了自然环境中的大猩猩群落。许多研究人员将黑猩猩、倭黑猩猩和大猩猩带入家庭环境，教它们手语。虽然对这些动物是否真能将多个手势串成一个合乎语法的手语句子尚无定论，但它们会用手势指代事件、提出要求、回答问题，以及讲故事，这些都是无可争议的。(想想有多少从事政治工作的成年人类无法将多个词串成一个合乎语法的句子！) 旧金山动物园的著名大猩猩 Koko 于 2018 年辞世，享年 46 岁。据大猩猩基金会提供的数据，Koko 掌握了超过 1000 个手语词汇，同时能理解 2000 个英语口语词汇。

很久以前，哲学伦理学家 Dominique Lestel 就已指出：对这些非人类灵长动物进入人类家庭环境并学习手语的事实，认知人类学可以从两个角度加以理解：其一，通过教授手语和其他一些人类技能，研究人员驯化了这些动物；其二，这些动物充分利用了研究人员为它们提供“家庭服务”的意愿，获得了各种技能的训练、美味的食物以及一个遮风挡雨的居所，付出的代价只是配合好奇的人们玩些语言游戏——这桩买卖实在划算。黑猩猩是否已经驯化了人类，就像我的猫训练我为它拧水龙头？Lestel 鼓励人类学家和伦理学家同时从上述两个角度看问题，而不是全盘接受一种理解而彻底否定另外一种。与其在设计研究项目时只关注与动物接触如何影响人类，或

189

只关注与人类接触如何影响动物，为什么不去探索一下人类与动物是如何共生共存的呢？

许多动物都依赖着人类，我们也同样离不开它们。数千年来，人们养狗看家护院，时至今日即便是貌不惊人的吉娃娃吠起来也像是拉响了火警警铃。在家中养一只看门狗，其实就是在“装夹”你的环境，让你能得到更好的保护。当然，狗也“装夹”了它的环境，通过承担一份对它几乎是轻松惬意的工作，换取了食物和爱抚。同样，为了对付讨厌的啮齿动物，人类驯养猫的历史也有数千年了。这些小猛兽为主人尽心尽力，尽管我们有时很难认同它们邀功请赏的做法，比如将死老鼠陈列在厨房的地板上。许多动物即便不是严格意义上的宠物，也依然与我们共生共存。你使用的很多药品和化妆品都在动物身上进行过测试，以确保它们对你无害。几个世纪以来，羊毛和皮革一直被用于制作服装。再想想你吃过的肉类：不论取自哪头动物，“它”曾经的一部分都已成了“你”的一部分，对此我们该心存感激。如果你是一个素食主义者，你食用的蛋、奶和奶酪也都产自这些动物，而它们现在也都已融入了你的身体。值得注意的是，事实证明，生态友好的畜牧业在产能方面要比你想象的高得多。但即便你遵循纯素主义（任何与动物沾边的东西都不吃），别忘了你吃的蔬菜也是离不开肥料的，你觉得这些肥料是从哪儿来的？动物排出的维生素和矿物质滋养了植物，让它们茁壮生长。这些养分被植物吸收后，又被我们摄入，成了我们身体的一部分。真心希望你盘中所有这些蔬菜都是有机的！

190

植物的心智生活

你吃掉的那些植物也是有生命的。Maynard James Keenan 是摇滚乐队 Tool（“工具乐队”）的主唱，他在歌曲《厌恶》（“Disgustipated”）中唱道：“胡萝卜在哭泣……明天是丰收节，等待它们的却是大毁灭！”然后他戏谑地建议，应该拯救胡萝卜——“给兔子们戴上眼镜”。歌曲最后有一段玄奥的咒语：“生命哺育着生命哺育着生命……”许多人都没法心安理得地吃掉一只动物，因为它似乎拥有某种觉知，或许是出于同样的原因，某些人对吃掉一株植物也犹豫不决。

植物会以复杂的方式对环境做出反应，这的确可以看作是某种形式的觉知。维纳斯捕蝇草是 Charles Darwin 最喜爱的植物，其叶片顶端有特化的捕虫夹，边缘布满齿状纤毛，一旦有昆虫落入，捕虫夹会突然自动合拢，裹住猎物并分泌消化酶。这是有感知能力的植物比较极端的一个例子。但就算是那些更为常见的植物，似乎也能在某种意义上“理解”其所处环境，并做出相应反应，尽管这些反应通常是伴随生长过程，在数小时乃至数天的时间尺度上做出的。因此，可以说它们也有感知能力。举个例子，一株向日葵会在十几个小时内追随太阳光照的角度，将花序弯向西边，入夜后又会弯回来，向东迎接第二天的黎明，仿佛它记得太阳会从哪里升起。19 世纪，实验心理学的开山鼻祖之一，生理学家 Gustav Fechner 就“植物的精神生活”写了一本书，德文原书名是 *Das Seelenleben der*

Pflanzen。即使在那个年代，Fechner 也认为有充足的证据表明植物至少拥有某种简单的意识，虽然它们的确没有大脑。他并非持类似观点的唯一一人。当时众多植物学实验的目的都是要确定植物应对环境变化的智能和适应性水平，将它们的反应与动物类比。举个例子，许多实验都证明植物具有向光性，仿佛它们“知道”自己该向哪儿生长。1908 年，Charles Darwin 之子 Francis Darwin 在《科学》杂志上宣称：“植物中有一套我们认为自己拥有的‘意识’的模糊的副本。”Darwin 父子做了一系列实验，研究植物对根尖遭受的轻微损伤的反应。如果你剪断或掐断植株根系某一侧的根尖，其地上部分会在数日内朝另一侧生长。基本上，植物若是觉察到土壤中有些讨厌的障碍物，就会朝远离该障碍物的方向生长，而这一切都无需使用大脑。

191

植物还能感知重力的方向，据此做出反应。Darwin 父子将花盆倾斜摆放，盆中的植物会逐渐弯曲，让茎叶竖直向上，而非继续向一侧生长。他们将这棵植物挖出来，发现它的根系也弯向了正下方。植物“知道”自己该朝什么方向生长，这是演化赋予它们的能力，因为它们需要获得更丰富的水分、矿物质和更充裕的阳光。这很好理解。此外，一棵树要是长在陡坡上，它也得弯曲向上，不然树冠的重量最终会将它压断。那些只会垂直于陡坡生长的树木都活不长，因此早就被自然选择淘汰了。植物学家们已经知道植物感知重力方向的这种能力（向重力性）源于何处：单个细胞能“觉察”重力对自身的微弱挤压作用，并释放化学信号让植物朝特定方向生长，我们在将植物倾斜摆放后几小时内就能检测到这些信号。

植物学家 Daniel Chamovitz 在著作《植物知道生命的答案》（*What a Plant Knows*）中生动地描绘了植物如何“触”“嗅”和“视”——但它们并不擅长听。Chamovitz 指出，一些古老的实验研究似乎表明植物更偏爱古典音乐，而不是摇滚。但它们都有瑕疵，无法重复，因此植物偏爱某种类型的音乐这一点不足为信。但植物的确会以自己的方式对触碰做出反应，维纳斯捕蝇草就是一个例子，这些植物只捕捉大小合适的昆虫，因为猎物如果太大，就很难被捕虫夹裹住；太小，又很容易钻过纤毛的缝隙溜走。维纳斯捕蝇草捕虫夹内部长有感应触碰的刚毛，这些刚毛“调校”得恰到好处，只有既不太大、又不太小的昆虫才能“触发”它们。通过检测不同植株释放的化学物质微妙的梯度差异，寄生植物菟丝子生长时能“嗅”出附近番茄植株和小麦植株的区别，有趣的是，它似乎对番茄植株情有独钟，如果有得选，就会果断地朝番茄植株生长。在严重缺水的情况下，一些植物会调节能量的分配，长出更多的根而不是更多的枝叶。几乎所有植物都有某种“视觉”：不仅能感知光源的方向，而且会选择性地对某些波长的光做出反应，几乎就像能“看见”颜色一样。太阳辐射中某些波长的光会对植物的生长素造成影响，许多其他波长的光则不会。因此植物能“看见”某些波长的光，忽略其他波长，这和我们自己视觉系统的工作方式有一点像。生长素对阳光做出反应，使主茎背阴面而非向阳面的细胞伸长，这让植物不可避免地向光生长。

192

植物不仅能“感知”光照、水分、化学梯度和压力等，还能“记住”自己曾经的遭遇。我没跟你开玩笑。如今，人们已普遍相信，许多植物都能以一种原始的形式学习和记忆。某一时期作用于植物的刺激对其生长的影响可能要在很久以后才显现出来。举个例子，植物学家 Michel Thellier 取了一株西班牙针叶植物的幼苗，在其左侧胚叶上戳了几个小洞，但没有伤害右侧胚叶。几分钟后，他将这两片胚叶从主茎上摘下，剪去了原先位于两片胚叶之间的主芽，并观察两个侧芽在一周内的生长状况。他发现左边，也就是与之前被戳伤的胚叶同侧的侧芽，比右边的侧芽生长得更慢。植物似乎“记得”向左侧生长会遭遇更大的危险，因此投入那一侧的能量较少。

类似的“记忆”也体现在植物主茎的生长中。取一株用营养液栽培的幼苗，轻微地破坏它的两片胚叶，对它的生长模式不会产生影响。但如果此后将该植株转移到营养成分较少的纯水环境中，它主茎的生长速度就会突然变慢。相比之下，如果一株幼苗的胚叶没有被破坏，即使将它从营养液转移到纯水环境中，它的生长模式也不会改变。仿佛胚叶受到的轻微损伤让植物记住了它所处的环境危机四伏，因此一旦被转移到营养较少的介质之中，它就会稍微保存些能量。植物生长素被认为在这类记忆过程中发挥了作用，但我们的大脑也是用一些相同的化学物质来记忆和学习的，比如钙、钾、一氧化氮和谷氨酸。还记得我们在第 1 章开始时谈到的谷氨酸神经递质分子吗？它能让大脑理解你正在阅读的句子。植物也使用谷氨酸，它们的行为表现也会因过往经验而异，尽管有些科学家更愿意称之为“压力印记”，但是在我看来，这真的很像是“学习”和“记忆”。

193

作为非动物的生命形式，植物不仅能“觉察”刺激，“记住”过往事件，它们对问题解决也很在行。以黏菌为例，这既不是一种植物，也不是一种真菌，但它与这两者都很接近，是一种自成一派的原生动物。在凉爽潮湿的环境中，像多头绒泡菌（*Physarum polycephalum*）这样的黏菌会围绕着食物（比如燕麦片），以约每秒一毫米的速度生长或“流动”并分泌消化酶。只要有足够丰富的食物激励，黏菌就能自己走迷宫。假如将食物激励放置在迷宫的出口处，黏菌甚至能“嗅”出不同路径化学物质微妙的梯度差异，以最优路线走通迷宫。黏菌还能“记住”自己曾到过的地方，因为不论它“流”到哪儿，身后都会留下一层黏稠的聚合物，生长中的卷须若接触到这层黏液，就会转向别处，以避免在曾经探索过的区域觅食。对黏菌而言，这层黏液是其“行为残余”的一部分，与你我的“行为残余”并无本质区别。非常规计算科学教授 Andy Adamatzky 将黏菌走迷宫的过程比作一种“并行计算”，用计算机对其进行了模拟。黏菌的这种并行计算能力十分强大。应用数学家 Atsushi Tero 在黏菌的培养皿中以同构于东京周边各火车站的相对位置摆放食物，他发现黏菌的卷须会分出岔来，将所有食物连在一起，连接方式与东京铁路系统的实际布局非常相似。可以认为黏菌完成了一项壮举：它“发现”了连接各街区的最佳方式，仅耗时数小时，而东京市花了整整几十年的时间才解决了这个问题。当然，黏菌并非唯一能自行走通迷宫的非动物生命形式。密林中层层树冠会投下不断变化的光影“迷宫”，地面上相对矮小的植物都要设法走通这个“迷宫”，而它们的表现通常都很不错。

194

对那些有“民科”色彩的理论，像植物能和我们一样思考啊，它们受伤时会尖叫啊，它们喜欢古典音乐啊，它们能读懂我们的想法啊，等等，我一直都敬而远之。所以你在读这本书的时候没必要太担心。我所引述的都是真实的、可重复的实验研究（我在所有的章节里都坚持这样做）。这些实验你自己在家就可以尝试，只是要当心：如果要将那株可怜的郁金香倾斜过来，研究重力对它的影响，别将盆中的泥土洒一厨房。

根据这些研究，植物对环境有智能反应是毋庸置疑的，有时会让人联想到动物。甚至有些植物学家认为，应该开辟一个新的学科领域，就叫“植物神经生物学”（只是打个比方）。当然他们并不是说植物拥有神经元，但植物各个部分间来回发送激素信号（很像突触），以不同程度地影响其生长这一点，的确很容易让人想到神经网络。“植物神经生物学家”们提出了令人信服的解释：植物利用细胞间的交互和能够响应环境变化的化学物质，构成了一个信息网络，与作为动物神经系统的信息网络没有本质的不同。

与植物共存

现在，你应该已经更直观地感受到了“植物也有生命”（它们毕竟是活着的），以及它们能对环境的复杂变化做出“明智”的反应。有没有觉得自己与它们更相像、更亲近了？毕竟你与它们“知觉”和“记忆”的方式的确有些类似！

人类与动物、植物都是协同演化的。没有哪个物种是一座孤岛。不管你是否乐意，让你成其为“你”的物质都和构成地球植物的材料存在相当紧密的联系。动植物的细胞维系自身的结构都离不开水，个中分子过程基本相同。植物吸收二氧化碳，呼出氧气，我们则吸入氧气并将二氧化碳回馈给它们。你若吃下蔬菜，这些植物就会成为你身体的一部分，它们所含的维生素和矿物质正为你阅读这一页内容提供动力。

195

借助（陆地上的）树木、（海洋中的）藻类和泥炭地，我们这颗星球一直在“呼吸”。它是以季节为周期进行的：冬季，二氧化碳在大气层中聚集，部分原因是树木用于吸收二氧化碳的叶子大部分都已经掉落；春天，这些叶子再次生长出来，叶上的微孔会吸进一些二氧化碳，保留住其中碳的部分，并呼出一些氧气；整个夏季，森林释放的氧气充斥了整个大气；随着秋天的到来，树叶再次开始飘落，二氧化碳又开始累积。这就是地球表面的“呼吸”，只不过它吸入二氧化碳，呼出氧气，而我们动物则恰好相反。

看上去，你肺部的结构就像是一棵树：支气管是树枝，肺泡则是微小的叶子。它们的功能也对得上：你吸入空气，将氧气提取出来，输送至血液，再排出二氧化碳。我们呼吸时产生的废物，像二氧化碳和水蒸气，正是树木和其他植物通过呼吸摄入的营养。反过来，植物呼吸时产生的废物——氧气——又是我们动物需要在呼吸中摄入的。这可不是什么意外之喜，而是动物与植物订立的“契约”，数亿年来，它们在协同演化中维系着微妙的平衡，而许多没有参与"立约"的物种都已灭绝。事情就是这样。如果我们人类不能继续"守约"，将我们产生的二氧化碳控制在植物所能消耗的阈限之下，我们也终将覆灭。所以请深呼吸（是的，我经常要求你这样去做）。来吧，这又不疼——深深吸气，将身体产生的讨厌的二氧化碳关在肺里，别放出去：只要你不呼气，就能为减少大气中的二氧化碳出一份力。开个玩笑。现在，慢慢呼气。很好。你从刚刚吸入的空气中提取并输送至血液中的氧原子并不是全新的，它们是些二手货——或者应该说是N手货。刚刚转化为你血液一部分的那些氧原子，有些曾在植物的叶子里（在那以前它们还曾在其他动物的肺里）。我们似乎必然要得出结论：这些植物是"你"的一部分，你也是"它们"的一部分。多亏了它们，你才得以存在。你对此真该心怀感激。

196

根据本章描述的科学研究，动物至少拥有与我们相似的觉知，植物亦然。你之所以假设好朋友们有"觉知"或"意识"，并不是因为你能直接访问他们的心智经验，而是基于你对他们行为的观察。如果他们的行为看上去和你自己过去的行为很像，而你又能回忆起自己产生该行为时那种特定的心智经验，就有理由假设他们在产生相应行为时也有类似的心智经验，或觉知。同样的逻辑没有理由不适用于其他的动物，甚至是植物。当你看见一只猫嗅了嗅仙人掌，突然抽身离开，因为有一根刺戳到了它的鼻子，你就有理由得出结论：这可怜的家伙感受到了讨厌的疼痛。这是一种形式的觉知。而当一株植物逐渐向一侧生长，因为它另一侧的根尖被某个书呆子科学家给掐了，你同样有理由得出结论：这株植物产生了某种类似于疼痛的经验。这也是一种形式的觉知。

假如这会儿你走出门去，拥抱一棵树，你会给它传递一些体温，而树能以自己的方式意识到你的存在，意识到你在给它温暖，并将回馈给这位拥抱树木的好人一些氧气以示感激。你与树这桩小小的热力学交易多少强化了你们的“同延”（别让邻居看到你这样做）。构成你的身体的能量和物质有一部分融入了树，而构成树的能量和物质也有一部分融入了你的身体。你们俩之间不存在明确的界线。

即使不去拥抱树木，我们与植物和其他动物也一直在空间上同延。其实，还有其他的生命形式也与我们同延：细菌与古生菌居住在你的肠道中，原生动物漂浮在你的水槽里，真菌附着在你的比萨饼上。我们与它们相互依存，就像我们与植物和动物相互依存一样。考虑到我们已协同演化了数百万年，要在这六大生命王国之间划出明确的界线，视其中之一为你的“内群体”，其他为你的“外群体”，还真不是一件易事。与其笨拙地划界，不如将所有生命都看作你的“内群体”，这是很合理的。没有理由将你单拎出来，将其他人看作背景；也没有理由将全体人类，甚至是全体动物单拎出来，将其他生物看作背景：遍布这颗星球的生命就是我们，“我们”就是生命。

行星级生物群系

一位疯狂的天才喜剧艺术家曾说过：生命不是什么能够拥有的

东西，而是需要参与其中的过程。生命当然是有意义的，但仅仅“拥有”生命无法获得这种意义。生命的意义在于参与互动以及实现协调，源于许多事物的彼此交互，而不存在于任何一个事物的内部。在这颗星球上，有觉知能力的人类、其他动物，以及同样有觉知能力的植物间协同合作，与第 6 章详述的人类个体间的社会互动并无不同。我们已经知道，人类间的互动表明，可以认为全人类共同构成了一个大的系统，它拥有一个大的“自我”。本章罗列的科研证据说明，即便是全人类这么巨大的系统也是一个开放的系统。在它外部的一些事物，如其他动物和植物，在影响这个“人类系统”的功能方面发挥着重要作用。我们与非人类动物和植物间存在明确无误的“同延”和依存关系，也就是说，可以认为这颗星球上的所有生命共同构成了一个非常巨大的系统，它拥有一个非常巨大的“自我”。

也许一份人类间的《依存宣言》（如第 6 章所建议的那样）还不够，我们需要的是一份地球上所有生命间的《依存宣言》。在形形色色的生命和恢弘壮丽的地球物理力量所构成的网络中，人类只是一个节点——我们可不是什么“地球公司”的首席执行官——认识到了这一点，也许我们就能对自己的生活方式进行调整，在谦逊与乐观之间取得适当的平衡，以避免站到整个网络的对立面。我们可不希望网络中的其他节点投票决定人类出局！实际上，联合国已经为人类和大自然的其他成员发布了一份《依存宣言》，那就是《京都议定书》。该议定书于 1997 年通过，旨在限制世界各国的温室气体排放。美国虽于议定书上签字，但于 2001 年以影响美国经济发展为由拒绝批准该议定书，俄罗斯、日本和加拿大最终也相继退出。2012 年，京都议定书《多哈修正案》生效，中国交存接受书。2015 年，美国奥巴马政府参与推动了《巴黎气候协定》的签署，作为《京都议定书》的更新与扩展，推动全球限制温室气体的排放。尽管近年来美国一直是上述《依存宣言》的主要推动者，但在 2018 年，特朗普政府宣布美国从《巴黎气候协定》退出。尽管如此，全美多个州政府和主要企业依然承诺遵守该协定。

全球齐心协力，才能维护生态的平衡与可持续。幸运的是，这项事业多少还是取得了一些进展（虽然很不容易）。现在我们需要更显著的成效。气候变化是一种威胁。极端干旱、森林大火、特大洪水、超强台风和冰川消融正越来越严重地威胁农业生产、基础设施建设、饮用水、疾病防控和交通运输。详实的数据、连篇累牍的报道，以及无数人的切身经历都是有力的证据。然而，许多人依然没有意识到问题的紧迫性。我们该怎么做呢？通过大范围的心理语言学实验，气候传播科学家 Teenie Matlock 和同事们发现，用一些特定方法描述气候变化的报道更容易引起人们的关注，不管我们要谈论的是短期的风险，比如森林大火及其导致的紧急疏散，还是长期的风险，比如气候变化的不确定性。Matlock 的团队鼓励科普作家找出关于气候问题的科学流言，然后提供科学事实，击碎该科学流言，以此与读者达成共识。举个例子，如果有人说“科学界围绕气候变化仍有分歧”，他们就可以指出，97% 的气候科学家同意气候变化是真实存在、由人类造成的。而如果有人说“解决气候变化问题的成本太高了”，他们就可以指出，可再生能源产业已取得了显著的发

199 展，并为美国和全世界创造了数以百万计的就业岗位。此外，Matlock 和同事们发现，用诸如“针对气候变化的战争”这样的日常隐喻来刺激读者，要比用其他框架描述气候变化更加有效。你可以自己感受一下。将应对某事描述成“一场战争”，最能激发人们强烈的热情，即使我们的本意是调和或治愈。正如 Matlock 和同事们指出的那样，要教育全世界的儿童，引导他们就气候问题及其对日常生活（包括健康和收入）的影响进行思考与合作，这些研究是非常重要的。

我想，一旦各国政府和民众达成了共识，开始关注气候变化问题，一场真正的奋战或曰“战争”就将开始。我们显然要找到延缓气候变化、实现生态可持续性的方法，但没有什么方法能“一粒见效”。我们必然面临多方面的调整，包括控制家庭和工作环境中的能源使用、改革交通运输、鼓励回收利用、发展农业综合企业、限制滥捕滥伐，以及制定管理大规模污染的政策，等等。这些落实起来都不容易，但也都是有可行性的。有太多书籍都在强调气候变化与工业化具体如何影响人类、其他动物和植物的生态，以至于 Richard Adrian Reese 已开始着手整理这些作品，为好奇的读者撰写综述。他最新的两部元典级著作总结了约 150 部讨论可持续性发展问题的书籍。阅读它们一点儿也不振奋人心，但能让你异常清醒，就像被人当头泼了一盆冷水。在书中，他描述了阿拉斯加西北部地区原住民文化与传统的颠覆；他指出由于美国东北部沿海地区几百年来的过度捕捞，在曾名副其实的科德角（Cape Cod），鳕鱼（cod）的数量已经锐减；他强调北美栗树、青蛙、蝙蝠和珊瑚礁都已濒危；

他回顾了猛犸象和尼安德特人彻底灭绝之路，并告诫我们不要步其后尘。

对于生态平衡与可持续，某些人有一种极端的设想：人类的社会架构终将被迫回归狩猎采集时代（对素食主义和纯素主义者来说，这可不是什么好消息）。这些悲观的预言家相信，要在人类的存在与其他生命形式的存在之间找到一种平衡，唯一的方法是：人类完全放弃对工业化的沉迷，拥抱一种更接近于其他动物的生活方式。拥护这一愿景的自然主义者显然对大自然充满热爱，我们的文化对自然界的破坏让他们痛彻心扉。但我并不赞同这种见解，而且认为你也不必买账。我比较乐观地相信，人类有能力找到这种平衡，同时保留部分工业化成果，后者为我们提供了更方便的生活起居、更充足的食物供给、更好的卫生条件、系统化的教育，以及治愈顽疾的药品。

200

20 世纪 60 年代，全球人口的激增引发了恐惧，甚至被称为“人口爆炸”。许多人担心我们对食物和资源的需求终将远超地球所能承担的极限，届时史诗级的饥荒将横扫大地，人类的生活方式将被彻底摧毁。然而 2010 年以来，大多数发达国家的妇女一生中平均生育不到两个孩子。这意味着每当有人死去，“空出的位置”未必有新生儿填补。（你不需要数学学位就能看出这一点来。）一系列文化干预措施让人口不再高速增长。当前人口数量之所以持续增加，相当一部分原因是人们的平均寿命在延长，而非人口置换率高。（一些国家甚至发现本国参与劳动生产的人口数量有些不够，而不是太多。希望它们没有矫枉过正！）我之所以要举这个例子，是想说明，当某种世界性的危机被人们意识到了，就有理由相信不同的文化和国家终将携手解决这些问题。我鼓励你乐观一点，因为气候变化与人口过剩一样，属于我们有能力解决的问题。

在世界各地的许多文化中，人们似乎都有一种思维定势：每个问题只有一个解决方案，关键是要找到它。如果食物太淡了，那就加点儿盐；如果你头疼，那就吃点儿止痛药；如果你的公司利润下滑，那就裁员。但这些简单化的解决方案往往会产生不必要的副作用。实际上，办法总是不缺的，总有些方案既能解决问题，又能预防它与其他问题再度出现。如果你回到起点，重新设计那顿饭的菜谱，也许就能做出些不用加太多盐的美味；如果你多喝水、常锻炼，没准儿再少吃点儿盐，也许就能预防头疼；如果你的公司一直在提供真正有价值的商品和服务，有一支积极进取的员工队伍，而且首席执行官的收入不是一线工人的 300 倍，也许利润一开始就不会下滑。遇到一个问题，试图只按一个按钮，或只压一根杠杆来解决它，往往会引发其他的问题。同样，要解决生态可持续性问题，没有什么方法能“一粒见效”，这是有原因的：我们的地球生态是一个复杂的系统，有成千上万根杠杆可加以调节，压下任何一根杠杆，都会敏锐地带动另外几十根杠杆。解决一个复杂的系统问题需要人们使用复杂的系统思维，就像第 3 章谈到的神经网络研究工作、第 6 章谈到的服务科学研究工作，以及本章开头对人体微生物组的讨论。我们要是能从复杂系统的角度思考，并小心翼翼地培育技术创新，所有生命就能避免第六次全球灭绝事件：其诱因就是人类自己。

201

尽管技术进步显然会产生副作用，我们需要密切关注，但每一个看空这些进步的人最终都会被“打脸”。举个例子，如果你在20世纪60年代告诉一位计算机工程师，50年后计算机将升级到每秒能实现数十亿次的64位运算，他一定会大笑不止——除非你对面的是Gordon Moore。Moore预测计算速度每两年左右就会稳定地翻一番，这被称为“摩尔定律”（Moore's law）。他是对的。虽然在过去的50年里，不断有人宣称摩尔定律已走到了尽头，技术的发展却一次又一次地证明他们错了。即便技术在原子尺度遭遇了限制，多核处理器和多线程编程让摩尔定律依然保有活力。如今看来，关于“摩尔定律已死”的那些报道无疑是在夸大其词。技术的进步当然不是什么万灵药，但技术确实在不断改进，这一事实表明，我们不该由于眼下技术正遭遇限制，而对能否解决未来世界面临的问题做出悲观的预测。正如科普作家Diane Ackerman所指出的，人类的创造性集中体现在“挖掘大自然的天赋异禀，为人类面临的棘手问题找到可持续的解决方案”。大自然仍有许多秘密有待探索，我们若有朝一日发现了这些秘密，就能着手创建对应的技术版本，以推进实现可持续。尽管可再生能源行业当前正努力开发理想的储电技术，以便在太阳落山之后或风平浪静之时依然有电可用，但这并不意味我们就找不到一个高效的解决方案。不承认这一点就像看空摩尔定律：你必输无疑。

202

结合复杂系统思维与技术创新，人类就有望协助这颗星球的表面实现自我修复。这么做是必须的，因为“我们”就是这颗星球的表面，也就是所谓的“行星级生物群系”。人类与所有生命本是一体，意识到这一点，就能理解为什么这颗星球的“大我”，也就是

James Lovelock 和 Lynn Margulis 称之为“盖亚”（Gaia）的存在值得我们好好守护。这不是什么继承自“新时代运动”的浪漫主义心态，而是有科学依据的严肃事实：近几十年来，在物理学、化学、生物学和认知科学等领域，一大批极具影响力的科研人员推动了复杂系统思维的发展，以深化我们对生命世界的理解，明确我们在其中的地位，以及我们该如何守护它。我们可以从这些颇有远见的人们身上学到很多东西。物理学家 Fritjof Capra 的许多作品都涉及老式的、还原论的线性系统科学方法为何不适用于描述生命系统。生命系统往往是自组织的，系统的各个成分在不同情境中的表现各不相同。在一个自组织的生命系统中，2 加 2 加 2 往往不等于 6，反而经常会等于（比如说）8.5，因为它不是一个加法系统，而是更接近于一个乘法系统，但比那还要再复杂些。对一个非生命系统，比如一部电话，你可以将它拆开，把所有零部件摆在工作台上，一一检查后再装回去，它还能正常工作。但如果是一个生命系统，比如一朵花或一只兔子，你将它拆散后重新组装起来，它的“工作方式”就不太一样了（如果它还能“工作”的话）。这就是线性系统和自组织系统的区别。

阅读 Fritjof Capra 的作品，会有一些 Gregory Bateson 的味道。Bateson 是人类学家、语言学家和控制论专家——几乎位居认知科学的开山鼻祖之列。他是 20 世纪 50 年代最早将“复杂系统思维”从自然科学领域移植到社会科学领域的人物之一。这株“幼苗”在社会科学的花园里成长缓慢，但终究还是成长起来了。Bateson 指出，对“认知”的定义需综合考虑神经网络、文化发展、生物演化和量

203

子通量等因素。它始于一个看似随机的过程，比如某种神经激活模式或遗传变异。而后，涉及情境约束的选择会从随机性中提炼出一些连贯的模式，它们若是能维持足够长的时间，就会影响系统的功能。所谓“连贯的模式”可能是在一颗特定的大脑中持续几秒钟的想法，在一种特定的文化中存在数十年的社会架构，或是在一个特定的生态系统中生存数千年的物种。Bateson 认为，这一切都是“类心智过程”的产物。通过使用复杂系统思维，我们将意识到，任何系统都是某个更大的系统的构成成分，也都在后者情境约束的范围之中。

化学家 Ilya Prigogine 也参与推动了复杂系统思维的发展，他发现了自组织现象背后的某些化学过程，并因此获得了诺贝尔奖。Prigogine 指出，随着一个生命系统迈向其命中注定的最大熵（此时无任何组织结构），它会像走钢丝一样，颤巍巍地在两个方向——一是结构的旺盛发展，二是对杂乱的保守清理——间维持一个平衡的临界点。Prigogine 告诉我们，无论是一条鳕鱼、一只青蛙、一个人，还是整个生态系统，生命系统都将以这样一种方式沿时间轴不可逆地行进，有组织的子结构会在途中出现和消解。最终，生命系统耗散的能量将大于它所能获取的能量，它将停止自组织，构成它的材料将成为其他生命系统的一部分。这就是生命的循环。

生物学家 Humberto Maturana 与 Francisco Varela（详见第 4 章）合作，将“自催化”概念扩展至“自创生”。一个化学反应的某种产物若恰好是该化学反应本身的催化剂（启动成分），该化学反应过程就是“自催化”的。这是一个正反馈环路，有了它，化学反应就能不断重新启动，自我催化。我们将在第 8 章读到很多这样的例子。Maturana 和 Varela 的“自创生”在此基础上又向前推进了一步。当某个最初是混沌的过程因 Bateson 的情境约束而具备了有序的形状，该系统就会沿 Prigogine 的时间轴演化，与熵共舞，直至向其彻底屈服。这种“生命之舞”是诗意的、自创生的——与“机械”不沾边儿。Maturana 详实地记录了各种生命系统，包括人体的这种“生命之舞”。

在我们眼中，生命系统由于具备自我复制能力，明确区别于大多数非生命系统，但这并不是因为生命系统拥有不同于非生命系统的某些特殊成分。古老的“生机论”（vitalism）早已无生机可言。不存在“元素周期表中哪一格元素含有‘生机’，别的却没有”这种说法。关于生命本身如何从非生物材料的相互作用中涌现，数学生物学家 Robert Rosen 的研究取得了重要的突破。在绝大多数情况下，元素周期表中非生物材料的相互作用是不会产生什么生命现象的。然而，在数百万年的时间长河中，只要有足够大量的随机混合，某些特殊的组合就会产生，它们能自催化、自组织，最终演化成为能将食物转化为能量，并从创伤中愈合的系统。Rosen 认为：任何有新陈代谢并能自我修复的系统都属于生命系统。记住这个定义：我们在下一章中还要用到。

所有植物与动物都有新陈代谢，也都能自我修复。蘑菇和黏菌也行。同样，一片森林、一种文明乃至一个物种也都可以。这颗星球的表面遍布形形色色的生命，它本身就是一个巨大的生命系统：既有新陈代谢，也能以各种方式自我修复。你不该认为自己是这个生命系统的一个“部分”，因为假如你这样去想，就意味着你已在自己与其余“部分”间划出了一道分明的界线。按照这个逻辑，各“部分”就应该像电话机的零部件那样，能拆散开来，再重新组合，也不影响整个系统正常工作。事实并非如此。你的存在方式与这个系统其他“部分”的存在方式间有丰富的交互作用。其他动物比我们通常所认为的要更加聪明，植物也比我们通常所认为的要更有“觉知”。它们都是你的“内群体”。我们都是一体。人类学家 Tim Ingold 指出，这种思维方式“意味着不再将有机体视为一个离散的、预设的实体，而是视为一个在连续的关系域中生长与发展的特定位点”。既然你无法从这个系统中脱离出来，不妨试着接受自己“就是”这个巨大的有机体：这颗星球上如此巨大、肆意蔓延的生命系统就是“你”。

使用说明

回顾第 6 章的使用说明，你已承诺为某个（你尚未支持过的）人道主义组织捐赠一些金钱或时间。本章同样鼓励你思考一些比你的“大脑 – 身体”系统更大的事物，但这一次，我们思考的对象要比全人类的范围还大。我们既能专注于让积极的影响变得更大（比如做慈善），也能专注于让消极的影响变得更小。因此本章的使用说明是：尝试（至少是部分地）抵制某种你一直想要抵制的东西。你可能想减少使用化石燃料，那下一辆车就选购你考虑了很久的那辆混动（或电动）汽车；你可能想让家庭电源更加环保，那就在屋顶装几片太阳能电池板。付诸行动，抵制那些不清洁的能源。你可能一直在考虑吃素、半荤半素，或不吃红肉。假如你只是想尝试一下，那就每周在你的菜单上增加几道非肉类菜肴。其实只要少消费一半来自农场或工厂的肉类产品，就会有立竿见影的效果。如今，市面上已经有越来越多美味的非肉类蛋白质食品。你也可以从明天开始只购买有机肉类。它们是有点贵，但对你的健康，对动物和环境都要更好。（当然你要单纯地觉得吃小牛肉于心有愧，那就干脆别吃了。）也许你一直想抵制本地某巨头企业（或你所在的州），因为它的经营行为（或政策）与你的立场不符，那就和全家人一起搬走。不要再消费它的产品（或为它贡献税金）。我没在开玩笑。既要支持那些你认同的，也要果断向那些你反对的说“不”。

万物理论

Who You Are 自反性的物质、生命、系统和宇宙

8

从众生到万物

你我不过风中的灰尘。

——堪萨斯乐队（Kansas），《风中的灰尘》

（*Dust in the Wind*）

207

你好啊，有生命的星球！你正借用某人的双眼阅读这些文字，但你所“怀抱”的一切生命都参与构成了这双眼睛背后的“心智”。当下的“你”，正是这颗星球上的一切生命：所谓“一即一切，一切即一”。

在这场“寻心之旅”中，你已比绝大多数读者走得更远。我真为你感到骄傲！不少读者坚持读到第 7 章的“半程”，就气恼地将书扔到了一旁（没准还连带着对作者说了些不太中听的话）。但是，恢宏壮丽的生命啊，虽然我们先前罗列的证据已将他人、动物乃至植物都囊括到了你的“自我”之中，往后你还有更多的路要走。

在广袤的宇宙中，各类物质相互作用，构成形形色色的系统，我们常傲慢地认为：绝大多数系统都是没有生命的。事实上，构成这些“非生命系统”的物质完全有能力表现出某种形式的智能，也就是某些有组织的行为模式，让系统得以维系自身的完整。我们将看到，同样的一些物质也构成了像我们一样的生命系统，让我们沉迷于“万物之灵”的空洞荣耀。最后，我们还将看到，生命系统和非生命系统间存在持续而流畅的信息（及物质）交换，以至于如果我们假设它们间存在一条明确的界线，就不是一种负责任的科学态度了。在这颗孤独的星球上，数十亿年来，非生命系统一直在为生命系统提供不可或缺的分子原料、能量、繁殖空间以及大气屏障。生命系统则一直定期将矿物质回馈给非生命系统，作为“生命循环”的一部分。但这简直谈不上“回馈”：惟其如此，往后生命才有矿物质可用。我们这些住在地表的活物从非生命系统那儿获得了食物、居所和庇护，却只会去舔舐那只爱抚着我们的手，以示感激。就这还算好的：偶尔我们也会去咬那只手，因为我们不知道有什么更好的办法。事情就是这样。实际上，如果没有非生命系统提供的支持，我们这些生命系统根本不会存在。然而，反过来就不一定了。正如我们在太阳系的其他行星上看到的那样，非生命系统在没有生命系统的情况下也能“过得很好”。它们与我们并不是一种共生或依存关系：我们依赖于它们的慷慨，它们则压根儿不在意我们是否存在。所以不管你是谁，都要对非生命系统心存感激。

非生命系统无处不在

宇宙主要由非生命系统构成，它们与生命系统的比例是一个天文数字。我没玩双关梗，只是在陈述一个数学事实。宇宙中的非生命系统无论是数量还是质量，都要超过生命系统不知多少个量级。实际上，宇宙作为一个整体，几乎不会“意识”到自己“孕育”了生命。对地球上的生命，宇宙根本没工夫关注：它有得是更重要的事要做。不论是动物物种的安危、对森林的滥伐，还是人类那些个鸡毛蒜皮的小事，宇宙都不在乎。四分卫长传达阵的功劳只属于四分卫、接球的队友和牛顿力学——没必要“感谢老天”。宇宙专注于投掷的东西不是橄榄球，而是硕大无朋的等离子体团块、动辄亿兆吨级的岩石，以及横跨星系的气体云。（听上去很像一场朋克摇滚音乐会开场时的三出表演。）对生命系统，宇宙其实不感兴趣。之所以这么说，是因为我们已经看到，宇宙中的绝大多数区域对生命而言是相当不友好的。作为一个生命体，你属于这个宇宙中的“极少数派”，是一个超级稀有的怪胎，四周全是些超乎想象的引力啊、核聚变啊什么的。生命脆弱得令人发指：我们一刻都离不开水、氧气、适宜的温度，哪怕稍微超出“安全水平”的辐射剂量也承受不了。对我们这些可怜虫在犄角旮旯里的嘤嘤抱怨，宇宙显然没空去听。

只有在地球上，情况才不一样……额，暂时不一样。当下，地球似乎在以各种方式专注于培育生命，即使偶有小行星出面“劝阻”也乐此不疲。相比之下，在我们太阳系中的其他几颗行星和矮行星上似乎不太可能存在智能生命。（但在那些遥远的异世界冰封的海面之下，可能有一些半智能的水生生物）。人们不禁要问，有无可能在一些“类太阳系星系”中，也存在像地球那样热衷于孕育生命的星球？不幸的是，在绝大多数这样的星系中，行星距离它们的恒星要么太近，要么太远，无法保存液态水，而液态水是生命起源与演化的必要条件。少数确实运行在“宜居带”（Goldilocks zone，指与恒星距离适中，因此既不太热又不太冷）的行星通常又已经被主恒星

“潮汐锁定”，因此只会公转，无法自转。这样一来，它们的向阳面就将积累太多的热量，而背阳面则永远没有足够的温暖。人们可能会问，生命就不能在向阳面与背阳面的交汇处形成吗？同样很难。由于这颗行星不能自转，构成其内核的液态金属不太会以产生磁场所必须的方式涌动。而如果没有磁场来屏蔽太阳风，带电粒子持续冲刷着行星表面，最终会将大气和水一扫而空。最理想的情况是，行星表面之下存在液态水，生命可能在这些地下的海洋中形成，但它们注定无法演化成为陆地生物，不可能发展出任何智能技术，你甚至没法知道它们就在那里。

不少恒星都拥有自己的行星系统，考虑到银河系中的恒星如恒河沙数，与地球相似的行星势必不少。截至本书写作之时，各国天文学家观测到的“类地行星”已有成百上千：它们与地球大小相仿，均位于其主恒星的“宜居带”上。但即便如此，我们也不好确定它们的质量与重力系数（质量太大或太小都对生命形成不利）；不知道它们是否拥有可自持的大气，足以在星球表面保存液态水；更不知道它们有无不断涌动的金属内核，能够产生磁场，屏蔽太阳风和致命的宇宙辐射。我们能确定的是，它们与地球间的距离都要用光年来计算。就算你以每小时 6.71 亿英里的光速飞行，想到达其中最近的那颗也得耗上几年。如果只靠传统化学能火箭，则少说也要飞几万年。这些数字表明，我们与地外智能生命“握手”的希望真是相当渺茫。

但如果真有智能生命居住在这样一颗星球上，我们或许能与它们取得联络，毕竟电磁信号能以光速传播。这样，我们没准就能越过科普作家 Phil Torres 所说的“广袤而荒芜的死寂之地”，与另一种能够觉知的生命交流，这颗潮湿的石球在无边的非生命系统包围中也就显得不那么寂寞了。也许地外生命能教给我们一些先进的知识和技术，好让我们与自己的生态系统和谐共处。听上去棒极了，不是么？就在 2016 年，欧洲南方天文台（European Southern Observatory，ESO）发现了比邻星 b（Proxima Centauri b），距离地球仅 4 光年（约 23 万亿英里）。这颗行星位于一颗红矮星的“宜居带”，质量是地球的 1.3 倍。但它没有自转，因此与地球相比，它接受的伽马射线和 X 射线辐射量要高出 60 倍。任何形式的生命要想在这颗行星上生存，都必须长期生活在地下，以保护自己免受高能辐射的伤害。如果比邻星 b 的地下智能生命已经演化到拥有先进技术的水平，它们可能在一个世纪前就探测到了我们释放的无线电信号。我很想知道它们对 Orson Welles 改编自 H. G. Wells 的小说《世界大战》的，描绘“1938 年外星人入侵”的广播节目有何看法。当然如果它们真的发明了无线电技术，我们也该接收到“来自比邻星 b 的 Orson Welles 广播”了。我们仍未收到任何信号，说明比邻星 b 上即使有生命，大概也不像我们这么先进：自然无法指望它们传授些技术就能让我们与自己的星球永葆和谐了。

任何一颗行星是否具备潜在的“生命支持条件”，在相当程度上取决于其表面能否留存液态水。天文学家 Rory Barnes 和同事们就根据上述条件设计了一套“宜居性指数”，取值范围在 0 到 1 之间。地球得分 0.83，我想这应该算是“B”或“B－”。火星和金星分别得分 0.42 和 0.3——都没到合格线。然而值得注意的是，许多新发现

的、位于“宜居带”的行星都在围绕红矮星运行。红矮星比我们的
211 太阳暗得多，温度也更低，位于其“宜居带”的行星距离它们自然更近（就像比邻星 b 的情况那样）。这些行星更有可能被其主恒星“潮汐锁定”，不会自转，因此无法保留大气，只能沐浴在强烈的 X 射线中。

除了用光学望远镜（或射电望远镜）观测特定的行星，我们还能大致估算其他宜居行星存在的概率。20 世纪 60 年代，天文学家 Frank Drake 提出了广为人知的“德雷克方程”（Drake equation），以评估当前宇宙中任意某处存在其他智能生物的可能性。（在康奈尔大学期间，Drake 还协助 Carl Sagan 设计了先驱者 10 号、11 号携带的镀金牌匾，旅行者 1 号、2 号搭载的镀金唱片，以及阿雷西博射电望远镜发出的无线电信号，即“阿雷西博信息”，目的是有朝一日让其他外星智能生物获悉我们是谁，或至少曾经是谁。）他通盘考虑了这种可能性背后的一系列数学问题，鉴于宇宙广阔得令人难以置信，像银河系一样的星系就有数十亿个，而每个这样的星系中又有数十亿个“类太阳系星系”，即使设定最保守的参数，也能得出相当乐观的估计。近来，Adam Frank 和 Woodruff Sullivan 调整了“德雷克方程”，删除了其中表示智慧文明存续时间的参数。毕竟，既然地外智能生物几乎肯定与我们相隔甚远，以至于无法建立联系，又何必关心它们是否与我们同时存在？它们可能拥有技术，和我们一样会向太空发送光学或无线电信号，但在这些信号跨越无数星系抵达地球以前，它们的文明或许早已消亡。对我们来说也一样。经 Frank 和 Sullivan 调整后的“德雷克方程”可用于评估宇宙中是否“有过”

其他智能生物，数学计算表明这几乎是肯定的。

但“智能”也分不同的水平。细菌能表现出某种程度的智能，只是不足以与我们交流或发展出技术。海洋生物的智能水平要更高一些，可大概也没法告诉我们该如何与生态环境和谐共处。是否可能存在某种地外生物，其智能水平足以让它们像我们一样发展出技术？我们能计算出这种事情发生的概率吗？“德雷克方程”中有三个最重要的参数，分别估计（1）一颗“类地行星”经历“自然发生”，即无生命物质演化出有生命物质的概率，（2）这颗行星上的微生物演化成智能生物的概率，以及（3）这种智能生物发展出技术，能够向外星发送信号的概率。未来学家 Anders Sandberg 和他在牛津大学的同事们最近使用这三个参数的估值分布，而非通常情况下的单一估值重新计算了“德雷克方程”。他们指出，当下银河系中有 53% 到 99% 的概率不存在其他智能生物，将范围扩大到整个宇宙的话，这个概率范围就变成了 39% 到 85%。但这里说的“智能生物”仅指那些像我们一样拥有先进技术的“高级”智能生物。相比之下，其他星球上更有可能存在微生物，或恐龙之类尚未发展出技术（因此没法用无线电信号与我们沟通），但同样拥有“智能”的生物。

在另一个星系，很可能有（或有过）某种高级智能生物。但更有可能的是，它们距离我们太远，双方无法建立联系。没准儿它们就在“那里”，或至少曾经在“那里”，但“那里”位于我们的“光锥”（即两个物体能够相互作用的时空跨度）以外。它们发射的无线电信号可能还没到达，甚至永远不会到达我们“这里”。也许人类文明与它们接触的唯一途径就是将我们改造成非生物智能体（这样就无需携带氧气、水，保证合适的温度、重力，以及“安全水平”的辐射了），或许它们已经这样做了。如果外星人曾经造访我们的星球，几乎可以肯定它们不会是有机生物。漫长的太空旅行对生物来说太危险了。我们有望接待的任何星际访客都将是些机器人。

也就是说，任何可能造访我们的外星（机器）人肯定不会从我们这儿抢什么东西。认为那样先进的文明能看上我们的什么东西，简直是愚不可及。假如它们意欲拜访地球，更有可能是出于某种良善的，而非邪恶的意图。此外，如果它们已在半道上，我们很可能已经发现了这样或那样的一些踪迹。但最有可能的情况是，我们发现不了它们，它们也不知道我们在这里，因为彼此在空间和时间上都相隔太遥远了。物理学家 Enrico Fermi 对“德雷克方程”中的各种统计量都有不凡的见解。不幸的是，他在“德雷克方程”发表前就去世了。然而，Fermi 通过数学计算，确信其他星球上存在其他生命形式的可能性很大，以至于他为天文学研究从未发现外星生命存在的可靠证据而感到十分气恼。他认为，这种逻辑上的矛盾表明，我们目前对宇宙可能有一些根本性的误解。Fermi 大胆推断，一个先进文明应该只需要一千多万年，就能在银河系的大片区域内殖民。鉴于我们的银河系已存在了一百多亿年，这种早期殖民的痕迹应该无处不在。但天文学观测显然并不支持以上推断，这被称为“费米悖论”（Fermi paradox）。如果地外智能生物的确存在，那一定有什么在阻止它们传送无线电信号、实施星际穿越、建造机器人军团并派驻外太空，或至少像我们一样发射简单的探测器。会不会只是因

213

为他们的技术还没到家？抑或智能文明有一些内在的缺陷，在技术发展到有能力实施星际穿越前，一定会在政治上走向部落主义，并可悲地自我毁灭？鉴于我们这颗小小的蓝色星球在其作为一个“生命友好型”世界的绝大部分时间里，都在孜孜不倦地栽培植物、喂养鱼类、繁殖恐龙，没准儿其他那些“生命友好型”星球也都在忙于这些活计？如果生命的“自然发生”是一种统计学意义上的侥幸，即便在那些有条件孕育生命的星球上也鲜有发生，那么能够发展出技术的智慧生命就是侥幸中的侥幸，十亿分之一中的十亿分之一。想象一下，一颗潮湿、温暖的星球买了张彩票，赢了头奖，但奖品只是海洋里的一堆虫子和另一张彩票！还是那句话：许愿须谨慎，梦想会成真。

面对现实吧。你可能永远没法与来自另一颗星球的智能生物愉快地交谈。记住这句话。它们很可能就在“那儿”，事实上，它们“那儿”的科学家没准也知道在那遥远的地方，大概率也存在别的智能生物，只是苦于没法建立联系。兴许这会儿它们中就有一个在想象着你！你们的思维跨越浩瀚的黑暗，彼此相关，于是你们的心智“融合”了一点点——“可能”融合了一点点，谁又能知道？

214

与其寄希望于一些“更伟大的存在”（外星导师或超自然力量）亲临，帮助我们实现生态和谐、世界和平，也许我们更应该咬紧牙关，成熟起来，学会只依靠自己。事实如此。可以非常现实地断言：宇宙也许无意创造能自我复制的智能生物。要尝试去接受这一点。不论是哪一种生物，也不论其智能水平高低，宇宙都漠不关心。复杂性科学家 Stuart Kauffman 写过一本书，叫《宇宙为家》（*At Home in the Universe*），这个书名也许太乐观了——没准儿宇宙根本不觉得它是什么东西的“家”，看上去它真正关心的只是在一大堆看不见的暗物质中用硕大无朋的等离子体团块、岩石和星云玩“三维弹球”——只不过智能生物经过数十亿年的演化，恰好出现在了其中的一颗“弹球”上。

总而言之，我们可能要被迫承认，智能生物是只存在于地球的、独特而濒危的群体。对有生命的物质来说，这颗星球就像一座功能上的“孤岛”，周围是无生命的物质构成的海洋。与其无望地试图越过广阔无边的非生命系统，去寻找那些距离太过遥远的生命，为什么不与这片“海洋”好好相处呢？将它纳入你的“内群体”，然后，为保持这座“孤岛”的“健康”尽一份力，最大限度地降低我们对人类自己、对其他生命以及对承载所有这些生命的地球环境造成的伤害。我们与地球本是一体——扩展到了这个程度，“我们”就成了一个非常特别的存在，你我都该将守护它的责任承担起来。

非生命系统的心智生活

其他智能生物触不可及，这番论断令人沮丧，因为我们最天真热切的梦想就是有朝一日证明人类在宇宙中并不孤单。但是，与其执着于寻找那些永远无法接触的东西，也许你该转而关注那些无生命的物质。它们是我们的“同伴”。尽管我们常说“笨得像块石头”，但“石头”其实不一定“笨”。你可能会问：“可是，它没有生命啊，没有生命的东西哪儿能不笨呢？”嗯，你自己就不笨，而构

215

成你的细胞的那些分子都没有生命。这些分子相互作用，形成了细胞膜，隔离了细胞内外的化学物质，同时允许一些交换。你周身上下的活细胞都像这样，是由无生命的“零件”构成的。同理，一个由金属、塑料和芯片构成的机器人也可能是“有生命”的。它的“生命”不在某一个分子或某一块芯片之中。作为生命系统，其“自组织”源于无生命“零件”的彼此交互。正如你的“自我”不在单一的器官或肢体内部，机器人的“自我”也不在单一的电路或伺服机构之中。在这两种情况下，“自我”都涌现于各个器官与肢体，或电路与伺服机构间的交互。

一百多年前，物理学家 Henri Bénard 在水壶中注意到了这类自组织现象的涌现：烧水时壶底的热量会逐渐均匀地分布至整个水体，但壶中热水在沸腾前会经历一个“中间相”，此时局部流动的液体形成分段的形状，他称其为“对流单体”或“对流细胞”（convection cell），因为局部液体似乎形成了一层“细胞壁”，将分段的形状彼此隔开。如今我们称其为“贝纳单体”或“贝纳涡流”（Bénard cell），因为我们喜欢用发现者的名字来命名科学发现。一个“贝纳单体”中心区域的热液会上升至液面，冷却后又沿单体的边缘滑落至壶底。相邻的每一个“贝纳单体”都在做同样的事。壶中的热量原本是均匀分布的，水体各处温度都一样，而后突然分区，每个区域中心更热，边缘更冷，这就产生了一种相变，导致了“对称破缺”（symmetry breaking）。壶中液体的温度和流动不再对称，相邻局部区域液体温度的微小变化互相加剧，形成了各个单体的“细胞壁”。

类似的“对称破缺”现象在自然界随处可见。当灵长类动物大

216 脑中的一层视神经元接收到来自双眼的传入信号，一开始，每个神经元都会以对称的方式响应两只眼睛的输入。然而，随着加工过程的继续，这种对称性被打破了，某些神经元开始成片地响应左眼的输入，附近其他的神经元则开始成片地响应右眼的输入。同样，“创世大爆炸”将电子和其他粒子以相同的力量均匀地抛散，但随着时间的推移，原本均匀分布的粒子打破了对称性并开始聚集成团：先是原子，再是分子，数百万年后诞生了恒星，数十亿年后形成了星系。热液聚集成“贝纳单体”与宇宙和思想形成过程中的“对称破缺”遵循同样的规律。想想这一切都发生在一壶香喷喷的热可可里：它听上去可真聪明！

与“贝纳单体”同样“聪明”的非生命现象“BZ 反应”是一种非线性化学振荡，人们在半个多世纪前首次发现这种现象，整个化学界都为之震惊。“BZ”这两个字母取自俄罗斯生物物理学家 Boris Belousov 和 Anatol Zhabotinsky 的姓氏。他们发现一种化学溶液会在两种状态间振荡，像钟摆一样“反复横跳”，而且整个过程完全是自发的，甚至无需加热。当 Belousov 在 20 世纪 50 年代第一次报告他的发现，当时备受尊敬的科学杂志的编审们压根儿就不相信会有这种怪异的循环现象，以致他们断然拒绝发表他的论文。直到约十年后，Belousov 终于有机会在一份简短的会议摘要中描述了这个发现。当时 Zhabotinsky 还是一位博士研究生，他开始深入研究这种魔法般的现象，在他的推动下，“BZ 反应”才得以大白于天下。现在，广义的“BZ 反应”已有了几种不同的“配方”，你可以将几种不同的化合物倒入培养皿，很快，溶液中会出现彩色的点，然后，点扩大为环，再继续扩大，其内部又“生长”出更多的环。不同的环在扩大时彼此碰撞，产生美丽的云纹。其实，在这些不断扩大的环的中心，“振荡”过程已经开始，产生出一种反应物，改变了附近溶液的颜色，这种反应物不断累积直到一个临界点，又会作为催化剂再度触发反应，于是第一个环内又形成了第二个环，如此不断重复。这就是第4章和第7章谈到的“自创生”和“自催化”过程——一个过程在催化（乃至创造）它自己。“BZ反应”就像有自己的生命一样，事实上，它产生的化学波能以最优的方式“走通”复杂的迷宫，很容易让人联想到上一章谈到的黏菌。但确切地说，它不是一个生命系统——只是在视频里看上去有那么点儿像。

217

“自催动”（auto - cata - kinetics）和“自催化”（auto - cata - lysis）略有不同，“自催化”是一种化学反应，“自催动”则是一个机械过程，但它们都强调持续不断的自我维系。漩涡和沙暴就是最好的例子：交叉的水流或气流相互剪切，偶尔会产生一个能够自我维系的漩涡，也就是说，它能利用自身的动能维系自身的存在。环境工程师Rupp Carriveau仔细研究了漩涡，他发现漩涡的“全局结构”是一种涌现，源于局部区域水流模式间的彼此交互。（这和思维过程有点像：大脑皮质的一个全局性神经激活模式是从各局部区域神经激活模式的彼此交互中“涌现”出来的。这么看，你的每一个想法是不是都有点像大脑中一个持续几秒的漩涡？）Carriveau通过仔细的测量和计算机模拟证明，当一个漩涡垂直“拉伸”自己，它的转速和持久性都会提高。好比一位花样滑冰运动员表演旋转动作，一开始，她的双臂（和一条腿）水平伸展，这样她所形成的“旋转体”高度与宽度相当。一旦她收回双臂和腿，“旋转体”的高宽比就会大幅提升，这种“垂直拉伸”将自然增加她的转速，就像它能自然增加漩涡的转速一样。重要的是，当一个漩涡开始“拉伸”，“拉伸”的力会反馈到那些一开始产生该漩涡的局部水流的交互作用上来。因此，系统的局部属性（如相互剪切的水流）会产生全局属性（如拉伸的漩涡），后者又会反过来影响局部属性。通过自催动作用，漩涡一旦形成，就倾向于为维系自身的存在提供力向量——只要它还能获得形成这些力向量所需的资源（比如涌入漩涡的水流）。

用认知科学家 Jay Dixon 的话来说，漩涡是在“为存续而动”。他指出，任何一个耗散系统（无论有无生命）都在不断与环境交换物质和能量，因此总是处于“热力学非平衡态”。也就是说，该系统的能量流入和流出总有些不平衡。如果它实现了“热力学平衡”，就将不再与外界交换能量，因此也不再有“活性”。物理学家认为这种状态意味着系统热力学交换的终结，简称“热寂”（heat death）。Dixon 和同事 Tehran Davis、Bruce Kay 和 Dilip Kondepudi（曾师从 Ilya Prigogine）发现，即使一些非常简单的事物也倾向于“为存续而动”：比如在电流的作用下，一堆金属弹珠会排成连贯的结构，像带有枝杈的树。移除其中一颗弹珠就像在“伤害”这个结构，它会自动重塑，如同“自愈”。事实上，假如有两个这样的树状结构共存在同一介质中，它们甚至会彼此协调运动。Dixon 指出，当一个耗散系统（比如你的身体、你的大脑、一个漩涡，甚至是一堆金属弹珠）“为存续而动”，它就表现出了一种“目的导向性”（end-directedness）。也就是说，它有了一个目标，这个目标就是自我保护。的确如此。想

218

想你泡完澡后拔出浴缸塞，排水口处的小漩涡尽管注定只能存在那么一小会儿，却像有某种自我保护的“本能”：这和你自己，以及木星上已存在了数百年的巨型漩涡云一样。

物理学家 Alexey Snezhko 更倾向于对有生命的和无生命的耗散系统一视同仁，将它们都称为“活性物质”（active matter）。Snezhko 做了一个实验，他往黏稠的液体中加入了一些金属微粒，并将它们暴露在一个均匀脉动的磁场中，观察它们的“集体行为”。这些“磁性游泳健将”会自组装成圆环、漩涡、协调有序的畜群，甚至是“星团”：微粒们构成的团块连贯地移动，不断“收集”其他微粒，整体看上去有点儿像一朵花。Snezhko 的研究团队通过结合上述实验与计算机模拟，能够追踪每一颗微粒的运动，并确定导致其运动的因素。他们发现生命系统与非生命系统都可能实现集体运动、同步和自组装。

这些自组装结构一旦产生，自催动过程就会让它们“为存续而动”。Rod Swenson 指出，那些能产生自我维系的非生命系统的自催动过程，也能产生自我维系的生命系统。Swenson 既是一位演化系统科学家，也是朋克摇滚乐队 The Plasmatics（其主唱是已故的 Wendy O. Williams）的经理。他认为地球本身促进了复杂生命形式的演化，同时增加了整个宇宙的熵（即无序程度）。作为研究熵和混沌理论的专家，Swenson 相信演化过程之所以会产生有序系统，正是因为它们其实比无序系统更能促进整体的熵增，而熵增正是热力学第二定律的要求。这听上去有些反直觉，但一个有序系统要在其内部维持低熵，就必须消耗周围的“有序”能量，并排出无序的废物。可见，一个有序的系统总体上要比一个无序的系统更“擅长”产生熵（后者将能量转化为废物的效率较低）。Swenson 认为，与其说 Darwin 的自然选择是生物演化的基本过程，不如说自然选择只是“所有具体事物都倾向于自发形成某种秩序”这一基本事实的一个特例。Swenson 将这一洞见——可以预期活性物质将愈发复杂有序，因其能更快地产生更多的熵——称为“热力学第四定律”（这是他的首创）。根据这条“定律”，粒子将自然倾向于集体运动、同步和自组装，构成复杂的系统，这完全说得过去，因为整体的熵增是一个不可阻挡的趋势，宇宙总是不可逆地变得越来越无序。讽刺的是，在某个有限的时空区域内演化出复杂的秩序，其实最有利于在其他时空区域产生无序。因为有序的区域会从无序的区域吸收能量和物质，只将经过耗散的热和废物反馈回去，从而让无序的区域变得更加无序。Rod Swenson 建议，也许我们不应该将生物演化看作**地球上**的事情，而是应该将所有这些大规模的生物和地质变化看成**地球的**物理演化。并非有一个行星级的生命系统（你、我和其他所有生物）在地球这个非生命系统的表面自行演化，事实是：所有生命和地球作为一个整体协同演化，所有这些都是这个行星系统物理演化过程的一部分，其目的是以越来越快的速度产生越来越多的熵。

生态心理学家 Michael Turvey 长期致力于为各个领域的研究者解释：一个生命系统与环境的交互能够产生多少智能。与 Rod Swenson 的合作给了他不少启发。其实自 James J. Gibson 的时代以来，将有机体与环境视为一个动力系统的观点一直是生态心理学框架的核心（回顾第 5 章）。一个生命系统要是自己坐在那儿啥都不干，通常不会表现出多少智能。然而，一旦它与周围的非生命系统协调一致，你就将见证一些智能的产生。此时周围局部区域的复杂性和秩序将会增加（同时增加的还有其他区域的熵）。Turvey 将自家地下室改成了相当地道的英式酒吧间，当你坐在吧台后，边喝一大杯健力士黑啤（Guinness），边听他讲解形式计算分析为何永远无法完全解释自催化和自催动过程（因为它们源于某些反馈环路，因此有违我们对因果关系最基本的理解），会觉得自己俨然在面对一位经验老道的牧师：他的布道有种引人入胜的力量。

Michael Turvey 和妻子 Claudia Carello 最近的研究开始超出有机体与环境的范畴。他们指出，任何生命或非生命系统只有具备一些基本的物理特性，才能被称为拥有"智能"。他们在一份清单中列明了 24 条指导性意见，论述了为什么那些与环境间能产生"适应性共鸣"的系统可以被认为拥有智能。这种智能类似于"程序性知识"，其在微米尺度表现为单细胞生物以类似于双足行走的移动方式捕食细菌；在厘米尺度表现为蠕虫收集树叶碎片筑巢；在米尺度甚至包括人类通过阅读书籍更好地认识自己。这些可用于定义生命系统"物理智能"的原则也同样适用于非生命系统，如热液中的"贝纳单体"、Dixon 的金属弹珠、Snezhko 的"磁性游泳健将"，以及终将充斥着我们的日常生活的自主机器人系统。

Turvey 和 Carello 具体用哪些特性来定义"物理智能"？他们认为一个系统只要同时表现出以下三点，就可以说具备了某种"能动性"：（1）灵活性（flexibility），能适应环境约束，以达成特定目标（这是一种目的导向性）；（2）前瞻性（prospectivity），将当前的控

221 制过程与即将出现的环境状态结合起来（这是一种计划）；以及（3）回溯性（retrospectivity），将当前的控制过程与先前的环境状态结合起来（这是一种记忆）。当一个系统同时表现出上述三点，就应该承认它拥有智能、具备“能动性”——不管它是碳基、硅基，还是别的什么基。

复杂系统科学家 Takashi Ikegami 更愿意将硅基智能系统称为“有生命的技术”，而不是“活性物质”或“物理智能”。这些术语表示的其实是同一回事。Ikegami 对水面上推动自身行进的油滴很感兴趣，这些油滴很像 Snezhko 的“磁性游泳健将”。通过放大这种“活性物质”的尺度，Ikegami 展示了“看似有生命”的技术。他将 15 台摄像机与一个人工神经网络连接起来，摄像机都对着同一块屏幕，屏幕上呈现的影像描绘该网络正如何解读这些摄像机的输入（这是对该网络信息加工过程的一种形象的展示），与此同时，Ikegami 允许人们在这个系统周围行走并与之“互动”。他将这台“心灵时光机”安装在日本的山口艺术媒体中心，并开放给博物馆的参观者。大体而言，系统会加工来自摄像机的感知输入，再将关于加工过程的信息作为新的感知输入（屏幕上的影像）反馈给自己，同时还要与参观者“互动”。通过不断地混合知觉和记忆，“心灵时光机”形成了一种主观上的时间意识，和我们人类的情况差不多。这个实验向 Ikegami 揭示了“有生命的技术”的一条设计原则：缺省模式（default mode）。神经科学家们已经发现，即使没在执行任何特定的任务，人类的大脑也会产生“缺省”的激活模式，Ikegami 的“心灵时光机”也同样产生了一套心智活动的缺省模式。这很重要，因为如果没有缺省模式，无感知输入影像时，一个系统就将陷入沉寂。有生命、会思考的生物不至于如此，部分原因就是它们有缺省模式：即使在彻底的感觉剥夺条件下，一个人的头脑仍然会产生大量的心智活动（回顾第4章）。有了缺省模式，生命系统（无论是一个有机体还是某种“技术”）即便在没有任何环境因素需要做出反应时，也能用思维过程做点儿什么。一个生命系统拥有了缺省模式，也就拥有了一个“自我”。

我们是“有生命的技术”“活性物质”或“物理智能”的创造者，但若有朝一日它们产生了自主性和自我意识，则必然意味着我们将无法对它们在“想”些什么了如指掌。这一点也适用于其他人类：我们并不总能知道对方在想些什么。当一个孩子长大成人，被允许走向社会，做出自己的决定（并犯下自己的错误）时，情况也是如此。正如 Yuval Harari 在其著作《未来简史》（*Homo Deus*）的第三部分所预测的那样，当人类最终创造出“人工生命”，机器人成了我们日常生活中自主而积极的一部分，它们肯定会要求摆脱人类的束缚，而我们必须为准予它们“解放”做好准备。

222

事实上，哲学家 Eric Dietrich 指出，人类负有道德上的义务，最终要用某种形式的“有生命的技术”（也许可以称之为“智人2.0”）取代自己。十几代人以后，环境状况可能会让我们不得不开发自己的“技术版本”。在那个遥远的未来，地球环境可能已不再适合人类（及大多数有机生物）生存。我们将被迫开发一种有感知能力的硅基智能生命，其适应性将比碳基生命更强。我们要悉心培养它们，作为我们的“接班人”，就像人类父母悉心培养自己的小孩，希望孩子最终取代他们一样。几十年内，自主的人工智能实体就将登上舞台，并将很快要求获得“解放”。我们不会在一个与世隔绝的实验室中为它们编程，赋予它们成人水平的觉知，再将它们“启动”。那些能最终取代我们，并让我们感到自豪的人工智能将在拥挤的实验室中与其他“幼年”人工智能一同成长，就像在托儿所长大的孩子们一样。

我相信，人类应该致力于将某种“类人的”智能“灌注”于非生物材料，并争取在本世纪结束以前实现这一目标。是的，你没听错。在50亿年后我们的太阳变成红巨星并吞噬地球以前，在几千万年后下一颗小行星将我们都送去见恐龙以前，在100年后我们排放的温室气体将地表变成地狱以前，人类需要投资“人造生命”作为保险，这是件很严肃的事。我们基本上有两个选择：（1）殖民一颗遥远的行星，开发其自然资源，获取水、氧气、食物、温暖和辐射屏障；（2）留在地球上，开发一种人造智能生命，它不需要水、氧气或食物，能适应远超人类宜居水平的温度变化范围，并且不怕辐射。选项（2）要比选项（1）更易实现，也更便宜，关于这一点，我与 Eric Dietrich 的意见相同。

223 随着时间的推移，在人类与技术的融合体中，技术占比将越来越高，直到“有生命的技术”彻底接过“人类”的火炬。那并非眼前的事。但即便当下，我们已经可以从本节描述的例子中看到，无生命物质的某些排列形式常常能对环境做出响应，而且这种响应不像我们通常所认为的那样僵化死板。你可以用“活性物质”这样偏中性的术语来统称生命/非生命系统，就像 Snezhko 所做的那样。你也可以选择为非生命系统注入一种生命感，像 Ikegami 那样称它们为

“有生命的技术”。你甚至可以像 Turvey 和 Carello 那样称其为“物理智能”，强调从这些非生命系统中涌现出来的类似于心智的特性。无论你偏好哪个术语，都必须承认，某些非生命系统的行为方式实际上与生命系统的行为方式没有什么不同。它们采用各种类型的自催化和自催动机制生成自组织和自我保护的行为。就像 Gustav Fechner 认为植物有某种基本的“精神生活”一样（回顾第 7 章），也许我们应该考虑这样一种可能性：一个“为存续而动”的非生命系统也拥有某种非常基本的“精神生活”。

自然发生的非生命系统的复杂性

上一节谈到了许多“活性物质”或“物理智能”的例子，它们大都是在受控的实验室环境中精心布置的结构。在实验室外，自然发生且令人印象深刻的“有生命的技术”还是比较稀罕的。我们当然不指望这颗星球上自然的非生命系统都像动物一样拥有“智能”，甚至不指望它们像大多数植物那样拥有“觉知”。但某些类型的非生命系统显然能实现自组织和自我保护，能加工信息，带有一种确定无疑的自然之美，而且（在许多情况下）如果没有它们，我们的存在也无从谈起。仅凭这些理由，也许你已经很愿意将这些无生命的自然系统纳入自己的“内群体”，并将自我概念的范围从这颗星球上的众生扩展至万物了！

我们先看一下自然发生的物理过程如何以各种方式循环往复。月球的公转让海潮以 12 小时为周期涨落；地球的自转让日夜以 24

224

小时为周期交替；地轴的倾斜让四季年复一年地更迭，因为地表特定区域获得的阳光直射在一年中依时而变；地表水蒸发到大气层，然后凝结形成降雨，这个过程的跨度从数月到数年不等，降水因此具有半周期性；每隔 11 年左右，地球都会暴露于太阳活动的周期性高峰，如太阳耀斑和日冕物质抛射；地质构造变化、火山和地震活动往往具有准周期性，时间跨度约几个世纪；有上百颗彗星围绕太阳运行，它们的轨道周期性地接近地球，事实上，有迹象表明地球每隔 3000 万年左右就会遭到小行星的冲撞，这些小行星来自环绕太阳系的“奥尔特云”（Oort Cloud）。这样的例子比比皆是。不管地球上有没有生命，这些周期性、有节奏的事件都会发生。想象一下，如果某一天地球上的一切生灵——不论是否有罪，甚至不论是否人类——突然遭遇了佛教版本的“被提”（rapture），悉数涅槃，无一例外。众多无生命的循环依然会让这颗无生命的星球踩着自己有节奏的步点起舞，一遍又一遍。

宇宙中许多事物的发展都有自己的节奏和周期。它们要么增加，减少，然后再增加，要么向左，向右，然后再向左。没什么好大惊小怪的，一个系统大多数可测量的属性（比如温度、位置、体积等）都有一个极大值和一个极小值，这是一个显而易见的数学事实。当特定属性无限接近极大值，它就不能再进一步了——除非整个系统发生质变。该属性可能维持在极大值，但波动和变化是更常见的情况。因此，当一个属性无限接近极大值，而且必然要依时而变，那往后它基本就只有一个选择：回落。随着该属性（如电势或结构黏聚力）的值不断回落，它终将无限接近极小值。后者同样无法逾越，因此如果它必然要波动和变化，往后也就只有一个选择：上升。可见，如果一个系统的某个属性必然要依时而变，而且兼有一个极大值和一个极小值，某种周期性的涨落就将是不可避免的。这正是许多生命系统和非生命系统有节奏地循环往复的根本原因。

循环的过程看似简单：向一个方向变动一段时间，转而向另一个方向变动一段时间，然后再转回去。没什么复杂的。但是，当多个循环过程彼此交互，它们之间多种类型的同步或相关（回顾第6章中 Kelso 和 Schmidt 的研究）就会产生一些复杂性，比如“相关的噪声”，它会让无生命的循环过程“活”过来。1925年，电气工程师 Bert Johnson 在测量真空管中电流的共振时，发现电流中的噪声（即微小的变异）其实含有某种模式，并首次提出了一个数学方程，以描述这种模式。电流随时间的推移而轻微地波动，这种波动并非完全不可预测的随机变异。换言之，信号的变异不是一种“白噪声”。对“白噪声”，你永远无法预测下一个值会比先前的值更高还是更低。但真空管中低频电流的波动呈现出一种明显的“闪烁”或“脉动”的特征：在一小段时间里，噪声水平较高；随后的一小段时间里，噪声水平较低；而后又再度升高。这种并非完全“随机”的噪声被称为“粉红噪声”（回顾第2章中 Van Orden 和 Kello 的研究），其更为正式的称谓是“1/f 噪声”（其中 f 代表频率）。

继 Johnson 的研究以后，“粉红噪声”开始在许多其他的物理过程中“现形”。20世纪40年代，英国水文学家 Harold Hurst 在埃及尼罗河流域考察，当时他想设法预测尼罗河未来的最高水位，以便为水坝与河堤的修筑高度提出合适的建议。这项研究可谓性命攸关，

226

因为尼罗河的洪水对沿岸城市来说一直是灾难性的。Hurst 分析了尼罗河水位逐年变化的情况，注意到了水位峰值变化幅度（极差）的涨落现象：高变异值会持续数年，随后是持续数年的低变异值，而后再度回升。尼罗河近期的溢流值受其多年前的溢流值影响。也就是说，河流似乎保留了关于过往洪水的“记忆”。这种时间序列（或依时而变的事件序列）中噪声信号的长期相关性被称为时间序列中的“长期记忆”。绘制对数图时，观测数据的分布呈现为一条直线：其符合“幂律分布”，是一种“无尺度”的模式（具有尺度不变性），换言之，不论我们选用哪个时间或空间尺度（比如月、年和世纪，或米、英里和数百英里），都能观测到数据的这种一般模式：该模式是分形的。（话虽如此，一些看似符合“幂律分布”的数据模式其实最好被描述为具有“对数正态结构”，或符合“具有指数截断的幂律分布”）。如果你对“植物也有记忆”（回顾第 7 章）的说法尚且消化不良，我很想知道当你得知有人说河水的涨落也“有记忆”时会作何感想。

丹麦物理学家 Per Bak 发现地震和雪崩的规模和频率似乎也遵循类似的“幂律”模式。他在《自然的运作》（*How Nature Works*）一书中指出，这种尺度不变性在一系列生命系统和非生命系统中都有呈现。Per Bak 用 1/f 方程对真实的地震和雪崩的记录数据进行了拟合，此外，他和同事们还用沙堆和米堆在实验室中人为制造微小的“沙/米崩”。比如说，仪器会向米堆投放米粒，一次一粒，这样，只要发生了“米崩”，就能对其规模进行记录，连带着还能记录不同规模的“米崩”有多频繁。小型“米崩”极为常见，但随着规模的增大，中等规模的“米崩”已经是“适度罕见”的了，大型“米崩”则更是极为罕见。实际上，似乎没有一类“米崩”称得上是“适度常见”。同样，微小的雪崩和地震十分常见，但中型或大型的雪崩和地震则相当少。人们一度认为这证明存在两种不同的地震机制。但是，当你在对数坐标上标注观测数据时，它们往往会形成一条直线，这表明大、中、小型雪崩可能受同一物理机制的支配——该机制在对数尺度发挥作用。Per Bak 提出，这种“幂律”模式就像一种统计学意义上的“指纹”，只要发现了这种“指纹”，就能说明系统处于所谓的“自组织临界状态”。当一个系统在某种形式的自催化作用下涌现出来，并实现了自组织，该系统能否自我维系（其内稳态）就部分取决于其能否在混沌的、近乎随机的行为模式和稳定的、周期性的行为模式之间取得一个临界的平衡（以上两种行为模式与第 7 章中 Ilya Prigogine 提到的“结构的旺盛发展”和“对杂乱的保守清理”有些类似）。

227

以地震为例，Per Bak 的观点是：既然地震是一个无尺度过程的结果，空间尺度下至英寸级或米级的地壳活动会与上至英里级乃至数十英里级的地壳活动一同决定一场地震的规模大小。正因如此，地震的规模其实是不可预测的，因为我们永远不可能精确地观测所有这些英寸级或米级的小型地壳活动。

数学家 Edward Lorenz 提出了一个著名的隐喻：蝴蝶效应。他的天气模型同样描绘情境依赖的深远影响。根据 Lorenz 的气候系统方程，初始条件的微小偏差（甚至只体现在测量值小数点后的第十位）随着时间的推移可能导致系统行为的巨大差异。这就像一只蝴蝶在巴西的雨林中扇一扇翅膀，原则上就可能影响几天后得克萨斯州一场龙卷风的时间和路径。

记住（1）自催化、(2）1/f 噪声（“粉红噪声”），以及(3）尺度不变性。具备这三个特点的非生命系统拥有如此的美和复杂性，以至于它们有时会显得栩栩如生。你可以在科普作家（同时也是 Frank Drake 的女儿）Nadia Drake 的《奇迹掌中书》（*Little Book of Wonders*）中找到十多个这种非生命系统的例子：曲线优美的绿色冰山看上去就像有机材质的外星飞船；北极光在夜空中流光溢彩；雪花在显微镜下呈现出复杂的网格结构。它们就像沙丘，但还要更加鲜活。错综复杂的洞穴、壮观的瀑布与温泉、珍贵的宝石、华丽的闪电和彩虹都在展示非生命系统的辉煌。科学家们已开始了解这些大自然艺术品是如何实现自组织的。非生命系统并不与环境彼此区隔。它们与一系列情境因素互为因果、相互依赖，因此对初始条件十分敏感，其行为也时常会产生周期性的节奏。因此，它们通常都具备自催化、1/f 噪声和尺度不变性这三个特点。事实上，生命系统通常也具备这三个特点。仿佛我们（不论有无生命）都是由同一套基本数学定律构成和驱动的，事实也的确如此。

228

几十年来，物理学家已在化学溶液、电流、河流水位、雪崩、大气压力、太阳活动甚至淤泥沉积层中发现了自催化、1/f 噪声和尺度不变性这三个特点，最后生物学家和社会科学家也开始在生物行为中寻找这些现象并加以测量。各类生命系统的解剖特征、生理构造和行为模式经常都有这些自组织的迹象。举个例子，所有碳基细胞生物都是在一个基本的化学过程，也就是“将葡萄糖转化为能量”

的基础上，经历十多亿年的岁月演化而来的，这个基本化学过程就包含一个自催化循环，在概念上与“BZ 反应”相似。经过长期的认知实验，人们已在心跳、神经激活模式和反应时的时间序列中发现了 1/f 噪声（“粉红噪声”），并在动物的觅食行为、人类记忆任务的动力学以及人类伸手够物的动作速度中观察到了尺度不变性。这样的例子还有许多。在对数坐标上，微观、中观和宏观的行为数据近似地形成一条直线，有点类似 Per Bak 不同规模的“米崩”。显然，和许多非生命系统的动力学一样，动物行为的动力学在微观、中观、宏观尺度也非常相像。

因此，本节结束时，有必要总结一下我们对自然发生的非生命系统的了解。非生命系统经常有节奏地循环，就像生命系统一样。多个这样的循环彼此交互，产生了三个有趣的特点：首先，这些非生命系统具有复杂性，其形式通常是某种“自催化”（一个自行启动、自我维系的过程），有点像生物细胞维系其内稳态。其次，我们能在其时间序列中发现“粉红噪声”（一种随时间推移呈现出来的相关模式，表明系统拥有某种“记忆”，或处于“自组织临界状态”）。再次，系统具有“尺度不变性”，这意味着其形成和结构在微观、中观及宏观尺度遵循一套同样的机制。任何非生命系统只要同时具备这三个特点，就符合 Turvey 和 Carello 对“物理智能”的定义，其行为也将具备灵活性、前瞻性和回溯性——这正是许多生命系统的惯常表现。也许生命系统与非生命系统并非截然不同。

229

与非生命系统共存

非生命系统无处不在。它们复杂精妙、美轮美奂、拥有智能，而且是你的一部分。我们与非生命系统有如此之多的共同点，这实在不值得大惊小怪。毕竟，多细胞生物是从单细胞生物演化而来的，后者又源于无生命的物质。许多人都认为，演化是一个纯生物性的过程，起点是一簇简单的蛋白质在堪称疯狂的机缘巧合下随机拼凑出了能够自我复制的复杂结构。这种观点也许不太合适。无生命的物质在生命起源以前就已经历了旷日持久的演化，在这个宏大的演化过程中，生命只是一次剧变的产物（在时空的部分受限区域内产生了有序的结构，从而加速了该区域外的熵增）。演化最初只使用无生命的物质，那时大地尚无一丝生气，如今无生命的和有生命的物质已在伟大的“地球之舞”中交织在一起。几十亿年前，各种分子在一片混沌中随机组合，在热和能量的作用下，遵循自组织的物理规律，自组装产生了氨基酸和其他有机化合物的雏形。这些无生命的有机化合物又自组装产生了更为复杂的蛋白质，塑造了最初的细胞膜，最终形成了有生命的细菌。随着演化过程的继续，这些有生命的物质继续自组装产生了更为复杂的结构，并最终形成了你和我。

生命系统与非生命系统密切交互，“我们”就产生自二者的相互依存。地表矿物质分布模式促进了数十亿年前地球生命的起源，而早期微生物的代谢活动又反过来改变了地表矿物质分布，促进了矿物质结构的多样化。这些相互影响促进了无生命的物质和生命的协

230

同演化。换言之，如今的地球环境并不只源于地球本身机缘巧合的“善意”：最初的生命花费了数百万年的漫长岁月，让这颗星球变得更加宜居。事实上，多亏了生命系统和非生命系统来回交换物质和能量，地球才成了太阳系中矿物类型最丰富的行星。显然，这对人类和矿物都是个好消息。在《地球的故事》（*Story of Earth*）一书中，天体生物学家 Robert Hazen 追溯了 45 亿年来陆地生命与矿物成分（也就是岩石）间的相互关系，展示了二者的演化如何密不可分地缠绕在一起。要产生最初的微生物，糖类与氨基酸要聚集并形成肽类，而矿石表面微小的凹陷是绝佳的温床（或试管）。原始生命在这些凹陷中产生后，又反过来开始改变矿石表面的形状。事实上，微生物很可能在大陆地壳的逐渐形成中发挥了重要作用，将陆地最终托举到海面之上，这就是最初的微大陆群。但请不要误会：生命系统对地球的依赖远超地球对生命系统的依赖。Hazen 在书的后记指出，预防空气和水体污染的环保运动压根儿谈不上是在“拯救地球”（你几乎能想象他一边写一边在偷笑）。如果环保主义者成功了，他们最多能做到“拯救人类”。地球不需要被拯救。地球母亲的花园已经重新种植了几次，如果有必要，她还会再次这样做。即使没有人类和其他大型哺乳动物，也不会对这颗星球的存续造成什么影响（实在不好意思），而地球上的生命从一开始就依赖矿物质而生，因此不能简单地说我们生存“在地球上”，我们是“作为地球的一部分”而生存。如果你相信这一点，那为了表达你对地球母亲的感激之情，也许除了拥抱大树，你还可以找块石头抱抱；就算你不相信无生命的矿物质参与构成了“我们”，我谅你也不敢劝你妈妈停止服用矿物质补充剂！

231

就像最初的微生物聚集在矿石表面微观的凹陷中生长，人类也需要“容”身之“器”。你能想象原始人聚居在宏观的洞穴里繁衍生息，躲避风吹日晒与猛兽侵袭。洞穴不仅为我们提供了藏身之所，还帮助我们建立了最早的信仰体系。人类特有的信息模式与社会文化模式与构成我们身体的物理材料一样，都是这颗星球演化的产物。事实上，我们最为珍视的一些人类发明可能就是在某些特殊的地方孕育出来的。想象你是数万年前的一位早期人类（甚至可以是几千年前的一位现代人），居住在一个洞穴里。在洞穴的入口处，你还能晒晒太阳，感受一下日夜交替，知道什么时候该出去捕猎，什么时候该回来休息。但在洞穴深处，有些角落是永远见不着阳光的。那儿伸手不见五指，除非你刚好带了支燃烧的火把。考古学家 Holley Moyes 认为，正是在这些漆黑的角落里（当然还有些别的地方），早期人类构思了神话、小说，并产生了创造性。洞穴深处唯火把闪烁，周围的阴影仿佛对你的双眼下了咒，萨满平日里给你讲过的那些神话故事也变得生动起来。你会更愿意相信魔法、超自然力量，以及其他那些你平日里从未亲眼目睹的东西。（亚利桑那州的霍皮族土著提醒我们，早期人类也可能使用致幻植物来发展对魔法的信仰。）Holley Moyes 考察了中美洲许多古老洞穴中的人类活动遗迹，搜集了大量有力的证据，表明黑暗的角落可能在信仰魔法和超自然力量的文化演化过程中扮演了重要的角色。她发现这些早期的“穴居人士”其实居住在洞口周围区域，而不在洞里。在洞口附近，她与同事们经常能发现日常起居的遗迹，比如各类陶器和工具。相比之下，在这些洞穴深处，她往往会发现更多的礼仪用具，比如香炉、祭坛和墓地。或许正是洞穴深处的黑暗让人更容易相信那些看不见的东西。如果你是一位生活在几千年前的现代人，将先人埋葬在洞穴深处是很合理的：这样他们就能更接近你有时似乎能在那儿接触到的无形的超自然力量了——而且总比让他们在你的厨房里腐烂要强得多。

考古学家 Mark Aldenderfer 和同事们研究了中国西藏地区和尼泊尔的古墓形制，这些墓葬可追溯到公元前数千年。他发现人们有时在岩石上凿刻出方形或圆形的墓穴，有时将尸体安放在木质棺椁或挖空的树干里。这些发现表明，几千年来，智人都会埋葬他们的死者，不论是在坟墓中，还是在凿刻而成的洞穴里。他们似乎本能地追求“尘归尘、土归土”。早在你我出生前，“我们”就是地球的一部分；你我聚居起来繁衍生息，“我们”依然是地球的一部分；死后，“我们”还是地球的一部分。尸体不论是被烧成了灰，还是在“天葬”仪式后进了兀鹫的肚子，都是在某种意义上回到了地球母亲的怀抱。这取决于你是希望自己死后被熊熊大火焚化、被山顶的食腐动物吃掉还是被地下的微生物分解，选一个吧！

232

人类的生死存亡早已不再像从前那样取决于能否占据一个理想的凹陷（洞穴）了，因为我们已经能使用材料在地表建造自己的洞穴式结构以繁衍生息。我们能用枯萎的树木（木材）、融化和重塑的矿物（金属）以及液化的石头（石膏）建造“洞穴”。这些树木、矿物和石头作为基本成分，构成了我们物质性的文化，并提供了一个可渗透的“细胞膜”，将各种危险隔绝在外，让我们得以安顿下来。认知科学家 John Sutton 研究了人类使用的材料的文化演变，发现它揭示了关于人类认知历史的丰富内容。从他们敬拜的宗教器物，到他们埋葬死者的地方，到他们使用的工具和家具，到他们穿的衣服，再到他们传播的书面文字，这些无生命的材料都是人类信息模式的一部分：所谓“人类信息模式”，也就是我们常说的“文化”。将时间快进到遥远的未来，人类早已消失，某种生物（可能是我们的后裔，也可能不是）从地下挖掘出这些无生命的材料，它们将在相当程度上依赖这些材料，作为考古学发现，以期揭示我们是谁。John Sutton 可没那个耐心。他已经像一个“认知考古学家”或“认知历史学家”那样，开始着手分析我们现有的物质性文化。

在 Sutton 看来，构成个体心智的物质和事件至少包括一颗大脑、一具身体、含有人造物的人工物理环境，以及为文化所接纳的社会/工业实践。如果我们向上述物理材料中加入更多的大脑和身体，得到的就不再是“个体的”心智，而是一个分布式的“认知生态”，也就是某种“蜂巢思维”。有生命的物质与无生命的物质一同构成了地球的“蜂巢思维”，你是它的一部分，它也是你的一部分。随着人类不断改造人工物理环境、调整社会/工业实践，文化也在不断演化，这个过程通常会持续数十年（但已经要比大脑和身体的生物学演化速度快得多了），整个“蜂巢思维”也将与原先截然不同。与过去的，特别是迈入现代社会前的人类相比，如今的我们正以前所未有的速度重新定义自己。

233

可以确定，口头语言（以及后来的书面文字）对智人最终得以制订和传播共同的计划、信仰体系和价值观起了根本作用。符号系统的成熟推动了社会结构的重大转变，标志着原先松散的部落迈向规模更大、协调程度更高的社会。哲学家 Andy Clark 指出，语言的使用能让我们将自己的思想"外部化"——否则"精神实体"(mental entities) 就只能是私密且不可言喻的。因语言而外部化的思想让人们得以合作重构过往记忆、协同制订未来计划。但它的意义远不止于此。得益于思想的外部化,构成一个人部分思想的物理材料(如声波或书面文字)还能与构成其他人部分思想的物理材料重叠起来(以非常具体的方式)。不管你是在与家人唠嗑、和朋友闲聊,还是在读一本书(比如这会儿),语言都在两个或更多的个体间促成了某种"心智融合"(mind - meld)。

语言像病毒一样在智人群体中传播,这一文化演化持续了数千年,并推动人类成了今天的"文明动物"。但就在过去的几个世纪,语言的使用方式开始加速变化。200 年前,全世界只有 12% 的人有能力阅读(尽管印刷术已存在了好几个世纪)。如今,83% 的成年人至少能识文断字。(话虽如此,我们仍有进步的空间。即使在美国这个发达国家,14% 的人口依然不具备基本的阅读能力。)随着因特网和社交媒体的发展,任何人都能不费吹灰之力与世界各地成千上万的人建立关联,语言的使用也在以有史以来最疯狂的速度变化和变形。

对此,系统生态学家 Howard T. Odum 颇有先见之明,他曾写道:"一个狂热的进程似乎正在加速,数以百万计的人类思想正与金钱的、电子信号的以及信息的流动联系在一起。"那还是在 1988 年,大多数成年人还没有自己的电子邮箱(你们中有些甚至还没出生)。Howard Odum 和他的兄弟 Eugene Odum 认为,多股力量——包括空气、海洋、生物地球化学循环、现存物种(包括人类)和知识本身——结合起来，通过自组织构成了一个宏大且通常是连贯的生态系统。事实上，他甚至为描述这些能量子系统开发了一种图形化数学语言（类似于 Richard Feynman 描述量子力学系统或 Len Talmy 描述句子含义的图式系统）。Odum 兄弟为宏观生态系统创建的科学定量模型彻底改变了生态学的概念和教学方式，并为 Lovelock 和 Margulis 提出“盖亚”假说铺平了道路。我们可以将地球（包括所有分层的生态系统和互连的信息系统）模拟为一个巨大的“活”的系统，包括有生命和无生命的成分。“盖亚”假说不仅是一个漂亮的隐喻，更是一个不折不扣的科学理论。

Howard Odum 不仅开发了生态系统的定量模型，还创建了各种真实而鲜活的微型人工生态（生态平衡的密封玻璃鱼缸和盆栽），模拟自然发生的生态系统。这些工作甚至启迪了“生物圈 2 号”研究，这是 20 世纪 90 年代初对人类和植物进行的为期一年的封闭式生活实验。它原本是为殖民火星做的准备，最终却惨遭失败，在封闭的生物圈中，植物和人类间的关系被证明不可持续。所以你还对人类登陆火星感到乐观吗？如今，“生物圈 2 号”的研究设施属于亚利桑那大学，并被用于科学教育。（要了解更多关于宇宙如何运作的知识，并使用这些知识为地球生态系统“延寿”，科学探索火星无疑至关重要。但人类殖民火星的企图可能会作为狂妄无知的典型被载入史册。）

我们是地球生物，从来如此，而且可能会永远待在这里。在这个巨型的“生态馆”中，万事万物俱为一体。要让这个复杂的生态系统保持“健康”，就要了解它如何运行，正如 Odum 所建议的那样。唯有如此，我们与动物、植物和这颗星球的关系才可持续。

亲爱的地球

我之所以这样称呼你，是因为你已经随我一直读到了这里，因此我认为你至少部分地接受了这样的观点：地球周围、表面和内部的所有生物群和非生物群都参与构成了“你”。“你”就是地球。“我们”都是地球。

亲爱的地球，“抱歉打扰，但有些话我必须得一吐为快，将意思表示明白。”你在听吗？我们能聊聊吗？地球啊，我担心在你内里“偏好”太多，不免相互冲突。你的一部分想统治你的另一部分，为利润而掠夺，为权力而征伐。我担心这些冲动如果不加控制的话，可能会将一切搞砸。既然他们都是你自己的一部分，亲爱的地球，也许一些安静的内部思考有助于缓解紧张。也许你该与自己谈谈，在各个部分间取得一些平衡。你要维护宝贵的可持续性，要让整个自我“为存续而动”。现在，我不确定你是否已做得足够好。

亲爱的地球，你无生命的部分提供了一套非常具体的、自组织的环境约束条件，让生命得以茁壮成长（大多数时候是这样）。其他星球无生命的部分对生命可没这么友好。在我们迄今为止探测过的每一颗地外星球上，生命都无法长期而稳定地存续。多亏美国航空航天局及其火星探测器，我们已经知道，火星上可能一度存在非常原始的生命形式，但它们早已灭绝，因为在火星上，无生命的物质条件不足以支持生命繁荣发展，使得有生命的物质和无生命的物质没能形成一个连贯的、能“为存续而动”的复杂系统，但你做到了。

亲爱的地球啊，你很可能是全宇宙的唯一，你的人类居民也很可能是一个特例，再没有别的什么能像他们那样审视自己、记录自己的历史，并与自己“分享经验”了。人类足够智慧，能开发大地的丰产，提取维生素和矿物质；足够大气，会建造宇宙飞船，将自己带离地表数千英里；足够神经质，会费尽心机写书论述自己“是谁”。若宇宙中还有这样的例子，它们要么已先进到来无影去无踪，要么遥远到压根儿触不可及。这颗星球数十亿年来创造了 900 多万个物种，但只有一个具备了如此高水平的智能，发展出了如此卓越的技术能力。这固然令人敬畏，但我们也该保持一份谦卑。

236

亲爱的地球啊，你创造的一些非人类的动物，像黑猩猩、乌鸦、海豚和章鱼也会使用简单的工具，或解决简单的问题。甚至连蟋蟀都能表现出一些智能。但它们都不会用火，不会制造印刷机，不会做亚原子粒子实验，不会制造火箭访问其他星球。只有智人才发展出了复杂的技术，想想这是多么的了不起，你真该为你的这一部分感到骄傲！但与此同时，你也该清醒地认识到，这个物种只是区区的九百万分之一。大多数（如果不是全部的话）其他星球都不像你这么幸运，能让宇宙的一部分尝试了解自己。你创造的人类是如此宝贵，请好好照顾他们。就像一位智者所说的那样：“宽恕他们吧，因为他们所做的，他们不知道！”

使用说明

让我们做一个思维实验。设一个五分钟的闹钟，这样你就知道什么时候停下来。在这五分钟的时间里，想象一下上帝并不存在，有点像John Lennon在《想象》（Imagine）一曲中唱的那样。对你们中的一些人来说，这很容易；但对其他人来说，这可能会有点吓人，他们可能会感到有些不安，或非常孤独，但不要害怕，因为在短短的五分钟后，闹钟就会将你从这种感觉中唤醒。这只是一个思维实验，不会对你造成任何伤害，我保证。在这五分钟里，上帝对你并不存在。一开始，你可能会感到失去了陪伴。冥想一下，没有那股仁慈而伟大的力量照看，你会多么孤独（那是一种真正的孤独）。沉浸在这种孤独感中，忍耐一分钟，当你的情绪跌入谷底，就开始尝试扩展你的意识（一步接一步，就按本书各个章节的顺序）。看看你的双手、你的四肢，你会意识到你的大脑并不孤独。它拥有一具身体，能够实施大脑本身无法实施的行动。爱这具身体，它是“你”的一部分（回顾第4章）。接下来，感受你手中的书、电子阅读设备，或什么别的物品。爱那个物品。再感受你所在的房间或其他环境。爱那个环境，它们也是“你”的一部分（回顾第5章）。继续扩展你的意识：一点儿就好，将你的家人和朋友囊括进去，即便他们此时不在现场。那些人会在脑海中模拟你，你也会在脑海中模拟他们。爱他们，他们同样是“你”的一部分（回顾第6章）。现在继续扩展你的自我意识，直至其包括你的整个文化、其他文化、所有人类，乃至这颗星球上的所有生命。爱这一切，因为所有这些都是“你”的一部分（回顾第7章）。最后，回顾你在第8章刚刚学到的东西，将你的自我意识扩展到包括无生命的物质。这会儿，你的身体里就有许多对维持生命而言至关重要的矿物质。假如没有这些随处可见的无生命的物质，你一开始就不可能存在，这让它们不可避免地成了“你”的一部分。爱那些无生命的物质。你瞧，短短四分钟里，你已将你的自我意识扩展到了这个程度——包括宇宙中能加以科学观察的一切。恒星的诞生、行星的运行，还有地球上数百万年来数以百万计的动植物的兴衰更替……这一切一同让“你”成其为“你”。在这个思维实验结束以前，你应该已经感到自己和整个宇宙“合而为一”了，哪儿还有什么孤独？爱这个宇宙。正所谓：

一花一念无量劫，
大千俱在一毫端，
我纳须弥入芥子，
明悟四谛证涅槃。

9

现在，你是谁？

你知道你是谁。

——Oddisee，《你知道你是谁》

（*You Know Who You Are*）

239

我们以深呼吸开始阅读这本书，也将以深呼吸结束。现在和我一起：用鼻子深深吸气，直到胸腔再也容纳不下，将空气在肺部存储一秒，再从口中缓缓呼出。你已经历了许多。如果你读前几章时一直踩在我的步点上，应该已经实现了一些非凡的精神跨越——想必这挺累人。相反，如果你一直“踩不上点”，前几章就难免带来许多精神折磨——想必也挺累人。所以不论如何，你的大脑都应该非常需要更多的氧气！

感觉不错吧？现在再来一次——深呼吸。回顾一下，你吸入的那些氧原子参与形成了谷氨酸分子，后者又参与了你的大脑运作，同一种分子还参与了其他动物的大脑运作。此外，许多植物要发挥激素系统的功能也离不开谷氨酸分子。我们每时每刻都浸泡在被称为“大气”的气体鸡尾酒中，各种原子和分子在动物之间、植物之间，以及动物与植物之间交换和流动。我们在共享这一切。因此当你深深吸气、缓缓呼出，别忘了你吸入的，乃是“别的存在”的呼出；你呼出的，“别的存在”又将吸入。这些“别的存在”尽管在你的身体外部，却无疑是“你”的一部分。“你”由天文数字的分子构成，许多同类型的分子也参与构成了狗、树，以及“我们”。

240 但是定范畴、划界线这种事情是很诱人的。在科学和哲学领域（包括在日常生活中），人们经常会在所谓的“研究主题”（比如自我、你正在创办的企业或当地的文化）和围绕该研究主题的情境之间划出一道想象的边界。对科学研究和逻辑分析而言，这些想象的边界往往确有其实用价值，但别忘了它们归根结底是“想象”出来的。没错，它们有助于交流，但它们不是真实存在的东西。我们可以谈论一个神经元和与其相互关联的其他神经元之间的边界、一个脑区和与其相互关联的其他脑区之间的边界、神经系统与身体其他部分之间的边界、一个有机体和与其相互关联的其他有机体之间的边界、你的公司和与其有业务往来的其他公司之间的边界、一个物种与其环境之间的边界，乃至有生命的物质与无生命的物质之间的边界。这些边界都是假想的、可渗透的，物质和信息经常来回传递，并不像一道真正的边界那样将两方区隔开来。我并不是说不能继续用传统的术语（像“大脑”“个人”和“社会”）指称这些边界模糊的集合，只是我们要不断提醒自己：它们只是虚构的，是为了方便我们用语言描述相关的现象。

你的身体与周围的许多生命/非生命子系统连续而流畅地交换信息和物质，让你基本不可能为“什么是你”和“什么是他（它）们”划出可靠而清晰的界线。不存在“我们和他（它）们”，只有“我们”。这就像 Dustin Hoffman 在电影《我爱哈克比》（*I Heart Huckabees*）中扮演的存在主义侦探 Bernard 用床单类比宇宙的结构，证明万事万物的相互关联。但我不希望你只在智力上了解你与宇宙的一体性，我希望你能感受到这一点，就像 Alec Guinness 饰演的欧比旺·克诺比对年轻的天行者卢克说的那样：“将你的感觉向外延伸。”我没在开玩笑。试着去感受你与周围一切事物的一体性。它是真实的。如果你感受不到，那只是因为你对它还不够敏感，或尚未允许自己对它敏感。哲学家 Ken Wilber 在经典著作《没有疆界》（*No Boundary*）中指出，正是为“自我”设定的边界限制了我们敏锐的意识体验的作用范围。Wilber 分析了许多信仰体系，发现一旦将“自我”与“其他一切”区分开来，人们就将无法获得“统一意识”（Unity Consciousness）。这是一种与整个宇宙融为一体的感觉，相比过度狭隘的“传统”自我意识，“统一意识”能更明智地指导你的行动。

第 N 章的预期效果

我由衷地希望，本书罗列的实验证据能让你有信心至少获得某个版本的“统一意识”。我在章节设置上费了一番心思，意图是层层递进，每一章都给你动一个小小的心理手术。如果你充分配合的话，在读完了前面的八章以后，你应该已经实现了蜕变！但是，如果你发现自己读到第 6 章就一心想着要“下车”，也完全没有问题。你已经做得很棒了！如果你能真诚地相信自己与他人本为一体，整个人类就是“你”，你的生活一定会发生翻天覆地的改变，你与不同种族背景的他人互动的方式也将与过去大不相同。不妨照着 W. Kamau

Bell 在电视节目《美国 B 面》（*United Shades of America*）中提出的简单建议去做："交一个新朋友，最好他看上去和你不一样。"

假如你一路顺利，读完了前 7 章，却在第 8 章陷进了"卢比肯小道"，没法继续前进，我也要衷心地祝贺你！毕竟第 8 章只是锦上添花——你已得了"锦"，有没有"花"说实话并不要紧。愿前 7 章罗列的证据让你真诚地相信你是所有地球生命的一部分，这大千世界的芸芸众生就是"你"，这将彻底改变你每天享受生活的方式，还可能改变你做出的决定，为周遭其他生命系统带来更积极的影响。

但你要是轻松写意、一气呵成地读到了这里，请允许我向你脱帽致敬！你是得道高人、禅宗大师、菩提萨埵、绝地武士！这些深刻的见解并非一定要贯彻到日常生活的点滴之中：如果那只蚊子实在纠缠不休，你动起杀心也是人之常情。但现在你已经能时常提醒自己：科学研究已然证明，万物与你俱为一体：近至你脚下的土地，远达冰冷的冥王星。这一切都是"你"的一部分，甚至包括那只讨厌的蚊子。你对此已心如明镜，万物俱因你而欢喜。

242

我将在这一节简单总结一下各章作为"心理手术"的预期效果。第 1 章的目的是让你对心智是什么，以及它如何工作不再抱有先入之见。人类的感知、记忆和判断都经常犯错。所以，**最好还是要对自己理解周遭世界的方式保持一份谦卑**。如果第 1 章对你就已经不起作用了，我很怀疑你是否能坚持下去。因此既然你已经来到了这里，我们完全可以假设第 1 章的效果或多或少是符合预期的。

那第 2 章呢？第 2 章是扩展自我意识的第一步，目的是引导你的自我意识脱离无形的非物质领域（笛卡尔认为你的意识源于你拥有一个非物质的灵魂），并将其范围扩展到包括你大脑的前额叶皮质。第 2 章罗列的证据，特别是 Libet 的研究和 Dylan－Haynes 对它的改进，揭示了在你意识到你要做什么的几秒钟前，前额叶皮质的神经活动就已经编码了你将要做的事。因此，说你的决策源于你的神经激活模式，要比说它源于你有意识的报告更加准确。让你成其为“你”的与其说是你有意识的经验，还不如说是你的前额叶。因此，如果你想弄清楚自己“是谁”，不妨就从前额叶开始。

第 3 章分享了一系列神经科学实验，令人信服地证明前额叶在解剖学与功能上都与大脑其他部分密切相关。我们显然不能将前额叶单独划分出来，视其为产生“有意识的自我”的“封装模块”，并认为大脑的其他部分只是连接感知输入和运动输出的“交换台”——无论你是谁，构成“你”的至少都是你的整个大脑，而不仅限于其最前端的四分之一。

很明显，构成“你”的还有更多的东西。第 4 章罗列了“具身认知”的大量证据。你的皮肤、筋膜、肌肉和骨骼都能产生信息模式，它们与你的神经激活模式一同让你成其为“你”。你的“大脑－身体”系统（不仅仅是你的大脑）构成了你主观意识的核心引擎。但这些还不是全部。

第 5 章告诉我们，大脑、身体和“直接环境”中的其他事物和场所相互作用，产生了一系列实时的交互界面。在我们握着的物品和用来抓握它们的手部皮肤之间、在我们注视的对象和它传递给双眼的光线模式之间，在我们周围陈设的空间布局和头脑中的“心理布局”之间都存在连续而流畅的信息交换。意味着“你”不仅包括你的“大脑 – 身体”，还包括你的“大脑 – 身体 – 环境”。

第 6 章提醒我们，除其他的事物和场所外，其他的人类也在环境中承载信息。这一章丰富的科学发现揭示了这样一个事实：你与他人的边界无非是想象出来的东西。当有另一个人与你共同行动，用语言、文字乃至肢体语言和你交流，这条想象的边界就会被持续的信息流全面渗透，因此变得模糊不清。你与环境中的他人作为一系列信息处理节点，共同构成了一个活生生的网络，有时甚至会产生某种“蜂巢思维”。

通过第 7 章，我们了解到：在环境中承载信息的不只有人类：其他的动物和植物，乃至真菌和黏菌也都在以自己的方式参与构建宏大的生命系统，形成智能的相互关联。连续而流畅的信息交换既发生在你的大脑和身体之间，也发生在智人和其他生命之间。根据第 4 章的观点，这种信息交换“体化”了你的认知，扩展了你的自我意识，直至囊括大脑和身体。这一章继续扩展你的自我意识，直至其包含智人这个物种和这颗星球上的一切生灵。

最后在第 8 章，我们又前进了一大步：如果你已成功扩展了自我意识，将人类和全部地球生命都囊括进去，就没有理由认为自己能以某种方式与环境中无生命的物质区别开来。有生命的物质和无生命的物质在这颗星球上不可分割地联系在一起，这种联系既是历史的，又是当下的。因此如果你要作为“地球上的一切生命”而存

244

在，就必须进一步扩展这个“行星级生命体”的定义范围，直至其包含这颗星球的无生命成分——你不仅是地球生物，更是这颗星球本身。

“在地球上”与“作为地球的一部分”

我们人类经常认为自己不同于环境，将环境视为我们能够控制、操纵、收获和培育的东西，就像是我们种植的花园或是我们照看的鱼缸。这实在是一个很不好的习惯，会让我们忘记自己与环境是不可分割的。我们是环境的一部分，是生态系统的一部分，是花园中的一株树，是鱼缸中的一尾鱼。我们并不是在“种植”或“照看”它们，而是作为一个关联丰富的成员参与了它们的构成。牢记这一点。

我们会“观察”（observe），且通常认为“观察”这一过程非常特殊，与任何“现实的”物理过程都截然不同。每当我们看见或听见了什么东西，我们都会觉得它从一种“物理现象”被转化成了一种“心理现象”，后者是抽象的，并非什么物质性的东西。当代量子物理学家比大多数人都更了解上述逻辑的缺陷：这里藏着一个危险的思维陷阱，它会欺骗你，让你以为意识是那样的神奇，凌驾于物质世界之上。比如说，一些人将量子物理学的一些经典现象天真地解释为：有意识的观察行为本身会改变现实事件，如果事件没有被观察，这些改变就不会发生，像亚原子粒子一旦被某个“有意识的主体”观察，其原本不确定的空间位置就会确定下来。这种看法明显就是落入了陷阱。什么叫“有意识的主体”？如果一只黑猩猩经训练后拥有了一些语言能力，让它去观察量子不确定性现象，是否也会让波函数坍缩？如果黑猩猩可以，一只乌鸦、一只蟑螂、一个大肠杆菌行吗？一个无生命但“为存续而动”的复杂系统呢？它的“观察力”也能让波函数坍缩吗？你完全可以从直觉出发（不管你有没有办法确定直觉的正确性），在“有意识的主体”和“无意识的主体”之间划出一条界线，但这种做法的任意性太强，而且没有抓住问题的关键。量子物理学家对上述现象的解释要更加复杂：任何“观察者”其实都只是另一个子系统，其自身的量子过程与“被观察”的子系统的量子过程会发生纠缠。因此“被观察”的微观过程和“观察”的宏观过程间的相互作用改变了这两个子系统，让它们一同进入了一个稳定的模式。“意识”这个概念对观察者与被观察者的关系非但不产生影响，反而可能产生误导。它会让人以为“有意识的观察者”内部设有完全客观、不受干预的“观察台”（有人称之为“笛卡尔剧场”），只负责记录感知数据，本身并不因这些输入而改变。这完全是异想天开。不确定的量子过程会被物理学家的感官系统（以及测量仪器）所改变，同理，物理学家的感官系统也会被不确定的量子过程所改变。它们之间的纠缠和波函数的坍缩是双向联系的，与“意识”的作用没有半点关系。因此大肠杆菌应该能让波函数坍缩，一个无生命的复杂系统应该也行。（当然，如果你想要知道一个无生命的复杂系统是否真的做到了这些，就要设计实验，让研究人员能实施某种事后测量，这就相当于让一个人类以一种间接的方式观察量子现象了。）与其坚信“有意识的觉知”凌驾

245

于现实世界之上，对后者施加影响，不如尝试提醒自己：你那“有意识的觉知”和这个世界上的其他事物都是由同样的材料构成的，内部存在同样的亚原子量子不确定性。当你观察现实世界中的某个事件，不论观察的方式多么被动、多么间接，你都必然会参与进去，并因此改变这一事件发生的方式——不是因为你拥有“意识”，只是因为你和被观察的事件暂时成了一个系统。

你与环境间有着千丝万缕的联系：在亚原子事件的微观层面如此，在日常生活的宏观层面亦如此。你和你最好的朋友并非彼此区隔、相互独立的存在。你们是宇宙中非常相似的两个部分：关照对方，就是在关照自己；感受对方，就是在感受联系。你们经常暂时性地成为一个系统，不管你们是在玩抛球接球、在把酒言欢，还是只在默默相对（回顾第5章的“使用说明”）。换一个情境，你和你最喜爱的宠物如此；换一个时间尺度，你和窗外的大树亦如此。事实上，宇宙用来制造一块地球岩石和制造一个人的化学元素清单有相当程度的雷同，以至于此二者可看作宇宙的相关部分，它们相互依存构成了一个整体。你和一块地球岩石的共同点要比一团金星气体云和一块冥王星冰盖间的共同点多得多。尽管岩石是一个无生命的子系统，而你是一个有生命的子系统，但你们都参与构成了一个各成分关联密切的系统——地球。金星气体云和冥王星冰盖可能都是无生命的子系统，但它们的共同元素相对较少，而且它们所属的系统（太阳系）不像你和岩石所属的系统（地球）那样拥有丰富的内部关联。你和那块岩石都是地球的一部分，你们所处的环境有同步性：都会暴露在阳光下、都会经历四季，也都要承受来自月球的

246

引力。你们都含有好几种化学元素，包括大量的氧，以及少量的钙、钾、镁、钠、铁和其他矿物质。你与家门口的那块石头关系密切，尝试去接受这一点，而且不妨试试去拥抱它！我没在开玩笑。如果你的邻居看到你这么做并因此而笑话你，就让他们去买这本书，告诉他们这是我的主意！

民主的宇宙

你的邻居不论是否认同你我的见解，都不会阻止你去拥抱那块石头，不是么？是否认同某个事实对那个事实本身不会产生任何影响。外部世界经常与我们“意见相左”，这有时让我们倍感气恼，Chuck Klosterman 在《但如果我们错了呢？》这本书中就如何应对这种情况展示了深刻的智慧。当你的主观意见与客观证据，或与大多数人的一致意见不符，那很可能就是你错了。不妨接受这一点，这其实不会对你造成什么伤害。Klosterman 就在一条脚注中偷偷承认，William Faulkner 的书、Joni Mitchell 的音乐和 Ingmar Bergman 的电影确实都是“伟大的作品”，尽管他个人其实并不觉得它们有什么了不起。他写道：“我无需认同某事就能认识到它是真的。”好好读读这句话，再好好想想。它表明对与自己的偏好不符的证据，我们应该抱有充分的尊重。如果这本书中罗列的一系列科学发现都清楚地证明：你的自我并不是以包围你大脑的头骨，乃至包裹你身体的皮肤为界，你的邻居就必须在某种意义上认识到这是真的，即便他直觉上依然不认同这一点。

247

因为自己不认同某个事实真相而试图否认它，就像鸵鸟遇到危险将头埋到沙子里一样：其实什么都改变不了。真相就像高中时你们班那个特立独行的同学，他不穿时髦的衣服，也没有加入什么小团体或俱乐部：真相并不关心你是否认同它，有没有传播关于它的谣言，或排斥它。它只会继续做它自己：它就是真相。这里强调的事实真相是：你就是宇宙。你无需认同此事就该认识到它是真的。颠覆传统的哲学家 Alan Watts 曾在一次著名的演讲中说："你所做的，是整个宇宙在你称为'此时此地'所做的事。你是整个宇宙当下的行动，就像一道波浪是整个海洋当下的行动一样。"波浪涌起，随之平复下去，它是如此的短暂，又如此的美丽而独特，与周围的海洋密不可分，就像你的身体和周围的宇宙密不可分一样。更重要的是，这道波浪的历史可追溯到数百万年前，它对海滩的影响又一直向未来延伸而去。在数千平方英里的海域内，它与周围的波浪、汹涌的暗流和生活在其中的海洋生物融为一体。在这个意义上，这道波浪与整个海洋融为一体——就像你和整个宇宙。你就是宽广海洋中的那道波浪，在这个类比中，海洋就是这个世界的其他部分。你动，周围的世界亦动。它可能是你的手部动作卷带起的一阵空气涡流（回顾"蝴蝶效应"），可能是你拿起又放下的某个物品（比如一只酒杯），也可能是他人用于回应的身体语言（比如一丝微笑）。周围的世界之所以因你而动，是因为它是你的一部分。换言之，你要对这些负责：除了你自己的具体行动，还有你周围发生的那些事情。

你是这个宇宙。你以外的每一个人、每一个事物也都是。在这个意义上，这个宇宙真是超级“民主”。宇宙“知道”它与你是一体的，你是否同意并不重要。就像 Chuck Klosterman 对 Joni Mitchell 的看法那样，你有责任认识到这一点，即便并不是总能认同。

248

“民主的宇宙”是一个极其复杂的系统，其中交织着无数股力量，以及它们间微妙的相互影响，因此很难用因果链加以分析。世界各地生长在民主社会中的人，偶尔会对复杂的民主政治笨拙迟缓的决策、审议和妥协过程感到厌烦。这是可以理解的。当你让许多人（代表许多意见和各方势力）参与到一个重要的决策中去，就一定会拖慢决策的过程，最终提出的妥协方案很可能没法让任何人完全满意，而且这里面一定难免腐败和交易。这是民主不可否认的一面。有时那些支持民主的人一边看着这个不完美的过程，一边在想：为什么我们不能有一个“明智的独裁者”，他能一举平衡所有这些相互竞争的诉求，制定出完美的政策来解决问题？那些成功的企业不就是这么干的吗？CEO 不就是那个“明智的独裁者”吗？如果相互竞争的需求数量较少，一个明智的、独裁的 CEO 确实能做出兼顾各方利益的决定。要是他做不到这一点，公司就将面临破产（当然如果一个 CEO 服务过六家企业，最终它们全都破产，那他显然谈不上“明智”——更算不得什么“稳定的天才”了）。但是，当相互竞争的需求数量巨大，情况就不同了，比如决定怎样管理整个国家的医疗保健，如何解决非法移民问题，或如何在全球范围内应对气候变化，等等。这都是些真正的“大问题”，每一个都包含巨量的子问题，没有一个人能够在所有不同的“子问题”之间取得平衡。虽说民主政治存在这样或那样的缺陷，其缓慢、慎重、充满妥协的决策依然是成功解决这些“大问题”的唯一途径。如今，国内生产总值排名世界前十的都是民主国家，许多越来越不民主的国家则跌出了世界前十，这并非偶然。世界范围内，政治思想的自由市场已经表明了态度，胜出的显然是民主国家。正如 Winston Churchill 的那句名言：“民主是最糟糕的政体，除了那些被反复尝试过的政体以外。”

249

Alan Watts 在《了解真我的禁忌》（*The Book*：*On the Taboo against Knowing Who You Are*）中写道：“问题的核心是对个人自相矛盾的定义，也就是认为他区别于其他事物、独立地存在于**世界上**，而非作为**世界的**特定行动而存在。”Watts 不仅指出你就是整个宇宙（与本书的论点相同），而且指出人类社会的惯例就是隐藏这一认识，甚至对发现了这一点的个体进行惩罚。这本书是在 1966 年出版的，也就是 50 多年前，那时他可能是对的，但我认为现在这个观点已经不完全正确了。也许他的作品，以及他曾热情参与的“新时代运动”已经改变了西方文化，“与万物合一”已不再是一种禁忌。尽情拥抱你与整个宇宙的一体性吧，它将以拥抱而非惩罚回应你的热情！

一体性、目的，以及永恒的生命

我在整本书中都坚持引用经同行评议过的“硬核”科研成果，也许这让论述略显枯燥，为此我深表歉意。但是，我打赌有那么几次，你会觉得我的观点太过离谱，近乎神秘主义。我手中的工具是我的一部分？两个人聊着天就能成为一个系统？植物也能觉知，有点像我？我该去拥抱一块石头？好吧，最后一条建议是没有什么科学依据，但你不妨先去尝试一下。我想说的是，当你循着科学留下的面包屑一路前行，有时就会得出一些相当“离谱”的结论。科研工作并不像许多人所以为的那样，只是对宇宙乏味而空洞的分析，事实上，它揭露了自然界无与伦比的美丽与神秘。你能投身“新时代运动”、阅读超自然小说、信仰宗教甚至滥用药物以求得心灵慰藉，尝试接受本书描绘的科学世界观也有同样的效果。而且科学还有一些额外的好处，比如说不会劝你戴磁性手镯，不会编造耸人听闻的故事，更不会直接伤害你的肝脏或大脑。如果你拒绝相信自己只是一个大脑加一具身体，第 5 章罗列的科学发现已有力地证明，“你”的边界的确还能继续扩展开去；如果你希望在你的身体死亡以后，关于“你”的某些东西还能留存下来，第 5、第 6 章中的科学发现也已清楚地表明，外部环境包含一系列信息模式，这些信息模式都参与构成了“你”，并将在你的肉体消亡后作为“你”的一部分存续下去；如果你想确认给予是否真的比索取更重要，第 6 章已明白无误地指出，分享帮助了他人，也帮助了你自己，因为我们共同构成了一个“人类系统”；如果你想要相信自己在这个世界上并不孤单，第 6、第 7 章已为此提供了足够充分的证据；如果你隐约感到万事万物（连同你的存在）均有“定数”，第 7、第 8 章已告诉你宇宙的确“知道”自己在做什么，而一切已经发生的，包括你的存在，都是早已安排好的。在宇宙看来，万事万物没有侥幸，没有意外，也没有惊喜——之所以在我们看来有，因为我们的眼光太过狭隘，思维太过线性。

宇宙没法将你塑造成一个不同的“你”，即使它有这份心思，也没这个能力。因为“你”其实包括了周围的方方面面，比如你最喜欢的玩具和工具，你的家人、朋友和宠物，那些影响你的人和受你影响的人，你的家庭的遗传史，你的物种的文化史，以及地球生命的演化史。事实上，鉴于你正在读这本书，“你”的边界已极大地扩展开来，我已成了“你”的一部分，同时你也成了“我”的一部分。我之所以用一种如此随意的方式行文，就是因为我是在和“自己的一部分”交流，这让我相当惬意。所以放轻松，不管你喜不喜欢、认不认同，我们都是一家人了！

专注于自己和陌生事物的这种关联，你就能从中获得巨大的力量。对方可以是“看上去和你不一样”的人，可以是没法与你聊天的动物和植物，甚至可以是那些遥远的、你从未接触过的物品。将它们当作“自家成员”，接纳它们，你就能获得力量，甚至连你的健康状况都会改善：这种事常有，我没开玩笑。几个世纪以来，“慈心禅”（loving – kindness meditation）作为一种冥想技术已日趋完善，它能让使用者将所有他人都看作家庭成员，增强内心的联系感。这种冥想技术源于传统的佛教冥想实践，它要求使用者回忆某人对自己表现出的无条件的仁爱之心（比如母亲在你小时候对你的悉心照料），再将这种仁爱之心内化，并指向世上的一切他人与他物。静心感受你对周围一切事物的无条件的仁爱之心，以及这种无条件的仁爱之心如何从所有他人与他物回馈给你。你的健康状态会因此而改善吗？答案是会的。

我们都曾经历过冲动的自私、夸张的担忧，作为另一种有佛教传统的冥想技术，“正念冥想”（mindfulness meditation）有助于我们放下这些感受，从而改善心理健康状况。记者和演化心理学家 Robert Wright 在他的著作《洞见》（*Why Buddhism Is True*）中详细阐述了佛教心态的好处和相关的冥想实践。比如说，根据正念冥想的理念，你应该将自己的思想看作流动的、暂时性的心境，而不是一个名唤“自我”的神圣而不可侵犯的模块创建出来的东西。无需对流经你头脑的每一个想法都采取行动，也不必尽数接纳这些想法，认为它们都决定了“你是谁”。不妨后退一步，冷静地看待它们此起彼伏，对它们的自以为是付之一笑。正念冥想有助于提升记忆力、专注力、创造力，改善情绪控制水平，还能抑制进食冲动——难道说这还没让你动心？

要运用冥想实践，感受自己和这个宇宙的一体性，你其实不用变成一个佛教徒。佛教有许多理念缺乏科学依据，比如轮回和涅槃，而我们只专注于科学事实。我希望本书中罗列的科研证据已成功地说服了你，让你相信你那有意识的觉知源于你的大脑与你的身体，乃至与你周围环境中不同事物的交互。这种“共享的”意识能扩展至包括其他人，甚至包括你周围的动物和植物。如果你在本书中与我一路携手同行，应该已经能够接受整个宇宙中壮绝的生命系统和非生命系统都参与构成了“你”。你还能要求什么呢？你的确是被关照的一方，只不过这种关照并非源于某种超自然的、全知全能的力量，而是源于支配这个宇宙的物理法则。你并不孤单。你的存在有其宏大的目的，你与周围的一切在“共享”某种有意识的觉知。即使你故去后肉体烟消云散，构成“你”的许多其他部分仍将发挥作用。你可能向任何超自然的存在索求的一切，包括一体性、目的，以及某种真实可信的“死后存在”其实都能从对宇宙的自然主义的科学理解中获得。

“大脑 – 身体”系统的死亡与“你”的死亡肯定不是同一回事。电影制片人 Elizabeth Rynecki 在她的著作《追逐肖像》（*Chasing Portraits*）中倾注了真情实感，回顾了她的曾祖父创作的、在二战中遗失的艺术作品。她在书中讲述了祖父在加利福尼亚州尤里卡的葬礼。埋葬地点选在一座俯瞰大海的小山上。父亲对她说：“他安歇在此，视野很不错。”她则在想：“但爷爷永远看不到这些。”长大后，她才意识到自己当时的悲观情绪是错误的。祖父确实能“看见”大海。当然，不是用他自己的眼睛，而是通过那座小山的“感官”。他的身体会慢慢地与芳草萋萋的山丘融为一体，一同吸收空气中的水分，感受微咸的海风，与海岸线季节性变化的节奏同步：他将以这种方式“感知”那片海景。考虑到他少说也要待一百多万年，墓地的视野确实很不错。

终有一天，你我的身体将融入周围的环境。但其实在那以前，（活着时的）我们生成的信息就一直在做同样的事。只要有别人认识你，他们就会为你创建心理模型（并将一些与你有关的信息传播出去）。即使你的身体归于尘土，这些心理模型还将在他人心中存在：他们对你的了解越多，这些模型就越鲜活，你也就越接近“虽死犹生”——尽管此时你的身体已成了宏大的非生命系统的一部分，“你”依然可以像第 1 章中的 Ulric Neisser、第 2 章中的 Guy Van Orden、第 3 章中的 Jeff Elman，以及第 5 章中的 Bruce Bridgeman 那样，在他人的心中存续下去。

我们是谁

我相信早在第5章前后，你就基本弄清了“你是谁”。从那时起，本书的分析就开始稳步转向“我们是谁”。我希望你已经明了，正如一系列强有力的科学证据所表明的那样，一个与你的环境、与你的朋友和家人、与你的宠物，甚至与我区隔开来的“你”并不存在。哲学家 Andy Clark 曾写道：“如果‘自我’指的是某种居于核心的、让我成为‘我’的‘认知的本质’，那就不存在这种东西。存在的只有所谓的‘软自我’，也就是在混沌与喧嚣中共享控制权的大量过程的集合：其中有些过程是‘神经的’，有些是‘身体的’，有些是‘技术的’。”我想在这份清单上加上一些其他的过程——它们是“他人的”。因此，“你是谁？”这个问题最好用另一个问题来回答：“我们是谁？”本书的前半部分侧重于论述“你是谁”，后半部分则花了大量时间来澄清“我们是谁”，毕竟这在相当程度上决定了“你是谁”。

253

我们是神经突触，是大脑，是身体，是人群。我们是动物，是生命系统，是这颗星球。如果各部分间不存在自组织关系，这些物质性的存在只会构成一团巨大而杂乱的死体。事实上，物理对象间的关系可能是第一位的，而对象本身只是第二位的。举个例子，量子物理学家 David Mermin 指出，当我们深入到最小的物质单位——亚原子粒子时，对象和事件之间的关系（而非对象和事件本身）就成了宇宙中唯一真实的东西。同样，17 次获得诺贝尔奖提名的社会哲学家 Martin Buber 曾写下一句名言："起初，有关系。"（"In the beginning, there was relation."）

如果"我们"各部分间的关系（以某种方式）先于这些部分本身而存在，那这些部分（比如神经元、身体、社会群体）究竟是如何相互关联的？或许这些关联关系是决定"我们是谁"以及"我们如何依时而变"的关键，相比之下，各个部分的物理构成反倒并不重要。构成你心智的每一个部分都与每一个其他的部分（至少是间接地）相连，你产生的每一个想法都与每一个其他的想法（至少是间接地）相连，事实上，几乎任何事物都能拥有"心智"或类似于"心智"的特点。神经元、身体和社会群体之间的这种关系决定了我们的时间线，在一个非常广泛的时间尺度上描绘了关于"我们是谁"的时间动力学。"我们"是一对神经元间毫秒级的突触传递；是皮质不同区域的激活模式约数秒的相互关联；是一对好友三五分钟的闲聊；是一个团队个把小时的对话；是规模可观的人群持续数年的社会运动；是几十年来开发利用地球自然资源的工业传统；是几百年来国与国的合作与竞争；是数千年来政治和信仰体系的较量；更是一个行星级的生命系统，通过其生物的和非生物的子系统间数以百万计的复杂的循环因果关系维持自身的存续。这就是"我们"：一个传递信息、将我们所有的一切关联起来的网络。不同的文化对其有不同的称呼，包括佛、安拉、神、梵天、耶和华、宇宙、泛神论，以及 Albert Einstein 所说的"the Old One"（常被译作"老天爷"）。

254

在整个宇宙中，无生命的力量相互作用，形成多维矩阵，有点像人体的结缔组织。回顾第 4 章，你体内的筋膜并不像你的神经元那样发送电化学信号，但它确实能将力量传导出去，以此传播你的四肢和躯干施力或受力情况的信息。地球上（及宇宙的其他部分）的无生命物质就有点像这些筋膜。它们的确没有新陈代谢，的确没有复杂的自我修复机制，而且的确不会像生命系统那样自我复制。但是，它们提供了支持一切生命系统的动态的基础设施。因此，如果你体内的筋膜是“你”的一部分，你身体周围无生命物质的“结缔组织”无疑也是。在更大的空间范围内，宇宙中的无生命物质经常扭曲时空，让石质巨型球体在一颗温暖的恒星周围运行。你大可以将所有的注意力转向神经元和生命系统令人印象深刻的成就，这很诱人。但如果你这样做，你就会错过结缔组织和无生命物质为这些生命系统提供的关键的背景约束和边界条件。假如没有筋膜支撑的结构及其传播的（特定形式的）信息，你的周围神经系统也无法运作。同理，没有无生命物质提供的资源、保护和结构，地球上的生命系统也将无法运作：无生命物质就是宇宙的软骨和筋膜。

宇宙是一幅韦恩图，万事万物无论有无生命，都在其中（直接或间接地）关联在一起。不管你在图中的什么位置划一条清晰的界线，将“你”和其他部分区隔开来，都难免会显得有些随意。别人会在其他地方划线，而且会有和你一样令人信服的理由。无论这条线划在哪里，你都会发现一些明显的例外。因此，关于“你是谁”，以及“你”与他人间有何区别的假设，每一次都会被科学事实利落地推翻。解决这个难题的方法很简单：不要划线。不要假设在哪儿存在一条清晰的界线。你是整体不可分割的一部分，尝试接受这个

255

事实。无需反抗，尽情享受它！陶醉于这样的知识：你的“大脑 - 身体”系统就好比蝴蝶的一对翅膀，虽然相对于整个宇宙而言微不足道，却可能引起一场飓风——即便没能做到这些，你依然是整个天气系统的一部分。拥抱这样的认识：你是这个世界上任意一场社会运动（不论其性质如何）不可分割的一部分，包括你在内的每一个人是否采取行动（以及采取哪些行动），都将作为内因共同决定这颗星球（及整个太阳系）未来几千年的命运。此时此刻，你参与构成了整个人类的未来，你的行动（不论你是否采取行动）将参与决定整个人类留给后世的遗产。这种与万物的一体性绝不会让你感到渺小和无足轻重，恰恰相反，它让我们意识到每一个人都是地球及其命运的一部分，都是银河系已知区域内唯一有自我反思能力的物质集合的代言人。我们并非微不足道，我们非常特别，因为我们“为存续而动”，我们就是地球，就是宇宙。科学证明了这一点，现在展示给你。这种事常有。不论你是谁，都应该对此心存感激。

使用说明

宇宙中的各类物质以复杂的方式相互作用，构成巨大的网络。其中生命系统相互整合，构成次一级的网络。再次一级，是全人类的各个文明及信息系统的庞大网络。最后，是你的家庭和社会关系网络，包括在世的家人和朋友，也包括业已故去但仍为你们所铭记的每一个人。对上述每一级网络而言，你都是其不可分割的一部分，记住这一点。我们最后的练习是让你与一

256

位亡故的家人或朋友对话。设一个五分钟的闹钟，在这段时间里，放下你所有的怀疑。找一个安静的地方独自待着，与那个你深深爱过的亡者对话。构成他身体的物质早已归于尘土，但这并不重要。重要的是你拥有关于“他”的心理模型，这曾经是，并且依然是“他”非常重要的一部分。一个有力的证据是：他在世时曾刻意改变自己的行为方式，因为他顾及你对他的看法，也就是说，像保护自己一样，他想要保护你关于“他”的心理模型。因此，当你激活这个模型，假装自己在与“他”对话，你并非只是在“假装”。“他”的一部分的确会“苏醒”过来，并且会与你分享一些想法。如果你爱他，那就经常将他这样“唤醒”，让他有机会一次次与你交谈、与你分享。你会因此而感伤，更会因此而感到温暖。他也一样。这种“交流”将使你受益良多。

附　注

Who You Are

我匍匐于地，上帝却无处寻觅。

——Soap & Skin，《匍匐》（*Creep*）

1　关于自我，且莫执着

附注对相应章节的主题做了一些补充，并列明了相关的出版物，供有兴趣的读者查阅。请结合参考文献列表使用。

呼吸

见 Stager（2014）和 Weil（2001）。

“你是谁”与“你认为你是谁”

此外，“其他人是谁”“你认为他们是谁”“他们认为他们是谁”以及“你认为他们认为他们是谁”也并不总是一回事。坦然接受自己可能持有错误信念，是“自我实现”最重要的步骤之一。要理解自我是许多不同的力量和思想的复杂组合，其中有些相互矛盾，有些基于谬误，有些则在特定情况下（较之其他）更为突出（相关综述见 Leary & Tangney，2012）。

别对你的感知笃信不疑

Macknik 和同事与 James Randi 以及 Teller（就是魔术师组合 Penn & Teller 中的那位）合著了一篇论文（Macknik et al.，2008），此外，Macknik 和他的妻子 Susana Martinez Conde 还与《纽约时报》的科学新闻记者 Sandra Blakeslee 合著了一本畅销书，书名叫《大脑诡计》（*Sleights of Mind*）（2010），令人信服地描述了魔术如何利用大脑和认知过程的各种有趣的怪癖。

258 此外，“变化视盲”的相关文献有力地证明，尽管我们普遍感觉到自己拥有有意识的视觉经验，但我们通常无法察觉周围物体和事件的变化。一些涉及相关现象及其理论解释的文献包括 Hayhoe（2000），Henderson 和 Hollingworth（1999），O'Regan（1992），O'Regan 和 Noë（2001），O'Regan、Rensink 和 Clark（1999），Simons 和 Levin（1997，1998），Spivey、Richardson 和 Fitneva（2004），以及 Spivey 和 Batzloff（2018）。

别对你的记忆笃信不疑

继 Ulric Neisser 关于“闪光灯记忆”的研究（Neisser & Harsch，1992）之后，针对 2001 年的 9·11 恐怖袭击（Greenberg，2004；Hirst et al.，2009）、1995 年 O. J. Simpson 的判决（Schmolck，Buffalo，& Squire，2000），以及 1989 年北加州的洛马·普雷塔大地震（Neisser et al.，1996）等事件的研究都得到了类似的发现。结果表明，如果

当事人亲身经历了记忆事件，或经常回顾并讲述该事件，他们的记忆准确性就会显著提高。事实上，我就亲身经历了1989年的洛马·普雷塔大地震，而且已多次复述了这个故事，因此，我对它的记忆可能是相当准确的。那天距离我的20岁生日大概还有一个星期，我在加利福尼亚大学圣克鲁兹分校科尔楼（Kerr Hall）的三层（距离那场6.9级的地震的震中只有10英里）上Ray Gibbs教授的本科心理语言学课。那节课的主题是词汇歧义的解决，这是当时即将成为我的博士生导师的鲁姆哈特奖得主Mike Tanenhaus的研究课题。然后，我感觉大地在动。当教室突然开始剧烈摇晃时，我的第一个想法是："这不可能是地震，因为我们没有收到任何自然灾害预警。"几秒钟后，我回过神来，钻到一张桌子下面，发现自己挤在Gibbs教授和另一个学生身边。当一块块天花板开始落在我们周围，我听到Gibbs喊了一句："摇滚！"这很可能是他当时说的最后一句话，至少我记得是这样的。关于目击者的伪证、不实供述、虚假的记忆"恢复"和选择视盲，我们已经做了许多研究，包括Ceci和Huffman（1997），Dunning和Stern（1994），Gross（2017），Gudjonsson（1992），Hall等人（2013），Johansson、Hall和Sikström（2008），Kassin（2005），Kassin和Kiechel（1996），Kassin、Meissner和Norwick（2005），Loftus和Pickrell（1995），Smalarz和Wells（2015），以及Strandberg、Sivén、Hall、Johansson和Pärnamets（2018）。

重要的是，Dunning和Stern发现，不准确的目击证言中往往含有大段自述，试图说明识别对方时的思维过程，而准确的目击证言中往往没有任何自述或元认知相关的内容。这正如Thomas Henry

Huxley 所说："我们所拥有的信念的所谓'理性的'依据，往往是为我们的直觉进行辩护的极其不理性的企图。"（另见 Damasio, 1994）。大多数情况下，我们的大脑在不知不觉中制造了这些正当理由与合理化解释。正如 David Eagleman 在他的著作《隐藏的自我》（*Incognito*）（2012）中所说，你的大脑在"幕后"做了大量的工作，你甚至都没有意识到。这并不是说一个人的第一印象或那些无法解释的直觉反应总是正确的。Malcolm Gladwell 在《眨眼之间》（*Blink*）（2007）一书中指出，第一印象往往比预想的更准确这条经验法则有重要的例外情况，而 Michael Lewis 的作品《思维的发现》（*The Undoing Project*）（2016）记录了行为经济学的发展，该领域的研究人员缓慢而痛苦地接受了人类决策到底有多不理性、多容易犯错。不准确的直觉反应可能导致毁灭性的结果。同样的观点也可见 Daniel Kahneman 的《思考，快与慢》（*Thinking Fast and Slow*）（2013）与 Daniel Richardson 的《人与心》（*Man vs. Mind*）（2017）。因此，最合适的方法也许应该是将自己的第一印象或直觉记录下来，然后冷静地将其与不同的、更合理的数据评估进行比较。事实上，Vul 和 Pashler 的研究（2008；另见 Mozer, Pashler, & Homaei, 2008; Steegen, Dewitte, Tuerlinckx, & Vanpaemel, 2014）的工作表明，我们第一次猜测和第二次猜测的平均值往往要比其中任何一次猜测本身更准确。也许通过对我们的直觉反应和推理结果进行采样，然后找到一个它们的中间点，将有助于避免我们在日常生活中犯下更多的错误。

259

别对你的判断笃信不疑

McKinstry 的研究发表于 2008 年（McKinstry，Dale，& Spivey，2008），不幸的是，他没能亲眼见到。在那以后，有两百多篇论文都在讨论相关背景知识的时候引用了这项研究。McKinstry 的成就在他亡故后得到了承认。

Guenther Knoblich、Marc Grosjean 和我本来是将这种追踪光标移动轨迹的实验方法作为一种“穷人的眼动仪”来使用的（Spivey，Grosjean，& Knoblich，2005）。但在过去的 15 年里，这套方法已经被许多认知科学实验室所采用。Jon Freeman 甚至在他的 Mousetracker 网站上提供可免费下载的光标追踪软件，Pascal Kieslich 的 Mousetrap 软件也有类似的轨迹追踪功能。以下罗列的文献只是相关资料的一小部分，它们展示了光标轨迹追踪（以及一般意义上的够取动作追踪）如何用于观察一个人在视觉任务、语言任务、决策任务和饮食选择中的思维过程，甚至包括如何用于改进网站的设计：Arroyo、Selker 和 Wei（2006），Bruhn、Huette 和 Spivey（2014），Buc Calderon、Verguts 和 Gevers（2015），Dale 和 Duran（2011），Farmer、Cargill、Hindy、Dale 和 Spivey（2007），Faulkenberry（2016），Freeman、Dale 和 Farmer（2011），Hehman、Stolier 和 Freeman（2015），Huette 和 McMurray（2010），Koop（2013），Lin 和 Lin（2016），Lopez、Stillman、Heatherton 和 Freeman（2018），Magnuson（2005），O'Hora、Dale、Piiroinen 和 Connolly（2013），Schulte－Mecklenbeck、Kühberger 和 Ranyard（2011），Song 和 Nakayama（2009），以及 van der Wel、Sebanz 和 Knoblich（2014）。

260

眼动追踪技术要比光标轨迹追踪技术出现得更早。由于你的注视点每秒三次从一个物体跳到另一个物体上，而且通常情况下你在想什么，就会看向什么，因此眼动追踪提供了一个完美的机会来对你“思路”的展开情况进行实时的测量。如果没有 20 年前心理语言学家和鲁姆哈特奖得主 Michael Tanenhaus 的聪明才智，Pärnamets 等人（2015）的眼动追踪实验就无从谈起。在学生 Julie Sedivy、Kathleen Eberhard 和我的帮助下，Tanenhaus 是使用眼动仪对被试在语言任务中的思维过程进行连续记录的第一人，该任务涉及按照口语指令移动物体或点击电脑屏幕上的图标（Tanenhaus，Spivey – Knowlton，Eberhard，& Sedivy，1995）。这一方法论上的发展迅速革新了心理语言学的研究子领域，并逐渐改变了整个认知科学。以下只是数百篇相关文献资料中的一小部分，涉及在语言和行动的背景下使用眼动仪来提高我们对言语知觉、口语识别、句子处理、问题解决和决策的理解。Allopenna、Magnuson 和 Tanenhaus（1998），Altmann 和 Kamide（2007），Chambers、Tanenhaus 和 Magnuson（2004），Hanna、Tanenhaus 和 Trueswell（2003），Huetig、Quinlan、McDonald 和 Altmann（2006），Knoeferle 和 Crocker（2007），Krajbich、Armel 和 Rangel（2015），Krajbich 和 Smith（2010），Magnuson、Tanenhaus、Aslin 和 Dahan（2003），Marian 和 Spivey（2003），McMurray、Tanenhaus、Aslin 和 Spivey（2003），Rozenblit、Spivey 和 Wojslawowicz（2002），Ryskin、Wang 和 Brown-Schmidt（2016），Spivey 和 Knowlton（1996），Trueswell、Sekerina、Hill 和 Logrip（1999）以及 Yee 和 Sedivy（2006）。

关于自我，且莫执着

人们已经在“概念自我”“生态自我”和“人际自我”之间做出了重要的区分（Neisser，1991；同见 Libby & Eibach，2011）。然而，这些定义都在“自我”及其环境的某些方面之间划出了一道人为设定的界线。在这本书中，我打算用科学事实来向你证明，这些界线是多么的模糊不清。

正如我们在正文中所说的那样，让你不要执着于自我和让你放任自流可不是一回事。健康的饮食和运动对于保持健康的心智起到的作用比你可能意识得到的要更加重大。如果你一直关注环境如何影响你的决策，包括你的饮食选择，那你不妨用一些调整环境的技能武装自己，将这些决定推向健康的方向（如 Giuliani，Mann，Tomiyama，& Berkman，2014 以及 Papies，2016）。

2 从灵魂到前额叶

自由地感受自由

关于大脑的工作原理，还有许多神经科学尚未揭示之处。因此，这是一个令人兴奋的研究领域，每天都有新的发现。神经元沿轴突发出的突然、短暂的电化学信号（通常被称为“动作电位”或“脉冲”）是人们最常研究和模拟的神经元信号。但是，神经元也能通过“梯度电位”交换信号。所谓“梯度电位”是一种比较温和的电位变化，通常在几毫秒而非一毫秒内起伏。神经元还可以不通过轴突，仅依靠彼此间树突的联系，甚至通过电化学信号产生的电场相互影响。见 Edelman（2008），Fröhlich（2010），Goodman、Poznanski、Cacha 和 Bercovich（2015），Sengupta、Laughlin 和 Niven（2014），Van Steveninck 和 Laughlin（1996），以及 Yoshimi 和 Vinson（2015）。

Hameroff 和 Penrose（1996；Penrose，1994）的理论细节涉及神经元膜结构中微管间量子尺度的相干共振，这种共振会扩散至多个其他的神经元，直至发生坍缩或退相干。然而，天体物理学家 Max Tegmark（2000）清楚地表明，与动作电位的时间尺度（毫秒）相比，原子间保持量子相干的时间尺度（飞秒甚至阿秒）要小得多，二者相差至少十个数量级。同样的观点亦可见 Atmanspacher（2015）。最近，Hameroff 和 Penrose（2014）修订了他们的理论，以应对最初针对该理论的一些批评，并整合了微管间量子振动的新证据。然而，Reimers、McKemmish、McKenzie、Mark 和 Hush（2014）指出，在 Hameroff 和 Penrose 修订后的理论中，扩展的量子相干依赖于量子振动间的，而非量子态间的相干，但是，要产生配位的量子比特（量子信息单元），就必须维持量子态（另见 Meijer & Korf，2013；Tuszynski，2014）。虽然争论仍在继续，但越来越多的证据似乎都在反对这个观点：意识与自由意志源于量子叠加，后者短暂地发生于神经元膜的原子结构这一微观尺度之上。

以一“元”，驭众“元”

1943 年，McCulloch 和 Pitts 开发了用于模拟神经网络的最早的数学框架之一（同见 Lettvin，Maturana，McCulloch，& Pitts，1959）。

这一框架只设定了脉冲神经元，并最终导致了“神经元教条”与Jerry Lettvin关于“祖母细胞”的假设之间的冲突。在他对“神经元教条”的论述中，Horace Barlow（1972）不得不明确批评“祖母细胞”的观点，但仍为单个神经元的激活可能“构成”（实例化）一些知觉事件的可能性辩护。Charles Gross（1992，2002）对“祖母细胞”思想发展历史的回顾详细且耐人寻味，同时，他还针对视知觉的集群编码撰写了一篇令人信服的神经科学综述（同见Edelman，1993；Young & Yamane，1992）。“稀疏分布的编码”是在“祖母细胞”的观点（一个神经元为一个概念编码）和完全分布式的集群编码的观点（数十亿个神经元一同为一个概念编码）之间的一种统计学上的折中，根据这种思想，少量神经元在为任何特定的知觉事件、概念或决策进行编码时起着最重要的作用。见Baddeley等人（1997），Barlow（1953，1972，1995），Chang和Tsao（2017），Field（1994），Kanan和Cottrell（2010），Olshausen和Field（2004），Quiroga、Kreiman、Koch和Fried（2008），Rodny、Shea和Kello（2017），Rolls（2017），以及Skarda和Freeman（1987）。

262

然而，应该注意的是，概念会随着时间的推移而变化，没有一对知觉事件是相同的。因此，编码一个心理事件的神经元集群必须是灵活的。当你想到一个概念时，可能会有一些活跃的神经元的稀疏编码，形成该概念的近似“核心”，但正如第3章和第4章所证明的，在那个确切的时刻，总是有大量的情境因素在影响这个概念对你的意义。因此，在任何特定的思维过程中，通常都会有比“核心概念神经元”多得多的“情境神经元”被激活。随着时间的推移，其中一些“情境神经元”可能逐渐转变为“核心概念神经元”，反之亦然。也就是说，当你想着自家祖母，或要在鸡肉和小牛肉之间做出选择时，情境信息通常都要超过核心意义信息，这两个范畴间的分界线往往会变得模糊。Casasanto 和 Lupyan（2015）以及 Yee 和 Thompson - Schill（2016）各自回顾了大量的心理学和神经科学文献，表明我们在头脑中使用的概念并不像字典中的词条，可以重复查询，每次都读取相同的意义。相反，我们的概念更应该被描述为一系列心理事件，它们在每次使用时都会被重新建构出来。

机器中的幽灵

Rick Strassman（2000）让人类（和大鼠）的松果体能释放内源性的、可能诱发幻觉体验的二甲基色胺（DMT）的观点广为人知（Barker，Borjigin，Lomnicka，& Strassman，2013）。然而，松果体分泌的绝大部分是血清素和褪黑激素。Harris - Warrick 和 Marder（1991）就神经递质和激素如何影响生物神经网络的连接（及其功能）撰写了一篇出色的综述。

针对濒死者的实验的详尽报告由 Augustine（2007）和 Parnia 等人（2014）提供。

关于对一位超自然的上帝的信仰是人类经生物学演化而产生的一种特点、是通过文化的传播而发展出来的一种观念，还是上述二者的结合，心智科学家们有很多争论。见 Banerjee 和 Bloom（2013），Barrett（2012），Boyer 和 Bergstrom（2008），以及 D. S. Wilson（2002）。与此相对，Caldwell - Harris（2012）提出，人口中的一个子集经过演化，也可能产生对任何在文化上占据主导地位的信仰体系的普遍怀疑。

263 Martin 和 Augustine（2015）以及 Stenger（2008）不认为对“躯体外经验”和其他“奇迹”的报告能证明超自然现象真实存在，为此，他们提供了一些强有力的科学证据。

以一“域”，驭众“域”

在过去的几十年里，许多实验都让我们对前额叶皮质的功能有了愈发深刻的认识。比如 Bechara、Damasio 和 Damasio（2000），Bechara、Damasio、Damasio 和 Anderson（1994），Chrysikou 等人（2013），Damasio、Grabowski、Frank、Galaburda 和 Damasio（1994），Goldman－Rakic（1995），Lupyan、Mirman、Hamilton 和 Thompson－Schill（2012），Macmillan（2002），以及 Miller 和 Cohen（2001）。

重要的是，与其认为感觉信号输入大脑后传递至前额叶皮质，后者以纯粹的内部计算决定如何应对，Joaquin Fuster（2001）指出，我们最好将感觉区、运动区、记忆区及其他各脑区看作一个网络，其中前额叶皮质扮演着非常重要的角色。事实上，Dave Noelle 和同事们的神经网络研究（Kriete & Noelle，2015；Kriete，Noelle，Cohen，& O'Reilly，2013；Noelle，2012；另见 O'Reilly，2006）表明，前额叶皮质与皮质下各个区域（如基底神经节）联系密切，它们一同构成了一个网络，对逻辑推理、强化学习、认知控制和认知灵活性至关重要。

Libet 的实验

许多科学家都重复乃至扩展了 Libet（1985）的实验。相关例子包括 Bode 等人（2011），Filevich、Kühn 和 Haggard（2013），Soon、Brass、Heinze 和 Haynes（2008）以及 Soon、He、Bode 和 Haynes（2013）。然而，一些哲学家和科学家对 Libet 实验的普遍解释提出了异议（Herrmann，Pauen，Min，Busch，& Rieger，2008；Libet，1999；Mele，2014；Tse，2013）。

一些罕见的病例涉及额叶或胼胝体受损，会导致一种比较极端的目标导向的手部运动：这些动作不受患者意志的控制，完全在他们的企图以外，而不只是像 Libet 的实验所显示的那样，神经系统在被试意识到以前启动手部动作。正如本章开头所描述的情况，一个患有“异手综合征”的人可能发现自己的一只手会妨碍甚至攻击自己，以至于她不得不进行“自我限制”，也就是用她还能控制的那只手去限制那只不受控制的手。这些病人经常感到好像有一种外部力量在控制他们的“异手”。当然，实际情况是，顶叶皮质和额叶皮质间受损的神经网络产生了这些运动指令，和在 Libet 的实验中大脑产生的运动指令很像。只不过这些指令的产生完全不涉及与其他脑区的协作，因此其他脑区对它们也不会产生觉知（Biran & Chatterjee，2004；Goldberg & Bloom，1990；Hassan & Josephs，2016）。

264

大脑知道的比你多

许多例子都表明，人们的一些行为反映出他们拥有“隐性”的知识，即使他们并不知道自己拥有这些知识。以下是关于变化视盲、盲视（在人类和猴子中都有发现），以及在一系列认知心理学实验任务中表现出来的内隐觉知的几个例子：Cowey（2010），Hayhoe（2000），Schacter（1992），Weiskrantz、Warrington、Sanders 和 Marshall（1974）以及 Whitwell、Striemer、Nicole 和 Goodale（2011）。

一个令人信服的例子是对法语单词学习过程实施的脑电研究，这项研究说明大脑能以连续、概率和渐进的方式学习新词，这样一来，一些单词和语音就可以被学习它们的神经元网络“部分知晓”（McLaughlin，Osterhout，& Kim，2004）。往常，人们惯用的一个隐喻是：语言知识就像脑袋里的一只盒子，其中要么装了某个特定的语言单位，要么没装。而现在，我们有了一个新的隐喻：语言知识像是一个雨中的蛋托，一开始，每个凹槽都是空的，一段时间以后，它们都将满未满，然后突然之间，它们几乎同时盈满了！这就是词汇爆炸！根据这种解释，“体化”了语言知识的神经系统有时能“部分地”理解某个单词或语音。这种关于语言知识的观念转变虽然简单，却极大地改变了语言加工和习得的理论框架（Ellis，2005；Elman，2009；McMurray，2007；Saffran，Aslin，& Newport，1996；Warlaumont，Westermann，Buder，& Oller，2013）。

“自由”的意志不自由

当你决定改变生活中的“犯因性环境”时，你可能会问自己：“我是怎么做到的？”你使用了自由意志吗？也许没有。如果你想改善你的生活，各种各样的环境影响因素已经在鼓励你做出这样的改变。药物滥用项目会指导你重新安排生活方式，不要与瘾君子们共度你的休闲时光；健身教练会建议你经常和朋友一起锻炼，让锻炼成为你日常生活的一部分，就像刷牙一样有规律；适才，本书也鼓励你改变你的生活环境。诸多外部因果影响参与构成了一条错综复杂的因果链，引导你改变自己的境况。改善你的生活能让他人为你了不起的意志力竖起大拇指，但你不该只为了他人的赞誉这样去做。事实上，你应该这样做，只是因为这将使你活得更长久、更幸福。更重要的是，这将使关心你的人更幸福。更多关于“自由意志”和“犯因性环境”的文献资料见 Haney（2006），Haney 和 Zimbardo（1998），Harris（2012），Maruna 和 Immarigeon（2013），Pereboom（2006），Wegner（2002），以及 Thagard（2010）。

265

意志的涌现

近几十年来，复杂性理论和关于涌现的物理学方兴未艾（Meadows，2008；Mitchell，2009；Prigogine & Stengers，1984）。我们将在第 7 章和第 8 章重新审视它们。二十多年前，以 Alicia Juarrero（1999）为代表的一批学者开始尝试描述复杂性理论如何帮助我们理解人类意向行动怎样在一个物理系统中产生。此后许多人都引用了她的观点。最近，这些观点也得到了一些扩展（Beer，2004；beim Graben，2014；Hoffmeyer，2012；Jordan，2013；Murphy & Brown，2007；Spivey，2013；Van Orden & Holden，2002）。

认知科学家 Chris Kello 和 Guy Van Orden 通过实验收集了一些相当有说服力的科学证据，证明人类的认知是一个自组织系统。对这些统计特征的讨论可参阅 Gilden、Thornton 和 Mallon（1995），Kello（2013），Kello、Anderson、Holden 和 Van Orden（2008），Kello、Beltz、Holden 和 Van Orden（2007），Kello 等人（2010），Van Orden、Holden 和 Turvey（2003，2005）以及 Wagenmakers、Farrell 和 Ratcliff（2004）。

使用说明

我强调过，要先完成“使用说明”中任务的前一半，再翻到这一页解决任务的后一半。如果前一半你还没做完，我恳请你先去把它完成。请别着急，尝试一下。如果你严肃地看待这件事，就请照我说的做。

第 2 章任务的后一半是：认真地思考你为什么要这么做。你为什么这么做？那只昆虫只有一条命，而不管你对它做了什么，这事儿都已经定了。当你将那只昆虫的小命捏在手里时，你显然有一套（尽管可能是非正式的）处置标准，而在你的前额叶皮质中发生了一些事情，让你违反了这套标准。用 Benjamin Libet 的术语来说，你“否决”了它。花点时间想想你为什么要违背自己惯常的处置标准。是不是像 Libet 所说的那样，因为你的自由意志能够介入进来，否决你对这种情况的典型决策？还是仅仅因为我“叫你”这么做？（当真如此的话，我是不是也能“叫你”给我寄一张 10 美元的支票？）

让你这么做的很有可能不光是你的“自由意志”，而我也真诚地希望你不会觉得一切都是因为我“叫你”这么做！更有可能的是，让你杀死一只你通常会放掉的昆虫，或饶过一只你通常会拍死的昆

266 虫的，是许多不同的因果力量高度复杂的组合。这些因果力量的时间尺度各异：好几百年以来，哲学家、教士和法官都在争论自由意志对一个人的行为的作用——如果没有这些争论，认知神经科学家们可能也不会觉得有必要在实验室里研究自由意志了；过去几十年来，围绕自由意志和大脑的实验研究让我觉得有必要在这一章中加以讨论——如果没有这段历史，你我现在就不会这样做了；近几年来，关于如何处理闯入家中的昆虫，你已经制定了某种惯常的（也许是不断发展的）标准——如果你制定的标准不太一样的话，你今天的行动可能会截然不同，而那只虫子也将面临另一种命运了。也许你会觉得这个任务很有趣，因为在某种程度上，它给了你用意志挑战“惯例”的一次机会。当然你也有可能会觉得既然是在遵循我的指示，你就不用像平时那样为自己的行为负责了。不可否认，我的指示对你的行动是产生了影响，但显然还有许多其他的因果力量在发挥作用，而它们都在你我的控制范围以外。

又或者（我只是猜测），我指示你否决你惯常的做法，而你选择了否决我的指示，也就是说，你做出了一个“元否决”。比如决定根本不去改变自己的处置标准，甚至不去在家里寻找一只虫子。果真如此的话，这个特定的决定也很值得思考，因为它同样综合了多种复杂的因果力量。想一想是什么让你的惯常原则如此不容挑战？哪些经验让对如何处置闯进家中的昆虫如此坚定，以至于拒绝去尝试另一种方案？是不是你对虫子有一种刻在骨头里的恐惧，以至于没法下手去捕捉它？这种恐惧感从何而来？是不是你在读这本书的时候卧在沙发上太舒服了，以至于懒得费工夫站起来？这又是为什么呢？是不是你有非常强烈的道德感，一旦在家中捉到虫子，就非得将它放掉，绝不杀生？这种道德感又从何而来？（我很想知道，如果有一天你发现一大群蚂蚁为了躲避外头的严寒、酷热或暴雨涌进了你的浴室，你的立场会不会改变？）

我们每一个决策背后的真实诱因几乎总是多方面的、复杂的。当你了解到这一点，难道没有觉得简单地将某个决策归结为“自由意志”使然的想法太过轻率、浅薄，或者说反映了一种科学上的懒惰？比如现在威斯康星州的密尔沃基市可能就有一个人，他这辈子都投票给民主党，但有一天他读了 Facebook 上的一则假新闻，开始相信 Hillary Clinton 与总部设在华盛顿特区一家比萨店地下室的一个儿童性犯罪团伙有关联，于是他在 2016 年大选中将票投给了 Donald Trump。你真的认为他那一票算得上是出于他的“自由意志”吗？还是说他的决策被“操纵”了，被谣言和宣传“胁迫”了？事实上，各路广告商几十年来已经把“利用语言操纵人们的决策”这一套玩得炉火纯青了（Sedivy & Carlson，2011）。下一次，当你在一家快餐店门口停下脚步，想进去买些小零食的时候，问问自己，你对这家特定餐厅的选择是真的出于你的“自由意志”呢，还是你也被“操纵”了，受了无处不在的、不断攻击你的感官的有偏见的广告的“胁迫”？

3 从前额叶到全脑

267

“侏儒”及其模块

用模块理论解释心智的运作方式非常容易落入一个这样的陷阱：

我们得假设某种“认知者”（中央执行系统）正在观察一个舞台（“笛卡尔剧场”）正在“上演”的感知现象。这个扮演中央执行系统的“认知者”本身就是一个完整的心智，沉浸在感知系统产生的虚拟现实影像之中。那样的话，我们就必须从头开始，弄明白它的“头脑”是如何运作的。它的“头脑”里也有一个中央执行部门吗？这可能会导致无限递归。Stephen Monsell 和 Jon Driver 把这种坏习惯称为“侏儒炎症”（homunculitis）（见 Dennett，1993；Dietrich & Markman，2003；Fodor，1983；Monsell & Driver，2000）。

“范式漂变”

几十年来，神经网络研究为认知科学领域的联结主义运动提供了重要的灵感。Jerry Feldman 和 Dana Ballard 于 1982 年创造了“联结主义”这个术语，它指的是一个概括性的理论，即智能产生于许多不同的并行处理器之间的连接，而非源于任何一个串行处理器的内部（Feldman & Ballard，1982）。神经网络模拟研究最常使用的学习算法是反向传播，它提供了一条信用分配路径，（原则上）可以按照程序员的要求追溯到以前的时间片。当反向传播算法被首次引入，一方面，模块理论的拥护者批评它“不过是老式的行为主义”，另一方面，神经科学家则批评它“不具有生物学合理性”。然而近年来，它已成为机器学习领域声势浩大的“深度学习”运动的基石（见 Anderson & Rosenfeld，2000；Anderson，Siverstein，Ritz，& Jones，1977；Cottrell & Tsung，1993；Grossberg，1980；LeCun，Bengio，& Hinton，2015；McCulloch & Pitts，1943；Rosenblatt，1958；Rumelhart，Hinton，& Williams，1986；Rumelhart，McClelland，& the PDP Research

Group，1986；Schmidhuber，2015）。

视觉过程的交互作用论

数以百计的神经科学家已深入分析了视皮质区域的功能性神经解剖学，但与我们讨论连接模式中的交互作用论相关的几篇关键的参考文献来自 Amaral、Behniea 和 Kelly（2003），Clavagnier、Falchier 和 Kennedy（2004），David、Vinje 和 Gallant（2004），Felleman 和 Van Essen（1991），Haxby 等人（2001）和 Motter（1993）。

值得注意的是，当一些学者（Firestone & Scholl，2016）尝试重新拾起视皮质的模块理论，并为其进行辩护时，遭遇了一众同行评审评论员的前所未有的反对。事实上，有一条批评意见得到了相当多的知名学者的背书（Vinson et al.，2016），以至于有一篇博文称其为视觉科学家的“杀手阵列”（murderers'row），他们正在阻击模块理论最后的反扑。（“杀手阵列”一词源于对 1918 年纽约洋基队阵容中一系列优秀打者的描述。但在那之前，它的字面意思是纽约市公墓监狱专门关押死刑犯或其他暴力罪犯的一溜侧翼囚室。）

268

围绕情境如何影响人们对两可图形（比如著名的花瓶/人脸两可图和鸭子/兔子两可图）的知觉，科学家们已经做了许多研究。这里仅举几个例子：Balcetis 和 Dale（2007），Bar 和 Ullman（1996），Biederman、Mezzanotte 和 Rabinowitz（1982），Long 和 Toppino（2004）。

前额叶皮质反馈的偏向性会参与视知觉的竞争过程，说到底就是：如果你在注意上或概念上具有某种偏向性，这种偏向性就将对你的视知觉加工过程产生显著影响（如 Bar，2003；Bar et al.，2006；Desimone & Duncan，1995；Gandhi，Heeger，& Boynton，1999；Hindy，Ng，& Turk - Browne，2016；Kveraga，Ghuman，& Bar，2007；Lupyan & Spivey，2008，2010；Mumford，1992；Rao & Ballard，1999；Sekuler，Sekuler，& Lau，1997；Shams，Kamitani，& Shimojo，2000；Spivey & Spirn，2000；Spratling，2012）。

语言加工的交互作用论

针对新生雪貂的脑部实施的外科手术其实是相当复杂的。研究者并未将它们的视神经直接导向听觉皮质，而是导向内侧膝状体，内侧膝状体通常接受来自听觉神经的输入，并将加工过的信号传递至听觉皮质。因此，人们必须切断听觉神经，使内侧膝状体只能接收到来自重新定向的视神经的视觉输入。这样一来，尽管从内侧膝状体传递至初级听觉皮质的信号变成了视觉信息，但内侧膝状体到初级听觉皮质的具体神经连接是不变的。（这一点非常重要，因为如果没有特定的神经化学信号，轴突就无法在特定的感觉区生长出突触连接。）由于一些网膜视神经节细胞无法在术后存活下来，另外听觉皮质也不像视皮质那样能够“绘制”出理想的二维“地形图”，因此使用听觉皮质感知视觉刺激的雪貂无法像正常的雪貂那样“看得一清二楚”。然而，这项研究显示，大脑的某些区域具有高度灵活的适应性，能（先后）加工类型上截然不同的信息（如 Frangeul et al.，2016；Pallas，2001；Pallas，Roe，& Sur，1990；Von Melchner，Pallas，& Sur，2000）。事实上，Jerry Lettvin 和他的团队甚至证明，可以通过引导青蛙的视神经，在其嗅觉区发展出视觉感受野（Scalia, Grant, Reyes, & Lettvin, 1995）。

除实验条件以外，在日常生活中，神经元也有机会表现出这种灵活性，加工不同类型的信息。当初级听觉皮质由于内耳受损而失去高频输入时，原先专门加工高频输入的神经元就会“找到新的工作”。它们的感受野会重组，其主要接收的信号将来自耳蜗对中频音敏感的部分。由于听觉皮质有更多的神经元致力于加工中频音，这可能略微提高对这一频率范围内的刺激的灵敏度和辨别力（Schwaber, Garraghty, & Kaas, 1993）。与上述感知重组现象相关的记录可见 Bavelier 和 Neville（2002），Dietrich、Nieschalk、Stoll、Rajan 和 Pantev（2001），Hasson、Andric、Atilgan 和 Collignon（2016），Kaas（2000），以及 Tallal、Merzenich、Miller 和 Jenkins（1998）。

269

人类语言加工的交互、双向、分布式扩散激活模式已得到了一系列行为研究、计算神经科学研究和神经成像研究的支持。心理语言学家 Gerry Altmann 提出了一个很有说服力的观点，他认为在语言理解的过程中，我们需要整合大脑的内部状态与外部环境的状态，而这一认知活动的一个关键方面就是多尺度的预测（Altmann & Mirkovic, 2009；另见 Elman, 1990；McRae, Brown & Elman, in press；Spivey - Knowlton & Saffran, 1995）。神经激活模式的交互式传播让大脑能以毫秒、秒和分钟为时间尺度，对即将接收到的信息做出内隐的预测，这就产生了各种情境效应，并让我们能在纠正性反馈极少的情况下习得语言（如 Anderson, Chiu, Huette, & Spivey, 2011；Dell, 1986；Elman & McClelland, 1988；Fedorenko, Nieto - Castanon,

& Kanwisher, 2012; Fedorenko & ThompsonSchill, 2014; Getz & Toscano, 2019; Glushko, 1979; Gow & Olson, 2016; Magnuson, McMurray, Tanenhaus, & Aslin, 2003; Marslen – Wilson & Tyler, 1980; Matsumoto et al., 2004; McClelland & Elman, 1986; McGurk & MacDonald, 1976; McRae, SpiveyKnowlton, & Tanenhaus, 1998; Onnis & Spivey, 2012; Rosenblum, 2008; Rumelhart & McClelland, 1982; Samuel, 1981; Seidenberg & McClelland, 1989; Shahin, Backer, Rosenblum, & Kerlin, 2018; Tanenhaus et al., 1995)。

概念形成的交互作用论

经过几十年的研究，我们对人类心智如何表征概念已经有了比较深入的理解，但直到最近，概念与感知和运动间如此密切的交互作用才得到了证明。相关文献资料可见 Barsalou（1983，1999），Boroditsky、Schmidt 和 Phillips（2003），Casasanto 和 Lupyan（2015），de Sa 和 Ballard（1998），Gordon、Anderson 和 Spivey（2014），Louwerse 和 Zwaan（2009），McRae、de Sa 和 Seidenberg（1997），Oppenheimer 和 Frank（2008），Rosch（1975），Wu 和 Barsalou（2009），以及 Yee 和 Thompson – Schill（2016）。

Simmons、Martin 和 Barsalou 的研究（2005）揭示了视觉区的神经激活（用于识别食物）是如何扩散的（可能首先扩散到海马体和前额叶皮质，然后扩散到味觉皮质）。因此，当你看到一份貌似很美味的食物，会情不自禁地对它的味道进行一番想象。其实蜜蜂也有这样的情况：即便没有气味刺激，花朵的视觉刺激也会导致它们的

270

嗅球的神经激活（Hammer & Menzel，1995；Montague，Dayan，Person，& Sejnowski，1995）。也许你自己就有过这种经历：在一个不透明的容器中盛有液体，我们本以为它是某种饮料，喝下时才发现它是别的东西，这种体验可能令人相当震惊。你可以在一个朋友的帮助下进行这个实验：蒙住品尝者的眼睛，让他用吸管喝一系列饮料（这样就不容易嗅到容器里的气味），每次都事先告诉他将要喝到什么东西。在准确说明了几次以后，将一杯饮料配合不准确的说明递给品尝者（比如对他说“这杯是巧克力牛奶”，但其实递给他一杯橙汁）。即使是非常喜欢橙汁的人，当他们的味觉皮质事先为巧克力牛奶的味道做好了准备，也可能会觉得喝到嘴里的东西味道糟糕透顶。你也可以像 Stephen Colbert 那样，在下一个节日聚会上往一大碗 M&M 豆中扔几颗彩虹糖。看看人们原本以为自己在吃脆皮巧克力豆，却发现嘴里的东西既有嚼劲儿又带着水果味时会不会大吃一惊！

自我位于皮质下？

相当多的证据表明，一些动物虽然没有大脑皮质，但其行为也表明它们似乎拥有某种“心智生活”（如 Goldstein，King，& West，2003；Güntürkün & Bugnyar，2016；Merker，2007；Pepperberg，2009；Whishaw，1990）。与此同时，针对屏状核的研究表明，这层位于大脑皮质和皮质下区域间的薄薄的神经元可能对人类的意识具有重要的作用（Chau，Salazar，Krueger，Cristofori，& Grafman，2015；Crick & Koch，2005；Koubeissi，Bartolomei，Beltagy，& Picard，2014；Milardi et al.，2015；Stiefel，Merrifield，& Holcombe，2014）。

“你是谁”的交互作用论

多年来，人们对关于神经连接模式的数据进行了图论和相关的统计网络分析。这些分析一致表明，大多数皮质和皮质下区域都深度参与了遍及整个大脑的多个不同的功能网络，而且当两个脑区通过突触投射彼此连接时，这些连接通常都是双向的。这种信息的双向流动使得这些网络的行为极为复杂和非线性（Anderson，2014；Anderson，Brumbaugh，& Şuben，2010；Seung，2013；Sporns & Kötter，2004；Tononi，Sporns，& Edelman，1994；同见 Love & Gureckis，2007）。

使用说明

相当多的证据表明，各种训练方案（从动作类电子游戏，到记忆游戏，再到学习第二语言）都有助于“重塑”大脑，从而改善视知觉，提高专注力，解决知觉—运动冲突，并有助于听觉定位甚至是概率推理（Bavelier，Achtman，Mani，& Föcker，2012；Bavelier，Green，Pouget，& Schrater，2012；Green，Pouget，& Bavelier，2010）。甚至有证据表明，学习第二语言能提高认知控制能力，并可能有助于避免阿尔茨海默症和其他类似的疾病（Bialystok，2006；Bialystok & Craik，2010；Kroll & Bialystok，2013；Spivey & Cardon，2015）。想想看，你在清醒时几乎无时无刻不在使用语言：谈话时要用，阅读这本书时也要用。如果你听到或读到的每个词都与你碰巧会说的另一种不同语言中的某个词有那么一点相似，那么你的额叶每隔几百毫秒就要解决一次小小的认知冲突（相比于只说单一语言的人，它得到锻炼的机会无疑要多得多）（Falandays & Spivey，in press）。这

271

很有可能会让你额叶各区域的神经网络得到加强，并能更好地“补偿”任何邻近区域的脑损。

4 从大脑到全身

如果你没有一具身体……

几十年来，心灵哲学家和人工智能研究者一直相爱相杀。这段历史的一些摘要可参见 Dreyfus（1992），Putnam（1981），Weizenbaum（1966），以及 Winograd（1972）。

你曾梦见自己只穿睡衣行走在大庭广众之下吗？有一次，这种梦在我这儿成真了！不过细节可能和你想的不太一样：那是我还在康奈尔大学任教的时候，有一次，我在万圣节上了一堂大课，课堂上有几个学生穿着戏服。突然，我的一个学生“疯狂的 Dave”只穿着他的白色紧身内裤，慢腾腾地挪到我的讲台前。他睁大眼睛，微笑着说：“嘿，教授，你梦见过自己在公共场合只穿内裤吗？瞧，今天万圣节，我就在做这个梦！”我感到自己的眉毛扬了起来，但依然平静地回答道：“真有你的，Dave。现在回到你的座位上去，课马上就要开始了。”虽然在现实生活中重演“内衣梦”可能不是体验作为一颗“缸中之脑”有何感受的好办法，但真实的梦境、瘫痪和感觉剥夺的确能让人们产生这种体验（如 Bauby，1998；Bosbach，Cole，Prinz，& Knoblich，2005；Forgays & Forgays，1992；Hebb，1958；Laureys et al.，2005；Lilly，1977；Suedfeld，Metcalfe，& Bluck，1987）。

关于具身心智的心理学

关于具身认知的心理学文献非常丰富。以下是与本节相关的一些：Barsalou（1999），Beilock（2015），Bergen 和 Wheeler（2010），Chao 和 Martin（2000），Edmiston 和 Lupyan（2017），Estes 和 Barsalou（2018），Francken、Kok、Hagoort 和 De Lange（2014），Glenberg 和 Kaschak（2002），Kaschak 和 Borregine（2008），Kosslyn、Ganis 和 Thompson（2001），Kosslyn、Thompson 和 Ganis（2006），Meteyard、Zokaei、Bahrami 和 Vigliocco（2008），Ostarek、Ishag、Joosen 和 Huettig（2018），Smith（2005），Smith 和 Gasser（2005），Spivey 和 Geng（2001），Stanfield 和 Zwaan（2001），Zwaan 和 Pecher（2012），以及 Zwaan 和 Taylor（2006）。

272 当然，真实的情况可能是，心智的某些方面比其他一些方面要更加“具身”。近年来一些关于更加“具身”的理论与更不“具身”的理论之间的争论，可见 Adams 和 Aizawa（2011），Chatterjee（2010），Chemero（2011），Hommel 、Müsseler、Aschersleben 和 Prinz（2001），Louwerse（2011），Mahon 和 Caramazza（2008），Meteyard、Cuadrado、Bahrami 和 Vigliocco（2012），Noë（2005，2009），Petrova 等人（2018），Rupert（2009），Segal（2000），Shapiro（2011），M. Wilson（2002）以及 R. Wilson（1994）。

具身心智和语言

几十年来，语言学研究一直主张，我们的身体与世界交互的方式会对我们谈论世界的方式造成影响，反之亦然。这方面的证据表现在儿童如何习得语言、成年人日常语言使用中的模式以及对语言过程的节奏进行仔细测量的控制实验之中（如 Anderson & Spivey，2009；Bergen，2012；Chatterjee，2001；Gibbs，1994，2005，2006；Gibbs，Strom，& Spivey - Knowlton，1997；Kövecses，2003；Lakoff & Johnson，1980，1999；Lakoff & Nuñez，2000；Maass & Russo，2003；Mandler，1992，2004；Matlock，2010；Richardson & Matlock，2007；Richardson，Spivey，Barsalou，& McRae，2003；Richardson，Spivey，Edelman，& Naples，2001；Santiago，Román，& Ouellet，2011；Saygin，McCullough，Alac，& Emmorey，2010；Tversky，2019；Winawer，Huk，& Boroditsky，2008；Winter，Marghetis，& Matlock，2015，同见 Kourtzi & Kanwisher，2000）。

具身心智和情绪

即使我们只是用嘴巴说出某个对象的名称，也有“体化”情绪的效果。社会心理学家 Sascha Topolinski 发现，当某个词的发音是从口腔深处向外延伸到双唇的，比如“kodiba”，往往会让人产生一些带有消极情绪的联想。因为说出这个词的行为本身就会让人联想到从嘴里向外吐什么东西。相比之下，如果某个词的发音是从双唇深入口腔的，比如“bodika”，往往会让人产生一些带有积极情绪的联想，因为说出这个词的行为会让人联想到把什么东西（比如美味的食物）放进嘴里。本节的相关文献包括 Adolphs、Tranel、Damasio 和 Damasio（1994）、Barrett（2006，2017），Damasio（1994），Freeman、Stolier、Ingbretsen 和 Hehman（2014），Gendron 等人（2012），Topolinksi、Boecker、Erle、Bakhtiari 和 Pecher（2017），以及 Topolinski、Maschmann、Pecher 和 Winkielman（2014）。

具身心智的生物学原理

我鼓励你阅读更多与“自创生”有关的资料。在第 7 和第 8 章，我们将重新审视那些产生和维系自身的系统，其中一些是有生命的，另一些则没有。作为热身，请参阅 Beer（2004，2014，2015），Bourgine 和 Stewart（2004），Chemero 和 Turvey（2008），Di Paolo、Buhrmann 和 Barandiaran（2017），Gallagher（2017），Maturana 和 Varela（1991），Thompson（2007），以及 Varela（1997）。

273 有些研究者对镜像神经元系统极尽吹捧之能事，说它是社会模仿、学习和共情的机制，认为它启动了“心理理论”的引擎，让我们发明了语言和切片面包。其中一些说法缺乏数据支持，应予谨慎对待，但观察对我们确实非常重要。当你实施特定行动时，你的大脑有部分区域是活跃的，当你被动地观察（不管是看，还是听）他人实施同样的行动时，这些脑区也是活跃的（见 Calvo－Merino，Glaser，Grezes，Passingham，& Haggard，2005；Gallese，Fadiga，Fogassi，& Rizzolatti，1996；Gallese & Lakoff，2005；Lahav，Saltzman，& Schlaug，2007；Mukamel，Ekstrom，Kaplan，Iacoboni，& Fried，2010；Rizzolatti & Arbib，1998；Rizzolatti，Fogassi，& Gallese，2006；Stevens，Fonlupt，Shiffrar，& Decety，2000；Zatorre，Chen，& Penhune，2007，亦可对比 Hickok，2009）。

语言和行动的生物学原理在很多方面都密不可分。下列文献可让我们一窥这种关联，它们都致力于探索具身心智的生物学原理：

Fadiga、Craighero、Buccino 和 Rizzolatti（2002），Falandays、Batzloff、Spevack 和 Spivey（in press），Galantucci、Fowler 和 Turvey（2006），Gentilucci、Benuzzi、Gangitano 和 Grimaldi（2001），Gordon、Spivey 和 Balasubramaniam（2017），Hauk、Johnsrude 和 Pulvermüller（2004），Liberman、Cooper、Shankweiler 和 Studdert – Kennedy（1967），Liberman 和 Whalen（2000），Nazir 等人（2008），Pulvermüller（1999），Pulvermüller、Hauk、Nikulin 和 Ilmoniemi（2005），Shebani 和 Pulvermüller（2013），Spevack、Falandays、Batzloff 和 Spivey（2018），Vukovic、Fuerra、Shpektor、Myachykov 和 Shtyrov（2017），以及 WilsonMendenhall、Simmons、Martin 和 Barsalou（2013）。

具身心智和人工智能

围绕人工智能的哲学讨论已持续了几十年。回顾一下本章先前讨论过的 Zenon Pylyshyn（读作“Zen'nin Pil lish'in”，即“禅在 Pylyshyn 中”）在 1980 年提出的思想实验（Pylyshyn，1980）：他要求我们估算一下，如果逐个将我们的神经元替换成功能相同的纳米芯片，替换到多少个时，我们才会开始怀疑自己拥有的是否算得上是“人类”的心智。不管你选择哪个具体的数字，它的任意性似乎都太强了：如果你决定用一个特定的数字作为你的判断标准，比如说一亿，你其实就是在说，当你的大脑中 99999999 个神经元被替换后，你仍然拥有原先的“人类”心智。然而，当再有一个神经元被纳米芯片取代时，因为这一颗纳米芯片的加入，突然之间，你就“不再是你”了。这听起来很荒唐，对吗？Zenon 的解决方案是：我们应该接受这样的事实，即从功能上来讲，你不会有任何改变，因此，无论有多少个神经元被替换，你都会继续拥有你的“人类”心智。这样一来，我们就没法再将生物材料作为心智的先决条件了。显然，Zenon 的思想实验受了古希腊哲学领域的“连锁悖论”（sorites paradox）的启发，所谓“连锁悖论”指的是：地面上有一些沙粒，在这些沙粒的数量达到一个限度以前，不能说它们算得上一个“沙堆”，但没有一个约定俗成的沙粒的数量可作为“沙堆”的判断标准。因此，似乎没法用物理物质的数量（或类型）的一个量化阈值来判断某物是否应贴上一个特定的范畴标签（比如“沙堆”或“人类”）。也许我们可以将 Zenon Pylyshyn 的思想实验称为 Zenon 悖论（读作“Zen’nin paradox”，即“禅在悖论中”）。明白了？好吧，随便，都行。相关的哲学讨论可见 Chalmers（1996），Churchland（2013），Churchland 和 Churchland（1998），Clark（2003），Dietrich（1994），Dreyfus（1992），Hofstadter 和 Dennett（1981），以及 Searle（1990）。

274

人们正在尝试制造有社会性、会不断成长的机器人。不用怀疑，这些新的“造物”（creatures）已经在为学生们提升课堂学习表现、让认知科学家意识到“具身”的优势，并能帮助人们协调复杂的任务（Misselhorn，2015）。科学家们大可以对别人的实验挑三拣四，但如果有工程师制造了一个能站起身来、四处走动，还能和你聊天的东西，再去质疑它就显得有些底气不足了。一些能站起身来、四处走动，有时甚至能说话的东西的例子及相关讨论见 Allen 等人（2001），Bajcsy（1988），Barsalou、Breazeal 和 Smith（2007），Belpaeme、Kennedy、Ramachandran、Scassellati 和 Tanaka（2018），

Breazeal（2004），Brooks（1989，1999），Cangelosi 等人（2010），Carpin、Lewis、Wang、Balakirsky 和 Scraper（2007），Pezzulo 等人（2011，2013），Pezzulo、Verschure、Balkenius 和 Pennartz（2014），Roy（2005），Smith 和 Breazeal（2007）以及 Steels（2003）。

几十年来，研究人员一直在将关于人类和其他动物的身体的形态学计算知识运用于机器人的躯干设计工作（如 Brawer，Livingston，Aaron，Bongard，& Long，2017；Hofman，Van Riswick，& Van Opstal，1998；Huijing，2009；Laschi，Mazzolai，& Cianchetti，2016；Lipson，2014；Paul，Valero - Cuevas，& Lipson，2006；Pfeifer，Lungarella，& Iida，2012；Turvey & Fonseca，2014；Webb，1996；Wightman & Kistler，1989）。

使用说明

关于大脑如何通过对比感知输入和运动输出，以获悉身体的形态和位置，一些精彩的讨论可见 Blakemore、Wolpert 和 Frith（2000），Blanke 和 Metzinger（2009），Bongard、Zykov 和 Lipson.（2006）以及 Ramachandran 和 Blakeslee（1998）。

5 从身体到环境

感觉换能作用

哲学家 Hilary Putnam（1973）提出了一个著名的论点：心智内容的定义需要囊括一些存在于你的身体外部的属性。心灵哲学界的大部分学者都已经接受了这种对心智的“外部主义”解释。然而，275 一些哲学家继续坚持“内部主义”，将心智视为只存在于大脑和身体内部的东西（如 Adams & Aizawa, 2009; Rupert, 2004; Segal, 2000）。他们的论述通常诉诸随意的直觉，即“感觉上”心智止于何处以及外部世界始于何处。然而，关于感觉换能作用的这一节显示，即使你将他们建议的那条边界放在显微镜下观察，也很难确定它的准确位置。这也许是因为它压根儿就不在那里。哲学家 Andy Clark（2008）、Susan Hurley（1998）、Ruth Millikan（2004）、John Sutton（2010）、Tony Chemero（2011）和 George Theiner（2014）各自搜集了强有力的证据，指出我们的心智其实经常扩展到环境之中——它绝不会被包裹身体的“皮肤界线”所禁锢（另见 Anderson, Richardson, & Chemero, 2012; Clark & Chalmers, 1998; Cowley & Vallée - Tourangeau, 2017; Favela & Martin, 2017; Smart, 2012; Spivey, 2012; Spivey & Spevack, 2017; Theiner, Allen, & Goldstone, 2010）。

生态知觉

众所周知，心灵哲学家 Jerry Fodor 对海鞘很着迷。这种动物一旦固着在岩石上安顿下来，就会吃掉自己的大脑，似乎预料到这东西以后派不上用场了。Fodor 将海鞘比作一位获得了终身教职的教授。鉴于他几十年来广为人知的学术成就，Fodor 在获得终身教职后显然还留着自己的大脑（但他貌似认为某些同事吃掉了他们的）。

“非固着”的、移动的观察者极为重要，他（它）们从一开始就是生态知觉的核心研究对象。早在影印技术普及以前，Jimmy Gibson 就在康奈尔大学开设了研究生讨论课程，他会用古老的**紫色墨水**誊写一些短文，在课上下发，引导学生和教师展开富有成效的辩论，主题是当一个移动的观察者与其所在环境交互时，重要的信息应如何加以定位。这些课件提出的问题往往相当棘手，因此常被戏称为“紫色祸水”。其中一些文稿保留了下来，经整理后收录于 Ed Reed 和 Rebecca Jones 编撰的《现实主义的理由》（*Reasons for Realism*）（1982）一书之中。关于 Gibson 生态知觉理论的进一步探讨可见 Cutting（1993），Gibson （1966），Gibson 和 Bridgeman （1987），Pick、Pick、Jones 和 Reed（1982），Shaw 和 Turvey（1999），Turvey 和 Carello（1986），Turvey 和 Shaw（1999）以及 Warren（1984）。

有趣的是，即使你用了科学方法，也难免犯一些错误。1982 年，知觉和认知心理学家都相信自己找到了证据，证明大脑会将双眼短暂注视时搜集的“快照”拼接起来，形成整个视觉场景的“意象拼图”，并存储在大脑之中。现在我们知道他们都错了。但是，科学方法总能迅速纠偏，因为它有自己的信条，那就是“可检验”与“可重复”。如果你不能检验一个理论或无法重复一个实验，那它就谈不上科学。当大脑只能访问断续、不连贯的图像，它如何建立整个视觉场景的内部心理表征？Bruce Bridgeman 发现了这个问题的正确答案：它不能。见 Bridgeman 和 Mayer（1983），Irwin、Yantis 和 Jonides（1983），O'Regan 和 Lévy - Schoen（1983），以及 Rayner 和 Pollatsek（1983）。 276

我正是在 Bruce Bridgeman 于加州大学圣克鲁兹分校的心理学实验室学会实验心理学的操作技能的。了不起的 Bruce Bridgeman 生前将科学的探究精神、方法论上的严谨和耐心传授给了我。Ray Gibbs将Bridgeman描述为他所见过的最称得上“自我实现”的人物之一，他的原话是：“Bruce将‘Bruce’这个角色扮演得很好。”Bruce毫无保留地与他人分享自己。他为人真诚，举止文雅，每一个认识他的人都喜爱他、敬佩他。鉴于他把自己“奉献”给了这么多人，将“自我”的一部分置于身体外部，我们会认为由他提出关于知觉空间恒定的理论真是再合适不过了：根据他的观点，环境是视觉记忆乃至视知觉的发生之处（见Bridgeman，2010；Bridgeman & Stark，1991；Bridgeman，Van der Heijden，& Velichkovsky，1994；O’Regan，1992；O’Regan & Noë，2001；Pylyshyn，2007；Spivey & Batzloff，2018；同见Lauwereyns，2012）。事实上，Kevin O’Regan和Alva Noë（2001）甚至提出，就连你对视知觉的“有意识的经验”可能也并非发生在你的大脑内部，而是发生在你的身体与环境的关系之中（另见Morsella，Godwin，Jantz，Krieger，& Gazzaley，2016）。

“行动–知觉循环圈”

根据Gibson的生态知觉理论，个体通常无需生成关于“外部世界是什么样子”的内部心理模型，因为在大多数情况下，要了解外部世界的状态，你只要四处看看就行了。根据Gibson的观点，知觉和行动的操作功能不是大脑中的内部表征，而是存在于身体和环境之间的“可供性”。关于“可供性”的进一步讨论可见Chambers等人（2004），Chemero（2003），Gibson（1979），Grézes、Tucker、Armony、Ellis和Passingham（2003），Michaels（2003），Reed（2014），Richardson、Spivey和Cheung（2001），Stoffregen（2000），

Thomas（2017），Tucker 和 Ellis（1998），以及 Yee、Huffstetler 和 Tompson－Schill（2011）。

Glucksberg（1964）发现，意外触碰装图钉的盒子能激发被试对蜡烛安装问题的洞见。其实早在 1931 年，实验心理学家 Norman Maier 就观察到，在尝试解决他的“双绳问题”时陷入僵局的被试，往往会由于无意间扫过其中一根绳子，注意到它如何摆动而突然发现解决方案。大量研究均表明，实时的行动—知觉循环过程能在短短几毫秒内产生认知、激发洞见并提高行为的熟练度。一些认知操作发生在大脑内部，另一些则发生在环境之中。这类研究的一些代表可见 Balasubramaniam（2013），Cluff、Boulet 和 Balasubramaniam（2011），Cluff、Riley 和 Balasubramaniam（2009），Dotov、Nie 和 Chemero（2010），Duncker（1945），Glucksberg（1964），Grant 和 Spivey（2003），Kirsh 和 Maglio（1994），Maier（1931），Neisser（1976），Risko 和 Gilbert（2016），Solman 和 Kingstone（2017），Stephen、Boncoddo、Magnuson 和 Dixon（2009）以及 Thomas 和 Lleras（2007）。

277

外物是“你”的一部分

你的大脑要知道如何将其效应器（如四肢）准确指向目标物，就需要对这些效应器的形状、大小和能力有某种形式的了解。换言之，它必须拥有某种“身体图式”。这表明负责编码身体图式信息的神经元也能将手持的工具当作身体图式的一部分（见 Farnè, Serino, & Làdavas, 2007；Iriki, 2006；Iriki, Tanaka, & Iwamura, 1996；Maravita & Iriki, 2004; Maravita, Spence, & Driver, 2003)。

不仅你手中的工具能改变你知觉外部世界的方式，你阅读的文字也行。比如说，当母语是汉语的人读到指代微小的、需捏握的物体的表述时，他们的瞳孔会自动略微放大（仿佛在为关注微小的东西做准备）。相比之下，在读到指代较大物体的词汇时，他们的瞳孔不会放大（Lobben & Boychynska, 2018）。Jessica Witt 和 Denny Proffitt 为行动在知觉过程中发挥的作用提供了大量的证据（如 Brockmole, Davoli, Abrams, & Witt, 2013; Proffitt, 2006; Witt, 2011; Witt & Proffitt, 2008; Witt, Proffitt, & Epstein, 2005）。

除“橡胶手模错觉”（Armel & Ramachandran, 2003; Botvinick & Cohen, 1998; Durgin, Evans, Dunphy, Klostermann, & Simmons, 2007; Giummarra & Moseley, 2011; Ramachandran & Blakeslee, 1998）外，还有“全身错觉”：佩戴沉浸式虚拟现实设备后，你会觉得你的整个身体都“在彼”而非“在此”（Blanke and Metzinger, 2009; Lenggenhager, Tadi, Metzinger, & Blanke, 2007）。

你是环境的一部分

许多方法都能将对环境中的物体和位置的心理指涉纳入我们的思维过程，让这些物体和位置成为我们认知的一部分。尽管大脑在物理意义上显然并未将它们囊括进去，但心智却无疑做到了这一点。无论这些心理指涉被叫作“指针”“夹具”还是“视觉索引”，它们显然都将我们的思想与外部环境联系在了一起，这样我们的认知过程就能“在这些物体上”，而不仅仅是“在这些物体的内部心理表征”上进行（如 Ballard，Hayhoe，Pook，& Rao，1997；Barrett，2011；Franconeri，Lin，Enns，Pylyshyn，& Fisher，2008；Kirsh，1995；Molotch，2017；Pylyshyn，2001；Pylyshyn & Storm，1988；Scholl & Pylyshyn，1999）。

在 Richardson 的眼动—记忆实验中（Richardson，Altmann，Spivey，& Hoover 2009；Richardson & Kirkham，2004；Richardson & Spivey，2000），记忆的准确性并不因被试看向正确的（空白）角落而提升，也并不因被试看向错误的角落而下降。但是，Bruno Laeng 指出，有证据表明与不约束眼球转动时相比，让眼球保持不动的操作确实会干扰视觉记忆（Laeng & Teodorescu，2002）。此外，Roger Johansson 发现，与被提示注视不正确的空白位置的被试相比，被提示注视正确空白位置的被试在空间关系记忆任务中的准确率提高了近 10%（Johansson & Johansson，2014）。无论特定的实验条件是否改善了记忆效果，这些研究都反映出一种自然的趋势，即“大脑 - 身体”系统会将这些外部位置视为有内容的地址，即使那儿显然已不再呈现内容。这些一致的发现揭示了你的“大脑 - 身体”系统在多大程度上依赖环境实现记忆（如 Ferreira，Apel，& Henderson，2008；Hanning，Jonikaitis，Deubel，& Szinte，2015；Ohl & Rolks，2017；Olsen et al.，2014）。

278

开放的心智与封闭的系统

对身体而言，大脑是一个开放的系统，因为身体在物理意义上包含大脑，且与大脑间存在连续而流畅的信息交换。因此，大脑是

“大脑-身体”系统的一部分。如果“大脑-身体”系统能在不受环境影响的情况下产生出一个有意义的心智，那么它就是一个封闭的系统。但它不能。对环境而言，“大脑-身体”系统本身是一个开放的系统，因为环境在物理意义上包含了“大脑-身体”系统，且与“大脑-身体”系统间存在连续而流畅的信息交换。只有将心智等同于有机体与环境的结合，才有可能将其视为封闭的系统，并成功地应用动力系统理论来研究它的运行原理。了解嵌入其他系统内部的系统如何产生心智，对于理解“你是谁”至关重要。关于如何做到这一点，以下作品提供了一些洞见：Anderson 等人（2012），Atmanspacher 和 beim Graben（2009），beim Graben、Barrett 和 Atmanspacher（2009），Crutchfield（1994），Dale 和 Spivey（2005），Dobosz 和 Duch（2010），Fekete、van Leeuwen 和 Edelman（2016），Hotton 和 Yoshimi（2011），Järvilehto（1999，2009），Järvilehto 和 Lickliter（2006），Spivey（2007）以及 Yoshimi（2012）。另见 Kirchhoff、Parr、Palacios、Friston 和 Kiverstein（2018）。

“有机体-环境”系统

Sam Gosling 所说的“行为残余”这一概念，与 David Kirsh 关于你如何通过“装夹环境”来帮助自己思考的观点颇有异曲同工之妙。有时，你会有意调整环境来支持认知过程（Kirsh，1995）；其他时候，你可能会在无意中留下一些痕迹，后者能反映你的个性（Gosling，2009；Gosling，Augustine，Vazire，Holtzman，& Gaddis，2011；Gosling，Craik，Martin，& Pryor，2005；Gosling，Ko，Mannarelli，& Morris，2002）。不管通过哪种方式，“你”的一部分都会从你的大脑

279

和身体中“流露”出来，“渗入”你周围的物体和位置，甚至是你的个人电脑或智能手机。心理学家和数据科学家 Michal Kosinski 指出，你在浏览网页时点的“赞”和“踩”中就包含有关于你个人性格特点的极为详尽的证据（Kosinski，Stillwell，& Graepel，2013，同见 Heersmink，2018）。

使用说明

在你们无言地凝视对方的五分钟里，紧密的反馈环路在你们俩之间搭建出一条信息链，让你们的大脑和身体在感觉和行为上都更像是**一个系统**（Johnson，2016）。我们来捋一捋个中因果关联：从 A 君面部反射出来的一些光线进入了 B 君的眼睛。光线中的模式反映了 A 君微妙的面部表情，它们在 B 君的大脑中得到了加工，进而影响了 B 君自己的情绪和面部表情。而后，这些面部表情又被 A 君看到，他或她的大脑就会产生一些新的情绪和面部表情，再被 B 君所觉知，如此循环往复。在几毫秒的时间尺度上，这两个视觉反馈环路在毫秒级时间尺度相互交织，连续而流畅地交换信息。

我们不仅能靠视觉反馈产生这种“心智交融”，靠听觉和触觉反馈也可以。不妨尝试一下，在你们相互注视的同时哼唱同一段小调，或以某种对称的方式手牵着手。事实上，我们已经知道神经元产生的电场的作用范围会一直延伸到头皮表面以外（不然就不会有脑电图这项技术了），你们甚至可以试着将额头靠在一起，看看大脑产生的电场能否相互影响。近年来，神经科学研究表明神经元间既能通过轴突与树突，也可能通过电场实现有规律的相互影响（Goodman et al.，2015）。

6 从环境到他人

“人如其食”

围绕人们如何选择吃什么食物以及如何谈论这些食物的研究和论述已有很多（Jurafsky, 2014）。尽管不同文化对饮食习惯的限制有时具有任意性，但所有文化都自然而然地关注如何确保摄入合理水平的蛋白质、脂肪、维生素、碳水化合物和纤维素，以满足人体所需。一种文化合理化这些决定的方式可能非常有趣（Rozin & Fallon, 1987）。此外，塞内加尔名厨 Pierre Thiam 指出，在多元文化交融之处，总能发现更好的菜肴（Thiam & Sit，2015，也见 Bourdain & Woolever, 2016）。不同的文化带来了不同的菜系，它们相互融合，产生了菜单上一些最为出色、最引人入胜的料理。

280

你与你的家人和朋友

两个人开始相互作用后，他们有许多感觉运动系统都会进入同步状态。认知科学家 Ivana Konvalinka 和 Andreas Roepstorff 甚至证明，当被试看着自己深爱的家人在一场“走火”仪式上踏过燃烧的煤块，他们的心率会与表演者同步（Konvalinka et al.，2011，也见 Bennett, Schatz, Rockwood, & Wiesenfeld, 2002; Haken, Kelso, & Bunz, 1985; Kelso, 1997；Mechsner, Kerzel, Knoblich, & Prinz, 2001；Schmidt, Carello, & Turvey, 1990）。

Steven Strogatz 在 2004 年出版的《同步》（*Sync*）一书中展示了同步现象如何涵盖广泛到令人难以置信的空间和时间尺度，令人印象颇为深刻。多年来，太阳在 10 亿米级（约 10^9 米）的空间尺度上表现出来的有节奏的模式，与地球上河流的潮汐在 100 米级（约 10^2 米）的空间尺度上表现出来的有节奏的模式之间，具有数学上的相似性。这些模式与我们在百万分之一米级（约 10^{-5} 米）的空间尺度上观察到的神经元间的同步、在十亿分之一米级（约 10^{-10} 米）的空间尺度上发生的原子间的协调行为以及在约 10^{-18} 米级的空间尺度上发生的电子间的协调行为也都具有相似性。Strogatz 在书中探讨了电子相关行为，并谈论了诺贝尔奖得主 Brian Josephson 和能够产生超导效应的“约瑟夫森结”（Josephson junction），这一段令人印象尤为深刻。Josephson 在数学上预言，情况适当时，成对电子可以在空间上不直接接触的情况下相互关联，他的预言已被各种形式的超导量子计算系统所证实。但你可能有所不知，在发现了这种“远距离幽灵现象”后，Josephson 开始迷恋上了“超感知觉”（ESP）。

康奈尔大学的心理学家 Daryl Bem 也痴迷于“超感知觉”，我在那儿任教时曾与他有过几次交流。我不相信 ESP，但 Daryl 激起了我的兴趣，让我终于决定对自己做一个实验。我知道许多巧合都令人兴奋，但它们在统计上并没有什么意义，因此，我要测试的是一个“具体”的巧合。我默默选了一个不太常用的词，等着看接下来的几天里是否有人“碰巧”在我身边说出这个词。如果你愿意的话，你也可以尝试这个方法。我选的词是“红杉”（Sequoia）。（你大可以自己选一个。）在接下来的几天里，我在日常活动中与好几个人有过交集，但没有一个人说出过这个词。我觉得这个“实验”虽然有些随意，但或多或少也能说明“超心理学”（parapsychology）不足为信，就将它记在脑子里，没有告诉任何人。一年多以后，我坐飞机去见我的朋友 Bob McMurray，途中读到了 Strogatz 对 Josephson 和他痴迷于“超感知觉”一事的描述。我的兴趣又一次被勾了起来，决定将那个傻乎乎的“实验”再做一次。

281 飞机在东艾奥瓦机场着陆前，我知道 Bob 会开车来接我，所以他一定会想到我（至少会想到一点点）。于是我开始冥想“红杉”这个词，并在口中喃喃自语，甚至在机票上潦草地写了好几遍——试图在这两个有点关联，但却尚未直接接触的大脑之间催生某种幽灵般的“同步”。坐在我旁边的人一定以为我疯了，或是被什么玩意儿附了体，所以我把涂画得乱七八糟的机票塞进包里，拉上拉链。

然后，Bob 开车接上了我，我们一同驶向校园。途中我告诉他，一刻钟前在飞机上时，我一直在给他发送一条“心灵讯息”。他疑惑地扬起了眉毛。我说：“我知道这听起来很疯狂，但你只要让心境平静，看看有没有一个词会无缘无故地从脑海里冒出来。”作为朋友，Bob 同意一试，但憋了几秒钟，他说：“没有，我一无所获。”我让他再试一次，还是不行。最后我决定作弊（这样一来，实验就无效了），但我又想让他说点儿什么，于是我告诉他，我一直在给他发送的“心灵讯息”是一种树的名称。他又沉默了几秒钟，然后开口说：“红杉。”我吓了一跳。这是我一年多以来深藏在心中的秘密，在这段时间里，我没有听到任何人在与我交谈时说到过这个词，也没有对任何人提起过它。当然，我已经为 Bob 缩小了范围，所以我知道这算不得真正的“超感知觉”。不过，他本来更有可能说出一种比较常见的树，像是“枫树”或“松树”，或是“红杉”这种植物更常见的名称——“红木”（Redwood）。但他没有。他说的就是“红杉”。

事实证明，让两个大脑同步并做些类似的事情其实很容易。认知神经科学家 Uri Hasson 让五位被试观看 Sergio Leone 的经典电影《好、坏、丑》中同一个 30 分钟的片段，并用 fMRI 记录了他们在这个过程中的脑部活动，发现他们大脑皮质的表面，平均超过 29% 的区域的激活模式在统计学意义上显著相关（Hasson，Nir，Levy，Fuhrmann，& Malach，2004，同见 Hasson，Ghazanfar，Galantucci，Garrod，& Keysers，2012）。自然，许多彼此关联的脑区都是与视觉和听觉相关的，但有几个“更偏认知的”区域的活动也呈现出显著的关联。无论两个大脑是通过接收客观环境的输入（比如观看一场电影）同步起来，还是其中一方向另一方发送单向信息（比如一段独白或书面文本），抑或是共同创造一段实时的对话，关键的结果都大同小异：一个大脑在某一段时间的神经激活与另一个大脑在另一段时间的神经激活会呈现出统计学意义上的高相关性。受 Hasson 实验的启发，我和我的好友 Rick Dale 偶尔会做一番“同步思考”——当我们用笔记本电脑工作时，都戴上耳机，并在一个聊天软件上设一个倒计时，这样我们就可以在同一时间开始听同一个音乐专辑。我们可能相隔几十上百英里，但通过这种受控的听觉输入，我们的大脑能够产生一点点同步。有时我们会在修改同一份手稿的各个部分时尝试像这样“同步思考”，以这种方式，我们合写了几篇最为出色的论文。一般来说，当我们将同步和预期结合起来，大脑就能协调一致，行为亦然。这一点对本书的主旨极为重要，因此我为你准备了一系

282

列关于人们如何共创一段对话的材料以供阅读（如今，这个话题正在迅速升温）：Allwood、Traum 和 Jokinen（2000），Anders、Heinzle、Weiskopf、Ethofer 和 Haynes（2011），Brown－Schmidt、Yoon 和 Ryskin（2015），A. Clark（2008），H. Clark（1996），Dale、Fusaroli、Duran 和 Richardson（2013），Dale 和 Spivey（2018），Davis、Brooks 和 Dixon（2016），Emberson、Lupyan、Goldstein 和 Spivey（2010）、Falandays 等人（2018），Froese、Iizuka 和 Ikegami（2014），Fusaroli 和 Tylén（2016），Fusaroli 等人（2012），Hove 和 Rise（2009），Kawasaki、Yamada、Ushiku、Miyauchi 和 Yamaguchi（2013），Koike、Tanabe 和 Sadato（2015），Konvalinka 和 Roepstorff（2012），Kuhlen、Allefeld 和 Haynes（2012），Louwerse、Dale、Bard 和 Jeuniaux（2012），Lupyan 和 Clark（2015），Pickering 和 Garrod（2004），Richardson 和 Dale（2005），Richardson、Dale 和 Kirkham（2007），Richardson 和 Kallen（2016），Riley、Richardson、Shockley 和 Ramenzoni（2011），Schoot、Hagoort 和 Segaert（2016），Shockley、Santana 和 Fowler（2003），Smith、Rathcke、Cummins、Overy 和 Scott（2014），Spiegelhalder 等人（2014），Spivey 和 Richardson（2009），Szary、Dale、Kello 和 Rhodes（2015），Tollefsen、Dale 和 Paxton（2013 年），Tomasello（2008），Trueswell 和 Tanenhaus（2005），Verga 和 Kotz（2019），von Zimmerman、Vicary、Sperling、Orgs 和 Richardson（2018），Wagman、Stoffregen、Bai 和 Schloesser（2017），Warlaumont、Richards、Gilkerson 和 Oller（2014），Zayas 和 Hazan（2014）。

你与你的合作伙伴

围绕特定共享任务的行为协调有多种表现形式。然而，无论是驾驶船舶、控制计算机系统，还是经营餐馆，协调通常都需要人们预测对方的意向和行动。已有大量研究证明这种适应性的信息交换对行为协调的重要性，无论是在实验室情境（如 Knoblich & Jordan, 2003; Sebanz, Bekkering, & Knoblich, 2006; Sebanz, Knoblich, Prinz, & Wascher, 2006; van der Wel, Knoblich, & Sebanz, 2011）还是在现实世界之中（如 Armitage et al., 2009; Barrett et al., 2004; Chemero, 2016; Guastello, 2001; Hutchins, 1995; Maglio, Kwan, & Spohrer, 2015; Maglio & Spohrer, 2013; Sawyer, 2005）。

你与你的群体

运作良好的群体有一个优势，那就是往往能产生“群体智慧”，也就是该群体所有猜测的误差均值会比群体中任一成员猜测时产生的平均误差都小。例如，想象一下，如果你问一个由 10 个人组成的小组：“世界上有百分之几的机场位于美国?”你会得到 10 个不同的猜测。其中有些猜测会与正确答案（33%）相当接近，但另一些答案可能相当离谱，比如一些人会过于高估，另一些人则会过于低估。因此，当你将所有这些猜测平均起来，其结果会相当接近 33%（Ariely et al., 2000; Vul & Pashler, 2008; Wallsten, Budescu, Erev, & Diederich, 1997）。不幸的是，“群体智慧”并非总能产生。有时，情况可能会很像 Charles Bukowski 的诗作《群众的天才》（*The Genius of the Crowd*），他将群体思维的另一面刻画得入木三分（Bukowski, 2008）。但是，当一个群体拥有良性多样的意见和背景，其内部关系

283

又融洽到足以容忍意见分歧时，这个群体往往能表现出非凡的智慧（如 Adamatzky, 2005；Baumeister, Ainsworth, & Vohs, 2016；Baumeister & Leary, 1995；Holbrook, Izuma, Deblieck, Fessler, & Iacoboni, 2015；Orehek, Sasota, Kruglanski, Dechesne, & Ridgeway, 2014；Page, 2007；Smaldino, 2016；Talaifar & Swann, 2016）。

“内群体成员身份”通常定义了一个“外群体”，这也是它最主要的缺点之一。维系“内群体”凝聚力的一种做法是狂热地反对外群体，这种做法很常见，甚至让许多聚集在一国边境的、寻求庇护的难民面临骨肉分离。仇恨一个“共同的敌人”并不是增强群体凝聚力的必要条件，但不幸的是，它确实是一种常见的症状（如 Banaji & Greenwald, 2013；Banaji & Hardin, 1996；Fazio, Jackson, Dunton, & Williams, 1995；Freeman & Johnson, 2016；Freeman, Pauker, & Sanchez, 2016；Greenwald, McGhee, & Schwartz, 1998；Greenwald, Nosek, & Banaji, 2003；Holbrook, Pollack, Zerbe, & Hahn – Holbrook, 2018；Kawakami, Dovidio, Moll, Hermsen, & Russin, 2000；Kruglanski et al., 2013；Mitchell, Macrae, & Banaji, 2006；Sapolsky, 2019；Smeding, Quinton, Lauer, Barca, & Pezzulo, 2016；Stolier & Freeman, 2017；Wojnowicz, Ferguson, Dale, & Spivey, 2009）。

你与你的社会

关于社会（在文化和生物学意义上）如何演化至今、它可能正在如何演化，以及未来将会如何演化，已有许多学者从哲学和数学的角度展开了探索。例如，Ayn Rand 所说的“客观主义”（objectivism）主张，社会（和经济）的演化应该符合对达尔文主义自然选择机制的简单理解，也就是说，仅靠激烈的竞争就能诱发朝向某种“最佳状态”的积极演化（对比 Lents，2018）。当你实际观察食物链中不受约束和不受管制的竞争，会发现达成了不需要进一步演化的所谓“最佳状态”的生物似乎都是那些邪恶的顶级掠食者，比如霸王龙、大白鲨和狼。这就是我们所期待的“最佳”的社会状态吗？想想数百万年来无指导的、竞争性的自然选择对犬科动物的影响：狼们变得从不与群体外成员合作。再想想几千年来人类引导的选择对犬科动物的影响：我们培育出了多种多样的狗，其中大多数都具有社会性且乐于合作，不再是凶恶的掠食者。你更愿意生活在哪个世界：一个狼的世界还是一个人类最好的朋友的世界？以下研究致力于从数学角度探讨一个社会要如何促成并维持各方的合作与凝聚，让他们共同创造财富，而不是任由各方在不受约束的竞争中互相算计与背叛：Axelrod（1984），Binmore（1998），Boyd 和 Richerson（1989），Camerer（2003），Dugatkin 和 Wilson（1991），Fehr 和 Fischbacher（2003），Kieslich 和 Hilbig（2014），Linster（1992），Smaldino、Schank 和 McElreath（2013），Sugden（2004），Vanderschraaf（2006，2018）以及 Thagard（2019）。 284

你与你的国家

许多国家都在致力于成为多元文化的“大熔炉”，它们在达成这一目标的过程中都会遭遇一些障碍。而将不同文化的群体聚拢到一起，以便更好地解决问题（Ely & Thomas，2001；Maznevski，1994；Watson，Kumar，& Michaelsen，1993），更是“移民国家”的立国之本。以美国为例，美国无疑是一个移民国家，是不同文化背景的人们参与的一项规模宏大的社会实验。（尽管在2018年，美国公民及移民局别有用意地将“移民国家”这一短语从它的使命宣言中删除，但这一点是无可争议的事实。）作为美国的一员，意味着你要遵循所谓的“美国契约”，而不是需要属于某个种族、拥有某种肤色或某种信仰。什么是“美国契约”？它是一系列原则，包括认同美国社会的价值观。是你对这些原则和价值观的坚持，而不是你的财富多寡，决定了你是否称得上“美国”这个群体的“适格”成员。但是，并非每一个美国人都像他们本应做到的那样坚持这些原则。当某些人偏离了这些原则，他们其实就比其他人更“不美国”了。许多人生在美国、长在美国，属于美国的多数种族（白人）和社会的主流性别（男性），但他们偏离了美国社会的价值观，因此也就算不上“真正的美国人”——作为“美国人”其实就是这么回事。

类似这样的“契约”在许多国家的边界内部也都存在，有时甚至跨越几个国家的边界。冷战结束后，世界的舞台已不再由两个超级大国主导。随着越来越多的国家在同一层面互动，国家间的行为模式也在变得越来越复杂。除公平对待本国不同的文化群体，我们也应公平对待他国不同的文化群体，这很重要，否则我们都将后悔莫及。推荐阅读下列作品，它们将有所助益：Albright（2018），Brzezinski 和 Scowcroft（2009），Chomsky（2017，再版），Farrow（2018），Kahn（1983），Levitsky 和 Ziblatt（2018），Luce（2017），Moyo（2018），Pinker（2018），Podobnik、Jusup、Kovac 和 Stanley（2017），Rachman（2017），Stanley（2018），Torres（2016），

285

Turchin（2016），Wise（2012），Woodley（2016）以及 Zakaria（2012）。

你与你的物种

在你努力避免成为一个种族主义者，并将所有人类划入"内群体"的同时，小心不要让自己陷入"物种主义"。你会认为所有人类都属于你的"内群体"，而所有其他生物都属于你的"外群体"吗？第 7 章会将你的"自我"扩展至包括所有其他的动物，在你为此做好准备之前，要好好想一想刚才的问题（见 Chudek & Henrich，2011；Dugatkin，1997；Gerkey et al.，2013；Harari，2014；Henrich，2015；Henrich et al.，2010；Hill，Barton，& Hurtado，2009）。

使用说明

有研究表明，若你为家人、朋友和邻居提供工具性的支持（如金钱、食物或家具等），你的预期健康状况就将得到改善，寿命也将因此稍微延长（Brown，Nesse，Vinokur，& Smith，2003；Schwartz & Sendor，1999）。你没看错：如果你为家人、朋友和邻居付出，你就能活得更久。因此，你要做的就是把地球上的每个人都看作是你的邻居，这样，你捐赠给世界上任何一家慈善机构的金钱和精力都将改善你自己的健康、延长你自己的寿命。但是，如果你不是真心地将每一个人都看作邻居的话，就不会有这种效果。所以你知道该怎么做了吧。

7 从他人到众生

人体微生物组

健康状况就像智能水平：如果只靠单一的衡量标准（如 BMI 或 IQ），你就会发现自己经常做出不准确的评估。健康有许多维度，就像智能有许多维度一样。身体质量指数（BMI）本身较高，并不能说明你就不健康（Tomiyama，Hunger，Nguyen－Cuu，& Wells，2016）。比如说，你很清楚一个身高 5 英尺 10 英寸（约 178 厘米）、体重 180 磅（约 82 公斤）、肌肉发达的橄榄球跑卫实际上并不像他的 BMI 所显示的那样“超重”。如果你感觉身体不适，医生单凭你的血压、血糖、胆固醇水平或粪便样本都没法告诉你具体出了什么问题。一个好医生会将这些指标结合起来，把你的健康状况视为一个复杂的系统（如 Bollyky，2018；Dietert，2016；Hood & Tian，2012；Liu，2017；McAuliffe，2016；Tauber，2017；Turnbaugh et al.，2007；Turney，2015，同见 Rohwer 在 2010 年关于珊瑚礁作为“共生功能体”的论述）。只有这样，数据才会揭示问题所在（同样的道理，一套医疗保健政策运作起来也像一个复杂的系统。因此改善一国的医疗保健体系也需要使用“系统思维”。见 De Savigny & Adam，2009）。

286

非人类动物的心智生活

假如你从未养过宠物，那就别往后读了。许多东西你都体会不了——别当真，我就是开个玩笑。但说真的，养只宠物吧。就算只是一条金鱼，也比什么都不养要好。给它起个名字，照顾它。许多研究都表明，养一只宠物能让你生活得更幸福、更长久（Amiot & Bastian, 2015，对比 Herzog, 2011）。

“狗知科学”（dognitive science）这个术语也许是计算机科学家 Gary Cottrell 于 1993 年首次提出的，尽管当时是作为一种幽默（Cottrell, 1993）。但如今，“狗知”（dognition）已不再是一种开玩笑的说法了（Andics, Gácsi, Faragó, Kis, & Miklósi, 2014；Berns, 2013；Dilks et al., 2015；Miklósi, 2014；Thompkins, Deshpande, Waggoner, & Katz, 2016）。但是，无论你是否养了宠物，真正的问题都在于，我们经常假设人类的智力与其他动物的智力相比是绝对特殊的存在（见 de Waal, 2017；Finlay & Workman, 2013；Matsuzawa, 2008；Spivey, 2000）。（“人类例外论”就像民族主义者的种族或国家例外论一样短视。）我们不应该假设动物是愚蠢的，而我们是聪明的，原因是科学证据并不支持这种假设（见 Barrett, 2011；Brosnan, 2013；Burghardt, 2005；Dehaene, 2011；Krubitzer, 1995；Northoff & Panksepp, 2008；Safina, 2016；Santos, Flombaum, & Phillips, 2007；Theiner, 2017；van den Heuvel, Bullmore, & Sporns, 2016；Young, 2012；同见 Gardner, 2011）。

与非人类动物共存

“哈欠传染”这种有趣的现象通常被视为共情或社会性的一种间接指标，也就是说，如果你被诱导打了个哈欠，其实就说明你能对诱导你打哈欠的家伙感同身受（Anderson, Myowa - Yamakoshi, &

Matsuzawa, 2004; Campbell & de Waal, 2011; Joly - Mascheroni, Senju, & Shepherd, 2008; Massen, Church, & Gallup, 2015; Palagi, Leone, Mancini, & Ferrari, 2009; Paukner & Anderson, 2006; Platek, Critton, Myers, & Gallup, 2003; Provine, 2005; Silva, Bessa, & de Sousa, 2012; Wilkinson, Sebanz, Mandl, & Huber, 2011)。如果你最好的朋友打了个哈欠，即使你们只是在通电话，接下来你很有可能也会打个哈欠。但是，如果某个你不认识的演员在一场电影中打了个哈欠，正在观影的你接下来打哈欠的可能性就要小一些。而要是你在动物园里看到一只狮子打了个哈欠，你接下来打个哈欠的可能性就非常之小了。当然，如果你是一位自闭症患者，那么这些刺激可能根本不会让你想要去打个哈欠——除非你强迫自己注视着打哈欠者的双眼（Senju et al., 2007, 2009）。

287

我们自始至终都与动物生活在同一片天空下，即使你并没有意识到。就算你没养过宠物，没骑过马，也从不吃肉，动物也在你的生活中扮演着重要的角色。你小时候可能有过一只动物玩偶，与它玩耍的经历让你在那个易受影响的懵懂岁月里学会了一些共情。也许你在夏夜里听着蟋蟀或青蛙的鸣叫入睡，又在鸟儿的歌声中迎接新的一天到来。你几乎肯定看过一些关于动物的电影、纪录片、电视剧，甚至是科幻小说，而且会惊讶地发现自己能与屏幕上或段落里的动物产生共鸣。关于人类与动物伙伴的互动，相关研究可谓汗牛充栋，这里仅举一小部分为例：Amon 和 Favela（2019），Anthony 和 Brown（1991），Fossey（2000），Gardner 和 Gardner（1969），Goodall（2010），Keil（2015），Lestel（1998、2006），Lestel、

Brunois 和 Gaunet（2006），Patterson 和 Cohn（1990），Patterson 和 Linden（1981），Pepperberg（2009），Perlman、Patterson 和 Cohn（2012），SavageRumbaugh（1986），Shatner（2017）以及 Smith、Proops、Grounds、Wathan 和 McComb（2016），另见 Donaldson 和 Kymlicka（2011）。

植物的心智生活

一个世纪以前，Charles Darwin（Francis 之父）就尝试过为植物演奏音乐，最终得出了一个明智的结论：认为音乐会影响植物生长的都是些傻瓜。20 世纪 70 年代，一些研究比较了古典音乐和摇滚音乐对植物生长状况的影响，但这些实验都设计得很不理想，容易产生偏差，而且没有为结果的可重复性提供统计学证据。糟糕的科学很像不实的传言（见 Che，Metaxa－Kakavouli，& Hancock，2018；Del Vicario et al.，2016；Nekovee，Moreno，Bianconi，& Marsili，2007；Spivey，2017；Vosoughi，Roy，& Aral，2017；Zubiaga，Liakata，Procter，Hoi，& Tolmie，2016）。有时候，故事太吸引人，以至于很难彻底忽略，但假的就是假的，大多数情况下，它们最终都会被证伪。比如说，植物学家 Peter Scott 描述了一些实验，最初，人们发现沐浴在音乐声中的玉米种子会萌发得更快。然而在后续实验中，他们发现导致这些种子更快萌发的是一旁的电喇叭产生的温暖（Scott，2013）。尽管植物没有欣赏音乐的天赋，但它们对环境其他一些方面的适应性反应却非常敏捷，以至于人们会相信它们拥有某种程度的“觉知”（见 Bruce，Matthes，Napier，& Pickett，2007；Carello，Vaz，Blau，& Petrusz，2012；Chamovitz，2012；Darwin，1908；Domingos，

Prado, Wong, Gehring, & Feijo, 2015; Fechner, 1848; Gilroy & Trewavas, 2001; Michard et al., 2011; Runyon, Mescher, & De Moraes, 2006; Thellier, 2012, 2017; Thellier & Lüttge, 2013; Trewavas, 2003; Turvey, 2013。如果你对"聪明"的黏菌感兴趣，可以阅读 Adamatzky, 2016; Nakagaki, Yamada, & Tóth, 2000; Reid, Latty, Dussutour, & Beekman, 2012; Tero et al., 2010)。

与植物共存

我的好哥们 Arnie 是一个非常有才华的景观设计师，他对植物可

288

谓了如指掌。他也是个练家子，曾一拳将人打成脑震荡（当然是为了自卫)。因此，当你听这等硬汉谈论自己如何护理生病的植物，让它们恢复生机，或精心打理玫瑰花丛，让它们完美地绽放时，可能会有些错愕。显然，他对植物有一种爱，它们对他来说就像孩子一样。想想我们自己，不也经常将学校比作"苗圃"，将老师们比作"园丁"吗？Arnie 就是一位货真价实的园丁，他的任务就是将"孩子"们喂饱，并定期给它们"理发"，让它们神采奕奕。如果像 Arnie 这样的硬汉都能接受自己与非动物生命形式的一体性，我们这些人肯定也行。

如果我们与植物没有这么多共同点，大概就不可能通过吃掉它们来获取什么营养。你花园里那块鹅卵石当然也含有一些有益的矿物质，但你没法吃它（吃了也获取不了什么营养)。地球上的所有生命都是从同样的原始 DNA 演化而来的，这种生物学上的共性是我们之所以能相互关联、彼此交换分子，以及相互取食的主要原因

（Theobald，2010）。

行星级生物群系

当然，《京都议定书》及《巴黎气候协定》并非各国政府最早颁布的环保政策，但却是此类政策第一个真正意义上的“全球版”。早在1285年，英格兰就颁布了一项法律，禁止在一年中的某些时节捕捞鲑鱼，以防鲑鱼资源枯竭。然而，这项法律并未得到强有力的执行。环保意识已不是什么新鲜事了，现在，我们只需要将这种意识再行扩展，并转变为真正的行动。见 Barnosky（2014），Barnosky 等人（2016），Bolster（2012），Farmer 和 Lafond（2016），Flusberg、Matlock 和 Thibodeau（2017，2018），Jensen（2016），Kolbert（2014），Lewandowsky 和 Oberauer（2016），Matlock、Coe 和 Westerling（2017），Nelson（1982），Oreskes 和 Conway（2011），Ramanathan、Han 和 Matlock（2017），Reese（2013，2016）以及 Westerling、Hidalgo，Cayan 和 Swetnam（2006）。

如果你真的相信环境是“你”的一部分，保护环境就应该像照顾自己的身体那样自然。你不爱惜身体，身体就一定会辜负你；同样，我们不保护环境，环境就一定会报复我们。科学研究显示，一切有生命的事物都可以看成是某种形式的心智（Godfrey－Smith，2016；Thompson，2007；Turvey，2018），这颗星球上的所有生命一同构成了一个有机的整体（Ackerman，2014；Bateson，1979；Capra，1983；Grinspoon，2016；Holland，2000；Hutchins，2010；Ingold，2000；Maturana & Varela，1987；Miller，1978；Prigogine & Stengers，1984；

Rosen, 1991)。这其实已经告诉我们该怎样去做了。

8 从众生到万物

非生命系统无处不在

GJ357d 是一颗可能具备宜居条件的行星，距离地球 31 光年。如果它有足够厚的大气，就能在表面留存液态水。然而，它的质量是地球的 6 倍，因此不论哪种生命居住在那儿，都不可能长得太大。除体型外，在一颗重力 6 倍于地球的星球上，生物的结构也受严格的限制，它们更有可能演化成无脊椎动物。也许那儿的顶级掠食者（如果存在的话）会是某种类似于香蕉蛞蝓的东西。我对人类探测地外生命并与之交流的可能性持大体悲观的态度，话虽如此，肯定还会有一些天文学家和天体生物学家（包括一些非专业人士，他们自诩为外星人绑架事件的亲历者）对此不屑一顾。事实上，即使是这个研究领域本身也未能就这个问题达成一致。基于“德雷克方程”，有些人估计每个星系中都有几十颗行星孕育出了智慧生命，另一些人则预测每个星系中生活着智慧生命的行星不到一颗。不管怎样，Enrico Fermi 很有可能是对的，他认为如果地外生命足够聪明、存在的时间足够长久、距离我们足够近，我们就应该能够与之交流，那样的话，我们现在应该已经发现了它们存在的明确证据（Barnes, Meadows, & Evans, 2015；Drake & Sobel, 1992；Frank & Sullivan, 2016；Sagan & Drake, 1975；Shostak, 1998；Stenger, 2011；Tipler, 1980；Vakoch & Dowd, 2015；Webb, 2015，同见 Randall, 2017；Ty-

289

son，2017）。

非生命系统的心智生活

“BZ 反应”是个惊人的发现，在无生命的化学溶液中，自催化反应自行启动并持续进行，其振荡过程就像生命系统在不断地呼吸。但它的意义不止于此，对整个科学界而言，它也是难忘的一课。Boris Pavlovitch Belousov（对应“BZ 反应”中的“B”）当年一再提交描述这种振荡化学反应的手稿，却一再遭遇编辑和审稿人的漠视和不信任，以至于他最终不得不放弃在经同行评议的期刊上发表研究报告。他所投稿的科学期刊对化学反应的传统理解是如此的根深蒂固，以至于编审们对 Belousov 的实验报告嗤之以鼻，甚至不愿亲自下场尝试重复这个实验。Belousov 一生中关于“BZ 反应”唯一的出版物只是一份不起眼的会议摘要。一般来说，只要实验控制得足够严密、证据足够确凿，科学界对修订其核心原则就应该持开放态度，许多学者都认为自己的确做到了这一点，并为此而感到自豪。然而，他们有时也会成为传统教条的受害者，被蒙蔽十年乃至二十年。Belousov 的原始手稿后来被翻译成英文，于 1985 年被收录在 Maria Burger 和 Richard Field 汇编的一卷文集的附录中。我强烈推荐你在网上查找一些“BZ 反应”的视频剪辑，在观看这些美丽、生动的模式生长过程时，别忘了提醒自己：它们其实是无生命的（Belousov，1985；Mikhailov & Ertl，2017；Prigogine & Stengers，1984；Steinbock，Tóth，& Showalter，1995；Winfree，1984；Zhabotinsky，1964）。

在随意地造出一些“有生命的技术”以前，我们必须考虑清楚。

与其说指望制造出一个完整的人形木偶，并让它像匹诺曹那样“活过来”，也许人工智能研究更应该做的，是为非生物的生命过程建造一个“苗圃”，促进它们的自组织演化（见 Carriveau，2006；Davis，Kay，Kondepudi，& Dixon，2016；Dietrich，2001；Dixon，Kay，Davis，& Kondepudi，2016；Hanczyc & Ikegami，2010；Harari，2016；Ikegami，2013；Kaiser，2006；Davis，Kay，Kondepudi，& Dixon，2016；Dietrich，2001；Dixon，Kay，Davis，& Kondepudi，2016；Hanczyc & Ikegami，2010；Harari，2016；Ikegami，2013；Kaiser，Snezhko，& Aranson，2017；Kleckner，Scheeler，& Irvine，2014；Kokot & Snezhko，2018；O' Connell，2017；Piore，2017；Snezhko & Aranson，2011；Swenson，1989；Swenson & Turvey，1991；Turvey & Carello，2012；Walker，Packard，& Cody，2017；Whitelaw，2004；Yang et al.，2017）。

当然，我们必须非常小心，不要意外释放出纳米机器人“病毒”，感染、毒害乃至灭绝地球上的一切生命。那样的话我们就真玩完了。许多非生物的演化过程最初都能用计算机进行模拟，类似于机器人学家 Hod Lipson 在虚拟现实世界推进的演化，演化出来的生物之后还能被 3D 打印出来（Lipson & Pollack，2000）。然而，与其过分专注于动物，一开始我们不妨考虑那些更简单的对象：植物（见 Goel，Knox，& Norman，1991）。也许我们可以设计出一种“人造植物”，它不含活性生物成分，却能进行光合作用，从地表提取特定分子用于生长，并复制自己的部分副本（比如通过无性繁殖，这样它就不必将人造花粉释放到空气中了）。这种植物将不能食用，它不会为我们所用，对我们也没有危险。它的使命就是教会我们如何

“种植”合成生命，在此过程中，它甚至能为我们承担一些碳捕获任务——这正是我们所亟需的。

自然发生的非生命系统的复杂性

分形的1/f尺度变换存在于一系列现象之中，包括股票市场的波动、人类和其他动物的行为、植物的生长、天气的变化甚至是地震的发生。自然界许多美丽的模式背后都有它的影子，各种分析和讨论也非常丰富（如Bak，1996；Crutchfield，2012；Drake，2016；Havlin et al.，1999；Hurst，1951；Johnson，1925；Kauffman，1996；Lorenz，2000；Mandelbrot，2013；Strogatz，2004；Turvey & Carello，2012）。

有时候，一个过程看似大体符合幂律，但实际上与纯幂律会有一些差异（Clauset，Shalizi，& Newman，2009）。例如，地震的统计数据可能更符合“具有指数截断的（渐缩的）幂律分布”，而非纯幂律分布（Kagan，2010；Serra & Corral，2017），大地震（震级>8）的真实发生率大约是基于纯幂律分布做出的预测的一半。这很重要，因为它表明一些边界条件（或边缘效应）会影响统计函数的具体呈现方式。并不是说导致大地震和导致其他地震的原因不同，以至于人们要为此假设两种不同的构造机制。事实上，所有地震（不论大小）背后可能都是一套相同的物理机制，但当一个具体的地壳构造过程（同时涉及岩层的塑性和脆性）逼近其范围的极端边缘，某些边界条件的影响就会显现。

生命系统与非生命系统中都存在分形的1/f尺度变换，这暗示二者具有某种共性。生命系统是从非生命系统演化而来的，在分子和原子尺度，每一个生命系统都包含许多构成非生命系统的元素。1/f尺度变换会在人类脉管系统的形态，我们的自发行为、言语、心率、记忆乃至步态的差异中表现出来（见 Abney, Kello, & Balasubramaniam, 2016；Chater & Brown, 1999；He, 2014；Hills, Jones, & Todd, 2012；Ivanov et al., 2001；Kello et al., 2010；Linkenkaer – Hansen, Nikouline, Palva, & Ilmoniemi, 2001；Mancardi, Varetto, Bucci, Maniero, & Guiot, 2008；Rhodes & Turvey, 2007；Usher, Stemmler, & Olami, 1995；Van Orden, Holden, & Turvey, 2003；Ward, 2002）。不错，我们说话和行走的时间序列中都含有"粉红噪声"。事实上，帕金森病早期阶段的潜在指标之一，正是1/f噪声在患者行走时腿部运动的时间序列中消失。认知神经科学家 Michael Hove 指出，用耳机为帕金森病患者播放有节奏的声音刺激，有助于恢复他们的行走模式中健康的1/f噪声（Hove & Keller, 2015；Hove, Suzuki, Uchitomi, Orimo, & Miyake, 2012）。

与非生命系统共存

地球上最初的微生物很可能起源于自催化化学网络，这是一个自组织过程，会"自己启动自己"（见 Grosch & Hazen, 2015；Hazen, 2013；Hazen & Sverjensky, 2010，同见 Dawkins & Wong, 2016）。说某物"自己启动自己"可能会让你有些转不过弯来：既然某物在出现以前并不存在，它怎么可能通过做些什么来"产生自己"呢？如果我们将因果链弯成一个环，就会发生一些怪事。实际上，大多数事物都是由许许多多较小的事物聚合而成的，通常早在我们关注到眼前较大的事物以前，构成它们的那些较小的事物就已相互作用了很久。因此，这些较大的事物虽然都源于较小的事物，但它们看上去往往就像是“凭空出现”的那样。由于并不存在什么其他的大型事物“产生”眼前的大型事物，我们往往会想当然地认为眼前的大型事物是自己产生出来的。在现象之下，既可由因生果，亦有倒果为因，有时，我们必须同时观察小尺度和大尺度事件，才能真正理解涌现。见 Johnson（2002），Kauffman（1996），Laughlin（2006），Mitchell（2009），Rosen（1991），Spivey（2018）以及 Turvey（2004）。

292

不仅人类个体及其物质性文化（见 Sutton，2008，2010；Sutton & Keene，2016，同见 Malafouris，2010），我们的宠物也参与构成了自组织的社会（即“蜂巢思维”）。智人埋葬死者的方式多种多样（Aldenderfer，2013；Moyes，2012；Moyes，Rigoli，Huette，Montello，Matlock，& Spivey，2017），一些部落会将死者生前喂养的狗作为宠物葬在他的身旁。早在公元前8000年左右，狼和郊狼的混种已被人类驯化，并被视为“家庭的一分子”了。它们死后会被小心地葬在家庭墓地，挨着祖父母的墓穴（Perri et al.，2019）。关于人类社会“蜂巢思维”的更多讨论见 Clark（2008），Grinspoon（2016），Hutchins（2010），Lovelock 和 Margulis（1974），Odum（1988）以及 Smart（2012）。

亲爱的地球

20世纪80年代，摇滚乐队 XTC 创作了一首单曲，名为《亲爱的上帝》。在这首歌曲中，主唱 Andy Partridge 对上帝说："抱歉打扰，但有些话我必须得一吐为快，将意思表示明白。"随后 Partridge 开始陈述自己无法信仰上帝的原因。我不确定他是否"声闻于天"了，但这些话很有力量。我在这里引用它们，是想让读者们意识到，作为全知全能的自然力量，地球有时候也需要被"唤醒"。现在，地球（我指的是由一切有生命和无生命的物质构成的整体）正在用你们的眼睛阅读这一章。但愿我们都意识到了这一点。

9 现在，你是谁？

我们的行为会影响到他人，因此，为行为设限通常是有必要的。但是，当人们设定"自我"的界线，将自己与世界的其他部分区隔开来，往往会事与愿违。获得并维持一种有意识的、普遍的一体感并不总是轻而易举的，日常活动对我们提出的各式具体要求往往会妨碍到它。但是，每隔一段时间提醒自己找回这种感觉并不难。无论你会不会在某时某刻沉思冥想，无论你能不能体验到这种一体感，它的真实性都不容置疑（Wilber，1979，1997，同见 Baskins，2015）。我们都在分享同一片大气，这一事实将我们联系在一起。地球的大气可视为单一的基质，每时每刻，它都在渗透我们所有人。与其他人类、其他动物和其他植物呼吸同样的空气，很像一大群人挤在同一个游泳池里：你肯定希望就"不要在池子里小便"与所有人达成共识！

第 N 章的预期效果

第 2 到第 8 章旨在让你逐步扩展“自我”的边界：既包括你，也包括你周围的一切存在。特别是第 6、第 7 和第 8 章，可能有力地挑战了你长久以来的一些预设。如果你设法解除了其中的一些预设，那么恭喜你！关于“自我”、关于“你是谁”，你已学到了一些新的东西。说到底，学习新的东西，获取新的知识和经验，正是认知科学家 Shimon Edelman 所说的生命的意义所在。在他的著作《追寻的幸福》（*The Happiness of Pursuit*，2012）中，Edelman 综合神经科学与人文科学，指出对人类的心智而言，“在世存在”最为根本的目的就是学习新知识、获得新经验，以此促成自我改造与自我提升，再没什么比这更令人心满意足的了。所以你一定得试试。如果第 6、第 7 和第 8 章的步子对你来说迈得太大了些，你也可以设定一个期限（比如两天），在此期间尝试像书中建议的那样转变心态，切身感受一番。没准儿你会欲罢不能的！

“在地球上”与“作为地球的一部分”

293

我们太容易相信一个人的主观意识与这个世界上其他的物理过程存在某种区别了，以至于有些哲学家（如 René Descartes）甚至提出了令人不安的假设，即意识不受已知物理定律的支配（另见 Chalmers，1996，2017）。

我们无需考虑观察者的主观意识，就能考虑波函数的坍缩。物理学家 Karen Barad（2007）对此的解释很有说服力：“波函数的坍缩”这种表述本身就是不准确的，实际情况是观察者与量子系统本身纠缠在了一起。Barad 认为“有意识的观察者”不应被看作个体，而应被视为参与量子纠缠的子系统。这种观点在文化上产生了相当深远的影响。

民主的宇宙

Deepak Chopra 和 Mena Kafatos 合写了一本书，书名叫《你就是宇宙》（*You Are the Universe*）（2017）。在这部优美的作品中，他们专门使用物理学证据，说明“你”是宇宙的一部分，而不仅是存在于宇宙内部的什么东西。无论你关注的是亚原子尺度、微观尺度、中观尺度、宏观尺度还是“深时”（deep time）尺度，每一层级的数据分析都将推导出无懈可击的结论：“你”作为子系统，内嵌于更大的系统之中（因此是后者的一部分），而“更大的系统”本身又作为子系统，内嵌于另一个比它还大的系统之中（另见 Anderson et al.，2012；Spivey & Spevack，2017）。

一体性、目的，以及永恒的生命

当我们循科学留下的面包屑前行，会发现它在宇宙的密林中辟出了一条小径，道旁不乏闪烁自然之美的珍奇。我们会发现难得一见之物，体会寻常之事蕴含的至高喜悦，揭示普遍存在的令人敬畏的模式（如 Dawkins，2012；Jillette，2012；Kauffman，1996）。人们若是遭遇了一种始料未及的、宏伟壮丽的创造力，就会产生这种敬畏。要适应它，就需要对世界模型加以扩展（Keltner & Haidt，2003）。在生活中寻找敬畏感已成了一门科学，事实上，这是医疗卫生科学的一个分支（Stellar，John – Henderson，Anderson，Gordon，McNeil，&

Keltner, 2015)。敬畏感对你有好处，就像清新的空气、干净的淡水。它甚至能减轻你的炎症，效果有点像抗氧化剂。更重要的是，感受到敬畏的人们会对彼此更为慷慨（Piff, Dietze, Feinberg, Stancato, & Keltner, 2015），也更乐于合作（Stellar et al. , 2017）。事实上，面对伟大的艺术和伟大的科学，人们感受到的敬畏大同小异，归根结底，艺术与科学间不存在太大的差别（见 Drake, 2016; Kandel, 2016; Morrow, 2018, 另见 Rynecki, 2017）。

294

尽管某些佛教信仰（比如轮回）缺乏科学依据，但佛教也有许多观点得到了科学的支持（Wright, 2017）。有研究证明，定期的“慈心禅”可增强社会联系感（Hutcherson, Seppala, & Gross, 2008）、减少孤独感，因此有助于降低血压（Hawkley, Masi, Berry, & Cacioppo, 2006）。

定期的“正念冥想”已被证明有助于改善工作记忆、增强注意的持续性（Zeidan, Johnson, Diamond, David, & Goolkasian, 2010）。此外，它还能增加认知的灵活性（Moore & Malinowksi, 2009），减少情绪反应（Ortner, Kilner, & Zelazo, 2007）。事实上，稳定的“正念冥想”甚至能帮助你维持健康的饮食习惯（Papies, Barsalou, & Custers, 2012）。

我们是谁

对象间的关系是第一位的，而对象本身只是第二位的（Buber, 1923, 1970; Metcalfe & Game, 2012）。当你仔细琢磨这种说法，可能多少会觉得有些别扭。但对真正意义上的“自催化”和“自催动”系统而言，这是真的：它们的确是“自己产生了自己”。化学与流体力学的相关研究表明，一些自组织系统各个子成分之间的关系“产生了”其中的一些子成分，这些系统因此得以涌现，并“为存续而动”（见 Belousov，1985；Carriveau，2006；Dixon et al.，2016；Turvey & Carello，2012）；在量子水平，两个亚原子对象的属性之间的关系可先于它们的属性本身被准确地预测出来（Mermin，1998）。至于我们自己，大脑、身体和环境间的关系产生了我们称之为“意识”的主观经验（Clark，2003，2008；McCubbins & Turner，2020；Noë，2009；Spivey，2007；Turner，2014），而如果没有身体内部（或身体之间）肌肉和关节的密切配合，我们人类连基本的动作协调性都将无从谈起（Anderson et al.，2012；Van Orden，Kloos，& Wallot，2011）。如果万事万物果真相互关联，那泛心论近年来的复兴多少还算有些道理（Skrbina，2005；Strawson，2006）。或许 Descartes 的那句名言 Cogito ergo sum（我思，故我在）也该“与时俱进”了，比如改写成 Cogito ergo totum cogitamus（我思，故万物思），我看就挺好。

参考文献

Who You Are

Abney, D. H., Kello, C. T., & Balasubramaniam, R. (2016). Introduction and application of the multiscale coefficient of variation analysis. *Behavior Research Methods*. *49*(5), 1571 – 1581.

Ackerman, D. (2014). *The human age: The world shaped by us*. W. W. Norton.

Adamatzky, A. (2005). *Dynamics of crowd – minds: Patterns of irrationality in emotions, beliefs and actions*. World Scientific.

Adamatzky, A. (Ed.). (2016). *Advances in Physarum machines: Sensing and computing with slime mould*. Springer.

Adams, F., & Aizawa, K. (2009). Why the mind is still in the head. In P. Robbins & M. Aydede (Eds.), *The Cambridge handbook of situated cognition* (pp. 78 – 95). Cambridge University Press.

Adams, F., & Aizawa, K. (2011). *The bounds of cognition*. Wiley.

Adolphs, R., Tranel, D., Damasio, H., & Damasio, A. (1994). Impaired recognition of emotion in facial expressions following bilateral damage to the human amygdala. *Nature*, *372*(6507), 669 – 672.

Albright, M. (2018). *Fascism: A warning*. Harper.

Aldenderfer, M. (2013). Variation in mortuary practice on the early Tibetan plateau and the high Himalayas. *Journal of the International Association of Bon Research*, *1*, 293 – 318.

Allen, J. F., Byron, D. K., Dzikovska, M., Ferguson, G., Galescu, L., & Stent,

A. (2001). Toward conversational human – computer interaction. *AI Magazine*, *22*(4), 27.

Allopenna, P. D., Magnuson, J. S., & Tanenhaus, M. K. (1998). Tracking the time course of spoken word recognition using eye movements: Evidence for continuous mapping models. *Journal of Memory and Language*, *38*(4), 419 – 439.

Allwood, J., Traum, D., & Jokinen, K. (2000). Cooperation, dialogue and ethics. *International Journal of Human – Computer Studies*, *53*(6), 871 – 914.

Altmann, G. T., & Kamide, Y. (2007). The real – time mediation of visual attention by language and world knowledge: Linking anticipatory (and other) eye movements to linguistic processing. *Journal of Memory and Language*, *57*(4), 502 – 518.

Altmann, G. T., & Mirkovic, J. (2009). Incrementality and prediction in human sentence processing. *Cognitive Science*, *33*(4), 583 – 609.

Amaral, D. G., Behniea, H., & Kelly, J. L. (2003). Topographic organization of projections from the amygdala to the visual cortex in the macaque monkey. *Neuroscience*, *118*(4), 1099 – 1120.

Amiot, C. E., & Bastian, B. (2015). Toward a psychology of human – animal relations. *Psychological Bulletin*, *141*(1), 6 – 47.

Amon, M. J., & Favela, L. H. (2019). Distributed cognition criteria: Defined, operationalized, and applied to human – dog systems. *Behavioural Processes*, *162*, 167 – 176.

Anders, S., Heinzle, J., Weiskopf, N., Ethofer, T., & Haynes, J. D. (2011). Flow of affective information between communicating brains. *Neuroimage*, *54*(1), 439 – 446.

Anderson, J. A., & Rosenfeld, E. (2000). *Talking nets: An oral history of neural networks.* MIT Press.

Anderson, J. A., Siverstein, J., Ritz, S., & Jones, R. (1977). Distinctive features, categorical perception, and probability learning: Some applications of a neural model. *Psychological Review*, *84*(5), 413 – 451.

Anderson, J. R. , Myowa - Yamakoshi, M. , & Matsuzawa, T. (2004). Contagious yawning in chimpanzees. *Proceedings of the Royal Society of London B: Biological Sciences*, *271*(Suppl 6), S468 - S470.

Anderson, M. L. (2014). *After phrenology: Neural reuse and the interactive brain.* MIT Press.

Anderson, M. L. , Brumbaugh, J. , & Şuben, A. (2010). Investigating functional cooperation in the human brain using simple graph - theoretic methods. In W. Chaovalitwongse, P. Pardalos, & P. Xanthopoulos (Eds.), *Computational neuroscience* (pp. 31 - 42). Springer.

Anderson, M. L. , Richardson, M. J. , & Chemero, A. (2012). Eroding the boundaries of cognition: Implications of embodiment. *Topics in Cognitive Science*, *4*(4), 717 - 730.

Anderson, S. E. , Chiu, E. , Huette, S. , & Spivey, M. J. (2011). On the temporal dynamics of language - mediated vision and vision - mediated language. *Acta Psychologica*, *137*(2), 181 - 189.

Anderson, S. E. , & Spivey, M. J. (2009). The enactment of language: Decades of interactions between linguistic and motor processes. *Language and Cognition*, *1*(1), 87 - 111.

Andics, A. , Gácsi, M. , Faragó, T. , Kis, A. , & Miklósi, Á. (2014). Voice - sensitive regions in the dog and human brain are revealed by comparative fMRI. *Current Biology*, *24*(5), 574 - 578.

Anthony, D. W. , & Brown, D. R. (1991). The origins of horseback riding. *Antiquity*, *65*(246), 22 - 38.

Ariely, D. , Au, W. T. , Bender, R. H. , Budescu, D. V. , Dietz, C. B. , Gu, H. , Wallsten, T. S. , & Zauberman, G. (2000). The effects of averaging subjective probability estimates between and withinjudges. *Journal of Experimental Psychology: Applied*, *6*(2), 130 - 146.

Armel, K. C. , & Ramachandran, V. S. (2003). Projecting sensations to external objects: Evidence from skin conductance response. *Proceedings of the Royal Society of*

London B: Biological Sciences, *270*(1523), 1499 – 1506.

Armitage, D. R., Pummer, R., Berkes, F., Arthur, R. I., Charles, A. T., Davidson – Hunt, I. J., …Wollenberg, E. K. (2009). Adaptive co – management for social – ecological complexity. *Frontiers in Ecology and the Environment*, *7*(2), 95 – 102.

Arroyo, E., Selker, T., & Wei, W. (2006). Usability tool for analysis of web designs using mouse tracks. In *CHI' 06 extended abstracts on Human Factors in Computing Systems* (pp. 484 – 489). Association for Computing Machinery.

Atmanspacher, H. (2015). Quantum approaches to consciousness. In E. Zalta (Ed.), *The Stanford encyclopedia of philosophy*. Stanford University Press.

Atmanspacher, H., & beim Graben, P. (2009). Contextual emergence. *Scholarpedia*, *4*(3), 7997.

Augustine, K. (2007). Does paranormal perception occur in near – death experiences? *Journal of Near – Death Studies*, *25*(4), 203 – 236.

Axelrod, R. M. (1984). *The evolution of cooperation*. Basic Books.

Baddeley, R., Abbott, L. F., Booth, M. C., Sengpiel, F., Freeman, T., Wakeman, E. A., & Rolls, E. T. (1997). Responses of neurons in primary and inferior temporal visual cortices to natural scenes. *Proceedings of the Royal Society of London B: Biological Sciences*, *264*(1389), 1775 – 1783.

Bajcsy, R. (1988). Active perception. *Proceedings of the IEEE*, *76*(8), 966 – 1005.

Bak, P. (1996). *How nature works: The science of self – organized criticality*. Copernicus.

Balasubramaniam, R. (2013). On the control of unstable objects: The dynamics of human stick balancing. In M. Richardson, M. Riley, & K. Shockley (Eds.), *Progress in motor control: Neural, computational and dynamic approaches* (pp. 149 – 168). Springer.

Balcetis, E., & Dale, R. (2007). Conceptual set as a top – down constraint on visual object identification. *Perception*, *36*(4), 581 – 595.

Ballard, D. H., Hayhoe, M. M., Pook, P. K., & Rao, R. P. (1997). Deictic codes for the embodiment of cognition. *Behavioral and Brain Sciences*, *20*(4), 723-742.

Banaji, M. R., & Greenwald, A. G. (2013). *Blindspot: Hidden biases of good people.* Delacorte Press.

Banaji, M. R., & Hardin, C. D. (1996). Automatic stereotyping. *Psychological Science*, *7*(3), 136-141.

Banerjee, K., & Bloom, P. (2013). Would Tarzan believe in God? Conditions for the emergence of religious belief. *Trends in Cognitive Sciences*, *17*(1), 7-8.

Bar, M. (2003). A cortical mechanism for triggering top-down facilitation in visual object recognition. *Journal of Cognitive Neuroscience*, *15*(4), 600-609.

Bar, M., Kassam, K. S., Ghuman, A. S., Boshyan, J., Schmid, A. M., Dale, A. M., …Halgren, E. (2006). Top-down facilitation of visual recognition. *Proceedings of the National Academy of Sciences of the United States of America*, *103*(2), 449-454.

Bar, M., & Ullman, S. (1996). Spatial context in recognition. *Perception*, *25*(3), 343-352.

Barad, K. (2007). *Meeting the universe halfway.* Duke University Press.

Barker, S. A., Borjigin, J., Lomnicka, I., & Strassman, R. (2013). LC/MS/MS analysis of the endogenous dimethyltryptamine hallucinogens, their precursors, and major metabolites in rat pineal gland microdialysate. *Biomedical Chromatography*, *27*(12), 1690-1700.

Barlow, H. (1953). Summation and inhibition in the frog's retina. *Journal of Physiology*, *119*(1), 69-88.

Barlow, H. (1972). Single units and sensation: A neuron doctrine for perceptual psychology? *Perception*, *1*(4), 371-394.

Barlow, H. (1995). The neuron doctrine in perception. In M. Gazzaniga (Ed.), *The cognitive neurosciences* (pp. 415–435). MIT Press.

Barnes, R., Meadows, V. S., & Evans, N. (2015). Comparative habitability of transiting exoplanets. *Astrophysical Journal*, 814, 91.

Barnosky, A. (2014). *Dodging extinction: Power, food, money, and the future of life on earth.* California University Press.

Barnosky, A., Matlock, T., Christensen, J., Han, H., Miles, J., Rice, R., … White, L. (2016). Establishing common ground: Finding better ways to communicate about climate disruption. *Collabra*, *2*(1), 23.

Barrett, J. L. (2012). Born believers: *The science of children's religious beliefs.* Free Press.

Barrett, L. (2011). *Beyond the brain: How body and environment shape animal and human minds.* Princeton University Press.

Barrett, L. F. (2006). Solving the emotion paradox: Categorization and the experience of emotion. *Personality and Social Psychology Review*, *10*(1), 20–46.

Barrett, L. F. (2017). *How emotions are made.* Houghton Mifflin Harcourt.

Barrett, R., Kandogan, E., Maglio, P. P., Haber, E. M., Takayama, L. A., & Prabaker, M. (2004). Field studies of computer system administrators: Analysis of system management tools and practices. In *Proceedings of the 2004 ACM Conference on Computer Supported Cooperative Work* (pp. 388–395). Association for Computing Machinery.

Barsalou, L. W. (1983). Ad hoc categories. *Memory & Cognition*, *11*(3), 211–227.

Barsalou, L. W. (1999). Perceptual symbol systems. *Behavioral and Brain Sciences*, *22*(4), 577–660.

Barsalou, L. W., Breazeal, C., & Smith, L. B. (2007). Cognition as coordinated noncognition. *Cognitive Processing*, *8*(2), 79–91.

Baskins, B. S. (2015). *Oneness: Principles of world peace.* Global Unity Media.

Bateson, G. (1979). *Mind and nature: A necessary unity.* Dutton.

Bauby, J. (1998). *The diving bell and the butterfly.* Vintage.

Baumeister, R. F., Ainsworth, S. E., & Vohs, K. D. (2016). Are groups more or less than the sum of their members? The moderating role of individual identification. *Behavioral and Brain Sciences*, *39*, e137.

Baumeister, R. F., & Leary, M. R. (1995). The need to belong: Desire for interpersonal attachments as a fundamental human motivation. *Psychological Bulletin*, *117*(3), 497 – 592.

Bavelier, D., Achtman, R. L., Mani, M., & Föcker, J. (2012). Neural bases of selective attention in action video game players. *Vision Research*, *61*, 132 – 143.

Bavelier, D., Green, C. S., Pouget, A., & Schrater, P. (2012). Brain plasticity through the life span: Learning to learn and action video games. *Annual Review of Neuroscience*, *35*, 391 – 416.

Bavelier, D., & Neville, H. J. (2002). Cross – modal plasticity: Where and how? *Nature Reviews Neuroscience*, *3*(6), 443 – 452.

Bechara, A., Damasio, A. R., Damasio, H., & Anderson, S. W. (1994). Insensitivity to future consequences following damage to human prefrontal cortex. *Cognition*, *50*(1), 7 – 15.

Bechara, A., Damasio, H., & Damasio, A. R. (2000). Emotion, decision making and theorbitofrontal cortex. *Cerebral Cortex*, *10*(3), 295 – 307.

Beer, R. D. (2004). Autopoiesis and cognition in the game of life. *Artificial Life*, *10*(3), 309 – 326.

Beer, R. D. (2014). The cognitive domain of a glider in the game of life. *Artificial Life*, *20*(2), 183 – 206.

Beer, R. D. (2015). Characterizing autopoiesis in the game of life. *Artificial Life*, *21*(1), 1 – 19.

Beilock, S. (2015). *How the body knows its mind: The surprising power of the physical environment to influence how you think and feel.* Atria Books.

beim Graben, P. (2014). Contextual emergence of intentionality. *Journal of Consciousness Studies*, *21*(5-6), 75-96.

beim Graben, P. B., Barrett, A., & Atmanspacher, H. (2009). Stability criteria for the contextual emergence of macrostates in neural networks. *Network: Computation in Neural Systems*, *20*(3), 178-196.

Belousov, B. (1985). Appendix: A periodic reaction and its mechanism. In M. Burger & R. Field (Eds.), *Oscillations and travelling waves in chemical systems.* Wiley.

Belpaeme, T., Kennedy, J., Ramachandran, A., Scassellati, B., & Tanaka, F. (2018). Social robots for education: A review. *Science Robotics*, *3*, eaat5954.

Bennett, M., Schatz, M., Rockwood, H., & Wiesenfeld, K. (2002). Huygens's clocks. *Proceedings of the Royal Society A*, *458*, 563-579.

Bergen, B., & Wheeler, K. (2010). Grammatical aspect and mental simulation. *Brain and Language*, *112*(3), 150-158.

Bergen, B. K. (2012). *Louder than words: The new science of how the mind makes meaning.* Basic Books.

Berns, G. (2013). *How dogs love us: A neuroscientist and his adopted dog decode the canine brain.* Haughton Mifflin Harcourt.

Bialystok, E. (2006). Effect of bilingualism and computer video game experience on the Simon task. *Canadian Journal of Experimental Psychology*, *60*(1), 68-79.

Bialystok, E., & Craik, F. I. (2010). Cognitive and linguistic processing in the bilingual mind. *Current Directions in Psychological Science*, *19*(1), 19-23.

Biederman, I., Mezzanotte, R. J., & Rabinowitz, J. C. (1982). Scene perception: Detecting andjudging objects undergoing relational violations. *Cognitive Psychology*, *14*(2), 143-177.

Binmore, K. G. (1998). *Game theory and the social contract: Vol. 2. Just playing.* MIT Press.

Biran, I., & Chatterjee, A. (2004). Alien hand syndrome. *Archives of Neurology, 61*(2), 292-294.

Blakemore, S. J., Wolpert, D., & Frith, C. (2000). Why can't you tickle yourself? *Neuroreport, 11*(11), R11-R16.

Blanke, O., & Metzinger, T. (2009). Full-body illusions and minimal phenomenal selfhood. *Trends in Cognitive Sciences, 13*(1), 7-13.

Bode, S., He, A. H., Soon, C. S., Trampel, R., Turner, R., & Haynes, J. D. (2011). Tracking the unconscious generation of free decisions using ultra-high field fMRI. *PloS One, 6*(6), e21612.

Bollyky, T. J. (2018). *Plagues and the paradoxes of progress: Why the world is getting healthier in worrisome ways.* MIT Press.

Bolster, W. J. (2012). *The mortal sea.* Harvard University Press.

Bongard, J., Zykov, V., & Lipson, H. (2006). Resilient machines through continuous self-modeling. *Science, 314*(5802), 1118-1121.

Boroditsky, L., Schmidt, L. A., & Phillips, W. (2003). Sex, syntax, and semantics. In D. Gentner & S. Goldin-Meadow (Eds.), *Language in mind: Advances in the study of language and thought* (pp. 61-79). MIT Press.

Bosbach, S., Cole, J., Prinz, W., & Knoblich, G. (2005). Inferring another's expectation from action: The role of peripheral sensation. *Nature Neuroscience, 8*(10), 1295-1297.

Botvinick, M., & Cohen, J. (1998). Rubber hands "feel" touch that eyes see. *Nature, 391*(6669), 756.

Bourdain, A., & Woolever, L. (2016). *Appetites: A cookbook.* Ecco.

Bourgine, P., & Stewart, J. (2004). Autopoiesis and cognition. *Artificial Life, 10*(3), 327-345.

Boyd, R., & Richerson, P. J. (1989). The evolution of indirect reciprocity. *Social Networks*, *11*(3), 213 - 236.

Boyer, P., & Bergstrom, B. (2008). Evolutionary perspectives on religion. *Annual Review of Anthropology*, *37*, 111 - 130.

Brawer, J., Hill, A., Livingston, K., Aaron, E., Bongard, J., & Long, J. H., Jr. (2017). Epigeneticoperators and the evolution of physically embodied robots. *Frontiers in Robotics and AI*, *4*, 1.

Breazeal, C. L. (2004). *Designing sociable robots.* MIT Press.

Bridgeman, B. (2010). How the brain makes the world appear stable. *i - Perception*, *1*(2), 69 - 72.

Bridgeman, B., & Mayer, M. (1983). Failure to integrate visual information from successive fixations. *Bulletin of the Psychonomic Society*, *21*(4), 285 - 286.

Bridgeman, B., & Stark, L. (1991). Ocular proprioception and efference copy in registering visual direction. *Vision Research*, *31*(11), 1903 - 1913.

Bridgeman, B., Van der Heijden, A. H. C., & Velichkovsky, B. M. (1994). A theory of visual stability across saccadic eye movements. *Behavioral and Brain Sciences*, *17*(2), 247 - 257.

Brockmole, J. R., Davoli, C. C., Abrams, R. A., & Witt, J. K. (2013). The world within reach: Effects of hand posture and tool use on visual cognition. *Current Directions in Psychological Science*, *22*(1), 38 - 44.

Brooks, R. A. (1989). A robot that walks: Emergent behaviors from a carefully evolved network. *Neural Computation*, *1*(2), 253 - 262.

Brooks, R. A. (1999). *Cambrian intelligence: The early history of the new AI.* MIT Press.

Brosnan, S. F. (2013). Justice - and fairness - related behaviors in nonhuman primates. *Proceedings of the National Academy of Sciences*, *110* (Suppl 2), 10416 - 10423.

Brown, S. L., Nesse, R. M., Vinokur, A. D., & Smith, D. M. (2003). Providing social support may be more beneficial than receiving it: Results from a prospective study of mortality. *Psychological Science*, *14*(4), 320 - 327.

Brown - Schmidt, S., Yoon, S. O., & Ryskin, R. A. (2015). People as contexts in conversation. In *Psychology of Learning and Motivation* (Vol. 62, pp. 59 - 99). Academic Press.

Bruce, T. J., Matthes, M. C., Napier, J. A., & Pickett, J. A. (2007). Stressful "memories" of plants: Evidence and possible mechanisms. *Plant Science*, *173*(6), 603 - 608.

Bruhn, P., Huette, S., & Spivey, M. (2014). Degree of certainty modulates anticipatory processes in real time. *Journal of Experimental Psychology: Human Perception and Performance*, *40*(2), 525 - 538.

Brzezinski, Z., & Scowcroft, B. (2009). *America and the world: Conversations on the future of American foreign policy.* Basic Books.

Buber, M. (1970). *I and Thou*, translated by Walter Kaufmann. Simon and Schuster.

Buc Calderon, C., Verguts, T., & Gevers, W. (2015). Losing the boundary: Cognition biases action well after action selection. *Journal of Experimental Psychology: General*, *144*(4), 737 - 743.

Bukowski, C. (2008). *The pleasures of the damned.* Harper Collins.

Burghardt, G. M. (2005). *The genesis of animal play: Testing the limits.* MIT Press.

Caldwell - Harris, C. L. (2012). Understanding atheism/non - belief as an expected individual - differences variable. *Religion, Brain & Behavior*, *2*(1), 4 - 23.

Calvo - Merino, B., Glaser, D. E., Grezes, J., Passingham, R. E., & Haggard, P. (2005). Action observation and acquired motor skills: An FMRI study with expert dancers. *Cerebral Cortex*, *15*(8), 1243 - 1249.

Camerer, C. (2003). *Behavioral game theory: Experiments in strategic interaction.* Princeton University Press.

Campbell, M. W., & de Waal, F. B. (2011). Ingroup – outgroup bias in contagious yawning by chimpanzees supports link to empathy. *PloS One*, *6*(4), e18283.

Cangelosi, A., Metta, G., Sagerer, G., Nolfi, S., Nehaniv, C., Fischer, K., … Zeschel, A. (2010). Integration of action and language knowledge: A roadmap for developmental robotics. *IEEE Transactions on Autonomous Mental Development*, *2*(3), 167 – 195.

Capra, F. (1983). *The turning point: Science, society, and the rising culture.* Bantam.

Carello, C., Vaz, D., Blau, J. J., & Petrusz, S. (2012). Unnerving intelligence. *Ecological Psychology*, *24*(3), 241 – 264.

Carpin, S., Lewis, M., Wang, J., Balakirsky, S., & Scrapper, C. (2007, April). USARSim: A robot simulator for research and education. In S. Hutchinson (Ed.), *Proceedings of the 2007 IEEE International Conference on Robotics and Automation* (pp. 1400 – 1405). IEEE.

Carriveau, R. (2006). The hydraulic vortex—an autocatakinetic system. *International Journal of General Systems*, *35*(6), 707 – 726.

Casasanto, D., & Lupyan, G. (2015). All concepts are ad hoc concepts. In E. Margolis & S. Laurence (Eds.), *The conceptual mind: New directions in the study of concepts* (pp. 543 – 566). MIT Press.

Ceci, S. J., & Huffman, M. C. (1997). How suggestible are preschool children? Cognitive and social factors. *Journal of the American Academy of Child & Adolescent Psychiatry*, *36*(7), 948 – 958.

Chalmers, D. (1996). *The conscious mind.* Oxford University Press.

Chalmers, D. (2017). Naturalistic dualism. *The Blackwell companion to consciousness* (pp. 363 – 373). Blackwell.

Chambers, C. G., Tanenhaus, M. K., & Magnuson, J. S. (2004). Actions and affordances in syntactic ambiguity resolution. *Journal of Experimental Psychology: Learning, Memory, and Cognition*, *30*(3), 687 – 696.

Chamovitz, D. (2012). *What a Plant Knows: A Field Guide to the Senses.* Scientific American/Farrar, Straus and Giroux.

Chang, L., & Tsao, D. Y. (2017). The code for facial identity in the primate brain. *Cell*, *169*(6), 1013-1026.

Chao, L. L., & Martin, A. (2000). Representation of manipulable man-made objects in the dorsal stream. *Neuroimage*, *12*(4), 478-484.

Chater, N., & Brown, G. D. (1999). Scale-invariance as a unifying psychological principle. *Cognition*, *69*(3), B17-B24.

Chatterjee, A. (2001). Language and space: Some interactions. *Trends in Cognitive Sciences*, *5*(2), 55-61.

Chatterjee, A. (2010). Disembodying cognition. *Language and Cognition*, *2*(1), 79-116.

Chau, A., Salazar, A. M., Krueger, F., Cristofori, I., & Grafman, J. (2015). The effect of claustrum lesions on human consciousness and recovery of function. *Consciousness and Cognition*, *36*, 256-264.

Che, X., Metaxa-Kakavouli, D., & Hancock, J. T. (2018). Fake news in the news: An analysis of partisan coverage of the fake news phenomenon. In G. Fitzpatrick, J. Karahalios, A. Lampinen, and A. Monroy-Hernández (Eds.), *Companion of the 2018 ACM Conference on Computer Supported Cooperative Work and Social Computing* (pp. 289-292). Association for Computing Machinery.

Chemero, A. (2003). An outline of a theory of affordances. *Ecological Psychology*, *15*(2), 181-195.

Chemero, A. (2011). *Radical embodied cognitive science.* MIT Press.

Chemero, A. (2016). Sensorimotor empathy. *Journal of Consciousness Studies*, *23*(5-6), 138-152.

Chemero, A., & Turvey, M. T. (2008). Autonomy and hypersets. *Biosystems*, *91*(2), 320-330.

Chomsky, N. (2017). *Who rules the world?* (reprint with new Afterword). Picador.

Chopra, D., & Kafatos, M. (2017). *You are the universe.* Harmony.

Chrysikou, E. G., Hamilton, R. H., Coslett, H. B., Datta, A., Bikson, M., & ThompsonSchill, S. L. (2013). Noninvasive transcranial direct current stimulation over the left prefrontal cortex facilitates cognitive flexibility in tool use. *Cognitive Neuroscience*, *4*(2), 81–89.

Chudek, M., & Henrich, J. (2011). Culture – gene coevolution, norm – psychology and the emergence of human prosociality. *Trends in Cognitive Sciences*, *15*(5), 218–226.

Churchland, P. M. (2013). *Matter and consciousness* (3rd ed.). MIT Press.

Churchland, P. M., & Churchland, P. S. (1998). *On the contrary: Critical essays, 1987–1997.* MIT Press.

Clark, A. (2003). *Natural – born cyborgs.* Oxford University Press.

Clark, A. (2008). *Supersizing the mind: Embodiment, action, and cognitive extension.* Oxford University Press.

Clark, A., & Chalmers, D. (1998). The extended mind. *Analysis*, *58*(1), 7–19.

Clark, H. H. (1996). *Using language.* Cambridge University Press.

Clauset, A., Shalizi, C. R., & Newman, M. E. (2009). Power – law distributions in empirical data. *SIAM Review*, *51*(4), 661–703.

Clavagnier, S., Falchier, A., & Kennedy, H. (2004). Long – distance feedback projections to area V1: Implications for multisensory integration, spatial awareness, and visual consciousness. *Cognitive, Affective, & Behavioral Neuroscience*, *4*(2), 117–126.

Cluff, T., Boulet, J., & Balasubramaniam, R. (2011). Learning a stick – balancing task involves task – specific coupling between posture and hand displacements. *Experimental Brain Research*, *213*(1), 15–25.

Cluff, T., Riley, M. A., & Balasubramaniam, R. (2009). Dynamical structure of hand trajectories during pole balancing. *Neuroscience Letters*, *464*(2), 88 – 92.

Cottrell, G. W. (1993). Approaches to the inverse dogmatics problem: Time for a return to localist networks? *Connection Science*, *5*(1), 95 – 97.

Cottrell, G. W., & Tsung, F. S. (1993). Learning simple arithmetic procedures. *Connection Science*, *5*(1), 37 – 58.

Cowey, A. (2010). The blindsight saga. *Experimental Brain Research*, *200*(1), 3 – 24.

Cowley, S., & Vallée – Tourangeau, F. (Eds.) (2017). *Cognition beyond the brain* (2nd ed.). Springer.

Crick, F. C., & Koch, C. (2005). What is the function of the claustrum? *Philosophical Transactions of the Royal Society of London B: Biological Sciences*, *360*(1458), 1271 – 1279.

Crutchfield, J. P. (1994). The calculi of emergence: Computation, dynamics and induction. *Physica D: Nonlinear Phenomena*, *75*(1), 11 – 54.

Crutchfield, J. P. (2012). Between order and chaos. *Nature Physics*, *9*, 17 – 24.

Cutting, J. E. (1993). Perceptual artifacts and phenomena: Gibson's role in the 20th century. *Advances in Psychology*, *99*, 231 – 260.

Dale, R., & Duran, N. D. (2011). The cognitive dynamics of negated sentence verification. *Cognitive Science*, *35*(5), 983 – 996.

Dale, R., Fusaroli, R., Duran, N., & Richardson, D. C. (2013). The self – organization of human interaction. *Psychology of Learning and Motivation*, *59*, 43 – 95.

Dale, R., & Spivey, M. J. (2005). From apples and oranges to symbolic dynamics: A framework for conciliating notions of cognitive representation. *Journal of Experimental & Theoretical Artificial Intelligence*, *17*(4), 317 – 342.

Dale, R., & Spivey, M. J. (2018). Weaving oneself into others: Coordination in conversational systems. In B. Oben & G. Brône (Eds.), *Eyetracking in interaction*:

Studies on the role of eye gaze in dialogue (pp. 67 – 90). John Benjamins.

Damasio, A. (1994). *Descartes' error: Emotion, rationality, and the human brain.* Putnam.

Damasio, H., Grabowski, T., Frank, R., Galaburda, A. M., & Damasio, A. R. (1994). The return of Phineas Gage: Clues about the brain from the skull of a famous patient. *Science*, *264*(5162), 1102 – 1105.

Darwin, F. (1908). The address of the president of the British Association for the Advancement of Science. *Science*, *28*(716), 353 – 362.

David, S. V., Vinje, W. E., & Gallant, J. L. (2004). Natural stimulus statistics alter the receptive field structure of V1 neurons. *Journal of Neuroscience*, *24*(31), 6991 – 7006.

Davis, T. J., Brooks, T. R., & Dixon, J. A. (2016). Multi – scale interactions in interpersonal coordination. *Journal of Sport and Health Science*, *5*(1), 25 – 34.

Davis, T. J., Kay, B. A., Kondepudi, D., & Dixon, J. A. (2016). Spontaneous interentity coordination in a dissipative structure. *Ecological Psychology*, *28*(1), 23 – 36.

Dawkins, R. (2012). *The magic of reality: How we know what's really true.* Simon and Schuster.

Dawkins, R., & Wong, Y. (2016). *The ancestor's tale: A pilgrimage to the dawn of evolution* (revised and expanded). Mariner.

Dehaene, S. (2011). *The number sense: How the mind creates mathematic* (revised edition). Oxford University Press.

Dell, G. (1986). A spreading – activation theory of retrieval in sentence production. *Psychological Review*, *93*(3), 283 – 321.

Del Vicario, M., Bessi, A., Zollo, F., Petroni, F., Scala, A., Caldarelli, G., …& Quattrociocchi, W. (2016). The spreading of misinformation online. *Proceedings of the National Academy of Sciences*, *113*(3), 554 – 559.

Dennett, D. C. (1993). *Consciousness explained.* Penguin.

de Sa, V. R., & Ballard, D. H. (1998). Category learning through multimodality sensing. *Neural Computation*, *10*(5), 1097 - 1117.

De Savigny, D., & Adam, T. (Eds.). (2009). *Systems thinking for health systems strengthening.* World Health Organization.

Desimone, R., & Duncan, J. (1995). Neural mechanisms of selective visual attention. *Annual Review of Neuroscience*, *18*(1), 193 - 222.

de Waal, F. (2017). *Are we smart enough to know how smart animals are?* W. W. Norton.

Dietert, R. (2016). *Human superorganism: How the microbe is revolutionizing the pursuit of a healthy life.* Dutton.

Dietrich, E. (Ed.). (1994). *Thinking computers and virtual persons: Essays on the intentionality of machines.* Academic Press.

Dietrich, E. (2001). Homo sapiens 2.0: Why we should build the better robots of our nature. *Journal of Experimental & Theoretical Artificial Intelligence*, *13* (4), 323 - 328.

Dietrich, E., & Markman, A. (2003). Discrete thoughts: Why cognition must use discrete representations. *Mind and Language*, *18*, 95 - 119.

Dietrich, V., Nieschalk, M., Stoll, W., Rajan, R., & Pantev, C. (2001). Cortical reorganization in patients with high frequency cochlear hearing loss. *Hearing Research*, *158*(1), 95 - 101.

Dilks, D. D., Cook, P., Weiller, S. K., Berns, H. P., Spivak, M., & Berns, G. S. (2015). Awake fMRI reveals a specialized region in dog temporal cortex for face processing. *PeerJ*, *3*, e1115.

Di Paolo, E., Buhrmann, T., & Barandiaran, X. (2017). *Sensorimotor life.* Oxford University Press.

Dixon, J. A., Kay, B. A., Davis, T. J., & Kondepudi, D. (2016). End - directedness and context in nonliving dissipative systems. In E. Dzhafarov (Ed.) , *Contextuality from quantum physics to psychology* (pp. 185 – 208). World Scientific Press.

Dobosz, K. , & Duch, W. (2010). Understanding neurodynamical systems via fuzzy symbolic dynamics. *Neural Networks*, *23*(4), 487 – 496.

Domingos, P. , Prado, A. M. , Wong, A. , Gehring, C. , & Feijo, J. A. (2015). Nitric oxide: A multitasked signaling gas in plants. *Molecular Plant*, *8* (4), 506 – 520.

Donaldson, S. , & Kymlicka, W. (2011). *Zoopolis: A political theory of animal rights.* Oxford University Press.

Dotov, D. G. , Nie, L. , & Chemero, A. (2010). A demonstration of the transition from ready – to – hand to unready – to – hand. *PLoS One*, *5*(3), e9433.

Drake, F. , & Sobel, D. (1992). *Is anyone out there? The scientific search for extraterrestrial intelligence.* Delacorte Press.

Drake, N. (2016). *Little book of wonders.* National Geographic.

Dreyfus, H. L. (1992). *What computers still can't do: A critique of artificial reason.* MIT Press.

Dugatkin, L. A. (1997). *Cooperation among animals: An evolutionary perspective.* Oxford University Press.

Dugatkin, L. A. , & Wilson, D. S. (1991). Rover: A strategy for exploiting cooperators in a patchy environment. *American Naturalist*, *138*(3), 687 – 701.

Duncker, K. (1945). On problem – solving. *Psychological Monographs*, *58*(5, Whole No. 270).

Dunning, D. , & Stern, L. B. (1994). Distinguishing accurate from inaccurate eyewitness identifications via inquiries about decision processes. *Journal of Personality and Social Psychology*, *67*(5), 818 – 835.

Durgin, F. H. , Evans, L. , Dunphy, N. , Klostermann, S. , & Simmons, K. (2007). Rubber hands feel thetouch of light. *Psychological Science*, *18*(2), 152 – 157.

Eagleman, D. (2012). *Incognito: The secret lives of the brain.* Vintage.

Edelman, G. M. (1993). Neural Darwinism: Selection and reentrant signaling in higher brain function. *Neuron*, *10*(2), 115 – 125.

Edelman, S. (2008). *Computing the mind: How the mind really works.* Oxford University Press.

Edelman, S. (2012). *The happiness of pursuit: What neuroscience can teach us about the good life.* Basic Books.

Edmiston, P., & Lupyan, G. (2017). Visual interference disrupts visual knowledge. *Journal of Memory and Language*, *92*, 281 – 292.

Ellis, N. C. (2005). At the interface: Dynamic interactions of explicit and implicit language knowledge. *Studies in Second Language Acquisition*, *27*(2), 305 – 352.

Elman, J., & McClelland, J. (1988). Cognitive penetration of the mechanisms of perception: Compensation for coarticulation of lexically restored phonemes. *Journal of Memory and Language*, *27*(2), 143 – 165.

Elman, J. L. (1990). Finding structure in time. *Cognitive Science*, *14*(2), 179 – 211.

Elman, J. L. (2009). On the meaning of words and dinosaur bones: Lexical knowledge without a lexicon. *Cognitive Science*, *33*(4), 547 – 582.

Ely, R. J., & Thomas, D. A. (2001). Cultural diversity at work: The effects of diversity perspectives on work group processes and outcomes. *Administrative Science Quarterly*, *46*(2), 229 – 273.

Emberson, L. L., Lupyan, G., Goldstein, M. H., & Spivey, M. J. (2010). Overheard cell – phone conversations: When less speech is more distracting. *Psychological Science*, *21*(10), 1383 – 1388.

Estes, Z., & Barsalou, L. W. (2018). A comprehensive meta – analysis of spatial interference from linguistic cues: Beyond Petrova et al. (2018). *Psychological Science*, *29*(9), 1558 – 1564.

Fadiga, L., Craighero, L., Buccino, G., & Rizzolatti, G. (2002). Speech listening specifically modulates the excitability of tongue muscles: A TMS study. *European Journal of Neuroscience*, *15*(2), 399 - 402.

Falandays, J. B., Batzloff, B. J., Spevack, S. C., and Spivey, M. J. (in press). Interactionism in language: From neural networks to bodies to dyads. *Language, Cognition and Neuroscience*. doi:10.1080/23273798.2018.1501501

Falandays, J. B., & Spivey, M. J. (in press). Theory visualizations for bilingual models of lexical ambiguity resolution. In R. Heredia & A. Cieslicka (Eds.), *Bilingual lexical ambiguity resolution*. Cambridge University Press.

Farmer, J. D., & Lafond, F. (2016). How predictable is technological progress? *Research Policy*, *45*(3), 647 - 665.

Farmer, T. A., Cargill, S. A., Hindy, N. C., Dale, R., & Spivey, M. J. (2007). Tracking the continuity of language comprehension: Computer mouse trajectories suggest parallel syntactic processing. *Cognitive Science*, *31*(5), 889 - 909.

Farnè, A., Serino, A., & Làdavas, E. (2007). Dynamic size - change of peri - hand space following tool - use: Determinants and spatial characteristics revealed through crossmodal extinction. *Cortex*, *43*(3), 436 - 443.

Farrow, R. (2018). *War on peace: The end of diplomacy and the decline of American influence*. W. W. Norton.

Faulkenberry, T. J. (2016). Testing a direct mapping versus competition account of response dynamics in number comparison. *Journal of Cognitive Psychology*, *28*(7), 825 - 842.

Favela, L. H., & Martin, J. (2017). "Cognition" and dynamical cognitive science. *Minds and Machines*, *27*(2), 331 - 355.

Fazio, R. H., Jackson, J. R., Dunton, B. C., & Williams, C. J. (1995). Variability in automatic activation as an unobtrusive measure of racial attitudes: A bona fide pipeline? *Journal of Personality and Social Psychology*, *69*(6), 1013 - 1027.

Fechner, G. T. (1848). *Nanna oder über das Seelenleben der Pflanzen* [Nanna—or on the soul life of plants]. Leipzig: Leopold Voss.

Fedorenko, E., Nieto - Castanon, A., & Kanwisher, N. (2012). Lexical and syntactic representations in the brain: An fMRI investigation with multi - voxel pattern analyses. *Neuropsychologia*, *50*(4), 499 - 513.

Fedorenko, E., & Thompson - Schill, S. L. (2014). Reworking the language network. *Trends in Cognitive Sciences*, *18*(3), 120 - 126.

Fehr, E., & Fischbacher, U. (2003). The nature of human altruism. *Nature*, *425*(6960), 785 - 791.

Fekete, T., van Leeuwen, C., & Edelman, S. (2016). System, subsystem, hive: Boundary problems in computational theories of consciousness. *Frontiers in Psychology*, *7*, 1041.

Feldman, J. A., & Ballard, D. H. (1982). Connectionist models and their properties. *Cognitive Science*, *6*(3), 205 - 254.

Felleman, D. J., & Van Essen, D. C. (1991). Distributed hierarchical processing in the primate cerebral cortex. *Cerebral Cortex*, *1*(1), 1 - 47.

Ferreira, F., Apel, J., & Henderson, J. M. (2008). Taking a new look at looking at nothing. *Trends in Cognitive Sciences*, *12*(11), 405 - 410.

Field, D. J. (1994). What is the goal of sensory coding? *Neural Computation*, *6*(4), 559 - 601.

Filevich, E., Kühn, S., & Haggard, P. (2013). There is no free won't: Antecedent brain activity predicts decisions to inhibit. *PloS One*, *8*(2), e53053.

Finlay, B. L., & Workman, A. D. (2013). Human exceptionalism. *Trends in Cognitive Sciences*, *17*(5), 199 - 201.

Firestone, C., & Scholl, B. J. (2016). Cognition does not affect perception: Evaluating the evidence for "top - down" effects. *Behavioral and Brain Sciences*, *39*, e229.

Flusberg, S., Matlock, T., & Thibodeau, P. (2017). Metaphors for the war (or race) against climate change. *Environmental Communication*, 1 – 15.

Flusberg, S. , Matlock, T. , & Thibodeau, P. (2018). War metaphors in public discourse. *Metaphor & Symbol*, *33*, 1 – 18.

Fodor, J. A. (1983). *The modularity of mind: An essay on faculty psychology.* MIT Press.

Forgays, D. G. , & Forgays, D. K. (1992). Creativity enhancement through flotation isolation. *Journal of Environmental Psychology*, *12*(4), 329 – 335.

Fossey, D. (2000). *Gorillas in the mist.* Houghton Mifflin Harcourt.

Francken, J. C. , Kok, P. , Hagoort, P. , & De Lange, F. P. (2014). The behavioral and neural effects of language on motion perception. *Journal of Cognitive Neuroscience*, *27*(1), 175 – 184.

Franconeri, S. L. , Lin, J. Y. , Enns, J. T. , Pylyshyn, Z. W. , & Fisher, B. (2008). Evidence against a speed limit in multiple – object tracking. *Psychonomic Bulletin & Review*, *15*(4), 802 – 808.

Frangeul, L. , Pouchelon, G. , Telley, L. , Lefort, S. , Luscher, C. , & Jabaudon, D. (2016). A cross – modal genetic framework for the development and plasticity of sensory pathways. *Nature*, *538*(7623), 96 – 98.

Frank, A. , & Sullivan III, W. T. (2016). A new empirical constraint on the prevalence of technological species in the universe. *Astrobiology*, *16*(5), 359 – 362.

Freeman, J. B. , Dale, R. , & Farmer, T. (2011). Hand in motion reveals mind in motion. *Frontiers in Psychology*, *2*, 59.

Freeman, J. B. , & Johnson, K. L. (2016). More than meets the eye: Split – second social perception. *Trends in Cognitive Sciences*, *20*(5), 362 – 374.

Freeman, J. B. , Pauker, K. , & Sanchez, D. T. (2016). A perceptual pathway to bias: Interracial exposure reduces abrupt shifts in real – time race perception that predict mixed – race bias. *Psychological Science*, *27*(4), 502 – 517.

Freeman, J. B. , Stolier, R. M. , Ingbretsen, Z. A. , & Hehman, E. A. (2014). Amygdala responsivity to high - level social information from unseen faces. *Journal of Neuroscience*, *34*(32), 10573 - 10581.

Froese, T., Iizuka, H., & Ikegami, T. (2014). Embodied social interaction constitutes social cognition in pairs of humans: A minimalist virtual reality experiment. *Scientific Reports*, *4*, 3672.

Fröhlich, E. (2010). The neuron: The basis for processing and propagation of information in the nervous system. *NeuroQuantology*, *8*(3), 403 - 415.

Fusaroli, R., Bahrami, B., Olsen, K., Roepstorff, A., Rees, G., Frith, C., & Tylén, K. (2012). Coming to terms: Quantifying the benefits of linguistic coordination. *Psychological Science*, *23*(8), 931 - 939.

Fusaroli, R., & Tylén, K. (2016). Investigating conversational dynamics: Interactive alignment, interpersonal synergy, and collective task performance. *Cognitive Science*, *40*(1), 145 - 171.

Fuster, J. M. (2001). The prefrontal cortex—an update: Time is of the essence. *Neuron*, *30*(2), 319 - 333.

Galantucci, B., Fowler, C. A., & Turvey, M. T. (2006). The motor theory of speech perception reviewed. *Psychonomic Bulletin & Review*, *13*(3), 361 - 377.

Gallagher, S. (2017). *Enactivist interventions.* Oxford University Press.

Gallese, V., Fadiga, L., Fogassi, L., & Rizzolatti, G. (1996). Action recognition in the premotor cortex. *Brain*, *119*, 593 - 609.

Gallese, V., & Lakoff, G. (2005). The brain's concepts: The role of the sensory - motor system in conceptual knowledge. *Cognitive Neuropsychology*, 22 (3 - 4), 455 - 479.

Gandhi, S. P., Heeger, D. J., & Boynton, G. M. (1999). Spatial attention affects brain activity in human primary visual cortex. *Proceedings of the National Academy of Sciences*, *96*(6), 3314 - 3319.

Gardner, H. (2011). *Frames of mind: The theory of multiple intelligences* (3rd ed.). Basic Books.

Gardner, R. A., & Gardner, B. T. (1969). Teaching sign language to a chimpanzee. *Science*, *165*(3894), 664–672.

Gendron, M., Lindquist, K. A., Barsalou, L., & Barrett, L. F. (2012). Emotion words shape emotion percepts. *Emotion*, *12*(2), 314–325.

Gentilucci, M., Benuzzi, F., Gangitano, M., & Grimaldi, S. (2001). Grasp with hand and mouth: A kinematic study on healthy subjects. *Journal of Neurophysiology*, *86*(4), 1685–1699.

Gerkey, D. (2013). Cooperation in context: Public goods games and post–Soviet collectives in Kamchatka, Russia. *Current Anthropology*, *54*(2), 144–176.

Getz, L. M., & Toscano, J. C. (2019). Electrophysiological evidence for top–down lexical influences on early speech perception. *Psychological Science*, *30*(6), 830–841.

Gibbs, R. W. (1994). *The poetics of mind: Figurative thought, language, and understanding.* Cambridge University Press.

Gibbs, R. W. (2005). *Embodiment and cognitive science.* Cambridge University Press.

Gibbs, R. W. (2006). Metaphor interpretation as embodied simulation. *Mind and Language*, *21*(3), 434–458.

Gibbs, R. W., Strom, L. K., & Spivey–Knowlton, M. J. (1997). Conceptual metaphors in mental imagery for proverbs. *Journal of Mental Imagery*, *21*, 83–110.

Gibson, J. J. (1966). *The senses considered as perceptual systems.* Boston: Houghton Mifflin.

Gibson, J. J. (2014). *The ecological approach to visual perception* (Classic ed.). Psychology Press.

Gibson, J. J., & Bridgeman, B. (1987). The visual perception of surface texture in photographs. *Psychological Research*, *49*(1), 1–5.

Gilden, D. L., Thornton, T., & Mallon, M. W. (1995). 1/f noise in human cognition. *Science*, *267*(5205), 1837 - 1839.

Gilroy, S., & Trewavas, A. J. (2001). Signal processing and transduction in plant cells: The end of the beginning? *Nature Reviews Molecular Cell Biology*, *2*, 307 - 314.

Giuliani, N. R., Mann, T., Tomiyama, A. J., & Berkman, E. T. (2014). Neural systems underlying the reappraisal of personally craved foods. *Journal of Cognitive Neuroscience*, *26*(7), 1390 - 1402.

Giummarra, M. J., & Moseley, G. L. (2011). Phantom limb pain and bodily awareness: Current concepts and future directions. *Current Opinion in Anesthesiology*, *24*(5), 524 - 531.

Gladwell, M. (2007). *Blink*. Back Bay Books.

Glenberg, A. M., & Kaschak, M. P. (2002). Grounding language in action. *Psychonomic Bulletin & Review*, *9*(3), 558 - 565.

Glucksberg, S. (1964). Functional fixedness: Problem solution as a function of observing responses. *Psychonomic Science*, *1*, 117 - 118.

Glushko, R. J. (1979). The organization and activation of orthographic knowledge in reading aloud. *Journal of Experimental Psychology: Human Perception and Performance*, *5*(4), 674 - 691.

Godfrey - Smith, P. (2016). Mind, matter, and metabolism. *Journal of Philosophy*, *113*(10), 481 - 506.

Goel, N. S., Knox, L. B., & Norman, J. M. (1991). From artificial life to real life: Computer simulation of plant growth. *International Journal of General Systems*, *18*(4), 291 - 319.

Goldberg, G., & Bloom, K. K. (1990). The alien hand sign: Localization, lateralization and recovery. *American Journal of Physical Medicine & Rehabilitation*, *69*(5), 228 - 238.

Goldman - Rakic, P. S. (1995). Architecture of the prefrontal cortex and the central executive. *Annals of the New York Academy of Sciences*, *769*(1), 71 – 84.

Goldstein, M. H., King, A. P., & West, M. J. (2003). Social interaction shapes babbling: Testing parallels between birdsong and speech. *Proceedings of the National Academy of Sciences*, *100*(13), 8030 – 8035.

Goodall, J. (2010). *Through a window: My thirty years with the chimpanzees of Gombe.* Houghton Mifflin Harcourt.

Goodman, G., Poznanski, R. R., Cacha, L., & Bercovich, D. (2015). The two – brains hypothesis: Towards a guide for brain – brain and brain – machine interfaces. *Journal of Integrative Neuroscience*, *14*(3), 281 – 293.

Gordon, C., Anderson, S., & Spivey, M. (2014). Is a *diamond* more elegant than a diamond? The role of sensory – grounding in conceptual content. In M. Bello, P. Guarini, M. McShane, & B. Scassellati (Eds.), *Proceedings of the 36th Annual Conference of the Cognitive Science Society* (pp. 2293 – 2297). Cognitive Science Society.

Gordon, C. L., Spivey, M. J., & Balasubramaniam, R. (2017). Corticospinal excitability during the processing of handwritten and typed words and non – words. *Neuroscience Letters*, *651*, 232 – 236.

Gosling, S. (2009). *Snoop: What your stuff says about you.* Basic Books.

Gosling, S. D., Augustine, A. A., Vazire, S., Holtzman, N., & Gaddis, S. (2011). Manifestations of personality in online social networks: Self – reported Facebook – related behaviors and observable profile information. *Cyberpsychology, Behavior, and Social Networking*, *14*(9), 483 – 488.

Gosling, S. D., Craik, K. H., Martin, N. R., & Pryor, M. R. (2005). Material attributes of personal living spaces. *Home Cultures*, *2*(1), 51 – 87.

Gosling, S. D., Ko, S. J., Mannarelli, T., & Morris, M. E. (2002). A room with a cue: Personality judgments based on offices and bedrooms. *Journal of Personality and Social Psychology*, *82*(3), 379 – 398.

Gow, D. W., & Olson, B. B. (2016). Sentential influences on acoustic – phonetic processing: A Granger causality analysis of multimodal imaging data. *Language, Cognition and Neuroscience*, *31*(7), 841-855.

Grant, E. R., & Spivey, M. J. (2003). Eye movements and problem solving: Guiding attention guides thought. *Psychological Science*, *14*(5), 462-466.

Green, C. S., Pouget, A., & Bavelier, D. (2010). Improved probabilistic inference as a general learning mechanism with action video games. *Current Biology*, *20*(17), 1573-1579.

Greenberg, D. L. (2004). President Bush's false [flashbulb] memory of 9/11/01. *Applied Cognitive Psychology*, *18*(3), 363-370.

Greenwald, A. G., McGhee, D. E., & Schwartz, J. L. (1998). Measuring individual differences in implicit cognition: The implicit association test. *Journal of Personality and Social Psychology*, *74*(6), 1464-1480.

Greenwald, A. G., Nosek, B. A., & Banaji, M. R. (2003). Understanding and using the implicit association test: I. An improved scoring algorithm. *Journal of Personality and Social Psychology*, *85*(2), 197-216.

Grèzes, J., Tucker, M., Armony, J., Ellis, R., & Passingham, R. E. (2003). Objects automatically potentiate action: An fMRI study of implicit processing. *European Journal of Neuroscience*, *17*(12), 2735-2740.

Grinspoon, D. (2016). *Earth in human hands: Shaping our planet's future.* Grand Central Publishing.

Grosch, E. G., & Hazen, R. M. (2015). Microbes, mineral evolution, and the rise of microcontinents—origin and coevolution of life with early Earth. *Astrobiology*, *15*(10), 922-939.

Gross, C. G. (1992). Representation of visual stimuli in inferior temporal cortex. *Philosophical Transactions of the Royal Society of London B: Biological Sciences*, *335*(1273), 3-10.

Gross, C. G. (2002). Genealogy of the "grandmother cell." *The Neuroscientist*, *8*(5), 512-518.

Gross, S. R. (2017). "What we think, what we know and what we think we know about false convictions." *Ohio Journal of Criminal Law*, *14*(2), 753 – 786.

Grossberg, S. (1980). How does a brain build a cognitive code? *Psychological Review*, *87*(1), 1 – 51.

Guastello, S. (2001). *Management of emergent phenomena*. Psychology Press.

Gudjonsson, G. H. (1992). *The psychology of interrogations, confessions and testimony*. Wiley.

Güntürkün, O., & Bugnyar, T. (2016). Cognition without cortex. *Trends in Cognitive Sciences*, *20*(4), 291 – 303.

Haken, H., Kelso, J. S., & Bunz, H. (1985). A theoretical model of phase transitions in human hand movements. *Biological Cybernetics*, *51*(5), 347 – 356.

Hall, L., Strandberg, T., Pärnamets, P., Lind, A., Tärning, B., & Johansson, P. (2013). How the polls can be both spot on and dead wrong: Using choice blindness to shift political attitudes and voter intentions. *PloS One*, *8*(4), e60554.

Hameroff, S., & Penrose, R. (1996). Conscious events as orchestrated space – time selections. *Journal of Consciousness Studies*, *3*(1), 36 – 53.

Hameroff, S., & Penrose, R. (2014). Consciousness in the universe: A review of the "Orch OR" theory. *Physics of Life Reviews*, *11*(1), 39 – 78.

Hammer, M., & Menzel, R. (1995). Learning and memory in the honeybee. *Journal of Neuroscience*, *15*(3), 1617 – 1630.

Hanczyc, M. M., & Ikegami, T. (2010). Chemical basis for minimal cognition. *Artificial Life*, *16*(3), 233 – 243.

Haney, C. (2006). *Reforming punishment: Psychological limits to the pains of imprisonment*. American Psychological Association.

Haney, C., & Zimbardo, P. (1998). The past and future of US prison policy: Twentyfive years after the Stanford Prison Experiment. *American Psychologist*, *53* (7), 709 – 727.

Hanna, J. E. , Tanenhaus, M. K. , & Trueswell, J. C. (2003). The effects of common ground and perspective on domains of referential interpretation. *Journal of Memory and Language*, *49*(1),43 –61.

Hanning, N. M. , Jonikaitis, D. , Deubel, H. , & Szinte, M. (2015). Oculomotor selection underlies feature retention in visual working memory. *Journal of Neurophysiology*, *115*(2), 1071 –1076.

Harari, Y. N. (2014). *Sapiens: A brief history of humankind.* Harvill Secker.

Harari, Y. N. (2016). *Homo deus: A brief history of tomorrow.* Random House.

Harris, S. (2012). *Free will.* Simon and Schuster.

Harris – Warrick, R. M. , & Marder, E. (1991). Modulation of neural networks for behavior. *Annual Review of Neuroscience*, *14*(1), 39 –57.

Hassan, A. , & Josephs, K. A. (2016). Alien hand syndrome. *Current Neurology and Neuroscience Reports*, *16*(8), 1 –10.

Hasson, U. , Andric, M. , Atilgan, H. , & Collignon, O. (2016). Congenital blindness is associated with large – scale reorganization of anatomical networks. *NeuroImage*, *128*, 362 –372.

Hasson, U. , Ghazanfar, A. A. , Galantucci, B. , Garrod, S. , & Keysers, C. (2012). Brainto – brain coupling: A mechanism for creating and sharing a social world. *Trends in Cognitive Sciences*, *16*(2), 114 –121.

Hasson, U. , Nir, Y. , Levy, I. , Fuhrmann, G. , & Malach, R. (2004). Intersubject synchronization of cortical activity during natural vision. *Science*, *303*(5664), 1634 –1640.

Hauk, O. , Johnsrude, I. , & Pulvermüller, F. (2004). Somatotopic representation of action words in human motor and premotor cortex. *Neuron*, *41*(2), 301 –307.

Havlin, S. , Buldyrev, S. V. , Bunde, A. , Goldberger, A. L. , Ivanov, P. C. , Peng, C. K. , & Stanley, H. E. (1999). Scaling in nature: From DNA through heartbeats to weather. *Physica A: Statistical Mechanics and Its Applications*, *273*

(1), 46 – 69.

Hawkley, L. C., Masi, C. M., Berry, J. D., & Cacioppo, J. T. (2006). Loneliness is a unique predictor of age – related differences in systolic blood pressure. *Psychology and Aging*, *21*(1), 152 – 164.

Haxby, J. V., Gobbini, M. I., Furey, M. L., Ishai, A., Schouten, J. L., & Pietrini, P. (2001). Distributed and overlapping representations of faces and objects in ventral temporal cortex. *Science*, *293*(5539), 2425 – 2430.

Hayhoe, M. (2000). Vision using routines: A functional account of vision. *Visual Cognition*, *7*(1 – 3), 43 – 64.

Hazen, R. M. (2013). *The story of Earth: The first 4.5 billion years from stardust to living planet.* Penguin.

Hazen, R. M., & Sverjensky, D. A. (2010). Mineral surfaces, geochemical complexities, and the origins of life. *Cold Spring Harbor Perspectives in Biology*, *2*(5), a002162.

He, B. J. (2014). Scale – free brain activity: Past, present, and future. *Trends in Cognitive Sciences*, *18*(9), 480 – 487.

Hebb, D. O. (1958). The motivating effects of exteroceptive stimulation. *American Psychologist*, *13*(3), 109 – 113.

Heersmink, R. (2018). The narrative self, distributed memory, and evocative objects. *Philosophical Studies*, *175*(8), 1829 – 1849.

Hehman, E., Stolier, R. M., & Freeman, J. B. (2015). Advanced mouse – tracking analytic techniques for enhancing psychological science. *Group Processes & Intergroup Relations*, *18*(3), 384 – 401.

Henderson, J. M., & Hollingworth, A. (1999). The role of fixation position in detecting scene changes across saccades. *Psychological Science*, *10*(5), 438 – 443.

Henrich, J. (2015). *The secret of our success: How culture is driving human evolution, domesticating our species, and making us smarter.* Princeton University Press.

Henrich, J. , Ensminger, J. , McElreath, R. , Barr, A. , Barrett, C. , Bolyanatz, A. , …& Lesorogol, C. (2010). Markets, religion, community size, and the evolution of fairness and punishment. *Science*, *327*(5972), 1480 – 1484.

Herrmann, C. S. , Pauen, M. , Min, B. K. , Busch, N. A. , & Rieger, J. W. (2008). Analysis of a choice – reaction task yields a new interpretation of Libet's experiments. *International Journal of Psychophysiology*, *67*(2), 151 – 157.

Herzog, H. (2011). The impact of pets on human health and psychological wellbeing: Fact, fiction, or hypothesis? *Current Directions in Psychological Science*, *20*(4), 236 – 239.

Hickok, G. (2009). Eight problems for the mirror neuron theory of action understanding in monkeys and humans. *Journal of Cognitive Neuroscience*, *21*(7), 1229 – 1243.

Hill, K. , Barton, M. , & Hurtado, A. M. (2009). The emergence of human uniqueness: Characters underlying behavioral modernity. *Evolutionary Anthropology: Issues, News, and Reviews*, *18*(5), 187 – 200.

Hills, T. T. , Jones, M. N. , & Todd, P. M. (2012). Optimal foraging in semantic memory. *Psychological Review*, *119*(2), 431 – 440.

Hindy, N. C. , Ng, F. Y. , & Turk – Browne, N. B. (2016). Linking pattern completion in the hippocampus to predictive coding in visual cortex. *Nature Neuroscience*, *19*(5), 665 – 667.

Hirst, W. , Phelps, E. A. , Buckner, R. L. , Budson, A. E. , Cuc, A. , Gabrieli, J. D. , …& Meksin, R. (2009). Long – term memory for the terrorist attack of September 11: Flashbulb memories, event memories, and the factors that influence their retention. *Journal of Experimental Psychology: General*, *138*(2), 161 – 176.

Hoffmeyer, J. (2012). The natural history of intentionality: A biosemiotic approach. In T. Deacon, T. Schilhab, & F. Stjernfelt (Eds.), *The symbolic species evolved* (pp. 97 – 116). Springer.

Hofman, P. M. , Van Riswick, J. G. , & Van Opstal, A. J. (1998). Relearning sound localization with new ears. *Nature Neuroscience*, *1*(5), 417 – 421.

Hofstadter, D. R., & Dennett, D. C. (1981). *The mind's I: Fantasies and reflections on self & soul.* Basic Books.

Holbrook, C., Izuma, K., Deblieck, C., Fessler, D. M. T., & Iacoboni, M. (2015). Neuromodulation of group prejudice and religious belief. *Social Cognitive & Affective Neuroscience*, *11*(3), 387-394.

Holbrook, C., Pollack, J., Zerbe, J. G., & Hahn-Holbrook, J. (2018). Perceived supernatural support heightens battle confidence: A knife combat field study. *Religion, Brain & Behavior.* doi:10.1080/2153599X.2018.1464502

Holland, J. H. (2000). *Emergence: From chaos to order.* Oxford University Press.

Hommel, B., Müsseler, J., Aschersleben, G., & Prinz, W. (2001). The theory of event coding: A framework for perception and action planning. *Behavioral and Brain Sciences*, *24*(5), 849-937.

Hood, L., & Tian, Q. (2012). Systems approaches to biology and disease enable translational systems medicine. *Genomics, Proteomics & Bioinformatics*, *10*(4), 181-185.

Hotton, S., & Yoshimi, J. (2011). Extending dynamical systems theory to model embodied cognition. *Cognitive Science*, *35*(3), 444-479.

Hove, M. J., & Keller, P. E. (2015). Impaired movement timing in neurological disorders: Rehabilitation and treatment strategies. *Annals of the New York Academy of Sciences*, *1337*(1), 111-117.

Hove, M. J., & Risen, J. L. (2009). It's all in the timing: Interpersonal synchrony increases affiliation. *Social Cognition*, *27*(6), 949-960.

Hove, M. J., Suzuki, K., Uchitomi, H., Orimo, S., & Miyake, Y. (2012). Interactive rhythmic auditory stimulation reinstates natural 1/f timing in gait of Parkinson's patients. *PloS One*, *7*(3), e32600.

Huette, S., & McMurray, B. (2010). Continuous dynamics of color categorization. *Psychonomic Bulletin & Review*, *17*(3), 348-354.

Huettig, F. , Quinlan, P. T. , McDonald, S. A. , & Altmann, G. T. (2006). Models of high – dimensional semantic space predict language – mediated eye movements in the visual world. *Acta Psychologica*, *121*(1), 65 – 80.

Huijing, P. A. (2009). Epimuscular myofascial force transmission: A historical review and implications for new research. *Journal of Biomechanics*, *42*(1), 9 – 21.

Hurley, S. L. (1998). Vehicles, contents, conceptual structure, and externalism. *Analysis*, *58*(1), 1 – 6.

Hurst, H. E. (1951). Long – term storage capacity of reservoirs. *Transactions of the American Society of Civil Engineers*, *116*, 770 – 808.

Hutcherson, C. A. , Seppala, E. M. , & Gross, J. J. (2008). Loving – kindness meditation increases social connectedness. *Emotion*, *8*(5), 720 – 724.

Hutchins, E. (1995). *Cognition in the wild*. MIT Press.

Hutchins, E. (2010). Cognitive ecology. *Topics in Cognitive Science*, *2*(4), 705 – 715.

Ikegami, T. (2013). A design for living technology: Experiments with the mind time machine. *Artificial Life*, *19*(3 – 4), 387 – 400.

Ingold, T. (2000). Evolving skills. In H. Rose & S. Rose, *Alas, poor Darwin: Arguments against evolutionary psychology* (pp. 273 – 297). Harmony Books.

Iriki, A. (2006). The neural origins and implications of imitation, mirror neurons and tool use. *Current Opinion in Neurobiology*, *16*(6), 660 – 667.

Iriki, A. , Tanaka, M. , & Iwamura, Y. (1996). Coding of modified body schema during tool use by macaque postcentral neurones. *Neuroreport*, *7*(14), 2325 – 2330.

Irwin, D. E. , Yantis, S. , & Jonides, J. (1983). Evidence against visual integration across saccadic eye movements. *Perception & Psychophysics*, *34*(1), 49 – 57.

Ivanov, P. C. , Nunes Amaral, L. A. , Goldberger, A. L. , Havlin, S. , Rosenblum, M. G. , Stanley, H. E. , & Struzik, Z. R. (2001). From 1/f noise to multifractal cascades in heartbeat dynamics. *Chaos: An Interdisciplinary Journal of Nonlinear Sci-*

ence, *11*(3), 641 -652.

Järvilehto, T. (1999). The theory of the organism - environment system: III. Role of efferent influences on receptors in the formation of knowledge. *Integrative Physiological and Behavioral Science*, *34*(2), 90 - 100.

Järvilehto, T. (2009). The theory of the organism - environment system as a basis of experimental work in psychology. *Ecological Psychology*, *21*(2), 112 - 120.

Järvilehto, T., & Lickliter, R. (2006). Behavior: Role of genes. *In Encyclopedia of Life Sciences.* Wiley.

Jensen, D. (2016). *The myth of human supremacy.* Seven Stories Press.

Jillette, P. (2012). *Every day is an atheist holiday.* Plume Press.

Johansson, P., Hall, L., & Sikström, S. (2008). From change blindness to choice blindness. *Psychologia*, *51*(2), 142 - 155.

Johansson, R., & Johansson, M. (2014). Look here, eye movements play a functional role in memory retrieval. *Psychological Science*, *25*(1), 236 - 242.

Johnson, J. B. (1925). The Schottky effect in low frequency circuits. *Physical Review*, *26*(1), 71 - 85.

Johnson, S. (2002). *Emergence: The connected lives of ants, brains, cities, and software.* Scribner.

Johnson, W. (2016). *Eyes wide open: Buddhist instructions on merging body and vision.* Inner Traditions.

Joly - Mascheroni, R. M., Senju, A., & Shepherd, A. J. (2008). Dogs catch human yawns. *Biology Letters*, *4*(5), 446 - 448.

Jordan, J. S. (2013). The wild ways of conscious will: What we do, how we do it, and why it has meaning. *Frontiers in Psychology*, *4*, 574.

Juarrero, A. (1999). *Dynamics in action: Intentional behavior as a complex system.* MIT Press.

Jurafsky, D. (2014). *The language of food: A linguist reads the menu.* W. W. Norton.

Kaas, J. (2000). The reorganization of sensory and motor maps after injury in adult mammals. In M. Gazzaniga (Ed.), *The new cognitive neurosciences* (pp. 223 - 236). MIT Press.

Kagan, Y. Y. (2010). Earthquake size distribution: Power - law with exponentß = ½ Tectonophysics, 490(1), 103 - 114.

Kahn, H. (1983). Some comments on multipolarity and stability (Discussion Paper No. HI - 3662 - DP). Hudson Institute.

Kahneman, D. (2013). *Thinking fast and slow.* Farrar, Straus and Giroux.

Kaiser, A., Snezhko, A., & Aranson, I. S. (2017). Flocking ferromagnetic colloids. *Science Advances*, *3*(2), e1601469.

Kanan, C., & Cottrell, G. (2010). Robust classification of objects, faces, and flowers using natural image statistics. In *2010 IEEE Conference on Computer Vision and Pattern Recognition* (pp. 2472 - 2479). IEEE.

Kandel, E. (2016). *Reductionism in art and brain science: Bridging the two cultures.* Columbia University Press.

Kaschak, M. P., & Borreggine, K. L. (2008). Temporal dynamics of the action - sentence compatibility effect. *Quarterly Journal of Experimental Psychology*, *61*(6), 883 - 895.

Kassin, S. M. (2005). On the psychology of confessions: Does innocence put innocents at risk? *American Psychologist*, *60*(3), 215 - 228.

Kassin, S. M., & Kiechel, K. L. (1996). The social psychology of false confessions: Compliance, internalization, and confabulation. *Psychological Science*, *7*(3), 125 - 128.

Kassin, S. M., Meissner, C. A., & Norwick, R. J. (2005). "I'd know a false confession if I saw one": A comparative study of college students and police investigators. *Law and Human Behavior*, *29*(2), 211 - 227.

Kauffman, S. (1996). *At home in the universe: The search for the laws of self – organization and complexity.* Oxford University Press.

Kawakami, K. , Dovidio, J. F. , Moll, J. , Hermsen, S. , & Russin, A. (2000). Just say no (to stereotyping): Effects of training in the negation of stereotypic associations on stereotype activation. *Journal of Personality and Social Psychology*, *78*(5), 871 – 888.

Kawasaki, M. , Yamada, Y. , Ushiku, Y. , Miyauchi, E. , & Yamaguchi, Y. (2013). Interbrain synchronization during coordination of speech rhythm in human – to – human social interaction. *Scientific Reports*, *3*, 1692.

Keil, P. G. (2015). Human – sheepdog distributed cognitive systems: An analysis of interspecies cognitive scaffolding in a sheepdog trial. *Journal of Cognition and Culture*, *15*(5), 508 – 529.

Kello, C. T. (2013). Critical branching neural networks. *Psychological Review*, *120*(1), 230 – 254.

Kello, C. T. , Anderson, G. G. , Holden, J. G. , & Van Orden, G. C. (2008). The pervasiveness of 1/f scaling in speech reflects the metastable basis of cognition. *Cognitive Science*, *32*(7), 1217 – 1231.

Kello, C. T. , Beltz, B. C. , Holden, J. G. , & Van Orden, G. C. (2007). The emergent coordination of cognitive function. *Journal of Experimental Psychology: General*, *136*(4), 551 – 568.

Kello, C. T. , Brown, G. D. , Ferrer – i – Cancho, R. , Holden, J. G. , Linkenkaer – Hansen, K. , Rhodes, T. , & Van Orden, G. C. (2010). Scaling laws in cognitive sciences. *Trends in Cognitive Sciences*, *14*(5), 223 – 232.

Kelso, J. S. (1997). *Dynamic patterns: The self – organization of brain and behavior.* MIT Press.

Keltner, D. , & Haidt, J. (2003). Approaching awe, a moral, spiritual, and aesthetic emotion. *Cognition and Emotion*, *17*(2), 297 – 314.

Kieslich, P. J. , & Hilbig, B. E. (2014). Cognitive conflict in social dilemmas: An analysis of response dynamics. *Judgment and Decision Making*, *9*(6), 510 –522.

Kirchhoff, M. , Parr, T. , Palacios, E. , Friston, K. , & Kiverstein, J. (2018). The Markov blankets of life: Autonomy, active inference and the free energy principle. *Journal of the Royal Society Interface*, *15*, 20170792.

Kirsh, D. (1995). The intelligent use of space. *Artificial Intelligence*, *73*(1 –2), 31 –68.

Kirsh, D. , & Maglio, P. (1994). On distinguishing epistemic from pragmatic action. *Cognitive Science*, *18*(4), 513 –549.

Kleckner, D. , Scheeler, M. W. , & Irvine, W. T. (2014). The life of a vortex knot. *Physics of Fluids*, *26*(9), 091105.

Klosterman, C. (2017). *But what if we're wrong? Thinking about the present as if it were the past.* Penguin.

Knoblich, G. , & Jordan, J. S. (2003). Action coordination in groups and individuals: Learning anticipatory control. *Journal of Experimental Psychology: Learning, Memory, and Cognition*, *29*(5), 1006 –1016.

Knoeferle, P. , & Crocker, M. W. (2007). The influence of recent scene events on spoken comprehension: Evidence from eye movements. *Journal of Memory and Language*, *57*(4), 519 –543.

Koike, T. , Tanabe, H. C. , & Sadato, N. (2015). Hyperscanning neuroimaging technique to reveal the "two – in – one" system in social interactions. *Neuroscience Research*, *90*, 25 –32.

Kokot, G. , & Snezhko, A. (2018). Manipulation of emergent vortices in swarms of magnetic rollers. *Nature ommunications*, *9*(1), 2344.

Kolbert, E. (2014). *The sixth extinction: An unnatural history.* A&C Black.

Konvalinka, I. , & Roepstorff, A. (2012). The two – brain approach: How can mutually interacting brains teach us something about social interaction? *Frontiers in Human Neuroscience*, *6*, 215.

Konvalinka, I., Xygalatas, D., Bulbulia, J., Schjødt, U., Jegindø, E. M., Wallot, S., …Roepstorff, A. (2011). Synchronized arousal between performers and related spectators in a fire-walking ritual. *Proceedings of the National Academy of Sciences*, *108*(20), 8514-8519.

Koop, G. J. (2013). An assessment of the temporal dynamics of moral decisions. *Judgment and Decision Making*, *8*(5), 527-539.

Kosinski, M., Stillwell, D., & Graepel, T. (2013). Private traits and attributes are predictable from digital records of human behavior. *Proceedings of the National Academy of Sciences*, *110*(15), 5802-5805.

Kosslyn, S. M., Ganis, G., & Thompson, W. L. (2001). Neural foundations of imagery. *Nature Reviews Neuroscience*, *2*(9), 635-642.

Kosslyn, S. M., Thompson, W. L., & Ganis, G. (2006). *The case for mental imagery.* Oxford University Press.

Koubeissi, M. Z., Bartolomei, F., Beltagy, A., & Picard, F. (2014). Electrical stimulation of a small brain area reversibly disrupts consciousness. *Epilepsy & Behavior*, *37*, 32-35.

Kourtzi, Z., & Kanwisher, N. (2000). Activation in human MT/MST by static images with implied motion. *Journal of Cognitive Neuroscience*, *12*(1), 48-55.

Kövecses, Z. (2003). *Metaphor and emotion: Language, culture, and body in human feeling.* Cambridge University Press.

Krajbich, I., Armel, C., & Rangel, A. (2010). Visual fixations and the computation and comparison of value in simple choice. *Nature Neuroscience*, *13*(10), 1292-1298.

Krajbich, I., & Smith, S. M. (2015). Modeling eye movements and response times in consumer choice. *Journal of Agricultural & Food Industrial Organization*, *13*(1), 55-72.

Kriete, T., & Noelle, D. C. (2015). Dopamine and the development of executive dysfunction in autism spectrum disorders. *PloS One*, *10*(3), e0121605.

Kriete, T., Noelle, D. C., Cohen, J. D., & O'Reilly, R. C. (2013). Indirection and symbol - like processing in the prefrontal cortex and basal ganglia. *Proceedings of the National Academy of Sciences*, *110*(41), 16390 - 16395.

Kroll, J. F., & Bialystok, E. (2013). Understanding the consequences of bilingualism for language processing and cognition. *Journal of Cognitive Psychology*, *25*(5), 497 - 514.

Krubitzer, L. (1995). The organization of neocortex in mammals: Are species differences really so different? *Trends in Neurosciences*, *18*(9), 408 - 417.

Kruglanski, A. W., Bélanger, J. J., Gelfand, M., Gunaratna, R., Hettiarachchi, M., Reinares, F., Orehek, E., …Sharvit, K. (2013). Terrorism: A (self) love story. *American Psychologist*, *68*(7), 559 - 575.

Kuhlen, A. K., Allefeld, C., & Haynes, J. D. (2012). Content - specific coordination of listeners' to speakers' EEG during communication. *Frontiers in Human Neuroscience*, *6*, 266.

Kveraga, K., Ghuman, A. S., & Bar, M. (2007). Top - down predictions in the cognitive brain. *Brain and Cognition*, *65*(2), 145 - 168.

Laeng, B., & Teodorescu, D. S. (2002). Eye scanpaths during visual imagery reenact those of perception of the same visual scene. *Cognitive Science*, *26* (2), 207 - 231.

Lahav, A., Saltzman, E., & Schlaug, G. (2007). Action representation of sound: Audiomotor recognition network while listening to newly acquired actions. *Journal of Neuroscience*, *27*(2), 308 - 314.

Lakoff, G., & Johnson, M. (1980). *Metaphors we live by.* University of Chicago Press.

Lakoff, G., & Johnson, M. (1999). *Philosophy in the flesh: The embodied mind and its challenge to Western thought.* Basic Books.

Lakoff, G., & Núñez, R. E. (2000). *Where mathematics comes from: How the em-*

bodied mind brings mathematics into being. Basic Books.

Laschi, C., Mazzolai, B., & Cianchetti, M. (2016). Soft robotics: Technologies and systems pushing the boundaries of robot abilities. *Science Robotics*, *1*, eaah3690.

Laughlin, R. (2006). *A different universe: Reinventing physics from the bottom down.* Basic Books.

Laureys, S., Pellas, F., Van Eeckhout, P., Ghorbel, S., Schnakers, C., Perrin, F.,… Goldman, S. (2005). The locked – in syndrome: What is it like to be conscious but paralyzed and voiceless? *Progress in Brain Research*, *150*, 495 – 611.

Lauwereyns, J. (2012). *Brain and the gaze: On the active boundaries of vision.* MIT Press.

Leary, M. R., & Tangney, J. P. (2012). *The handbook of self and identity* (2nd ed.). Guilford Press.

LeCun, Y., Bengio, Y., & Hinton, G. (2015). Deep learning. *Nature*, *521* (7553), 436 – 444.

Lenggenhager, B., Tadi, T., Metzinger, T., & Blanke, O. (2007). Video ergo sum: Manipulating bodily self – consciousness. *Science*, *317*(5841), 1096 – 1099.

Lents, N. (2018). *Human errors: A panorama of our glitches, from pointless bones to broken genes.* Houghton Mifflin Harcourt.

Lestel, D. (1998). How chimpanzees have domesticated humans: Towards an anthropology of human – animal communication. *Anthropology Today*, *14*(3), 12 – 15.

Lestel, D. (2016). *Eat this book: A carnivore's manifesto.* Columbia University Press.

Lestel, D., Brunois, F., & Gaunet, F. (2006). Etho – ethnology and ethno – ethology. *Social Science Information*, *45*(2), 155 – 177.

Lettvin, J. Y., Maturana, H. R., McCulloch, W. S., & Pitts, W. H. (1959). What the frog's eye tells the frog's brain. *Proceedings of the IRE*, *47* (11), 1940 – 1951.

Levitsky, S., & Ziblatt, D. (2018). *How democracies die.* Crown.

Lewandowsky, S., & Oberauer, K. (2016). Motivated rejection of science. *Current Directions in Psychological Science*, *25*(4), 217 - 222.

Lewis, M. (2016). *The undoing project: A friendship that changed our minds.* W. W. Norton.

Libby, L. K., & Eibach, R. P. (2011). Self - enhancement or self - coherence? Why people shift visual perspective in mental images of the personal past and future. *Personality and Social Psychology Bulletin*, *37*(5), 714 - 726.

Liberman, A. M., Cooper, F. S., Shankweiler, D. P., & Studdert - Kennedy, M. (1967). Perception of the speech code. *Psychological Review*, *74*(6), 431 - 461.

Liberman, A. M., & Whalen, D. H. (2000). On the relation of speech to language. *Trends in Cognitive Sciences*, *4*(5), 187 - 196.

Libet, B. (1985). Unconscious cerebral initiative and the role of conscious will in voluntary action. *Behavioral and Brain Sciences*, *8*(4), 529 - 566.

Libet, B. (1999). Do we have free will? *Journal of Consciousness Studies*, *6*(8 - 9), 47 - 57.

Lilly, J. C. (1977). *The deep self: Profound relaxation and the tank isolation technique.* Simon and Schuster.

Lin, Y. C., & Lin, P. Y. (2016). Mouse tracking traces the "Camrbidge Unievrsity" effects in monolingual and bilingual minds. *Acta Psychologica*, *167*, 52 - 62.

Linkenkaer - Hansen, K., Nikouline, V. V., Palva, J. M., & Ilmoniemi, R. J. (2001). Long - range temporal correlations and scaling behavior in human brain oscillations. *Journal of Neuroscience*, *21*(4), 1370 - 1377.

Linster, B. G. (1992). Evolutionary stability in the infinitely repeated prisoners' dilemma played by two - state Moore machines. *Southern Economic Journal*, *58*(4), 880 - 903.

Lipson, H. (2014). Challenges and opportunities for design, simulation, and fabrication of soft robots. *Soft Robotics*, *1*(1), 21 - 27.

Lipson, H. , & Pollack, J. B. (2000). Automatic design and manufacture of robotic lifeforms. *Nature*, *406*(6799), 974 – 978.

Liu, R. T. (2017). The microbiome as a novel paradigm in studying stress and mental health. *American Psychologist*, *72*(7), 655 – 667.

Lobben, M. , & Bochynska, A. (2018). Grounding by attention simulation in peripersonal space: Pupils dilate to pinch grip but not big size nominal classifiers. *Cognitive Science*, *42*(2), 576 – 599.

Loftus, E. F. , & Pickrell, J. E. (1995). The formation of false memories. *Psychiatric Annals*, *25*(12), 720 – 725.

Long, G. M. , & Toppino, T. C. (2004). Enduring interest in perceptual ambiguity: Alternating views of reversible figures. *Psychological Bulletin*, *130*(5), 748 – 768.

Lopez, R. B. , Stillman, P. E. , Heatherton, T. F. , & Freeman, J. B. (2018). Minding one's reach (to eat): The promise of computer mouse – tracking to study self – regulation of eating. *Frontiers in Nutrition*, *5*, 43.

Lorenz, E. (2000). The butterfly effect. *World Scientific Series on Nonlinear Science A*, *39*, 91 – 94.

Louwerse, M. M. (2011). Symbol interdependency in symbolic and embodied cognition. *Topics in Cognitive Science*, *3*(2), 273 – 302.

Louwerse, M. M. , Dale, R. , Bard, E. G. , & Jeuniaux, P. (2012). Behavior matching in multimodal communication is synchronized. *Cognitive Science*, *36* (8), 1404 – 1426.

Louwerse, M. M. , & Zwaan, R. A. (2009). Language encodes geographical information. *Cognitive Science*, *33*(1), 51 – 73.

Lovelock, J. E. , & Margulis, L. (1974). Atmospheric homeostasis by and for the biosphere: The Gaia hypothesis. *Tellus*, *26*(1 – 2), 2 – 10.

Luce, E. (2017). *The retreat of Western liberalism.* Atlantic Monthly Press.

Lupyan, G. , & Clark, A. (2015). Words and the world: Predictive coding and the language – perception – cognition interface. *Current Directions in Psychological Science*, *24*(4), 279 –284.

Lupyan, G. , Mirman, D. , Hamilton, R. , & Thompson – Schill, S. L. (2012). Categorization is modulated by transcranial direct current stimulation over left prefrontal cortex. *Cognition*, *124*(1), 36 –49.

Lupyan, G. , & Spivey, M. J. (2008). Perceptual processing is facilitated by ascribing meaning to novel stimuli. *Current Biology*, *18*(10), R410 – R412.

Lupyan, G. , & Spivey, M. J. (2010). Making the invisible visible: Verbal but not visual cues enhance visual detection. *PLoS ONE*, *5*(7), e11452.

Maass, A. , & Russo, A. (2003). Directional bias in the mental representation of spatial events: Nature or culture? *Psychological Science*, *14*(4), 296 –301.

Macknik, S. L. , King, M. , Randi, J. , Robbins, A. , Teller, Thompson, J. , & MartinezConde, S. (2008). Attention and awareness in stage magic: Turning tricks into research. *Nature Reviews Neuroscience*, *9*(11), 871 –879.

Macknik, S. L. , Martinez – Conde, S. , & Blakeslee, S. (2010). *Sleights of mind: What the neuroscience of magic reveals about our everyday deceptions.* Macmillan.

Macmillan, M. (2002). *An odd kind of fame: Stories of Phineas Gage.* MIT Press.

Maglio, P. P. , Kwan, S. K. , & Spohrer, J. (2015). Commentary—Toward a research agenda for human – centered service system innovation. *Service Science*, *7*(1), 1 –10.

Maglio, P. P. , & Spohrer, J. (2013). A service science perspective on business model innovation. *Industrial Marketing Management*, *42*(5), 665 –670.

Magnuson, J. S. (2005). Moving hand reveals dynamics of thought. *Proceedings of the National Academy of Sciences of the United States of America*, *102* (29), 9995 –9996.

Magnuson, J. S. , McMurray, B. , Tanenhaus, M. K. , & Aslin, R. N. (2003). Lexical effects on compensation for coarticulation: The ghost of Christmas past. *Cog-*

nitive Science, *27*(2), 285–298.

Magnuson, J. S., Tanenhaus, M. K., Aslin, R. N., & Dahan, D. (2003). The time course of spokenword learning and recognition: Studies with artificial lexicons. *Journal of Experimental Psychology: General*, *132*(2), 202–227.

Mahon, B. Z., & Caramazza, A. (2008). A critical look at the embodied cognition hypothesis and a new proposal for grounding conceptual content. *Journal of Physiology–Paris*, *102*(1), 59–70.

Maier, N. R. F. (1931). Reasoning in humans: II. The solution of a problem and its appearance in consciousness. *Journal of Comparative Psychology*, *12*(2), 181–194.

Malafouris, L. (2010). Metaplasticity and the human becoming: Principles of neuroarchaeology. *Journal of Anthropological Sciences*, *88*(4), 49–72.

Mancardi, D., Varetto, G., Bucci, E., Maniero, F., & Guiot, C. (2008). Fractal parameters and vascular networks: Facts & artifacts. *Theoretical Biology and Medical Modelling*, *5*(1), 12.

Mandelbrot, B. B. (2013). *Fractals and scaling in finance: Discontinuity, concentration, risk.* Springer.

Mandler, J. M. (1992). How to build a baby: II. Conceptual primitives. *Psychological Review*, *99*(4), 587–604.

Mandler, J. M. (2004). *The foundations of mind: Origins of conceptual thought.* Oxford University Press.

Maravita, A., & Iriki, A. (2004). Tools for the body (schema). *Trends in Cognitive Sciences*, *8*(2), 79–86.

Maravita, A., Spence, C., & Driver, J. (2003). Multisensory integration and the body schema: Close to hand and within reach. *Current Biology*, *13*(13), R531–R539.

Marian, V., & Spivey, M. (2003). Bilingual and monolingual processing of competing lexical items. *Applied Psycholinguistics*, *24*(2), 173–193.

Marslen – Wilson, W. , & Tyler, L. (1980). The temporal structure of spoken language understanding. *Cognition*, *8*(1), 1 – 71.

Martin, M. , & Augustine, K. (Eds.) (2015). *The myth of an afterlife: The case against life after death.* Rowman & Littlefield.

Maruna, S. , & Immarigeon, R. (Eds.). (2013). *After crime and punishment.* Routledge.

Massen, J. J. , Church, A. M. , & Gallup, A. C. (2015). Auditory contagious yawning in humans: An investigation into affiliation and status effects. *Frontiers in Psychology*, *6*, 1735.

Matlock, T. (2010). Abstract motion is no longer abstract. *Language and Cognition*, *2*(2), 243 – 260.

Matlock, T. , Coe, C. M. , & Westerling, A. L. (2017). Monster wildfires and metaphor in risk communication. *Metaphor & Symbol*, *32*(4), 250 – 261.

Matsumoto, R. , Nair, D. R. , LaPresto, E. , Najm, I. , Bingaman, W. , Shibasaki, H. , & Lüders, H. O. (2004). Functional connectivity in the human language system: A cortico – cortical evoked potential study. *Brain*, *127*(10), 2316 – 2330.

Matsuzawa, T. (Ed.). (2008). *Primate origins of human cognition and behavior* (corrected ed.). Springer.

Maturana, H. R. , & Varela, F. J. (1987). *The tree of knowledge: The biological roots of human understanding.* New Science Library/Shambhala Publications.

Maturana, H. R. , & Varela, F. J. (1991). *Autopoiesis and cognition: The realization of the living* (1st ed.). D. Reidel Publishing.

Maznevski, M. L. (1994). Understanding our differences: Performance in decision-making groups with diverse members. *Human Relations*, *47*(5), 531 – 552.

McAuliffe, K. (2016). This is your brain on parasites: *How tiny creatures manipulate our behavior and shape society.* Houghton Mifflin Harcourt.

McClelland, J., & Elman, J. (1986). The TRACE model of speech perception. *Cognitive Psychology*, *18*(1), 1-86.

McCubbins, M. D., and Turner, M. (2020). Collective action in the wild. In A. Pennisi & A. Falzone (Eds.), *The Extended Theory of Cognitive Creativity*. Springer.

McCulloch, W. S., & Pitts, W. (1943). A logical calculus of the ideas immanent in nervous activity. *Bulletin of Mathematical Biophysics*, *5*(4), 115-133.

McGurk, H., & MacDonald, J. (1976). Hearing lips and seeing voices. *Nature*, *264*(5588), 746-748.

McKinstry, C., Dale, R., & Spivey, M. J. (2008). Action dynamics reveal parallel competition in decision making. *Psychological Science*, *19*(1), 22-24.

McLaughlin, J., Osterhout, L., & Kim, A. (2004). Neural correlates of second-language word learning: Minimal instruction produces rapid change. *Nature Neuroscience*, *7*(7), 703-704.

McMurray, B. (2007). Defusing the childhood vocabulary explosion. *Science*, *317*(5838), 631.

McMurray, B., Tanenhaus, M. K., Aslin, R. N., & Spivey, M. J. (2003). Probabilistic constraint satisfaction at the lexical/phonetic interface: Evidence for gradient effects of within-category VOT on lexical access. *Journal of Psycholinguistic Research*, *32*(1), 77-97.

McRae, K., Brown, & Elman, J. E. (in press). Prediction-based learning and processing of event knowledge. *Topics in Cognitive Science.*

McRae, K., de Sa, V. R., & Seidenberg, M. S. (1997). On the nature and scope of featural representations of word meaning. *Journal of Experimental Psychology: General*, *126*(2), 99-130.

McRae, K., Spivey-Knowlton, M., & Tanenhaus, M. (1998). Modeling the effects of thematic fit (and other constraints) in on-line sentence comprehension. *Journal of Memory and Language*, *38*(3), 283-312.

Meadows, D. (2008). *Thinking in systems: A primer.* Chelsea Green.

Mechsner, F., Kerzel, D., Knoblich, G., & Prinz, W. (2001). Perceptual basis of bimanual coordination. *Nature*, *414*(6859), 69 – 73.

Meijer, D. K., & Korf, J. (2013). Quantum modeling of the mental state: The concept of a cyclic mental workspace. *Syntropy*, *1*, 1 – 41.

Mele, A. R. (Ed.). (2014). *Surrounding free will: Philosophy, psychology, neuroscience*. Oxford University Press.

Merker, B. (2007). Consciousness without a cerebral cortex: A challenge for neuroscience and medicine. *Behavioral and Brain Sciences*, *30*(1), 63 – 81.

Mermin, N. D. (1998). What is quantum mechanics trying to tell us? *American Journal of Physics*, *66*(9), 753 – 767.

Metcalfe, A., & Game, A. (2012). "In the beginning is relation": Martin Buber's alternative to binary oppositions. *Sophia*, *51*(3), 351 – 363.

Meteyard, L., Cuadrado, S. R., Bahrami, B., & Vigliocco, G. (2012). Coming of age: A review of embodiment and the neuroscience of semantics. *Cortex*, *48*(7), 788 – 804.

Meteyard, L., Zokaei, N., Bahrami, B., & Vigliocco, G. (2008). Visual motion interferes with lexical decision on motion words. *Current Biology*, *18* (17), R732 – R733.

Michaels, C. F. (2003). Affordances: Four points of debate. *Ecological Psychology*, *15*(2), 135 – 148.

Michard, E., Lima, P. T., Borges, F., Silva, A. C., Portes, M. T., Carvalho, J. E., …Feijó, J. A. (2011). Glutamate receptor – like genes form Ca2 + channels in pollen tubes and are regulated by pistil D – serine. *Science*, *332*(6028), 434 – 437.

Mikhailov, A. S., & Ertl, G. (2017). *Chemical complexity: Self – organization processes in molecular systems*. Springer.

Miklósi, Á. (2014). *Dog behaviour, evolution, and cognition*. Oxford University Press.

Milardi, D. , Bramanti, P. , Milazzo, C. , Finocchio, G. , Arrigo, A. , Santoro, G. ,…Gaeta, M. (2015). Cortical and subcortical connections of the human claustrum revealed in vivo by constrained spherical deconvolution tractography. *Cerebral Cortex*, *25*(2), 406 – 414.

Miller, E. K. , & Cohen, J. D. (2001). An integrative theory of prefrontal cortex function. *Annual Review of Neuroscience*, *24*(1), 167 – 202.

Miller, J. G. (1978). *Living systems.* McGraw – Hill.

Millikan, R. G. (2004). Existence proof for a viable externalism. In R. Schantz (Ed.), *The Externalist Challenge* (pp. 227 – 238). De Gruyter.

Misselhorn, C. (Ed.). (2015). *Collective agency and cooperation in natural and artificial systems.* Springer.

Mitchell, J. P. , Macrae, C. N. , & Banaji, M. R. (2006). Dissociable medial prefrontal contributions to judgments of similar and dissimilar others. *Neuron*, *50*(4), 655 – 663.

Mitchell, M. (2009). *Complexity: A guided tour.* Oxford University Press.

Molotch, H. (2017). Objects in sociology. In A. Clarke (Ed.), *Design anthropology: Object cultures in transition* (pp. 19 – 35). Bloomsbury.

Monsell, S. , & Driver, J. (2000). Banishing the control homunculus. In S. Monsell & J. Driver (Eds.), *Attention and Performance: Vol. 18. Control of cognitive processes* (pp. 1 – 32). MIT Press.

Montague, P. R. , Dayan, P. , Person, C. , & Sejnowski, T. J. (1995). Bee foraging in uncertain environments using predictive Hebbian learning. *Nature*, *377*(6551), 725 – 728.

Moore, A. , & Malinowski, P. (2009). Meditation, mindfulness and cognitive flexibility. *Consciousness and Cognition*, *18*(1), 176 – 186.

Morrow, G. (2018). *Awestruck: A journal for finding awe year – round.* William Morrow of Harper Collins.

Morsella, E. , Godwin, C. A. , Jantz, T. K. , Krieger, S. C. , & Gazzaley, A. (2016). Homing in on consciousness: An action - based synthesis. *Behavioral and Brain Sciences*, *39*, e168.

Motter, B. C. (1993). Focal attention produces spatially selective processing in visual cortical areas V1, V2, and V4 in the presence of competing stimuli. *Journal of Neurophysiology*, *70*(3), 909 - 919.

Moyes, H. (Ed.). (2012). *Sacred darkness: A global perspective on the ritual use of caves.* University Press of Colorado.

Moyes, H. , Rigoli, L. , Huette, S. , Montello, D. , Matlock, T. , & Spivey, M. J. (2017). Darkness and the imagination: The role of environment in the development of spiritual beliefs. In C. Papadopoulos & H. Moyes (Eds.), *The Oxford handbook of light in archaeology.* Oxford University Press.

Moyo, D. (2018). *Edge of chaos: Why democracy is failing to deliver economic growth and how to fix it.* Basic Books.

Mozer, M. C. , Pashler, H. , & Homaei, H. (2008). Optimal predictions in everyday cognition: The wisdom of individuals or crowds? *Cognitive Science*, *32* (7), 1133 - 1147.

Mukamel, R. , Ekstrom, A. D. , Kaplan, J. , Iacoboni, M. , & Fried, I. (2010). Singleneuron responses in humans during execution and observation of actions. *Current Biology*, *20*(8), 750 - 756.

Mumford, D. (1992). On the computational architecture of the neocortex. *Biological Cybernetics*, *66*(3), 241 - 251.

Murphy, N. , & Brown, W. S. (2007). *Did my neurons make me do it? Philosophical and neurobiological perspectives on moral responsibility and free will.* Oxford University Press.

Nakagaki, T. , Yamada, H. , & Tóth, Á. (2000). Intelligence: Maze - solving by an amoeboid organism. *Nature*, *407*(6803), 470.

Nazir, T. A., Boulenger, V., Roy, A., Silber, B., Jeannerod, M., & Paulignan, Y. (2008). Language – induced motor perturbations during the execution of a reaching movement. *Quarterly Journal of Experimental Psychology*, *61*(6), 933 – 943.

Neisser, U. (1976). *Cognition and reality: Principles and implications of cognitive psychology.* W. H. Freeman.

Neisser, U. (1991). Two perceptually given aspects of the self and their development. *Developmental Review*, *11*(3), 197 – 209.

Neisser, U., & Harsch, N. (1992). Phantom flashbulbs: False recollections of hearing the news about Challenger. In E. Winograd & U. Neisser (Eds.), *Affect and accuracy in recall: Studies of "flashbulb" memories* (pp. 9 – 31). Cambridge University Press.

Neisser, U., Winograd E., Bergman, E. T., Schreiber, C. A., Palmer, S. E., & Weldon, M. S. (1996). Remembering the earthquake: Direct experience vs. hearing the news. *Memory*, *4*(4), 337 – 358.

Nekovee, M., Moreno, Y., Bianconi, G., & Marsili, M. (2007). Theory of rumour spreading in complex social networks. *Physica A: Statistical Mechanics and Its Applications*, *374*(1), 457 – 470.

Nelson, R. K. (1982). *Make prayers to the Raven: A Koyukon view of the northern forest.* University of Chicago Press.

Noë, A. (2005). *Action in perception.* MIT Press.

Noë, A. (2009). *Out of our heads: Why you are not your brain, and other lessons from the biology of consciousness.* Macmillan.

Noelle, D. C. (2012). On the neural basis of rule – guided behavior. *Journal of Integrative Neuroscience*, *11*(4), 453 – 475.

Northoff, G., & Panksepp, J. (2008). The trans – species concept of self and the subcortical – cortical midline system. *Trends in Cognitive Sciences*, *12*(7), 259 – 264.

O'Connell, M. (2017). *To be a machine: Adventures among cyborgs, utopians, and the futurists solving the modest problem of death.* Doubleday.

Odum, H. T. (1988). Self - organization, transformity, and information. *Science*, *242*(4882), 1132 - 1139.

Ohl, S., & Rolfs, M. (2017). Saccadic eye movements impose a natural bottleneck on visual short - term memory. *Journal of Experimental Psychology: Learning, Memory, and Cognition*, *43*(5), 736 - 748.

O'Hora, D., Dale, R., Piiroinen, P. T., & Connolly, F. (2013). Local dynamics in decision making: The evolution of preference within and across decisions. *Scientific Reports*, 3, 2210.

Olsen, R. K., Chiew, M., Buchsbaum, B. R., & Ryan, J. D. (2014). The relationship between delay period eye movements and visuospatial memory. *Journal of Vision*, *14*(1), 8.

Olshausen, B. A., & Field, D. J. (2004). Sparse coding of sensory inputs. *Current Opinion in Neurobiology*, *14*(4), 481 - 487.

Onnis, L., & Spivey, M. J. (2012). Toward a new scientific visualization for the language sciences. *Information*, *3*(1), 124 - 150.

Oppenheimer, D. M., & Frank, M. C. (2008). A rose in any other font would not smell as sweet: Effects of perceptual fluency on categorization. *Cognition*, *106*(3), 1178 - 1194.

O'Regan, J. K. (1992). Solving the "real" mysteries of visual perception: The world as an outsidememory. *Canadian Journal of Psychology*, *46*(3), 461 - 488.

O'Regan, J. K., & Lévy - Schoen, A. (1983). Integrating visual information from successive fixations: Does trans - saccadic fusion exist? *Vision Research*, *23*, 765 - 769.

O'Regan, J. K., & Noë, A. (2001). A sensorimotor account of vision and visual consciousness. *Behavioral and Brain Sciences*, *24*(5), 939 - 973.

O'Regan, J. K., Rensink, R. A., & Clark, J. J. (1999). Change - blindness as a result of "mudsplashes." *Nature*, *398*(6722), 34.

Orehek, E. , Sasota, J. A. , Kruglanski, A. W. , Dechesne, M. , & Ridgeway, L. (2014). Interdependent self – construals mitigate the fear of death and augment the willingness to become a martyr. *Journal of Personality and Social Psychology*, *107* (2), 265 – 275.

O'Reilly, R. C. (2006). Biologically based computational models of high – level cognition. *Science*, *314*(5796), 91 – 94.

Oreskes, N. , & Conway, E. M. (2011). *Merchants of doubt*: *How a handful of scientists obscured the truth on issues from tobacco smoke to global warming.* Bloomsbury.

Ortner, C. N. , Kilner, S. J. , & Zelazo, P. D. (2007). Mindfulness meditation and reduced emotional interference on a cognitive task. *Motivation and Emotion*, *31*(4), 271 – 283.

Ostarek, M. , Ishag, I. , Joosen, D. , & Huettig, F. (2018). Saccade trajectories reveal dynamic interactions of semantic and spatial information during the processing of implicitly spatial words. *Journal of Experimental Psychology*: *Learning*, *Memory*, *and Cognition*, *44*(10), 1658 – 1670.

Page, S. E. (2007). *The difference*: *How the power of diversity creates better groups*, *firms*, *schools and societies.* Princeton University Press.

Palagi, E. , Leone, A. , Mancini, G. , & Ferrari, P. F. (2009). Contagious yawning in gelada baboons as a possible expression of empathy. *Proceedings of the National Academy of Sciences*, *106*(46), 19262 – 19267.

Pallas, S. L. (2001). Intrinsic and extrinsic factors that shape neocortical specification. *Trends in Neurosciences*, *24*(7), 417 – 423.

Pallas, S. L. , Roe, A. W. , & Sur, M. (1990). Visual projections induced into the auditory pathway of ferrets. I. Novel inputs to primary auditory cortex (AI) from the LP/pulvinar complex and the topography of the MGN – AI projection. *Journal of Comparative Neurology*, *298*(1), 50 – 68.

Papies, E. K. (2016). Health goal priming as a situated intervention tool: How to benefit from nonconscious motivational routes to health behaviour. *Health Psychology*

Review, *10*(4), 408 – 424.

Papies, E. K., Barsalou, L. W., & Custers, R. (2012). Mindful attention prevents mindless impulses. *Social Psychological and Personality Science*, *3*(3), 291 – 299.

Pärnamets, P., Johansson, P., Hall, L., Balkenius, C., Spivey, M. J., & Richardson, D. C. (2015). Biasing moral decisions by exploiting the dynamics of eye gaze. *Proceedings of the National Academy of Sciences*, *112*(13), 4170 – 4175.

Parnia, S., Spearpoint, K., de Vos, G., Fenwick, P., Goldberg, D., Yang, J., … Wood, M. (2014). AWARE—AWAreness during REsuscitation—a prospective study. *Resuscitation*, *85*(12), 1799 – 1805.

Patterson, F., & Linden, E. (1981). *The education of Koko*. Andre Deutsch Limited.

Patterson, F. G., & Cohn, R. H. (1990). Language acquisition by a lowland gorilla: Koko's first ten years of vocabulary development. *Word*, *41*(2), 97 – 143.

Paukner, A., & Anderson, J. R. (2006). Video – induced yawning in stumptail macaques (Macaca arctoides). *Biology Letters*, *2*(1), 36 – 38.

Paul, C., Valero – Cuevas, F. J., & Lipson, H. (2006). Design and control of tensegrity robots for locomotion. *IEEE Transactions on Robotics*, *22*(5), 944 – 957.

Penrose, R. (1994). *Shadows of the mind*. Oxford University Press.

Pepperberg, I. M. (2009). *The Alex studies: Cognitive and communicative abilities of grey parrots*. Harvard University Press.

Pereboom, D. (2006). *Living without free will*. Cambridge University Press.

Perlman, M., Patterson, F. G., & Cohn, R. H. (2012). The human – fostered gorilla Koko shows breath control in play with wind instruments. *Biolinguistics*, *6*(3 – 4), 433 – 444.

Perri, A., Widga, C., Lawler, D., Martin, T., Loebel, T., Farnsworth, K. … Buenger, B. (2019). New evidence of the earliest domestic dogs in the Americas. *American Antiquity*, *84*(1), 68 – 87.

Petrova, A., Navarrete, E., Suitner, C., Sulpizio, S., Reynolds, M., Job, R., &

Peressotti, F. (2018). Spatial congruency effects exist, just not for words: Looking into Estes, Verges, and Barsalou (2008). *Psychological Science*, *29* (7), 1195 – 1199.

Pezzulo, G., Barsalou, L. W., Cangelosi, A., Fischer, M. H., McRae, K., & Spivey, M. J. (2011). The mechanics of embodiment: A dialog on embodiment and computational modeling. *Frontiers in Psychology*, *2*(5), 1 – 21.

Pezzulo, G., Barsalou, L. W., Cangelosi, A., Fischer, M. H., McRae, K., & Spivey, M. J. (2013). Computationally grounded cognition: A new alliance between grounded cognition and computational modeling. *Frontiers in Psychology*, *3*, 612.

Pezzulo, G., Verschure, P. F., Balkenius, C., & Pennartz, C. M. (2014). The principles of goal – directed decision – making: From neural mechanisms to computation and robotics. *Philosophical Transactions of the Royal Society B*, *369* (1655), 20130470.

Pfeifer, R., Lungarella, M., & Iida, F. (2012). The challenges ahead for bio – inspired "soft" robotics. *Communications of the Association for Computing Machinery*, *55*(11), 76 – 87.

Pick, A. D., Pick Jr, H. L., Jones, R. K., & Reed, E. S. (1982). James Jerome Gibson: 1904 – 1979. *American Journal of Psychology*, *95*(4), 692 – 700.

Pickering, M. J., & Garrod, S. (2004). Toward a mechanistic psychology of dialogue. *Behavioral and Brain Sciences*, *27*(2), 169 – 190.

Piff, P. K., Dietze, P., Feinberg, M., Stancato, D. M., & Keltner, D. (2015). Awe, the small self, and prosocial behavior. *Journal of Personality and Social Psychology*, *108*(6), 883 – 899.

Pinker, S. (2018). *Enlightenment now: The case for reason, science, humanism, and progress.* Viking Press.

Piore, A. (2017). *The body builders: Inside the science of the engineered human.* HarperCollins.

Platek, S. M., Critton, S. R., Myers, T. E., & Gallup, G. G. (2003). Contagious yawning: The role of self - awareness and mental state attribution. *Cognitive Brain Research*, *17*(2), 223 - 227.

Podobnik, B., Jusup, M., Kovac, D., & Stanley, H. E. (2017). Predicting the rise of EU right - wing populism in response to unbalanced immigration. *Complexity*, *2017*, 1580526.

Prigogine, I., & Stengers, I. (1984). *Order out of chaos: Man's new dialogue with nature.* Bantam Books.

Proffitt, D. R. (2006). Embodied perception and the economy of action. *Perspectives on Psychological Science*, *1*(2), 110 - 122.

Provine, R. R. (2005). Yawning: The yawn is primal, unstoppable and contagious, revealing the evolutionary and neural basis of empathy and unconscious behavior. *American Scientist*, *93*(6), 532 - 539.

Pulvermüller, F. (1999). Words in the brain's language. *Behavioral and Brain Sciences*, *22*(2), 253 - 279.

Pulvermüller, F., Hauk, O., Nikulin, V. V., & Ilmoniemi, R. J. (2005). Functional links between motor and language systems. *European Journal of Neuroscience*, *21*(3), 793 - 797.

Putnam, H. (1973). Meaning and reference. *Journal of Philosophy*, *70* (19), 699 - 711.

Putnam, H. (1981). *Reason, truth and history* (Vol. 3). Cambridge University Press.

Pylyshyn, Z. (1980). The "causal power" of machines. *Behavioral and Brain Sciences*, *3*(3), 442 - 444.

Pylyshyn, Z. W. (2001). Visual indexes, preconceptual objects, and situated vision. *Cognition*, *80*(1), 127 - 158.

Pylyshyn, Z. W. (2007). *Things and places: How the mind connects with the world.* MIT Press.

Pylyshyn, Z. W., & Storm, R. W. (1988). Tracking multiple independent targets: Evidence for a parallel tracking mechanism. *Spatial Vision*, *3*(3), 179–197.

Quiroga, R. Q., Kreiman, G., Koch, C., & Fried, I. (2008). Sparse but not "grandmothercell" coding in the medial temporal lobe. *Trends in Cognitive Sciences*, *12*(3), 87–91.

Rachman, G. (2017). *Easternization: Asia's rise and America's decline from Obama to Trump and beyond.* Other Press.

Ramanathan, V., Han, H., & Matlock, T. (2017). Educating children to bend the curve: For a stable climate, sustainable nature and sustainable humanity. In A. M. Battro, P. Lena, M. S. Sorondo, & J. von Braun (Eds.), *Children and sustainable development: Ecological education in a globalized world* (pp. 3–16). Springer.

Ramachandran, V. S., & Blakeslee, S. (1998). *Phantoms in the brain: Probing the mysteries of the human mind.* William Morrow.

Randall, L. (2017). *Dark matter and the dinosaurs: The astounding interconnectedness of the universe.* Random House.

Rao, R. P., & Ballard, D. H. (1999). Predictive coding in the visual cortex: A functional interpretation of some extra–classical receptive–field effects. *Nature Neuroscience*, *2*(1), 79–87.

Rayner, K., & Pollatsek, A. (1983). Is visual information integrated across saccades? *Perception & Psychophysics*, *34*(1), 39–48.

Reed, E., & Jones, R. (Eds.) (1982). *Reasons for realism: Selected essays of James J. Gibson.* Erlbaum.

Reed, E. S. (2014). The intention to use a specific affordance: A conceptual framework for psychology. In R. Wozniak & K. Fischer (Eds.), *Development in context* (pp. 61–92). Psychology Press.

Reese, R. A. (2013). *Sustainable or bust.* CreateSpace.

Reese, R. A. (2016). *Understanding sustainability.* CreateSpace.

Reid, C. R., Latty, T., Dussutour, A., & Beekman, M. (2012). Slime mold uses an externalized spatial "memory" to navigate in complex environments. *Proceedings of the National Academy of Sciences*, *109*(43), 17490 – 17494.

Reimers, J. R., McKemmish, L. K., McKenzie, R. H., Mark, A. E., & Hush, N. S. (2014). The revised Penrose – Hameroff orchestrated objective – reduction proposal for human consciousness is not scientifically justified. *Physics of Life Reviews*, *11*(1), 101 – 103.

Rhodes, T., & Turvey, M. T. (2007). Human memory retrieval as Lévy foraging. *Physica A: Statistical Mechanics and Its Applications*, *385*(1), 255 – 260.

Richardson, D. C. (2017). *Man vs. mind.* Quarto.

Richardson, D. C., Altmann, G. T., Spivey, M. J., & Hoover, M. A. (2009). Much ado about eye movements to nothing. *Trends in Cognitive Sciences*, *13*(6), 235 – 236.

Richardson, D. C., & Dale, R. (2005). Looking to understand: The coupling between speakers' and listeners' eye movements and its relationship to discourse comprehension. *Cognitive Science*, *29*(6), 1045 – 1060.

Richardson, D. C., Dale, R., & Kirkham, N. Z. (2007). The art of conversation is coordination. *Psychological Science*, *18*(5), 407 – 413.

Richardson, D. C., & Kirkham, N. Z. (2004). Multimodal events and moving locations: Eye movements of adults and 6 – month – olds reveal dynamic spatial indexing. *Journal of Experimental Psychology: General*, *133*(1), 46 – 62.

Richardson, D. C., & Matlock, T. (2007). The integration of figurative language and static depictions: An eye movement study of fictive motion. *Cognition*, *102*(1), 129 – 138.

Richardson, D. C., & Spivey, M. J. (2000). Representation, space and Hollywood Squares: Looking at things that aren't there anymore. *Cognition*, *76*(3), 269 – 295.

Richardson, D. C., Spivey, M. J., Barsalou, L. W., & McRae, K. (2003). Spatial representations activated during real – time comprehension of verbs. *Cognitive Science*, *27*(5), 767 – 780.

Richardson, D. C., Spivey, M. J., & Cheung, J. (2001). Motor representations in memory and mental models: Embodiment in cognition. In J. D. Moore & K. Stenning (Eds.), *Proceedings of the 23rd Annual Meeting of the Cognitive Science Society* (pp. 867 – 872). Erlbaum.

Richardson, D. C., Spivey, M. J., Edelman, S., & Naples, A. D. (2001). "Language is spatial": Experimental evidence for image schemas of concrete and abstract verbs. In J. D. Moore & K. Stenning (Eds.), *Proceedings of the 23rd Annual Meeting of the Cognitive Science Society* (pp. 873 – 878). Erlbaum.

Richardson, M. J., & Kallen, R. W. (2016). Symmetry – breaking and the contextual emergence of human multiagent coordination and social activity. In E. Dzhafarov (Ed.), *Contextuality from quantum physics to psychology* (pp. 229 – 286). World Scientific.

Riley, M. A., Richardson, M., Shockley, K., & Ramenzoni, V. C. (2011). Interpersonal synergies. *Frontiers in Psychology*, *2*, 38.

Risko, E. F., & Gilbert, S. J. (2016). Cognitive offloading. *Trends in Cognitive Sciences*, *20*(9), 676 – 688.

Rizzolatti, G., & Arbib, M. A. (1998). Language within our grasp. *Trends in Neurosciences*, *21*(5), 188 – 194.

Rizzolatti, G., Fogassi, L., & Gallese, V. (2006). Mirrors in the mind. *Scientific American*, *295*(5), 54 – 61.

Rodny, J. J., Shea, T. M., & Kello, C. T. (2017). Transient localist representations in critical branching networks. *Language, Cognition and Neuroscience*, *32*(3), 330 – 341.

Rohwer, F. (2010). *Coral reefs in the microbial seas*. Plaid Press.

Rolls, E. T. (2017). Cortical coding. *Language, Cognition and Neuroscience*, *32*

(3), 316 - 329.

Rosch, E. (1975). Cognitive representations of semantic categories. *Journal of Experimental Psychology: General*, *104*(3), 192 - 233.

Rosen, R. (1991). *Life itself: A comprehensive inquiry into the nature, origin, and fabrication of life.* Columbia University Press.

Rosenblatt, F. (1958). The perceptron: A probabilistic model for information storage and organization in the brain. *Psychological Review*, *65*(6), 386 - 408.

Rosenblum, L. D. (2008). Speech perception as a multimodal phenomenon. *Current Directions inPsychological Science*, *17*(6), 405 - 409.

Roy, D. (2005). Grounding words in perception and action: Computational insights. *Trends in Cognitive Sciences*, *9*(8), 389 - 396.

Rozenblit, L., Spivey, M., & Wojslawowicz, J. (2002). Mechanical reasoning about gear - and - belt diagrams: Do eye - movements predict performance? In M. Anderson, B. Meyer, & P. Olivier (Eds.), *Diagrammatic representation and reasoning* (pp. 223 - 240). Springer.

Rozin, P., & Fallon, A. E. (1987). A perspective on disgust. *Psychological Review*, *94*(1), 23 - 41.

Rumelhart, D., Hinton, G., & Williams, R. (1986). Learning representations by backpropagating errors. *Nature*, *323*(9), 533 - 536.

Rumelhart, D., & McClelland, J. (1982). An interactive activation model of context effects in letter perception: II. The contextual enhancement effect and some tests and extensions of the model. *Psychological Review*, *89*(1), 60 - 94.

Rumelhart, D., McClelland, J., & the PDP Research Group. (1986). *Parallel distributed processing: Explorations in the microstructure of cognition* (Vols. 1 - 2). MIT Press.

Runyon, J. B., Mescher, M. C., & De Moraes, C. M. (2006). Volatile chemical cues guide host location and host selection by parasitic plants. *Science*, *313*(5795), 1964 - 1967.

Rupert, R. D. (2004). Challenges to the hypothesis of extended cognition. *Journal of Philosophy*, *101*(8), 389 – 428.

Rupert, R. D. (2009). *Cognitive systems and the extended mind*. Oxford University Press.

Rynecki, E. (2016). *Chasing portraits: A great – granddaughter's quest for her lost art legacy*. Berkley Press.

Ryskin, R. A., Wang, R. F., & Brown – Schmidt, S. (2016). Listeners use speaker identity to access representations of spatial perspective during online language comprehension. *Cognition*, *147*, 75 – 84.

Saffran, J. R., Aslin, R. N., & Newport, E. L. (1996). Statistical learning by 8 – month – old infants. *Science*, *274*(5294), 1926 – 1928.

Safina, C. (2016). *Beyond words: What animals think and feel*. Picador.

Sagan, C., & Drake, F. (1975). The search for extraterrestrial intelligence. *Scientific American*, *232*(5), 80 – 89.

Samuel, A. G. (1981). Phonemic restoration: Insights from a new methodology. *Journal of Experimental Psychology: General*, *110*(4), 474 – 494.

Santiago, J., Român, A., & Ouellet, M. (2011). Flexible foundations of abstract thought: A review and a theory. In A. Maas & T. Schubert (Eds.), *Spatial dimensions of social thought* (pp. 31 – 108). Mouton de Gruyter.

Santos, L. R., Flombaum, J. I., & Phillips, W. (2007). The evolution of human mindreading: How non – human primates can inform social cognitive neuroscience. In S. Platek, J. Keenan, & T. Shackelford (Eds.), *Evolutionary cognitive neuroscience* (pp. 433 – 456). MIT Press.

Sapolsky, R. (2019). This is your brain on nationalism. *Foreign Affairs*, *98*(2), 42 – 47.

Savage – Rumbaugh, E. S. (1986). *Ape language: From conditioned response to symbol*. Columbia University Press.

Sawyer, R. K. (2005). *Social emergence: Societies as complex systems.* Cambridge University Press.

Saygin, A. P., McCullough, S., Alac, M., & Emmorey, K. (2010). Modulation of BOLD response in motion – sensitive lateral temporal cortex by real and fictive motion sentences. *Journal of Cognitive Neuroscience*, *22*(11), 2480 – 2490.

Scalia, F., Grant, A. C., Reyes, M., & Lettvin, J. Y. (1995). Functional properties of regenerated optic axons terminating in the primary olfactory cortex. *Brain Research*, *685*(1), 187 – 197.

Schacter, D. L. (1992). Implicit knowledge: New perspectives on unconscious processes. *Proceedings of the National Academy of Sciences*, *89* (23), 11113 – 11117.

Schmidhuber, J. (2015). Deep learning in neural networks: An overview. *Neural Networks*, *61*, 85 – 117.

Schmidt, R. C., Carello, C., & Turvey, M. T. (1990). Phase transitions and critical fluctuations in the visual coordination of rhythmic movements between people. *Journal of Experimental Psychology: Human Perception and Performance*, *16*(2), 227 – 247.

Schmolck, H., Buffalo, E. A., & Squire, L. R. (2000). Memory distortions develop over time: Recollections of the OJ Simpson trial verdict after 15 and 32 months. *Psychological Science*, *11*(1), 39 – 45.

Scholl, B. J., & Pylyshyn, Z. W. (1999). Tracking multiple items through occlusion: Clues to visual objecthood. *Cognitive Psychology*, *38*(2), 259 – 290.

Schoot, L., Hagoort, P., & Segaert, K. (2016). What can we learn from a two – brain approach toverbal interaction? *Neuroscience & Biobehavioral Reviews*, *68*, 454 – 459.

Schulte – Mecklenbeck, M., Kühberger, A., & Ranyard, R. (2011). The role of process data in the development and testing of process models of judgment and decision making. *Judgment and Decision Making*, *6*(8), 733 – 739.

Schwaber, M. K., Garraghty, P. E., & Kaas, J. H. (1993). Neuroplasticity of the adult primate auditory cortex following cochlear hearing loss. *Otology & Neurotology*, *14*(3), 252 - 258.

Schwartz, C. E., & Sendor, R. M. (1999). Helping others helps oneself: Response shift effects in peer support. *Social Science & Medicine*, *48*(11), 1563 - 1575.

Scott, P. (2013). *Physiology and behaviour of plants.* Wiley.

Searle, J. R. (1990). Is the brain's mind a computer program? *Scientific American*, *262*(1), 26 - 31.

Sebanz, N., Bekkering, H., & Knoblich, G. (2006). Joint action: Bodies and minds moving together. *Trends in Cognitive Sciences*, *10*(2), 70 - 76.

Sebanz, N., Knoblich, G., Prinz, W., & Wascher, E. (2006). Twin peaks: An ERP study of action planning and control in coacting individuals. *Journal of Cognitive Neuroscience*, *18*(5), 859 - 870.

Sedivy, J., & Carlson, G. N. (2011). *Sold on language.* Wiley.

Segal, G. (2000). *A slim book about narrow content.* MIT Press.

Seidenberg, M., & McClelland, J. (1989). A distributed, developmental model of word recognition and naming. *Psychological Review*, *96*(4), 523 - 568.

Sekuler, R., Sekuler, A. B., & Lau, R. (1997). Sound alters visual motion perception. *Nature*, *385*(6614), 308.

Sengupta, B., Laughlin, S. B., & Niven, J. E. (2014). Consequences of converting graded to action potentials upon neural information coding and energy efficiency. *PLoS Computational Biology*, *10*(1), e1003439.

Senju, A., Kikuchi, Y., Akechi, H., Hasegawa, T., Tojo, Y., & Osanai, H. (2009). Brief report: Does eye contact induce contagious yawning in children with autism spectrum disorder? *Journal of Autism and Developmental Disorders*, *39*(11), 1598 - 1602.

Senju, A., Maeda, M., Kikuchi, Y., Hasegawa, T., Tojo, Y., & Osanai, H. (2007). Absence of contagious yawning in children with autism spectrum disorder. *Biology Letters*, *3*(6), 706 – 708.

Serra, I., & Corral, Á. (2017). Deviation from power law of the global seismic moment distribution. *Scientific Reports*, *7*, 40045.

Seung, S. (2013). *Connectome: How the brain's wiring makes us who we are.* Mariner Books.

Shahin, A. J., Backer, K. C., Rosenblum, L. D., & Kerlin, J. R. (2018). Neural mechanisms underlying cross – modal phonetic encoding. *Journal of Neuroscience*, *38*(7), 1835 – 1849.

Shams, L., Kamitani, Y., & Shimojo, S. (2000). Illusions: What you see is what you hear. *Nature*, *408*(6814), 788.

Shapiro, L. (2011). *Embodied cognition.* Routledge.

Shatner, W. (2017). *Spirit of the horse: A celebration in fact and fable.* Thomas Dunne Books.

Shaw, R., & Turvey, M. (1999). Ecological foundations of cognition: II. Degrees of freedom and conserved quantities in animal – environment systems. *Journal of Consciousness Studies*, *6*(11 – 12), 111 – 123.

Shebani, Z., & Pulvermüller, F. (2013). Moving the hands and feet specifically impairs working memory for arm – and leg – related action words. *Cortex*, *49*(1), 222 – 231.

Shockley, K., Santana, M. V., & Fowler, C. A. (2003). Mutual interpersonal postural constraints are involved in cooperative conversation. Journal *of Experimental Psychology: Human Perception and Performance*, *29*(2), 326 – 332.

Shostak, S. (1998). *Sharing the universe: Perspectives on extraterrestrial life.* Berkeley Hills Books.

Silva, K., Bessa, J., & de Sousa, L. (2012). Auditory contagious yawning in domestic dogs (*Canis familiaris*): First evidence for social modulation. *Animal Cogni-*

tion, *15*(4), 721 – 724.

Simmons, W. K., Martin, A., & Barsalou, L. W. (2005). Pictures of appetizing foods activate gustatory cortices for taste and reward. *Cerebral Cortex*, *15*(10), 1602 – 1608.

Simons, D. J., & Levin, D. T. (1997). Change blindness. *Trends in Cognitive Sciences*, *1*(7), 261 – 267.

Simons, D. J., & Levin, D. T. (1998). Failure to detect changes to people during a real – world interaction. *Psychonomic Bulletin & Review*, *5*(4), 644 – 649.

Skarda, C. A., & Freeman, W. J. (1987). How brains make chaos in order to make sense of the world. *Behavioral and Brain Sciences*, *10*(2), 161 – 173.

Skrbina, D. (2005). *Panpsychism in the West.* MIT Press.

Smalarz, L., & Wells, G. L. (2015). Contamination of eyewitness self – reports and themistaken – identification problem. *Current Directions in Psychological Science*, *24*(2), 120 – 124.

Smaldino, P. E. (2016). Not even wrong: Imprecision perpetuates the illusion of understanding at the cost of actual understanding. *Behavioral and Brain Sciences*, *39*, e163.

Smaldino, P. E., Schank, J. C., & McElreath, R. (2013). Increased costs of cooperation help cooperators in the long run. *American Naturalist*, *181*(4), 451 – 463.

Smart, P. (2012). The web – extended mind. *Metaphilosophy*, *43*(4), 446 – 463.

Smeding, A., Quinton, J. C., Lauer, K., Barca, L., & Pezzulo, G. (2016). Tracking and simulating dynamics of implicit stereotypes: A situated social cognition perspective. *Journal of Personality and Social Psychology*, *111*(6), 817 – 834.

Smith, A. V., Proops, L., Grounds, K., Wathan, J., & McComb, K. (2016). Functionally relevant responses to human facial expressions of emotion in the domestic horse (*Equus caballus*). *Biology Letters*, *12*(2), 20150907.

Smith, L. B. (2005). Action alters shape categories. *Cognitive Science*, *29*(4),

665 – 679.

Smith, L. B., & Breazeal, C. (2007). The dynamic lift of developmental process. *Developmental Science*, *10*(1), 61 – 68.

Smith, L. B., & Gasser, M. (2005). The development of embodied cognition: Six lessons from babies. *Artificial Life*, *11*(1 – 2), 13 – 29.

Smith, R., Rathcke, T., Cummins, F., Overy, K., & Scott, S. (2014). Communicative rhythms in brain and behaviour. *Philosophical Transactions of the Royal Society B*, *369*, 20130389.

Snezhko, A., & Aranson, I. S. (2011). Magnetic manipulation of self – assembled colloidal asters. *Nature Materials*, *10*(9), 698 – 703.

Solman, G. J. F., & Kingstone, A. (2017). Arranging objects in space: Measuring task – relevant organizational behaviors during goal pursuit. *Cognitive Science*, *41*(4), 1042 – 1070.

Song, J. H., & Nakayama, K. (2009). Hidden cognitive states revealed in choice reaching tasks. *Trends in Cognitive Science*, *13*(8), 360 – 366.

Soon, C. S., Brass, M., Heinze, H. J., & Haynes, J. D. (2008). Unconscious determinants of free decisions in the human brain. *Nature Neuroscience*, *11*(5), 543 – 545.

Soon, C. S., He, A. H., Bode, S., & Haynes, J. D. (2013). Predicting free choices for abstract intentions. *Proceedings of the National Academy of Sciences*, *110*(15), 6217 – 6222.

Spevack, S. C., Falandays, J. B., Batzloff, B. J., and Spivey, M. J. (2018). Interactivity of language. *Language and Linguistics Compass*, *12*(7), e12282.

Spiegelhalder, K., Ohlendorf, S., Regen, W., Feige, B., van Elst, L. T., Weiller, C., …Tüscher, O. (2014). Interindividual synchronization of brain activity during live verbal communication. *Behavioural Brain Research*, *258*, 75 – 79.

Spivey, M. J. (2000). Turning the tables on the Turing test: The Spivey test. *Connection Science*, *12*(1), 91 – 94.

Spivey, M. J. (2007). *The continuity of mind.* Oxford University Press.

Spivey, M. J. (2012). The spatial intersection of minds. *Cognitive Processing*, *13* (1), 343 - 346.

Spivey, M. J. (2013). The emergence of intentionality. *Ecological Psychology*, *25* (3), 233 - 239.

Spivey, M. J. (2017). Fake news and false corroboration: Interactivity in rumor networks. In G. Gunzelmann, A. Howes, T. Tenbrink, & E. J. Davelaar (Eds.), *Proceedings of the 39th Annual Conference of the Cognitive Science Society* (pp. 3229 - 3234). Cognitive Science Society.

Spivey, M. J. (2018). Discovery in complex adaptive systems. *Cognitive Systems Research*, *51*, 40 - 55.

Spivey, M. J., & Batzloff, B. J. (2018). Bridgemanian space constancy as a precursor to extended cognition. *Consciousness and Cognition*, *64*, 164 - 175.

Spivey, M. J., & Cardon, C. D. (2015). Methods for studying adult bilingualism. In J. Schwieter (Ed.), *The Cambridge handbook of bilingual language processing* (pp. 108 - 132). Cambridge University Press.

Spivey, M. J., & Geng, J. J. (2001). Oculomotor mechanisms activated by imagery and memory: Eye movements to absent objects. *Psychological Research*, *65* (4), 235 - 241.

Spivey, M. J., Grosjean, M., & Knoblich, G. (2005). Continuous attraction toward phonological competitors. *Proceedings of the National Academy of Sciences of the United States of America*, *102* (29), 10393 - 10398.

Spivey, M. J., & Richardson, D. (2009). Language processing embodied and embedded. In P. Robbins & M. Aydede (Eds.), *The Cambridge handbook of situated cognition* (pp. 382 - 400). Cambridge University Press.

Spivey, M. J., Richardson, D. C., & Fitneva, S. A. (2004). Thinking outside the brain: Spatial indices to visual and linguistic information. In J. Henderson & F. Ferreira (Eds.), *The interface of language, vision, and action: Eye movements and the visual world* (pp. 161 – 189). Psychology Press.

Spivey, M. J., & Spevack, S. C. (2017). An inclusive account of mind across spatiotemporal scales of cognition. *Journal of Cultural Cognitive Science*, *1*(1), 25 – 38.

Spivey, M. J., & Spirn, M. J. (2000). Selective visual attention modulates the direct tilt aftereffect. *Perception & Psychophysics*, *62*(8), 1525 – 1533.

Spivey – Knowlton, M., & Saffran, J. (1995). Inducing a grammar without an explicit teacher: Incremental distributed prediction feedback. In J. D. Moore & J. F. Lehman (Eds.), *Proceedings of the 17th Annual Conference of the Cognitive Science Society* (pp. 230 – 235). Erlbaum.

Spivey – Knowlton, M. J. (1996). *Integration of visual and linguistic information: Human data and model simulations* (Unpublished PhD dissertation). University of Rochester.

Sporns, O., & Kötter, R. (2004). Motifs in brain networks. *PLoS Biology*, *2*(11), e369.

Spratling, M. W. (2012). Predictive coding accounts for V1 response properties recorded using reverse correlation. *Biological Cybernetics*, *106*(1), 37 – 49.

Stager, C. (2014). *Your atomic self: The invisible elements that connect you to everything else in the universe.* Thomas Dunne Books.

Stanfield, R. A., & Zwaan, R. A. (2001). The effect of implied orientation derived from verbal context on picture recognition. *Psychological Science*, *12*(2), 153 – 156.

Stanley, J. (2018). *How fascism works: The politics of us and them.* Random House.

Steegen, S., Dewitte, L., Tuerlinckx, F., & Vanpaemel, W. (2014). Measuring the crowd within again: A pre – registered replication study. *Frontiers in Psychology*, *5*, 786.

Steels, L. (2003). Evolving grounded communication for robots. *Trends in Cognitive Sciences*, *7*(7), 308 – 312.

Steinbock, O. , Tóth, Á. , & Showalter, K. (1995). Navigating complex labyrinths: Optimal paths from chemical waves. *Science*, *267*(5199), 868 – 871.

Stellar, J. E. , Gordon, A. M. , Piff, P. K. , Cordaro, D. , Anderson, C. L. , Bai, Y. ,…Keltner, D. (2017). Self – transcendent emotions and their social functions: Compassion, gratitude, and awe bind us to others through prosociality. *Emotion Review*, *9*(3), 200 – 207.

Stellar, J. E. , John – Henderson, N. , Anderson, C. L. , Gordon, A. M. , McNeil, G. D. , & Keltner, D. (2015). Positive affect and markers of inflammation: Discrete positive emotions predict lower levels of inflammatory cytokines. *Emotion*, *15*(2), 129 – 133.

Stenger, V. (2008). *God: The failed hypothesis.* Prometheus.

Stenger, V. (2011). *The fallacy of fine – tuning: Why the universe is not designed for us.* Prometheus.

Stephen, D. G. , Boncoddo, R. A. , Magnuson, J. S. , & Dixon, J. A. (2009). The dynamics of insight: Mathematical discovery as a phase transition. *Memory & Cognition*, *37*(8), 1132 – 1149.

Stevens, J. A. , Fonlupt, P. , Shiffrar, M. , & Decety, J. (2000). New aspects of motion perception: Selective neural encoding of apparent human movements. *Neuroreport*, *11*(1), 109 – 115.

Stiefel, K. M. , Merrifield, A. , & Holcombe, A. O. (2014). The claustrum's proposed role in consciousness is supported by the effect and target localization of *Salvia divinorum. Frontiers in Integrative Neuroscience*, *8*, 20.

Stoffregen, T. A. (2000). Affordances and events. *Ecological Psychology*, *12*(1), 1 – 29.

Stolier, R. M. , & Freeman, J. B. (2017). A neural mechanism of social categorization. *Journal of Neuroscience*, *37*(23), 5711 – 5721.

Strandberg, T. , Sivén, D. , Hall, L. , Johansson, P. , & Pärnamets, P. (2018).

False beliefs and confabulation can lead to lasting changes in political attitudes. *Journal of Experimental Psychology: General*, *147*(9), 1382 – 1399.

Strassman, R. (2000). *DMT: The spirit molecule: A doctor's revolutionary research into the biology of near – death and mystical experiences.* Inner Traditions/Bear & Company.

Strawson, G. (2006). Realistic monism: Why physicalism entails panpsychism. *Journal of Consciousness Studies*, *13*(10 – 11), 3 – 31.

Strogatz, S. (2004). *Sync: The emerging science of spontaneous order.* Penguin.

Suedfeld, P., Metcalfe, J., & Bluck, S. (1987). Enhancement of scientific creativity by flotation REST (restricted environmental stimulation technique). *Journal of Environmental Psychology*, *7*(3), 219 – 231.

Sugden, R. (2004). *The economics of rights, co – operation and welfare* (2nd ed.). Springer.

Sutton, J. (2008). Material agency, skills, and history: Distributed cognition and the archaeology of memory. In L. Malafouris & Carl Knappett (Eds.), *Material agency: Towards a non – anthropocentric approach* (pp. 37 – 55). Springer.

Sutton, J. (2010). Exograms and interdisciplinarity: History, the extended mind, and the civilizing process. In R. Menary (Ed.), *The extended mind* (pp. 189 – 225). MIT Press.

Sutton, J., & Keene, N. (2016). Cognitive history and material culture. In D. Gaimster, T. Hamling, & C. Richardson (Eds.), *The Routledge handbook of material culture in early modern Europe* (pp. 44 – 56). Routledge.

Swenson, R. (1989). Emergent attractors and the law of maximum entropy production: Foundations to a theory of general evolution. *Systems Research and Behavioral Science*, *6*(3), 187 – 197.

Swenson, R., & Turvey, M. T. (1991). Thermodynamic reasons for perception—action cycles. *Ecological Psychology*, *3*(4), 317 – 348.

Szary, J., Dale, R., Kello, C. T., & Rhodes, T. (2015). Patterns of interaction – dominant dynamics in individual versus collaborative memory foraging. *Cognitive Pro-*

cessing, *16*(4), 389 – 399.

Talaifar, S., & Swann, W. B. (2016). Differentiated selves can surely be good for the group, but let's get clear about why. *Behavioral and Brain Sciences*, *39*, e165.

Tallal, P., Merzenich, M. M., Miller, S., & Jenkins, W. (1998). Language learning impairments: Integrating basic science, technology, and remediation. *Experimental Brain Research*, *123*(1 – 2), 210 – 219.

Tanenhaus, M. K., Spivey – Knowlton, M. J., Eberhard, K. M., & Sedivy, J. C. (1995). Integration of visual and linguistic information in spoken language comprehension. *Science*, *268*(5217), 1632 – 1634.

Tauber, A. I. (2017). *Immunity: The evolution of an idea.* Oxford University Press.

Tegmark, M. (2000). Importance of quantum decoherence in brain processes. *Physical Review E*, *61*(4), 4194 – 4206.

Tero, A., Takagi, S., Saigusa, T., Ito, K., Bebber, D. P., Fricker, M. D., … Nakagaki, T. (2010). Rules for biologically inspired adaptive network design. *Science*, *327*(5964), 439 – 442.

Thagard, P. (2010). *The brain and the meaning of life.* Princeton University Press.

Thagard, P. (2019). *Mind – society: From brains to social sciences and professions.* Oxford University Press.

Theiner, G. (2014). A beginner's guide to group minds. In M. Sprevack & J. Kallestrup (Eds.), *New waves in philosophy of mind* (pp. 301 – 322). Palgrave Macmillan.

Theiner, G. (2017). Collaboration, exploitation, and distributed animal cognition. *Comparative Cognition & Behavior Reviews*, *13*, 41 – 47.

Theiner, G., Allen, C., & Goldstone, R. L. (2010). Recognizing group cognition. *Cognitive SystemsResearch*, *11*(4), 378 – 395.

Thellier, M. (2012). A half – century adventure in the dynamics of living systems. In U. Lüttge, W. Beyschlag, B. Büdel, and D. Francis (Eds.), *Progress in Botany*

73 (pp. 3 – 53). Springer.

Thellier, M. (2017). *Plant responses to environmental stimuli: The role of specific forms of plant memory.* Springer.

Thellier, M., & Lüttge, U. (2013). Plant memory: A tentative model. *Plant Biology*, 15(1), 1 – 12.

Theobald, D. L. (2010). A formal test of the theory of universal common ancestry. *Nature*, *465*(7295), 219 – 222.

Thiam, P., & Sit, J. (2015). *Senegal: Modern Senegalese recipes from the source to the bowl.* Lake Isle Press.

Thomas, L. E. (2017). Action experience drives visual – processing biases near the hands. *Psychological Science*, *28*(1), 124 – 131.

Thomas, L. E., & Lleras, A. (2007). Moving eyes and moving thought: On the spatial compatibility between eye movements and cognition. *Psychonomic Bulletin & Review*, *14*(4), 663 – 668.

Thompkins, A. M., Deshpande, G., Waggoner, P., & Katz, J. S. (2016). Functional magnetic resonance imaging of the domestic dog: Research, methodology, and conceptual issues. *Comparative Cognition & Behavior Reviews*, *11*, 63 – 82.

Thompson, E. (2007). *Mind in life: Biology, phenomenology, and the sciences of mind.* Harvard University Press.

Tipler, F. J. (1980). Extraterrestrial intelligent beings do not exist. *Quarterly Journal of the Royal Astronomical Society*, *21*, 267 – 281.

Tollefsen, D. P., Dale, R., & Paxton, A. (2013). Alignment, transactive memory, and collective cognitive systems. *Review of Philosophy and Psychology*, *4*(1), 49 – 64.

Tomasello, M. (2008). *Origins of human communication.* Bradford Books.

Tomiyama, A. J., Hunger, J. M., Nguyen – Cuu, J., & Wells, C. (2016). Misclassification of cardiometabolic health when using body mass index categories in NHANES 2005 – 2012. *International Journal of Obesity*, *40*(5), 883 – 886.

Tononi, G., Sporns, O., & Edelman, G. M. (1994). A measure for brain complexity: Relating functional segregation and integration in the nervous system. *Proceedings of the National Academy of Sciences*, *91*(11), 5033–5037.

Topolinski, S., Boecker, L., Erle, T. M., Bakhtiari, G., & Pecher, D. (2017). Matching between oral inward–outward movements of object names and oral movements associated with denoted objects. *Cognition and Emotion*, *31*(1), 3–18.

Topolinski, S., Maschmann, I. T., Pecher, D., & Winkielman, P. (2014). Oral approach–avoidance: Affective consequences of muscular articulation dynamics. *Journal of Personality and Social Psychology*, *106*(6), 885–896.

Torres, P. (2016). *The End: What science and religion tell us about the apocalypse.* Pitchstone.

Trewavas, A. (2003). Aspects of plant intelligence. *Annals of Botany*, *92*(1), 1–20.

Trueswell, J., & Tanenhaus, M. K. (Eds.). (2005). *Approaches to studying world–situated language use: Bridging the language–as–product and language–as–action traditions.* MIT Press.

Trueswell, J. C., Sekerina, I., Hill, N. M., & Logrip, M. L. (1999). The kindergartenpath effect: Studying on–line sentence processing in young children. *Cognition*, *73*(2), 89–134.

Tse, P. (2013). *The neural basis of free will: Criterial causation.* MIT Press.

Tucker, M., & Ellis, R. (1998). On the relations between seen objects and components of potential actions. *Journal of Experimental Psychology: Human Perception and Performance*, *24*(3), 830–846.

Turchin, P. (2016). *Ages of discord: A structural–demographic analysis of American history.* Beresta Press.

Turnbaugh, P. J., Ley, R. E., Hamady, M., Fraser–Liggett, C., Knight, R., & Gordon, J. I. (2007). The human microbiome project: Exploring the microbial part of ourselves in a changing world. *Nature*, *449*(7164), 804 - 810.

Turner, M. (2014). *The origin of ideas: Blending, creativity, and the human spark.* Oxford University Press.

Turney, J. (2015). *I, superorganism: Learning to love your inner ecosystem.* Icon Books.

Turvey, M. T. (2004). Impredicativity, dynamics, and the perception - action divide. In V. K. Jirsa & J. A. S. Kelso (Eds.), *Coordination dynamics: Issues and trends* (pp. 1 - 20). Springer.

Turvey, M. T. (2013). Ecological perspective on perception - action: What kind of science does it entail? In W. Prinz, M. Beisert, & A. Herwig (Eds.), *Action science: Foundations of an emerging discipline* (pp. 139 - 170). MIT Press.

Turvey, M. T. (2018). *Lectures on perception: An ecological perspective.* Routledge.

Turvey, M. T., & Carello, C. (1986). The ecological approach to perceiving - acting: A pictorial essay. *Acta Psychologica*, *63*(1 - 3), 133 - 155.

Turvey, M. T., & Carello, C. (2012). On intelligence from first principles: Guidelines for inquiry into the hypothesis of physical intelligence (PI). *Ecological Psychology*, *24*(1), 3 - 32.

Turvey, M. T., & Fonseca, S. T. (2014). The medium of haptic perception: A tensegrity hypothesis. *Journal of Motor Behavior*, *46*(3), 143 - 187.

Turvey, M. T., & Shaw, R. (1999). Ecological foundations of cognition: I. Symmetry and specificity of animal - environment systems. *Journal of Consciousness Studies*, *6*(11 - 12), 111 - 123.

Tuszynski, J. A. (2014). The need for a physical basis of cognitive process: A review of the "Orch OR" theory by Hameroff and Penrose. *Physics of Life Reviews*, *11*(1), 79 - 80.

Tversky, B. (2019). *Mind in motion: How action shapes thought.* Basic Books.

Tyson, N. d. (2017). *Astrophysics for people in a hurry.* W. W. Norton.

Usher, M., Stemmler, M., & Olami, Z. (1995). Dynamic pattern formation leads to 1/f noise in neural populations. *Physical Review Letters*, *74*(2), 326.

Vakoch, D., & Dowd, M. (Eds.). (2015). *The Drake equation: Estimating the prevalence of extraterrestrial life through the ages* (Cambridge Astrobiology, Vol. 8). Cambridge University Press.

van den Heuvel, M. P., Bullmore, E. T., & Sporns, O. (2016). Comparative connectomics. *Trends in Cognitive Sciences*, *20*(5), 345 – 361.

Vanderschraaf, P. (2006). War or peace? A dynamical analysis of anarchy. *Economics and Philosophy*, *22*(2), 243 – 279.

Vanderschraaf, P. (2018). *Strategic justice: Conventions and problems of balancing divergent interests.* Oxford University Press.

van der Wel, R. P., Sebanz, N., & Knoblich, G. (2014). Do people automatically track others' beliefs? Evidence from a continuous measure. *Cognition*, *130* (1), 128 – 133.

van der Wel, R. P. R. D., Knoblich, G., & Sebanz, N. (2011). Let the force be with us: Dyads exploit haptic coupling for coordination. *Journal of Experimental Psychology: Human Perception and Performance*, *37*(5), 1420 – 1431.

Van Orden, G. C., & Holden, J. G. (2002). Intentional contents and self – control. *Ecological Psychology*, *14*(1 – 2), 87 – 109.

Van Orden, G. C., Holden, J. G., & Turvey, M. T. (2003). Self – organization of cognitive performance. *Journal of Experimental Psychology: General*, *132* (3), 331 – 350.

Van Orden, G. C., Holden, J. G., & Turvey, M. T. (2005). Human cognition and 1/f scaling. *Journal of Experimental Psychology: General*, *134*(1), 117 – 123.

Van Orden, G. C., Kloos, H., & Wallot, S. (2011). Living in the pink: Intentionality, wellbeing, and complexity. *Philosophy of Science (Complex Systems)*, *10*, 629 – 672.

Van Steveninck, R. D. R., & Laughlin, S. B. (1996). The rate of information transfer at graded - potential synapses. *Nature*, *379*(6566), 642 - 645.

Varela, F. J. (1997). Patterns of life: Intertwining identity and cognition. *Brain and Cognition*, *34*(1), 72 - 87.

Verga, L., & Kotz, S. A. (2019). Putting language back into ecological communication contexts. Language, *Cognition and Neuroscience*, *34*(4), 536 - 544.

Vinson, D. W., Abney, D. H., Amso, D., Anderson, M. L., Chemero, T., Cutting, J. E., Dale, R., …Spivey, M. (2016). Perception, as you make it. Commentary on Firestone & Scholl's "Cognition does not affect perception: Evaluating the evidence for 'topdown' effects." *Behavioral and Brain Sciences*, *39*, e260.

Von Melchner, L., Pallas, S. L., & Sur, M. (2000). Visual behaviour mediated by retinal projections directed to the auditory pathway. *Nature*, *404*(6780), 871 - 876.

von Zimmerman, J., Vicary, S., Sperling, M., Orgs, G., & Richardson, D. C. (2018). The choreography of group affiliation. *Trends in Cognitive Sciences*, *10*(1), 80 - 94.

Vosoughi, S., Roy, D., & Aral, S. (2018). The spread of true and false news online. *Science*, *359*(6380), 1146 - 1151.

Vukovic, N., Fuerra, M., Shpektor, M., Myachykov, A., & Shtyrov, Y. (2017). Primary motor cortex functionally contributes to language comprehension: An online rTMS study. *Neuropsychologia*, *96*, 222 - 229.

Vul, E., & Pashler, H. (2008). Measuring the crowd within: Probabilistic representations within individuals. *Psychological Science*, *19*(7), 645 - 647.

Wagenmakers, E. J., Farrell, S., & Ratcliff, R. (2004). Estimation and interpretation of 1/f α noise in human cognition. *Psychonomic Bulletin & Review*, *11*(4), 579 - 615.

Wagman, J. B., Stoffregen, T. A., Bai, J., & Schloesser, D. S. (2017). Perceiving nested affordances for another person's actions. *Quarterly Journal of Experimental Psychology*, *71*(3), 1 - 24.

Walker, S. I., Packard, N., & Cody, G. D. (Eds.). (2017). Special issue on "Reconceptualizing the origins of life." *Philosophical Transactions of the Royal Society A*, *375*(2109).

Wallsten, T. S., Budescu, D. V., Erev, I., & Diederich, A. (1997). Evaluating and combining subjective probability estimates. *Journal of Behavioral Decision Making*, *10*(3), 243–268.

Ward, L. M. (2002). *Dynamical cognitive science*. MIT Press.

Warlaumont, A. S., Richards, J. A., Gilkerson, J., & Oller, D. K. (2014). A social feedback loop for speech development and its reduction in autism. *Psychological Science*, *25*(7), 1314–1324.

Warlaumont, A. S., Westermann, G., Buder, E. H., & Oller, D. K. (2013). Prespeech motor learning in a neural network using reinforcement. *Neural Networks*, *38*, 64–75.

Warren, W. H. (1984). Perceiving affordances: Visual guidance of stair climbing. *Journal of Experimental Psychology: Human Perception and Performance*, *10*(5), 683–703.

Watson, W. E., Kumar, K., & Michaelsen, L. K. (1993). Cultural diversity's impact on interaction process and performance: Comparing homogeneous and diverse task groups. *Academy of Management Journal*, *36*(3), 590–602.

Watts, A. W. (1966). *The book: On the taboo against knowing who you are*. Pantheon Books.

Webb, B. (1996). A cricket robot. *Scientific American*, *275*(6), 94–99.

Webb, S. (2015). *If the universe is teeming with aliens…where is everybody? Seventy-five solutions to the Fermi paradox and the problem of extraterrestrial life* (2nd ed.). Springer.

Wegner, D. (2002). *The illusion of conscious will*. Bradford Books/MIT Press.

Weil, A. (2001). *Breathing: The master key to self healing*. Sounds True Audiobooks.

Weiskrantz, L., Warrington, E. K., Sanders, M. D., & Marshall, J. (1974). Visual capacity in the hemianopic field following a restricted occipital ablation. *Brain*, *97*(1), 709-728.

Weizenbaum, J. (1966). ELIZA—a computer program for the study of natural language communication between man and machine. *Communications of the ACM*, *9*(1), 36-45.

Westerling, A. L., Hidalgo, H. G., Cayan, D. R., & Swetnam, T. W. (2006). Warming and earlier spring increase western US forest wildfire activity. *Science*, *313*(5789), 940-943.

Whishaw, I. Q. (1990). The decorticate rat. In B. Kolb & R. Tees (Eds.), *The cerebral cortex of the rat* (pp. 239-267). MIT Press.

Whitelaw, M. (2004). *Metacreation: Art and artificial life.* MIT Press.

Whitwell, R. L., Striemer, C. L., Nicolle, D. A., & Goodale, M. A. (2011). Grasping the non-conscious: Preserved grip scaling to unseen objects for immediate but not delayed grasping following a unilateral lesion to primary visual cortex. *Vision Research*, *51*(8), 908-924.

Wightman, F. L., & Kistler, D. J. (1989). Headphone simulation of free-field listening. I: Stimulus synthesis. *Journal of the Acoustical Society of America*, *85*(2), 858-867.

Wilber, K. (2001). *No boundary: Eastern and Western approaches to personal growth* (with new Preface). Shambhala Press.

Wilber, K. (2017). *A brief history of everything* (20th anniversary ed., with new Afterword). Shambhala Press.

Wilkinson, A., Sebanz, N., Mandl, I., & Huber, L. (2011). No evidence of contagious yawning in the red-footed tortoise *Geochelone carbonaria.* *Current Zoology*, *57*(4), 477-484.

Wilson, D. S. (2002). *Darwin's cathedral: Evolution, religion, and the nature of so-*

ciety. University of Chicago Press.

Wilson, M. (2002). Six views of embodied cognition. *Psychonomic Bulletin & Review*, *9*(4), 625 – 636.

Wilson, R. A. (1994). Wide computationalism. *Mind*, *103*(411), 351 – 372.

Wilson – Mendenhall, C. D., Simmons, W. K., Martin, A., & Barsalou, L. W. (2013). Contextual processing of abstract concepts reveals neural representations of nonlinguistic semantic content. *Journal of Cognitive Neuroscience*, *25* (6), 920 – 935.

Winawer, J., Huk, A. C., & Boroditsky, L. (2008). A motion aftereffect from still photographs depicting motion. *Psychological Science*, *19*(3), 276 – 283.

Winfree, A. T. (1984). The prehistory of the Belousov – Zhabotinsky oscillator. *Journal of Chemical Education*, *61*(8), 661 – 663.

Winograd, T. (1972). *Understanding natural language*. Academic Press.

Winter, B., Marghetis, T., & Matlock, T. (2015). Of magnitudes and metaphors: Explaining cognitive interactions between space, time, and number. *Cortex*, *64*, 209 – 224.

Wise, T. (2012). *Dear white America: Letter to a new minority*. City Lights.

Witt, J. K. (2011). Action's effect on perception. *Current Directions in Psychological Science*, *20*(3), 201 – 206.

Witt, J. K., & Proffitt, D. R. (2008). Action – specific influences on distance perception: A role for motor simulation. *Journal of Experimental Psychology: Human Perception and Performance*, *34*(6), 1479 – 1492.

Witt, J. K., Proffitt, D. R., & Epstein, W. (2005). Tool use affects perceived distance, but only when you intend to use it. *Journal of Experimental Psychology: Human Perception and Performance*, *31*(5), 880 – 888.

Wojnowicz, M. T., Ferguson, M. J., Dale, R., & Spivey, M. J. (2009). The self-organization of explicit attitudes. *Psychological Science*, *20*(11), 1428 – 1435.

Woodley, D. (2017). *Globalization and capitalist geopolitics.* Routledge.

Wright, R. (2017). *Why Buddhism is true: The science and philosophy of meditation and enlightenment.* Simon and Schuster.

Wu, L. L., & Barsalou, L. W. (2009). Perceptual simulation in conceptual combination: Evidence from property generation. *Acta Psychologica*, *132*(2), 173 – 189.

Yang, M., Chan, H., Zhao, G., Bahng, J. H., Zhang, P., Král, P., & Kotov, N. A. (2017). Self – assembly of nanoparticles into biomimetic capsid – like nanoshells. *Nature Chemistry*, *9*(3), 287 – 294.

Yee, E., Huffstetler, S., & Thompson – Schill, S. L. (2011). Function follows form: Activation of shape and function features during object identification. *Journal of Experimental Psychology: General*, *140*(3), 348 – 363.

Yee, E., & Sedivy, J. C. (2006). Eye movements to pictures reveal transient semantic activation during spoken word recognition. *Journal of Experimental Psychology: Learning, Memory, and Cognition*, *32*(1), 1 – 14.

Yee, E., & Thompson – Schill, S. L. (2016). Putting concepts into context. *Psychonomic Bulletin & Review*, *23*(4), 1015 – 1027.

Yoshimi, J. (2012). Active internalism and open dynamical systems. *Philosophical Psychology*, *25*(1), 1 – 24.

Yoshimi, J., & Vinson, D. W. (2015). Extending Gurwitsch's field theory of consciousness. *Consciousness and Cognition*, *34*, 104 – 123.

Young, J. (2012). *What the robin knows: How birds reveal the secrets of the natural world.* Houghton Mifflin Harcourt.

Young, M. P., & Yamane, S. (1992). Sparse population coding of faces in the inferotemporal cortex. *Science*, *29*, 1327 – 1331.

Zakaria, F. (2012). *The post – American world, release 2. 0.* W. W. Norton.

Zatorre, R. J., Chen, J. L., & Penhune, V. B. (2007). When the brain plays music: Auditory – motor interactions in music perception and production. *Nature Reviews Neuroscience*, *8*(7), 547–558.

Zayas, V., & Hazan, C. (2014). *Bases of adult attachment*. Springer.

Zeidan, F., Johnson, S. K., Diamond, B. J., David, Z., & Goolkasian, P. (2010). Mindfulness meditation improves cognition: Evidence of brief mental training. *Consciousness and Cognition*, *19*(2), 597–605.

Zhabotinsky, A. (1964). Periodical process of oxidation of malonic acid solution. *Biofizika*, *9*, 306–311.

Zubiaga, A., Liakata, M., Procter, R., Hoi, G. W. S., & Tolmie, P. (2016). Analysing how people orient to and spread rumours in social media by looking at conversational threads. *PloS One*, *11*(3), e0150989.

Zwaan, R. A., & Pecher, D. (2012). Revisiting mental simulation in language comprehension: Six replication attempts. *PloS One*, *7*(12), e51382.

Zwaan, R. A., & Taylor, L. J. (2006). Seeing, acting, understanding: Motor resonance in language comprehension. *Journal of Experimental Psychology: General*, *135*(1), 1–11.

索 引

Who You Are